高等学校实验教学改革教材

大学通用生命科学实验教程

——生物技术专业

高丽萍　魏涛　主编

北京大学出版社
PEKING UNIVERSITY PRESS

内 容 简 介

本书将生物技术相关专业的基础实验以及专业实验进行了有机整合,包括无机及分析化学实验、有机化学实验、微生物学实验、细胞生物学实验、仪器分析试验、生物化学实验、分子生物学实验、发酵工程实验、食品酶学实验以及生物活性物质的分离、纯化及含量检测综合大实验等 10 篇共 82 个实验。本书适用于高等院校生物技术、生物工程等专业的学生使用,同时可作为生物、医药和农林等相关领域的学生、科研人员的参考书。

图书在版编目(CIP)数据

大学通用生命科学实验教程:生物技术专业/高丽萍,魏涛主编. —北京:北京大学出版社,2013.5

ISBN 978-7-301-22500-4

Ⅰ.①大… Ⅱ.①高… ②魏… Ⅲ.①生物工程—实验—高等学校—教学参考资料 Ⅳ.①Q81-33

中国版本图书馆 CIP 数据核字(2013)第 092317 号

书　　　名:	大学通用生命科学实验教程——生物技术专业
著作责任者:	高丽萍　魏　涛　主编
责 任 编 辑:	黄　炜
标 准 书 号:	ISBN 978-7-301-22500-4/Q·0137
出 版 发 行:	北京大学出版社
地　　　址:	北京市海淀区成府路 205 号　100871
网　　　址:	http://www.pup.cn　新浪官方微博:@北京大学出版社
电 子 信 箱:	zpup@pup.cn
电　　　话:	邮购部 62752015　发行部 62750672　编辑部 62752038 出版部 62754962
印 刷 者:	北京飞达印刷有限责任公司
经 销 者:	新华书店
	787 毫米×1092 毫米　16 开本　20 印张　496 千字 2013 年 5 月第 1 版　2013 年 5 月第 1 次印刷
定　　　价:	45.00 元

前　言

生物技术同生命科学的其他领域一样,是实践性非常强的学科,其实践体系对培养学生的创新精神、分析问题和解决问题的能力具有举足轻重的作用。在生物技术专业的教学计划中,实践教学环节包括无机及分析化学实验、有机化学实验、微生物学实验、细胞生物学实验、仪器分析试验、生物化学实验、分子生物学实验、发酵工程实验、生物活性物质分离、纯化及检测实验、食品酶学实验等实践课程。在以往的教学过程中,各个实践课程相对独立,衔接性较差。学生反馈,各门实验课程之间重复性内容较多,而又有一些本应掌握的实验内容被遗漏。因此,生物技术专业的实践教学体系改革势在必行。为此,我们根据多年经验,经过反复讨论,将学生所要开设的实验课程进行科学整合,精简重复性实验,合理安排实验课程及具体实验内容的前后顺序;将精简的学时,引入遗漏的内容以及综合性、设计性实验;并将科研团队的成果融入到实验教学当中,广泛汲取兄弟院校的相关实践教学经验,在收集各方面教师、科研人员和学生宝贵意见的基础上,编写了本书。本书涵盖了生物技术专业从基础到专业课程学生应掌握的实验内容。

本书内容共分为无机及分析化学实验、有机化学实验、微生物学实验、细胞生物学实验、仪器分析试验、生物化学实验、分子生物学实验、发酵工程实验、食品酶学实验以及生物活性物质分离、纯化及检测综合大实验等 10 篇共 82 个实验。其中既保留了部分加强学生基本实验方法和技能训练的传统实验,也引进了一些新近发展起来的实验技术,同时,还增加了设计实验和综合实验部分。例如,在生物化学实验和生物活性物质分离、纯化及检测实验这两门实验课程中,老师通过多年的科研工作总结,把课程整体设计为一个相对完整的综合性大实验,而这些综合性大实验又可分解为若干相对独立、前后有机结合的小实验,全部实验完成后,将使学生熟悉全套流程。这样,学生通过一个完整的实验锻炼过程后,其科研思维和独立开展研究工作的能力将得到很大提高,为他们今后独立开展工作奠定基础。

本书适于作为高等院校生物技术、生物工程等专业的实践教学教材,同时生物、医药和农林等相关领域的学生、科研人员也可根据各自需求选择使用。

本书无机及分析化学实验三、四、七、八、九、十由秦菲编写,实验一、二、五、六由栾娜编写。有机化学实验由张景义编写。微生物学实验二、九、十二、十三由魏涛编写,实验一、三、四、五、六、七由王政编写,实验八、十、十一由高兆兰编写。细胞生物学实验由孙雅煊编写。仪器分析实验二、四、五、六由栾娜编写,实验一、三、七、八由秦菲编写。生物化学实验一至六由张艳贞编写,实验九、十由郑建全编写,实验七、八由张静编写。分子生物学实验由高丽萍、周绮云、戴雪伶和高兆兰编写。发酵工程实验由魏涛编写。生物活性物质分离、纯化及检测实验由尚小雅编写。食品酶学实验由高丽萍、刘彦霞编写。全书由高丽萍、魏涛统稿。

本书所有编者多年来一直从事于相关专业的教学与科研第一线,主持与参加了多项与之相关的教学、科学研究项目,并取得了丰富的成果。但由于水平有限以及编写时间仓促,书中难免存在缺点和疏漏之处,敬请专家和读者提出宝贵意见。

编　者

目　录

第一篇　无机及分析化学实验

实验一　粗盐的提纯

【实验目的】

（1）掌握提纯氯化钠的原理和方法。

（2）学习溶解、沉淀、减压过滤、蒸发浓缩、结晶和烘干等基本操作。

（3）了解 SO_4^{2-}、Ca^{2+}、Mg^{2+} 等离子的定性鉴定。

【实验安排】

（1）本实验安排 4 学时。在教师指导下，学生独立完成。

（2）实验重点：溶解、沉淀、减压过滤、蒸发浓缩、结晶和烘干等基本实验操作。

（3）实验难点：减压过滤、NaCl 提纯的原理。

【实验背景与原理】

粗盐中含 Ca^{2+}、Mg^{2+}、K^+、SO_4^{2-} 等可溶性杂质和泥沙等不溶性杂质，选择适当的试剂可使 Ca^{2+}、Mg^{2+}、SO_4^{2-} 等离子生成沉淀而除去。一般的除杂顺序是：

首先，在食盐中加入 $BaCl_2$ 溶液，除去 SO_4^{2-}。

$$Ba^{2+} + SO_4^{2-} \longrightarrow BaSO_4 \downarrow$$

其次，在滤液中加入 Na_2CO_3，除去 Ca^{2+}、Mg^{2+} 和过量的 Ba^{2+}。

$$Ca^{2+} + CO_3^{2-} \longrightarrow CaCO_3 \downarrow$$

$$2Mg^{2+} + 2OH^- + CO_3^{2-} \longrightarrow Mg_2(OH)_2CO_3 \downarrow$$

$$Ba^{2+} + CO_3^{2-} \longrightarrow BaCO_3 \downarrow (过量的 Ba^{2+})$$

再次，在滤液中加入 HCl，去除 CO_3^{2-}。

$$CO_3^{2-} + 2H^+ \longrightarrow H_2O + CO_2 \uparrow$$

最后，去除剩余的 K^+。剩余的 K^+ 仍在溶液中，由于 KCl 的溶解度比 NaCl 大，且在粗盐中含量较少，经蒸发、浓缩、冷却，NaCl 析出，K^+ 仍在母液中，经过滤，NaCl 即可与 K^+ 分离。

【实验材料、仪器与试剂】

1. 仪器

烧杯，量筒，台称，普通漏斗，布氏漏斗，抽滤瓶，抽滤垫，蒸发皿，石棉网，泥三角，电炉，循环水泵。

2. 试剂

1 mol/L HCl，2 mol/L H_2SO_4，2 mol/L HAc，6 mol/L NaOH，6 mol/L $BaCl_2$，Na_2CO_3

饱和溶液,$(NH_4)_2C_2O_2$饱和溶液,镁试剂Ⅰ,pH试纸和粗食盐等。

【实验方法与步骤】

(一)实验基本操作方法

1. 固体溶解

当固体物质溶解于溶剂时,如固体颗粒太大,应在研钵中研细。溶解固体时,根据溶解度和固体量加入溶剂,用加热、搅拌等方法加快溶解速度。对于一些溶解度随温度升高而增大的物质,加热有利于溶解。搅拌可加速溶质的扩散,从而加快溶解速度。搅拌时注意玻璃棒应在容器中均匀转圈,不要触及容器底部及器壁,速度不宜太快。在试管中溶解固体时,可用振荡试管的方法加速溶解,注意不能上下振荡,也不能用手指堵住管口来回振荡。

2. 沉淀的制备

向溶液中滴加沉淀剂时,由于沉淀剂局部浓度过大而生成沉淀,但充分搅拌后局部沉淀溶解,说明溶液还未达到沉淀所需浓度,应继续加入沉淀剂,边搅拌边加,直至沉淀不消失为止。然后离心沉降,在上清液中再加入沉淀剂,如清液不变混浊,则表示沉淀完全。

3. 固液分离

溶液与沉淀的分离方法有三种:倾析法、过滤法、离心分离法。

(1)倾析法。当沉淀的相对密度较大或结晶的颗粒较大,静置后能很快沉降至容器的底部时,可用倾析法进行分离和洗涤。把沉淀上部的溶液倾入另一容器中而使沉淀与溶液分离。然后加入少量洗涤液,将沉淀和洗涤液充分搅拌均匀,待沉淀沉降到容器的底部后,再倾去洗涤液。如此反复操作三次以上,沉淀即洗净。

(2)过滤法。常用的过滤方法有常压过滤(图 1-1-1)、减压过滤两种。

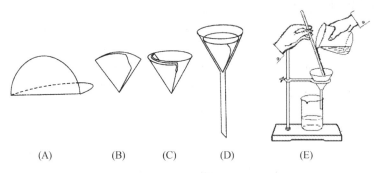

(A)　　　(B)　　　(C)　　　(D)　　　(E)

图 1-1-1　滤纸的折叠与安放及常压过滤操作

(A)对折　(B)折成合适的角度并撕去一角　(C)展开成锥形

(D)放入漏斗　(E)常压过滤操作

① 常压过滤。如图 1-1-1 所示,把滤纸对折再对折(暂不折死)成扇形,展开后呈锥形,放入漏斗中,恰能与漏斗相密合。如果不能密合,可适当改变滤纸折叠的角度使之与漏斗相密合(这时可将滤纸折死)。然后在三层滤纸的外两层撕去一个小角(撕下的纸角可用于擦拭玻璃棒、烧杯或漏斗中的残留沉淀),用食指按住滤纸中三层的一边,用少量蒸馏水润湿滤纸,再用玻璃棒轻压滤纸四周,赶去滤纸与漏斗壁间的气泡,使滤纸紧贴在漏斗壁上。滤纸边缘应略低于漏斗边缘。过滤时一定要注意以下几点:首先,漏斗要放在漏斗架上,并调整漏斗架的高度,以使漏斗管的末端紧靠接收器内壁。其次,先倾倒溶液,后转移沉淀,转移时

应使用玻璃棒导流。第三,倾倒溶液时,应使玻璃棒接触三层滤纸处,漏斗中的液面应略低于滤纸边缘。第四,如果沉淀需要洗涤,应待溶液转移完毕,将上方清液倒入漏斗。最后,如此重复洗涤两三遍,把沉淀转移到滤纸上。

②减压过滤(简称"抽滤")。减压过滤可缩短过滤时间,并且所得沉淀比较干燥。减压抽滤的装置见图 1-1-2,主要由布氏漏斗、抽滤瓶、循环水泵和安全瓶四部分组成。它的原理是利用水泵中急速的水流不断将空气带走,使抽滤瓶内的压力减小,在布氏漏斗内的液面与抽滤瓶之间造成压力差,从而提高过滤的速度。需要注意的是,在连接水泵的橡皮管和抽滤瓶之间应安装一个安全瓶,用以防止在关闭水阀或水泵后,因流速的改变引起自来水倒吸入抽滤瓶将滤液玷污并冲稀。如没有安装安全瓶,在抽滤结束后,则必须先拔下抽滤瓶侧面的塑胶管,然后再关闭电源,否则容易倒吸。

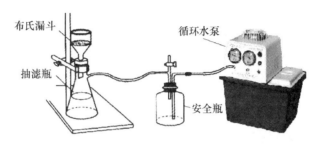

图 1-1-2　减压过滤装置

具体操作:将事先剪好的比布氏漏斗底部内径略小,且能把全部瓷孔盖住的圆形滤纸盖在布氏漏斗的瓷孔上,将布氏漏斗通过橡胶塞或橡胶垫与抽滤瓶相连,再将抽滤瓶通过橡胶管与安全瓶相连。用少量水湿润滤纸,关闭安全瓶,开启循环水泵,减压使滤纸与漏斗贴紧。把过滤物通过玻璃棒慢慢注入漏斗,注入量不得超过漏斗总容量的 2/3。待溶液全部滤下后,用搅拌棒轻轻将沉淀向滤纸中间部位集中,继续减压,将沉淀抽干。过滤完毕,先放空安全瓶,再关闭水泵。根据需要取舍沉淀或溶液,用玻璃棒轻轻掀起滤纸边,取下滤纸和沉淀,瓶中滤液从上口倾出,不得从侧口倒出。侧口只作连接减压装置用,不要从中倾倒溶液,以免污染溶液。

4. 蒸发(浓缩)

当溶液很稀而所制备的物质的溶解度又较大时,为了能从中析出该物质的晶体,必须通过加热,使水分不断蒸发,溶液不断浓缩。蒸发到一定程度时冷却,就可析出晶体。当物质的溶解度较大时,必须蒸发到溶液表面出现晶膜时才停止。当物质的溶解度较小,或在高温时溶解度较大而室温时溶解度较小时,不必蒸发到液面出现晶膜即可冷却。蒸发是在蒸发皿中进行,蒸发的面积较大,有利于快速浓缩。若无机物对热稳定,可以直接加热(应先预热)或用水浴间接加热。

5. 结晶与重结晶

大多数物质的溶液蒸发到一定浓度下冷却,就会析出溶质的晶体。析出晶体的颗粒大小与结晶条件有关。如果溶液的浓度较高,溶质在水中的溶解度随温度下降而显著减小时,冷却得越快,析出的晶体越细小,否则就得到较大颗粒的结晶。搅拌溶液和静止溶液,可以得到不同的效果,前者有利于细小晶体的生成,而后者有利于大晶体的生成。

如溶液容易发生过饱和现象,可以用搅拌、摩擦器壁或投入几粒晶体(晶核)等办法,使其形成结晶中心,过量的溶质便会全部析出。

如果第一次结晶所得物质的纯度不符合要求,可进行重结晶。其方法是在加热情况下使纯化的物质溶于一定量的水中,形成饱和溶液,趁热过滤,除去不溶性杂质,然后使滤液冷却,被纯化物质即结晶析出,而杂质则留在母液中,过滤便得到较纯净的物质。若一次重结晶达不到要求,可再次结晶。重结晶是提纯固体物质常用的方法之一,它适用于溶解度随温度有显著变化的化合物,对于其溶解度受温度影响很小的化合物则不适用。

(二)实验步骤

1. 溶解粗盐

称取 15 g 粗盐于 250 mL 烧杯中,加入 60 mL H_2O 加热搅拌使其溶解。

2. 除 SO_4^{2-}

加热溶液至近沸,边搅拌边滴加 1 mol/L $BaCl_2$ 溶液 3~4 mL,继续加热 5 min。

3. 检验 SO_4^{2-} 是否除尽

将烧杯从电炉上取下,使溶液静置,待沉淀沉降至上部溶液澄清,沿杯壁在上清液中加入 1~2 滴 1 mol/L $BaCl_2$ 溶液,若有沉淀,需继续加 $BaCl_2$ 至 SO_4^{2-} 沉淀完全。若无沉淀产生,表示 SO_4^{2-} 已除尽。抽滤,留滤液,弃沉淀。

4. 除 Ca^{2+}、Mg^{2+} 和过量 Ba^{2+}

将上一步所得滤液加热至近沸,边搅拌边滴加饱和 Na_2CO_3 溶液 6~8 mL,直至不再产生沉淀。再多加 0.5 mL 饱和 Na_2CO_3 溶液,取下,静置。

5. 检验 Ba^{2+} 是否除净

在上清液中,沿杯壁滴加饱和 Na_2CO_3 溶液,若无沉淀,表示 Ba^{2+} 已除净;否则,再补加 Na_2CO_3 溶液至沉淀完全。抽滤,留滤液,弃沉淀。

6. 除 CO_3^{2-}

在滤液中滴加 6 mol/L HCl,加热搅拌,用 pH 试纸检验,至 pH 为 2~3。

7. 浓缩与结晶

将滤液倒入蒸发皿中加热蒸发,浓缩到约为原体积为 1/4 时(有大量结晶出现,勿蒸干),停止加热,冷却、抽滤。用少量水洗涤结晶,抽干。

8. 烘干

将抽滤得到的 NaCl 晶体,在干净干燥的蒸发皿中小火烘干,冷却后称重,计算产率。

9. 产品纯度的检验

称取粗盐和精盐各 0.5 g,分别用 5 mL 蒸馏水溶解备用。

(1) SO_4^{2-} 的检验。各取上述两种盐溶液 1 mL,分别加 2 滴 $BaCl_2$ 和 3~4 滴 6 mol/L HCl,观察有无白色 $BaSO_4$ 沉淀。

(2) Ca^{2+} 的检验。各取上述两种盐溶液 1 mL,分别加几滴 2 mol/L HAc 酸化,再分别滴加 3~4 滴饱和 $(NH_4)_2C_2O_4$ 溶液,观察有无 CaC_2O_4 白色沉淀。

(3) Mg^{2+} 的检验。各取上述两种盐溶液 1 mL,分别加 4~5 滴 6 mol/L NaOH 摇匀,各加 3~4 滴镁试剂,若有蓝色絮状沉淀,表示含 Mg^{2+}。

【实验提示与注意事项】

(1) 掌握好晶形沉淀的条件,以获得大晶形沉淀,避免形成细小沉淀。细小的沉淀会穿过滤纸的纤维孔(称穿滤)。

(2) 抽滤操作要规范,过滤前应先开水泵,待滤纸贴紧后应立即开始过滤,以免发生穿滤。过滤后滤液应透明。若滤液浑浊,应重新过滤。

【思考题】

(1) 在除去 Ca^{2+}、Mg^{2+}、SO_4^{2-} 时,为什么先加入 $BaCl_2$ 溶液,再加入 Na_2CO_3 溶液?

(2) 在除 Ca^{2+}、Mg^{2+}、SO_4^{2-} 等离子时,能否用其他可溶性碳酸盐代替 Na_2CO_3? 为什么?

(3) 为什么用 $BaCl_2$ 而不用 $CaCl_2$ 除去 SO_4^{2-}?

(4) 加 HCl 除 CO_3^{2-} 时,为什么要把溶液的 pH 调到 2~3? 调节至中性是否可行?

实验二　分析天平的使用和称量

【实验目的】

(1) 了解天平的构造原理,学会分析天平的使用方法。

(2) 学会用直接称量法和减量法称量试样。

(3) 学会正确使用称量瓶。

【实验安排】

(1) 本实验安排 4 学时。在教师指导下,学生独立完成。

(2) 实验重点:分析天平、减量法称量的方法及操作。

(3) 实验难点:分析天平、称量瓶的操作。

【实验背景与原理】

分析天平是根据杠杆原理设计而成的。

设杠杆 ABC(图 1-2-1),B 为支点。在 A 及 C 上分别载重,Q 为被称物的质量,P 为砝码的质量。当达到平衡时,即 ABC 杠杆呈水平状态,则根据杠杆原理 $Q \times l_1 = P \times l_2$,若 B 为 ABC 的中点,则 $l_1 = l_2$,所以 $Q = P$,这就是等臂天平的原理,如国产 TB 型半自动电光天平、TG328A 型全自动天平均为等臂天平。

若 B 点不是中点,Q 为固定的重量锤质量,P 为总砝码质量,但 $Q \times l_1 = P \times l_2$,即天平盘、所有砝码均挂在同一悬挂系统上,梁的另一端装有固定的重锤和阻尼器与之平衡,当称物体质量时,减去 P,仍使 $Q \times l_1 = (样品质量 + P - 砝码) \times l_2$,即用被称物替代减去的砝码,使天平横梁保持原有平衡,所减去的砝码质量等于被称物的质量,这就是不等臂天平的原理(替代法称量原理)。如国产 DT-100A 型单盘减码式全自动电光天平。

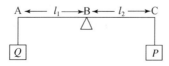

图 1-2-1　天平原理图

天平的灵敏度是指在天平的托盘上增加 1.0 mg 时,所引起的指针偏斜的程度。指针偏斜程度愈大,则该天平的灵敏度愈高。天平的灵敏度一般以标牌的格数来衡量,即灵敏度＝格/mg,但实际上经常用"感量"来表示:感量＝1/灵敏度＝ mg/格。

【实验材料、仪器与试剂】

DT-100A 型单盘电光天平,称量瓶,烧杯,已知质量的金属片,称量试样等。

【实验方法与步骤】

(一) 实验基本操作

1. DT-100A 型单盘电光天平的使用

(1) 天平的检查。检查天平的圆水准器是否指示水平,若气泡偏离中心,缓慢调节天平底板下的两个前脚螺丝,使气泡位于中心。检查天平盘是否洁净,若有灰尘用软毛刷清扫干净。

(2) 天平零点的检查和调整。检查天平的各数字窗口及微读轮指数是否为零,若不为零,均调为零。向上拨动电源开关,将停动手钮向前(操作者方向)均匀缓慢地旋转90°,使天平处于全开状态,待天平停止摆动后,旋转调零旋钮,使投影屏标尺上的"00"刻线位于投影屏的黑色夹线正中位置,关闭天平。

(3) 称量及读数。调整和记录天平的零点后,关闭天平。推开天平侧门,将待测物体放在天平盘中央,关闭侧门。将停动手钮向后旋转约 30°(遇阻不可再转),使天平处于"半开"状态。在天平"半开"状态下进行减码,首先转动大手钮(10～90 g),当投影屏标尺由向正偏移到向负偏移时,说明砝码示值过大,应退回一个数,然后调中手钮(1～9 g)和小手钮(0.1～0.9 g),如调大手钮一样判断示值大小。调整完毕后,关闭天平,再将停动手钮向操作者方向均匀缓慢地旋转90°,使天平全开,待微标移动停止后,转动微读手钮,使微标上的某一刻度线处于黑色夹线正中,读取读数减码窗、微读数字窗及投影屏上的读数,重复一次关、开天平的操作,若微标的位置不变(或变动值不超过 0.1 mg),其显示数值即为所称物体的质量,将数据记录在数据记录本上。

2. 称量瓶的使用

称量瓶是具磨口塞的圆筒形玻璃瓶,主要用于减量法称量试样,也可用于烘干试样。因有磨口塞,可以防止瓶中的试样吸收空气中的水分和 CO_2 等,因此适用于称量易吸潮的试样。

称量时,用叠好的干净纸条将装有试样的带盖的称量瓶放在天平盘上,准确称量后,左手用纸条套住称量瓶将其从天平上取下(严禁直接用手拿取称量瓶),置于接收器上方,右手用纸片夹住盖柄,打开瓶盖,将瓶身慢慢向下倾斜,用瓶盖轻敲瓶口上方,使试样慢慢落入容器中。接近需要量时,一边继续用盖轻敲瓶口,一边慢慢将瓶身竖直,使附在瓶口附近的试样落入瓶中(图 1-2-2)。盖好瓶盖,放回天平盘,取出纸条,称其质量。两次称量值之差即为取出的试样的质量。若样品量不够,可继续按上述方法操作,直至满足要求为止。称量完毕后,将称量瓶放回原干燥器中。

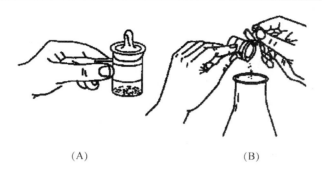

（A）　　　　　　　　　　　　（B）

图 1-2-2　称量瓶的使用方法

（A）称量瓶拿法　（B）从称量瓶中敲出试样

（二）实验步骤

1. 直接法称量

（1）称量瓶的称量。检查天平，调整和记录天平的零点后，关闭天平。推开天平侧门，用叠好的纸条拿取带盖的称量瓶一只，放在天平盘中央，关闭侧门。称量，在数据记录本上记录称量瓶的质量 W_0。

（2）样品的称量。向教师领取待测样品，记下样品号，同上法称量，记下称量结果。

2. 减量法

当样品易吸水、易氧化或易与二氧化碳反应时，则采用此法。

（1）取两个干净的烧杯，编为 1，2 号，在分析天平上称量，精确至 0.1 mg，分别记为 $W_{杯1}$、$W_{杯2}$。

（2）取一干净称量瓶，加入约 1 g 试样，盖上瓶盖，在分析天平上，准确称量得到试样和称量瓶的总质量 W_{A1}，然后左手用纸条套住称量瓶，将其从天平中取出，倾出接近所需量的样品（约 0.2～0.3 g）于烧杯 1 中，准确称取倾出样品后的称量瓶及剩余样品的质量 W_{B1}，两次称量之差（$W_{A1}-W_{B1}$）即为第一份试样的质量 W_{s1}。以同样的方法转移第二份试样于烧杯 2 中，重复操作，得到第二份试样的质量 W_{s2}。

（3）在分析天平上分别准确称量两个装入试样的烧杯的质量，记录其质量为 W_1、W_2。$W_1-W_{杯1}$ 即为称取的试样质量 W'_{s1}。如果称量无差错，称量瓶中倾出的样品质量应等于烧杯中接受样品的质量，即 W_{s1} 应等于 W'_{s1}，W_{s2} 应等于 W'_{s2}。本实验要求两种方法得到的试样质量绝对差值 <0.4 mg。如果不符，找出原因，重新称量。

（4）称量完毕后，应检查自己所用天平。注意以下环节：① 天平盘内有无脏物，如有，则用毛刷刷净。② 天平的各数字窗口及微读轮指数是否为零。③ 天平停动手钮是否关好。④ 最后关好天平门、关闭天平电源开关、罩上天平罩、切断电源。

（三）数据记录及结果处理

1. 直接法称量

称量瓶 W_0	
待测样品质量（　　号）	

2. 减量法

i	1	2
倾出试样前 W_{Ai}/g 倾出试样后 W_{Bi}/g W_{Si}/g		
$W_{杯i}$/g W_i/g W'_{Si}/g		
绝对差值 $\lvert W_{Si}-W'_{Si}\rvert$/g		

【实验提示与注意事项】

（1）使用称量瓶时，注意不可直接用手拿取，因为手的温度高且有汗，会导致称量结果不准确。

（2）不可将微读手钮向<0 或>10 的方向用力转动，否则将造成微读调节不可逆转，只能拆卸天平才能恢复。

【思考题】

（1）什么情况下用直接法称量？什么情况下用减量法称量？

（2）是否分析天平的灵敏度越高，称量的准确度就越高？为什么？

（3）用减量法称取试样时，若称量瓶内的试样吸湿，将对称量结果造成什么误差？如试样敲落入烧杯内再吸湿，对称量是否有影响（不考虑本实验中为了核对而称取的烧杯＋试样的质量）？

实验三　溶液的配制

【实验目的】

（1）掌握实验室常用溶液浓度的计算方法、配制方法和基本操作。

（2）熟悉台秤、量筒的使用方法。

（3）学习溶液的定量转移及稀释操作，学习移液管、容量瓶的使用方法。

【实验安排】

（1）本实验安排 4 学时。在教师指导下，学生独立完成。

（2）实验重点：实验室常用溶液的配制方法、移液管、容量瓶的使用方法。

（3）实验难点：实验室常用溶液浓度的计算方法、移液管的使用方法、粗略配制与精确配制的区别。

【实验背景与原理】

根据溶液所含溶质是否确知,溶液可分为两种:浓度准确已知的溶液为标准溶液,其浓度可准确表示出来(有效数字的位数一般为4位);浓度不是确知的为一般溶液,其浓度一般用1~2位有效数字表示。在定量测定实验中,需要配制标准溶液。在一般物质化学性质实验中,则使用一般溶液即可。这两种溶液的配制方法不同。

在配制一般溶液时,用托盘天平称取所需的固体物质的量,用量筒量取所需液体的量,不必使用量测准确度高的仪器。配制标准溶液的方法有两种:① 直接法:基准物质或基准试剂可以用来直接配制标准溶液。用分析天平准确地称取一定量的物质,溶于适量水后定量转入容量瓶中,稀释至标线,定容并摇匀。② 间接法:需要用来配制标准溶液的许多试剂不能完全符合基准物质必备的条件,例如:NaOH 极易吸收空气中的二氧化碳和水分,纯度不高;市售盐酸中 HCl 的准确含量难以确定,且易挥发;$KMnO_4$ 和 $Na_2S_2O_3$ 等均不易提纯,且见光分解,在空气中不稳定等。这类试剂不能用直接法配制标准溶液,只能用间接法配制,即先配制成接近于所需浓度的溶液,然后用基准物质(或另一种物质的标准溶液)来标定其准确浓度。

配制溶液的操作程序一般是:

(1)计算所需固体质量或初始溶液的体积。

① 从固体试剂配制溶液,根据所需配制的浓度和量来计算称取量。如果物质含结晶水,则应将其计算在内。

● 质量浓度:

$$m_{溶质} = m_{溶液}\rho$$

式中,$m_{溶质}$ 为固体试剂的质量,g;ρ 为质量浓度,%。

● 物质的量浓度:

$$m_{溶质} = cVM$$

式中,c 为物质的量浓度,mol/L;V 为待配制溶液的体积,L;M 为固体试剂的摩尔质量,g/mol。

● 质量摩尔浓度:

$$m_{溶质} = \frac{Mb\rho_{溶剂}V_{溶剂}}{1000}$$

式中,b 为质量摩尔浓度,mol/kg;$\rho_{溶剂}$ 为溶剂的密度,g/L;$V_{溶剂}$ 为溶剂的体积,L。

② 稀释浓溶液时,需要掌握的原则是:稀释前后溶质的量不变。

$$V_2 = \frac{c_1 V_1}{c_2}$$

式中,c_1 为稀释前溶液物质的浓度,mol/L;V_1 为所取溶液的体积,L 或 mL;c_2 为所要配制的溶液的物质的浓度,mol/L,V_2 为配制溶液的体积,L 或 mL。

(2)称量或吸取。用合适精密度的天平称取固体试剂,用量筒或移液管量取液体试剂。

(3)溶解。不易水解的固体可直接用适量的水在烧杯中溶解(必要时可加热)。易水解的固体试剂,必须先以少量浓酸(碱)使之溶解,然后加去离子水稀释至所需浓度。

(4)定量转移。将溶液从烧杯向容量瓶中转移后,应注意用少量水荡洗烧杯2~3次,并将荡洗液全部转移到容量瓶中,再定容到所示刻度。液体试剂则直接用移液管吸取较浓溶液注入容量瓶中,加去离子水定容,贴上标签备用。

【实验材料、仪器和试剂】

1. 仪器

托盘天平,分析天平,容量瓶(50 mL,100 mL),滴瓶,试剂瓶,吸量管(10 mL),量筒(50 mL,10 mL),烧杯。

2. 试剂

NaAc(固),1 mol/L HAc,Na_2CO_3(固)。

【实验方法和步骤】

(一) 实验基本操作

1. 量筒的使用

量筒是实验室经常用到的最普通的玻璃量器,其精度低于移液管、吸量管、滴定管和容量瓶,其定量方式分量出式和量入式两种。量入式量筒有磨口塞,其用途和用法与容量瓶相似,其容量精度介于量出式量筒和容量瓶之间。量筒的规格以所能量度的最大容量(mL)表示,常用有的 10、25、50、100、250、500 和 1000 mL 等。量筒越大,管径越粗,其精确度越小,由视线的偏差所造成的读数误差也越大。所以,实验中应根据所取溶液的体积,尽量选用能一次量取的最小规格的量筒。分次量取也能引起误差。如量取 70 mL 液体,应选用 100 mL 量筒。

向量筒里注入液体时,应用左手拿住量筒,使量筒略倾斜,右手拿试剂瓶,标签对准手心。使瓶口紧挨着量筒口,使液体缓缓流入,待注入的量比所需要的量稍少(约差 1 mL)时,应把量筒正放在桌面上,并改用胶头滴管逐滴加入到所需要的量。注入液体后,等 1~2 min,使附着在内壁上的液体流下来,再读取刻度值。否则,读出的数值将偏小。

读数时,应把量筒放在平整的桌面上,观察刻度时,视线、刻度线与量筒内液体的凹液面最低处三者保持水平,再读出所取液体的体积数。否则,读数会偏高或偏低。

量筒面上的标注刻度是指室内温度在 20℃时的体积数。温度升高,量筒发生热膨胀,容积会增大。因此,量筒不能加热,也不能用于量取过热的液体,更不能在量筒中进行化学反应或配制溶液。量取液体应在室温下进行。

2. 移液管与吸量管的使用

移液管与吸量管是准确量取一定体积液体的玻璃仪器,移液管是中间膨大、两端细长,上端刻有环形标线,中间没有分刻度,膨大部分标注它的容积和标定时的温度。由于读数部分管径小,其准确性较高。常用移液管的容积有 1、2、5、10、25、50 mL 等多种。吸量管具有分刻度,可以准确量取所需要刻度范围内某一体积的溶液,但准确度较前者差些。

(1) 移液管或吸量管的洗涤。检查移液管或吸量管内壁是否有水珠挂壁现象,如果有挂壁现象,依次用洗液、自来水和去离子水洗涤移液管或吸量管至内壁不再挂有水珠。然后吸取少量被移取溶液润洗 2~3 次。

洗涤方法:右手拿移液管或吸量管,管的下口插入洗液中,左手拿洗耳球,先把球内空气压出,把球的尖端紧按在移液管或吸量管的上口处,慢慢松开左手手指,将洗液慢慢吸入管内约至移液管或吸量管容积的1/5,用食指按住上管口,将移液管或吸量管放平,松开食指使洗液在管中流动,至移液管或吸量管内壁全部被洗液润湿,并停留 2 min。竖起移液管或吸量管放出洗液。如此用自来水、去离子水各润洗 3 次,最后一次去离子水润洗后,将移液管或吸量管的流液口抵在一小片滤纸上,吸去管尖内外余液。然后用被移取溶液润洗3次。

(2)移液。用右手拇指和中指捏住移液管或吸量管标线以上的部分,管尖插入溶液液面以下,插入液体里不能太深,防止管外壁蘸液体太多;也不要太浅,防止吸空。左手拿洗耳球,排空空气后紧按在吸管管口上,然后借助吸力使液面慢慢上升,管中液面上升至标线以上时,移去洗耳球,迅速用右手食指(食指最好干燥,不可用大拇指)按住上管口,右手垂直地握住移液管或吸量管使管尖靠在液面以上的烧杯内壁(注意不要接触烧杯中的溶液),稍松食指并用拇指及中指轻轻转动吸管,使管内液体的弯月面慢慢下降到标线处(注意:视线、液面、标线均应在同一水平面上),再次压紧管口,使液体不再流出。若管尖挂有液滴,可通过管尖与烧杯壁接触使液滴落下。

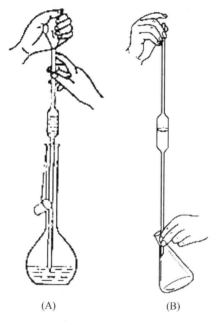

图 1-3-1　移液管的使用

(A) 移液　(B) 放液

(3)放液。将移液管或吸量管移至接收容器上方,管身直立,管尖靠在接收容器的内壁上,倾斜接收容器(约45°),松开食指,使溶液自由地沿壁流下,待液体不再流出时,等待15 s再拿出移液管或吸量管(如图1-3-1)。不要把残留在管尖嘴内的液体吹入容器里,因为在标定移液管容积时,已把这部分液体计算在内。但如果管上注有"吹"或"快吹"的字样,则需要将管尖的液体吹出。注意使用吸量管放液时,食指不要完全抬起来,以免液体过快流出,以致不能将液面控制在要求的刻度。

移液管和吸量管不应在烘箱中烘干。不能移取太热或太冷的溶液。同一实验中应尽可能使用同一支移液管,应尽可能使用同一支移液管的同一段,并且尽可能使用上面部分,而不用末端收缩部分,即每次都应从最上面刻度(0 刻度)处为起始点,往下放出所需体积的溶液,而不是需要多少体积就吸取多少体积,这样可以减小实验误差。移液管在使用完毕后,应立即用自来水及蒸馏水冲洗干净,置于移液管架上。

3. 容量瓶的使用

容量瓶是一种细颈梨形平底瓶,由无色或棕色玻璃制成。容量瓶的瓶塞是磨口玻璃的,一般是配套使用。容量瓶颈上刻有一环形标志,在所指温度下(一般为 20℃)液体凹液面与容量瓶颈部的标线相切时,溶液体积恰好与瓶上标注的体积相等。

(1)试漏。在瓶内加水至刻度线附近,盖好瓶塞,左手拿瓶,右手按紧瓶塞将瓶倒立,观察瓶塞周围是否渗水,如不渗水,把瓶直立后,旋转瓶塞 180°,再倒立,若仍不渗水,即可使用。用小绳将瓶塞系在瓶颈上,以免打碎或遗失瓶塞。

(2)洗涤。检查容量瓶的瓶颈是否有水珠挂壁,如果有挂壁现象,应用洗液清洗至无水珠挂壁。洗涤方法:将容量瓶容积 1/5 的洗液倒入容量瓶,盖好瓶塞,摇动或翻动容量瓶使洗液润湿容量瓶全部内壁,并停留 1～2 min,先用自来水洗干净,然后再用去离子水润洗 3 次后备用。

(3)溶液配制。如用固体物质配制溶液,不能在容量瓶里直接溶解。将准确称量好的药品,倒入干净的小烧杯中,加入少量溶剂将其完全溶解后再转移至容量瓶中。转移时,要使玻璃棒的下端靠近瓶颈内壁,烧杯嘴紧靠玻璃棒,使溶液沿玻璃棒缓缓流入瓶中,烧杯中的溶液流完后,将烧杯沿玻璃棒稍向上提,使附着在烧杯嘴上的溶液流回烧杯中,然后用少量溶剂冲洗玻璃棒和烧杯内壁,并转移到容量瓶中,如此重复操作 4～5 次,当溶液达 2/3 容量时,可将容量瓶沿水平方向摆动几周以使溶液初步混合。之后再继续加溶剂至近标线,等待 1～2 min,使黏附在瓶颈内壁的溶液流下,用滴管慢慢滴加,直至溶液的弯月面与标线相切。塞紧瓶塞,用左手食指按住塞子,右手的手指托住瓶底,将容量瓶倒转 10～20 次直到溶液混匀为止(图1-3-2)。注意,不要用手掌握住瓶身,以免体温使液体膨胀,影响容积的准确性。

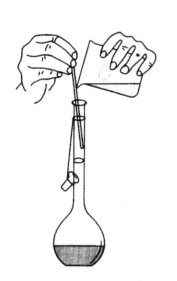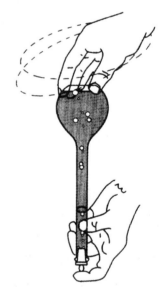

图 1-3-2　将溶液转移至容量瓶及容量瓶的倒转方法

如由一种浓度的溶液稀释为另一浓度的溶液,则用移液管准确移取一定量的浓溶液,放入容量瓶中,定容的方法同上。

容量瓶不能久贮溶液,尤其是碱性溶液,它会侵蚀瓶塞使其无法打开;也不能用火直接加热及烘烤。使用完毕后应立即洗净。如长时间不用,磨口处应洗净擦干,并用纸片将磨口与瓶身隔开。

（二）实验步骤

1. 一般溶液的配制

（1）醋酸溶液的配制。计算配制 0.2 mol/L HAc 溶液 50 mL 所需 1 mol/L HAc 的体积。量筒量取所需醋酸溶液倒入烧杯中，再用量筒量取去离子水 40 mL，加入其中，混匀后，移入 100 mL 试剂瓶中，盖上瓶塞，摇匀，贴上标签。

（2）醋酸钠溶液的配制。计算出配制 0.2 mol/L NaAc 溶液 100 mL 所需 NaAc 的量，在台秤上称取所需的 NaAc 置于有刻度的烧杯中，加入少量去离子水，用玻璃棒搅拌，溶解后稀释至 100 mL，移入试剂瓶，塞上瓶塞，摇匀，贴上标签。

2. 标准溶液的配制

（1）由固体试剂（基准物质）配制准确浓度溶液 0.5 mol/L Na_2CO_3 溶液 100.00 mL。在分析天平上准确称量所需的无水 Na_2CO_3，置于烧杯中，加入去离子水 40 mL，搅拌溶解后，移入容量瓶中。用少量去离子水洗涤烧杯、玻璃棒，洗涤液也移入容量瓶中，如此反复 2～3 次，最后用去离子水稀释至容量瓶刻度线处，盖上瓶塞、摇匀，然后将溶液移入试剂瓶中，贴上标签备用。

（2）由较浓的标准溶液配制较稀的标准溶液。用 0.5 mol/L Na_2CO_3 溶液配制 0.1000 mol/L Na_2CO_3 溶液 50.00 mL。计算所需浓溶液的用量，用吸量管（或移液管）吸取所需体积加入 50 mL 容量瓶中，再加入去离子水至容量瓶刻度线，摇匀，移入试剂瓶，贴上标签。

【注意事项】

（1）配制溶液时，应根据溶液浓度的准确度要求，确定所用天平的精密度和记录数据时的有效数字；应根据溶液性质选择相应的容器等。

（2）配制溶液时，应根据配制溶液的类型合理选择试剂的级别，不应超规格使用试剂，以免造成浪费。

（3）配好的溶液盛装在试剂瓶中，应贴好标签，注明溶液的浓度、名称、配制日期以及配制者等。

（4）实验报告要求写出配制过程、药品用量以及计算。

【思考题】

（1）用容量瓶配制溶液时，要不要先把容量瓶干燥？要不要用被稀释溶液洗 3 次？为什么？用容量瓶稀释溶液时，能否用量筒取浓溶液？

（2）用容量瓶配制溶液时，水没加到刻度以前能否把容量瓶倒置摇荡？为什么？

（3）容量瓶的哪一部分必须不挂水？为什么？

（4）如果使用已失去部分结晶水的草酸晶体配制草酸溶液，是否会影响该溶液浓度的精确度？为什么？

（5）某同学在配制醋酸钠溶液时，用分析天平称醋酸钠固体，用量筒取水来配制溶液，此操作对吗？为什么？

实验四　酸碱平衡与缓冲溶液的配制

【实验目的】

（1）认识酸碱平衡及影响酸碱平衡移动的因素。

（2）了解同离子效应对电解平衡的影响。

（3）了解水解作用及影响因素。

（4）学会配制缓冲溶液并验证其性质。

（5）学习酸度计的使用方法。

【实验安排】

（1）本实验安排 4 学时。在教师指导下，学生独立完成。

（2）实验重点：酸碱平衡及影响酸碱平衡移动的因素，掌握缓冲溶液的 pH 计算及配制方法、酸度计的使用方法。

（3）实验难点：影响酸碱平衡移动的因素，酸度计的使用方法。

【实验背景与原理】

酸碱平衡是相对动态的化学平衡，当外界条件发生变化时，旧的平衡被破坏，新的平衡会重新建立。如：

1. 同离子效应对弱酸弱碱电离平衡的影响

在弱电解质的溶液中加入含有相同离子的强电解质时，会使弱电解质的电离向左移动，从而降低弱电解质的电离度的现象称为同离子现象。例如，在 HAc 溶液中加入 NaAc，即

$$H_2O + HAc \rightleftharpoons H_3O^+ + Ac^- \qquad NaAc \rightleftharpoons Na^+ + Ac^-$$

2. 盐类水解对酸碱平衡的影响

在溶液中，强碱弱酸盐、强酸弱碱盐或弱酸弱碱盐电离出来的离子与水电离出来的 H^+ 与 OH^- 生成弱电解质的过程叫做盐类水解。其实质是弱电解质的生成，破坏了水的电离，促进水的电离平衡发生移动的过程。水解反应和中和反应处于动态平衡，水解反应为吸热反应。多元弱酸根离子分步水解，以第一步为主。

3. 缓冲溶液对酸碱平衡的影响

缓冲溶液是指由弱酸及其共轭碱（或弱碱及其共轭酸）所组成的能够缓解少量酸碱或水的影响，保持溶液的 pH 不发生显著变化的溶液。

（1）缓冲溶液 pH 按照下式计算，即

$$pH = pK_a^{\ominus} + \lg \frac{c_a}{c_b}$$

式中，$K_a^{\ominus}$ 为标准解离常数，c_a 为共轭酸的浓度，c_b 为共轭碱的浓度。

（2）缓冲能力。缓冲溶液中共轭酸碱对的浓度比越接近于 1，缓冲能力越大；共轭酸碱对的浓度越大，缓冲能力越大。

（3）缓冲溶液的配制。配制时注意选择弱酸的 $pK_a^{\ominus}$ 等于或接近所要求的 pH，再适当调节共轭酸碱的比值。可适当提高共轭酸碱对的浓度，以保证足够的缓冲能力，一般共轭酸碱

对的浓度在 0.1～1.0 mol/L 之间比较合适。

【实验材料、仪器和试剂】

1. 仪器

点滴板,试管,量筒(10 mL),滴管,小烧杯,酒精灯,酸度计。

2. 试剂

醋酸溶液(0.2 mol/L),甲基橙溶液,氨水(0.2 mol/L),酚酞指示剂,NaAc(0.2 mol/L,1 mol/L),精密 pH 试纸,HCl(0.01 mol/L,0.2 mol/L),广泛 pH 试纸,NaOH(0.2 mol/L),NH_4Ac(固)。

【实验方法和步骤】

(一) 实验基本操作

1. 试剂取用

(1) 液体试剂的取法。从试剂瓶取用试剂的方法如图 1-4-1 所示,取下瓶塞倒置在台上,用左手的拇指、食指和中指拿住容器(如试管、量筒等)。用右手拿起试剂瓶,试剂瓶上的标签对着手心,慢慢倒出试剂。倒完后,将试剂瓶口在容器上靠一下,再使瓶子竖直,避免遗留在瓶口的试剂从瓶口流到试剂瓶的外壁。如盛接容器是烧杯,则应左手持玻璃棒,让试剂瓶口靠在玻璃棒上,使溶液顺玻璃棒流入烧杯。倒毕,应将瓶口顺玻璃棒向上提一下再离开玻璃棒,使瓶口残留的溶液顺玻璃棒流入烧杯。注意,倒入容器的液体体积不可超过容器容积的 2/3,对于试管则不能超过 1/2。

图 1-4-1　倾注法取用液体试剂

从滴瓶中取用少量试剂时,先提起滴管,使管口离开液面,排除空气后再将滴管伸入试剂瓶中吸取试剂。将试剂滴入盛接容器时,将滴管悬空地放在靠近容器上方,禁止将滴管伸入容器内,以免滴管的尖端接触容器内壁。注意滴管要保持垂直,不得倾斜或倒立,以防管内溶液流入橡皮头,腐蚀橡皮头并污染滴瓶内的溶液。滴瓶上的滴管要专用,使用后应立即将滴管插回原来的滴瓶中,不能和其他滴瓶上的滴管混用。

定量取用试剂时,要根据准确度的要求不同选用量筒、移液管或吸量管。多余的试剂禁止倒回原瓶,可倒入指定容器内供他人使用。

定性分析时,不需要用量具准确量取药品,一般滴管的 1 滴液体约为 0.05 mL,即 1 mL 约为 20～25 滴,可以据此进行估量取用。

(2) 固体试剂的取法。固体试剂一般都用药匙取用。药匙用牛角、塑料或不锈钢制成,两端分别为大小两个匙。取药品的药匙,应保持干燥而洁净,取出试剂后,将药匙洗干净。有时也可用称量纸折成纸槽来取药品(图 1-4-2)。

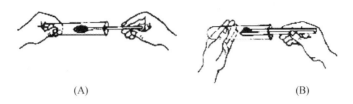

（A）　　　　　　　　　　　　　　　　　　（B）

图 1-4-2　固体试剂的取用方法

（A）用药匙（容器要干燥）　（B）用纸槽

称取一定量的固体试剂时，可把固体放在干净的称量纸上或表面皿上，再根据要求在台秤或分析天平上称量。具有腐蚀性或易潮解的固体不能放在纸上，应放在玻璃容器（小烧杯或表面皿）内称量。容易潮解的固体应放在称量瓶中，采用减量法称量。

取用试剂前，注意核对标签，确认无误后取用。取完各类试剂后，立刻盖上瓶塞，并把试剂瓶放回原处，并使瓶上的标签朝外。取用试剂时注意节约，需要多少就取多少，多余的试剂不得倒回原瓶，有回收价值的试剂，可以放入回收瓶中。取用易挥发的试剂如浓盐酸、浓硝酸等，应在通风橱中进行。取用剧毒或强腐蚀性的药品，应戴手套，避免药品沾到手上。

2．点滴板

点滴板是带有孔穴（或凹穴）的瓷板或厚玻璃板，有白色和黑色两种，在化学定性分析中做显色或沉淀点滴实验时用。点滴反应在孔（凹）穴中进行，有显色反应的用白瓷（透明厚玻璃）板，白色或黄色沉淀用黑瓷（深色厚玻璃）板。点滴板有 6 孔、9 孔、12 孔等规格，因此在同一块板上便于做对照实验，便于洗涤但不能用于加热反应。

3．pH 试纸

通过颜色变化来检测溶液 pH 的试纸称为 pH 试纸。

（1）pH 试纸分为两类：广泛试纸和精密试纸。广泛试纸的变色范围为 1～14，主要用于粗略的测量溶液的 pH；精密 pH 试纸在 pH 变化较小时就会发生颜色变化，用于较精确地测定溶液的 pH。精密 pH 试纸按 pH 的变化区间可分为：2.7～4.7；3.8～5.4；5.4～7.0；6.8～8.4；8.2～10.0；9.5～13.0 等。实际使用时，应根据溶液的 pH 范围选择不同的精密 pH 试纸进行测量，精度为小数点后一位。

（2）试纸的使用方法。将一小块试纸放在表面皿或白色点滴板的小凹穴内，用蘸有待测溶液的玻璃棒点试纸的中部，试纸被待测溶液润湿后显色。当试纸变色后，将其与所附的标准色板比较，即可粗略确定待测溶液的 pH 或 pH 范围。注意不要将待测溶液滴在试纸上，也不能将试纸浸泡在待测溶液中，以免造成误差或污染溶液。

4．酒精灯加热试管方法

酒精灯是以酒精为燃料的加热工具，用于加热物体。酒精灯由灯体、灯芯管和灯帽组成。酒精灯的加热温度 400～500℃，适用于不需太高温度的实验，特别是在没有煤气设备时经常使用。

用酒精灯加热试管时，试管外壁应干燥，如有水珠应擦干，试管里的液体不应超过试管容积的 1/3。用试管夹夹持试管（试管夹夹持试管的方法是：把试管夹张开，由试管底部套上、取下，不得横套横出）。加热时，应将试管倾斜，以与桌面成 45°为宜。加热时，应先使整个试管均匀受热，然后小心地在溶液的中下部加热（不要集中烧试管底部以防溶液喷出），并不断摇动试管，保持试管在灯焰内缓缓转动。试管底部应位于酒精灯的外焰部分（外焰温度最高），加热时不能使试管底部跟灯芯接触（因灯芯温度较低，较热的试管底部突然冷却容易炸裂）。

(二) 实验步骤

1. 同离子效应对弱酸弱碱电离的影响

(1) 取 0.2 mol/L 醋酸溶液 2 mL,加甲基橙溶液 1 滴,然后加入少量 NH$_4$Ac 固体,观察指示剂颜色的变化。

(2) 取 0.2 mol/L 氨水 2 mL,加酚酞溶液 1 滴,然后加入少量 NH$_4$Ac 固体,观察指示剂颜色的变化。

2. 盐类的水解

在试管中加入 1 mol/L NaAc 溶液 2 mL,加入酚酞溶液 1 滴,观察溶液颜色变化,加热溶液至沸腾,观察溶液颜色的变化;将溶液放至接近室温,用自来水冷却,观察溶液颜色又发生怎样的变化?

3. 缓冲溶液的配制与性质

(1) 配制 pH 4.0 总浓度为 0.1 mol/L 的 HAc-NaAc 缓冲溶液 20 mL,用 0.2 mol/L 的 HAc 和 0.2 mol/L NaAc 溶液来配制。计算所需两种溶液的体积,然后按计算的数量进行配制(要注意量取溶液的量具),配制好后,用精密 pH 试纸及酸度计检测 pH 是否符合要求,比较理论计算值与两种测定方法所得到的实验测定值是否相符。

(2) 取两支小试管,分别取(1)配制的缓冲溶液 5 mL,一支中加入 0.2 mol/L HCl 1 滴,用广泛 pH 试纸测定加入 HCl 后的 pH;另一支试管中加 0.2 mol/L NaOH 1 滴,用广泛 pH 试纸测定加入 NaOH 后的 pH。

(3) 在小烧杯中加入去离子水 10 mL 和 0.01 mol/L HCl 2 滴,用玻璃棒搅匀后,用广泛 pH 试纸测定 pH;将溶液分成两份,一份中加入 0.2 mol/L HCl 1 滴,另一份中加入 0.2 mol/L NaOH 1 滴,再分别测定 pH。

(4) 在小烧杯中加入 0.2 mol/L NaAc 溶液 5 mL,用广泛 pH 试纸测定 pH;将溶液分成两份,一份中加入 0.2 mol/L HCl 1 滴,另一份中加入 0.2 mol/L NaOH 1 滴,再分别测定 pH。

将上述实验结果填入下表。

实验步骤	实验现象及数据	现象解释及讨论
1. 同离子效应 (1) 0.2 mol/L HAc 2 mL 　　＋甲基橙 1 滴 　　＋少量 NH$_4$Ac (2) 0.2 mol/L NaOH 2 mL 　　＋酚酞 1 滴 　　＋少量 NH$_4$Ac		
2. 盐类的水解 　1 mol/L NaAc 溶液 2 mL 　＋酚酞 1 滴 　加热 　冷却		

续表

实验步骤	实验现象及数据	现象解释及讨论
3.（1）HAc-NaAc 溶液配制与 pH 测定 （2）HAc-NaAc 溶液 　　＋0.2 mol/L HCl 1 滴 　　＋0.2 mol/L NaOH 1 滴 （3）去离子水 　　＋ 0.01 mol/L HCl 2 滴 　　＋0.2 mol/L HCl 1 滴 　　＋0.2 mol/L NaOH 1 滴		

【注意事项】

（1）一定要用火柴点燃酒精灯,绝不能用一盏酒精灯去点燃另一盏酒精灯。加热完毕或要添加酒精时,应用灯帽将其盖熄,不能用嘴吹熄。

（2）酒精灯壶内酒精少于其容积 1/2 时应添加酒精。酒精不能装得太满,以不超过灯壶容积的 2/3 为宜。不要向燃着的酒精灯内添加酒精。不用的酒精灯必须将灯帽罩上,以免酒精挥发。

（3）用酒精灯加热试管时,注意不要将试管口对着自己或别人,更不能把眼睛对着正在加热的试管口张望。

（4）了解酸度计的正确使用方法,注意保护电极。

【思考题】

（1）缓冲溶液的 pH 由哪些因素决定?

（2）如何用 pH 试纸测定有色溶液的 pH? 为什么?

（3）使用 pH 试纸检验溶液的 pH 时,应注意哪些问题?

（4）将 0.1 mol/L HCl 溶液 20 mL 与 0.2 mol/L $NH_3 \cdot H_2O$ 溶液 10 mL 混合,所得溶液是否具有缓冲作用? 若将 0.1 mol/L HCl 溶液 10 mL 与 0.2 mol/L $NH_3 \cdot H_2O$ 溶液 10 mL 混合,所得溶液是否具有缓冲作用? 为什么?

（5）讨论：在配制缓冲溶液时,计算值与实测值会有差距吗? 为什么?

实验五　容量器皿的校准

【实验目的】

（1）掌握滴定管、移液管、容量瓶的使用方法。

（2）学习容量器皿的校准方法,了解容量瓶器皿校准的意义。

（3）进一步熟悉分析天平的称量操作。

【实验安排】

（1）本实验安排 4 学时。在教师指导下,学生独立完成。

（2）实验重点：掌握酸式滴定管的使用方法。

（3）实验难点：容量器皿的校准方法、酸式滴定管的使用方法。

【实验背景与原理】

滴定管、移液管和容量瓶是滴定分析法所用的主要玻璃量器，都具有刻度和标称容量。合格产品的容量误差应小于国家规定的容量允差。实际工作中各种因素造成容量器皿的容积与其所标出的体积并非完全相符合。因此，在准确度要求较高的分析工作中，使用前必须对容量器皿进行校准。

容量器皿校准的方法是：称量量器中量入或量出的水的质量，根据该温度下水的密度，计算出该量器在20℃（玻璃容量器皿的标准温度为20℃）时的实际容积。由质量换算成容积时，需考虑三方面因素的影响：① 温度对水的密度的影响；② 温度对玻璃器皿容积的影响；③ 空气浮力对称量水的质量的影响。

为了方便计算，将上述三种因素综合考虑，得到一个总校准值（见表1-5-1）。表中的数字表示在一定的空气密度、温度下，一定材质的玻璃量器所容纳或释出单位体积的纯水于20℃时与黄铜砝码平衡所需砝码的质量。应用该表中的数据进行校准十分方便。

实际应用时，只要称取被校准的量器量入和量出纯水的质量，再除以该温度纯水的密度值，便是该容量器皿在20℃时的实际容积。

例如，在18℃校准滴定管时，称得纯水的质量为 9.97 g，查表得18℃时水的密度为 0.9975 g/mL，在20℃时它的实际容积为：

$$\frac{9.97 \text{ g}}{0.9975 \text{ g/mL}} = 9.99 \text{ mL}$$

容量器皿是以20℃为标准来校准的，使用时则不一定在20℃，因此，容量器皿的容积以及溶液的体积都会发生改变。由于玻璃的膨胀系数很小，在温度相差不太大时，容量器皿的容积改变可以忽略。稀溶液的密度一般可用相应水的密度来代替。

在实际工作中，容量瓶与移液管常常是配合使用。此时重要的不是知道各自的准确容量，而是二者的容量是否为准确的整数倍关系。例如，10 mL 移液管从100 mL 容量瓶中量出的试液是否为这份试样的1/10，这时可采用相对校准法对这两件量器进行校准（具体方法见实验步骤）。

表 1-5-1 不同温度下纯水的密度值

（空气密度为 1.2 g/L，钠钙玻璃体膨胀系数为 $2.5 \times 10^{-5} \, ℃^{-1}$）

温度/℃	ρ_w/(g · mL^{-1})	温度/℃	ρ_w/(g · mL^{-1})
10	0.9984	21	0.9970
11	0.9983	22	0.9968
12	0.9982	23	0.9966
13	0.9981	24	0.9964
14	0.9980	25	0.9961
15	0.9979	26	0.9959
16	0.9978	27	0.9956
17	0.9976	28	0.9954
18	0.9975	29	0.9951
19	0.9973	30	0.9948
20	0.9972	31	0.9946

【实验材料、仪器和试剂】

单盘电光天平,酸式滴定管(50 mL),移液管(10 mL),容量瓶(100 mL),温度计(分度值0.1℃),具塞锥形瓶(50 mL)等。

【实验方法和步骤】

(一) 实验基本操作

1. 酸式滴定管的使用方法

滴定管是滴定时用来准确测量滴定溶液体积的一类量出式玻璃仪器。一般分酸式和碱式两种。酸式滴定管(图 1-5-1)的刻度管和下端的尖嘴玻璃管通过玻璃活塞相连,适于装盛酸性或氧化性的溶液。

(1)检查。使用前要首先检查酸式滴定管的活塞与活塞套是否配合紧密。

(2)洗涤。先用自来水冲洗滴定管,检查滴定管内壁是否挂有水珠,如果有须先用洗液清洗。清洗方法:将滴定管内的水除净,关闭活塞。将洗液倒入一个小烧杯中,用小烧杯将 10～15 mL 洗液从上管口加入滴定管中,两手端住滴定管,边转动边向管口倾斜,直至洗液布满整个管壁,立起滴定管打开活塞,将洗液放回小烧杯中,然后再用自来水和去离子水各润洗 3 次。洗净的滴定管内壁应不挂水珠。

(3)涂油。酸式滴定管洗净后,玻璃活塞处要涂油(起密封和润滑作用)。将滴定管平放在实验台上,取下活塞,卷上一小片滤纸后,插入

图 1-5-1 酸式滴定管

活塞套内,转动活塞几次,再带动活塞一起转动几次,以擦去活塞表面和活塞套内表面的水和油污。再换 1～2 次滤纸反复擦拭,最后一张滤纸留在活塞套内(以防取出活塞涂油时,滴定管壁上的水进入活塞套内),抽出活塞,用小木棒蘸少许油,在活塞的粗头避开小孔,从孔边向手柄端均匀地划一条线,之后,每旋转 90°操作一次,重复操作 3 次。在活塞套小头内侧避开塞孔,类似活塞上操作,由塞孔向细端均匀地划 4 条线(如图 1-5-2),然后将活塞插入活塞套中,单方向旋转活塞,直至活塞与活塞套接触处全部透明为止。把装好活塞的滴定管平放在桌上,活塞小头朝上,手柄端抵靠在桌面上,顶住活塞,在活塞小头的凹槽内套上一小橡皮圈(可从乳胶管上剪下一小圈),将活塞固定在活塞套内,以防活塞滑出。此法较之用手指在活塞两端分别涂一层油的方法能较好地避免油堵塞活塞孔。涂好的活塞要转动自如且不漏水。否则,应重新处理。

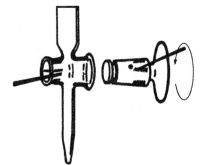

(4)检漏。将滴定管内装水至“0”刻度线处,直立夹在滴定管架上,放置 2 min,观察液面是否下降,活塞边缘有无水渗出,管尖有无水滴滴下。将活塞旋转 180°,放置 2 min,再观察,如无漏水现象,即可使用。

图 1-5-2 酸式滴定管涂油的方法

(5) 装液和赶气泡。用一只手的食指按住装有滴定溶液的试剂瓶瓶塞上部,其余四指拿住瓶颈,另一手托住瓶底,多次振荡,将瓶中溶液摇匀,使凝结在瓶内壁上的水珠混入溶液。

用少量滴定溶液将滴定管润洗 3 次,每次用量约为滴定管容积的 1/5,然后将滴定溶液直接装入滴定管至"0"刻度线以上。检查管尖及活塞附近有无气泡,如有气泡,应按下法排出:用右手拿住滴定管使其倾斜 30°,左手迅速打开活塞,使溶液迅速冲下将气泡冲出(图 1-5-3)。赶尽滴定管尖端的气泡后,重新装满操作溶液至"0"刻度线上,将滴定管竖直夹在滴定管架上,等待 1 min 后再调节零点。用一个小烧杯放在滴定管下口处,左手拇指在前,食指及中指在后,操纵活塞柄,用无名指的中间指节顶住活塞下的玻璃管,旋转活塞时,手指微微弯曲,轻轻向手心方向内扣,手心空握,不要顶住活塞小头一端,以免顶出活塞使溶液漏出。轻旋活塞调节液面至"0"刻度或"0"刻度线以下附近部位,用管尖靠一下小烧杯内壁,除去管尖余滴,进行读数,并记录数据。滴定时,最好每次都从"0"刻度处,或接近"0"刻度的任一准确刻度开始,这样可使每次读数差不多都在滴定管的同一部位,以消除由于滴定管刻度不准确而引起的误差。

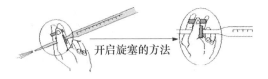

开启旋塞的方法

图 1-5-3 酸式滴定管赶气泡的方法

(6) 滴定管的读数。滴定管应垂直夹在滴定台上读数或用两只手拿住滴定管的上端使其悬垂后读数,注入或放出溶液后应静置 30 s～1 min 后才能读数,对于无色或浅色溶液,读数应取弯月面下缘实线的最低点。读数时视线应与弯月面下缘实线的最低点相切,即视线应与弯月面下缘实线的最低点在同一水平线上,眼睛的位置不同会得出不同的读数(如图 1-5-4(A))。对于有色溶液,应使视线与液面两侧的最高点相切(如图 1-5-4(B)),初读数和终读数应用同一标准。所取数值要求保留小数点后两位。

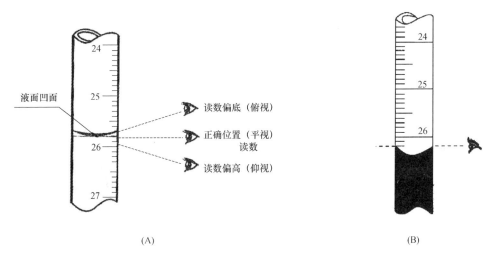

液面凹面

读数偏底(俯视)

正确位置(平视)
读数

读数偏高(仰视)

(A)   (B)

图 1-5-4 滴定管读数的方法
(A)普通滴定管读数示意 (B)深色滴定管读数示意

(7) 滴定操作。读取初读数后,按图 1-5-5 所示,将滴定管尖嘴插入锥形瓶口内约 1 cm

处,左手握塞,控制溶液的流量,右手拇指、食指和中指握住锥形瓶的瓶颈,无名指、小指辅助在瓶内侧,转动腕关节,单方向摇动锥形瓶。使瓶内溶液沿一个方向旋转,使滴下的溶液尽快混匀。不要前后或左右摇动锥形瓶。注意左右两手要配合默契,做到边滴定边摇动,以利于反应迅速进行完全。滴定的同时眼睛要注意观察溶液颜色的变化,不得看滴定管。滴定时还要注意滴定速度的控制,开始时,滴定速度可以稍快些,一般以 3~4 滴/s 为宜,可如断线的珠子一般,切不可成股流下。接近终点时,应放慢滴液速度,逐滴加入,每加 1 滴需摇动锥形瓶几下,最后加半滴甚至 1/4 滴溶液就摇动几下,并用少量蒸馏水冲洗锥形瓶内壁,使溅起的溶液流下,直至溶液出现明显颜色变化即停止滴定。滴加半滴或 1/4 滴的方法:微微转动活塞,使液滴悬挂在滴定管尖上不让液滴自由滴下,形成半滴或 1/4 滴,用锥形瓶内壁将其沾落,再用洗瓶以少量蒸馏水吹洗锥形瓶内壁,或直接用洗瓶将悬挂的液滴直接冲入瓶内。

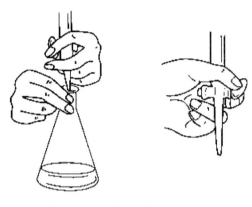

图 1-5-5　酸式滴定管的使用方法

在烧杯中滴定时,不可摇动烧杯,应将烧杯放在滴定台上,调节滴定管的高度,使滴定管下端伸入烧杯中心的左后方 1~2 cm,但不要靠烧杯内壁。右手持玻璃棒在右前方搅拌溶液,滴加溶液的同时,用玻璃棒顺着一个方向充分搅拌,但不得接触烧杯壁和底部。加半滴或 1/4 滴时,用玻璃棒接住悬挂的液滴(不要接触滴定管尖),放入溶液中搅拌。注意,滴定过程中不要随便把玻璃棒拿出烧杯,避免玻璃棒上沾的溶液损失。

滴定结束后,将滴定管中剩余的溶液弃去,随即洗干净滴定管。须注意,弃去的溶液不得倒回原瓶,以免污染溶液。

2. 移液管与吸量管的使用

见本篇实验三中"溶液的配制"。

3. 容量瓶的使用

见本篇实验三中"溶液的配制"。

(二) 实验步骤

1. 滴定管校准(称量法)

将 1 根洗净的酸式滴定管,注入去离子水至"0"刻度线上约 5 mm。把滴定管垂直挂在滴定台上,等待 30 s 后调节液面至 0.00 mL。然后按滴定速度向已知质量(称准至 0.001 g)且外壁干燥的 50 mL 具塞锥形瓶中放水,当液面降至被校分度线上 0.5 mL 时,等待 15 s,再在 10 s 内将液面调至被校分度线,随即用锥形瓶内壁靠下滴定管尖液滴,立即盖上瓶塞进行称量,两次质量差即为水的质量。照此方法,每次以 10.00 mL 为一段进行校正,直至 50 mL。根据称得的水的质量,查表 1-5-1 计算出滴定管中各段的实际容积。根据滴定管所标示容积与实际容积之差,求出其校准值。

重复校准 1 次(两次校正值之差,应小于 0.02 mL),并求出校正值的平均值。

2. 移液管和容量瓶的相对校准

将 100 mL 容量瓶洗净、晾干,用 10 mL 移液管准确吸取去离子水至容量瓶中,共取 10

次,观察瓶颈处水的弯月面是否与标线相切。否则,应另作一记号为标线(可用透明胶带),作为与该移液管配套使用时的容积。

【实验提示与注意事项】

(1) 校正容量器皿时,必须严格遵守它们的使用规则。

(2) 称量用的具塞锥形瓶不得用手直接拿取。

【思考题】

(1) 在校准滴定管时称量水的质量,为什么只要精确至 0.001 g?

(2) 从滴定管放去离子水到称量的具塞锥形瓶内时,应注意些什么?

(3) 滴定管下端尖管部分有气泡存在时对结果有何影响? 应如何除去?

(4) 使用移液管的操作要领是什么? 如何正确吸取溶液并准确地移入容量瓶中?

实验六　滴定分析基本操作练习

【实验目的】

(1) 掌握酸碱滴定的原理。

(2) 掌握滴定基本操作,学会正确判断滴定终点。

(3) 进一步熟悉滴定管、移液管、容量瓶的使用方法。

【实验安排】

(1) 本实验安排 4 学时。在教师指导下,学生独立完成。

(2) 实验重点:碱式滴定管的使用方法。

(3) 实验难点:正确判断终点的方法。

【实验背景与原理】

滴定分析法是根据化学反应进行的分析方法,是将滴定剂(已知准确浓度的标准溶液)滴加到含有被测组分的试液中,直到化学反应完全为止,然后根据滴定剂的浓度和消耗的体积计算被测组分含量的一种方法。如,酸(A)与碱(B)的中和反应为

$$aA + bB \Longrightarrow cC + dH_2O$$

当反应达到化学计量点时,则 $\dfrac{n_A}{n_B} = \dfrac{a}{b}$

因为 $n_A = c_A V_A$, $n_B = c_B V_B$;所以

$$c_A V_A = \frac{a}{b} c_B V_B \tag{1}$$

式中: c_A, c_B 分别为 A,B 的浓度(mol/L), V_A, V_B 分别为 A,B 的体积(L 或 mL)。

当其中一溶液的浓度已确定,则另一溶液的浓度可求出。

本实验以酚酞(变色范围 pH 8.0~9.6)为指示剂,用 NaOH 溶液分别滴定 HCl 和 HAc 溶液,通过观察滴定剂落点处周围颜色改变的快慢判断终点是否临近;临近终点时,要能控

制滴定剂一滴一滴地或半滴半滴地加入,至最后一滴或半滴使溶液由无色变为淡粉红色时,即表示已到达终点。由计算公式(1),可求出酸或碱的浓度。

【实验材料、仪器和试剂】

1. 仪器

碱式滴定管,移液管,锥形瓶。

2. 试剂

HCl 标准溶液(0.1 mol/L,准确浓度已知),NaOH 溶液(浓度待标定),HAc 溶液(0.1 mol/L,浓度待标定),酚酞溶液(0.2%乙醇溶液)等。

【实验方法和步骤】

(一) 实验基本操作——碱式滴定管的使用方法

碱式滴定管(图 1-6-1)适于装盛碱性溶液。碱式滴定管的刻度管与下端的尖嘴玻璃管之间用乳胶管连接,乳胶管内装有一个直径比乳胶管内径略大一些的玻璃珠,以替代玻璃活塞控制碱液的流速。

1. 洗涤

用自来水冲洗滴定管,要求滴定管内壁无水珠挂壁,否则须用洗液清洗。清洗方法为:将滴定管内的水除净,在加入洗液前,先将玻璃球向上推至滴定管的玻璃管下管口,使其紧贴玻璃管管口,以堵住管口防止洗液进入橡皮管,腐蚀橡皮管。将洗液倒入一小烧杯中,用小烧杯将 10～15 mL 洗液从上管口加入滴定管中,两手端住滴定管,边转动边向管口倾斜,直至洗液布满整个管壁,从滴定管上口将洗液倒回小烧杯中,然后再用自来水和去离子水各润洗 3 次,至内壁不挂水珠为止。

2. 检漏

将滴定管内装水至"0"刻度线处,直立夹在滴定管架上,放置 2 min,观察液面是否下降,管尖有无水滴滴出。如漏水应调换橡皮管中的玻璃球,

图 1-6-1 碱式滴定管

如无漏水现象,即可使用。

3. 装液和赶气泡

用少量滴定剂润洗 3 次,每次用量约为滴定管容积的 1/5,然后将滴定剂直接装入滴定管至"0"刻度线以上。检查尖嘴玻璃管及乳胶管内有无气泡,如有气泡,应按下法排出:
① 若玻璃球以上部分有气泡,可用力挤压玻璃球上部的乳胶管,使气泡从滴定管上口排出。② 若玻璃球以下部分有气泡,先将滴定管倾斜 45°,然后将尖嘴玻璃管轻轻抬起,挤压橡皮管中的玻璃球,将气泡赶出(图 1-6-2)。赶净气泡后,重新装满滴定剂至"0"刻度线上,将滴定管竖直夹在滴定管架上,等待 1 min 后再调节零点。用一小烧杯放在滴定管下口处,左手拇指在前,食指在后,捏住乳胶管中玻璃球

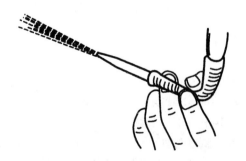

图 1-6-2 碱式滴定管排气泡的方法

的上半部,轻轻挤压玻璃球外边的乳胶管,使乳胶管与玻璃球之间形成小间隙,多余的滴定液流入小烧杯,调节液面至"0"刻度或稍低于"0"刻度线的位置,用管尖靠一下小烧杯内壁,除去管尖余滴,读数,并记录数据。

4. 读数

读数时,滴定管应垂直夹在滴定台上或用两只手拿住滴定管的上端使其悬垂;注入或放出溶液后应静置 30 s～1 min 后才能读数;对于无色或浅色溶液,读数时视线应与弯月面下缘实线的最低点相切。对于有色溶液,应使视线与液面两侧的最高点相切,初读数和终读数应用同一标准。取值应保留小数点后两位。

5. 滴定操作

读取初读数后,如图 1-6-3 所示,将滴定管尖嘴插入锥形瓶口内约 1 cm 处,左手拇指在前,食指在后,捏住乳胶管中玻璃球的上半部,轻轻挤压玻璃球外边的乳胶管,使乳胶管与玻璃球之间形成小间隙,溶液经过该缝隙从滴定管滴出,调节缝隙大小以控制滴定速度。注意不要捏玻璃球下半部的橡皮管,否则尖嘴内易产生气泡,影响滴定的准确度。右手拇指、食指和中指握住锥形瓶颈,单方向摇动锥形瓶。使瓶内溶液沿一个方向旋转。边摇边滴,使滴下的溶液尽快混匀。滴定开始时,溶液颜色无明显变化,滴定速度可快一些,控制滴定液成滴流出,如断线的珠子一般,不可成股流出;随着滴定的进行,滴定液落点周围溶液出现暂时性颜色变化,并随着锥形瓶摇动,颜色很快褪去;当接近终点时,颜色褪去速度变慢,可用洗瓶吹洗锥形瓶内壁,注意水量不宜过多,然后逐滴进行滴定,直至加入滴定液需摇动2～3次锥形瓶颜色方才褪去,说明距终点已很近,此时应轻捏玻璃球外橡皮管,控制滴定液悬在管尖不落下,形成半滴,用锥形瓶内壁将滴定液靠下,然后用洗瓶将其吹洗入溶液中,将溶液摇匀,如此至溶液颜色刚刚出现到达终点应有的颜色变化,且 30 s 不褪色为止,即为终点。滴定至终点后,读取终读数并作好记录。

图 1-6-3 碱式滴定管的使用

(二) 实验步骤

1. NaOH 溶液浓度的标定

用 0.1 mol/L NaOH 操作液润洗已洗净的碱式滴定管 3 次,按照实验基本操作方法装好操作液,静置 1 min,准确读数,并记录数据。

用 0.1 mol/L HCl 标准溶液润洗已洗净的 25 mL 移液管 3 次,每次用量约为滴定管容积的 1/5,准确移取25.00 mL 的 HCl 标准溶液于 250 mL 锥形瓶中,加入酚酞指示剂2～3滴,用 0.1 mol/L NaOH 操作液滴定酸液至加入半滴 NaOH 操作液,溶液变为明显的淡粉色,且 30 s 不褪为止,此时即为终点。将 NaOH 操作液读数记录于表 1-6-1 中。重新装满溶液(每次滴定最好用滴定管的相同部分),重新移取 HCl 溶液,按上法再滴定 2 次,计算NaOH 浓度。3 次测定结果的相对平均偏差应小于 0.2%。

表 1-6-1

测 定 序 号		1	2	3
HCl 标准溶液的浓度/(mol·L^{-1})				
HCl 标准溶液的净用量/mL		25.00	25.00	25.00
NaOH 操作液	初读数/mL			
	终读数/mL			
	净用量/mL			
NaOH 溶液的浓度/(mol·L^{-1})				
平均值/(mol·L^{-1})				
相对平均偏差				

2. HAc 溶液浓度的测定

用上面已测知浓度的 NaOH 溶液,按上法测定 HAc 溶液的浓度 3 次。将结果记录于表 1-6-2 中。3 次测定结果的相对平均偏差应小于 0.2%。

表 1-6-2

测 定 序 号		1	2	3
NaOH 标准溶液的浓度/(mol·L^{-1})				
NaOH 操作液	初读数/mL			
	终读数/mL			
	净用量/mL			
HAc 溶液净用量/mL		25.00	25.00	25.00
HAc 溶液的浓度/(mol·L^{-1})				
平均值/(mol·L^{-1})				
相对平均偏差				

【实验提示与注意事项】

(1) 读数前要将管内的气泡赶尽,尖嘴内充满液体。

(2) 读数需进行两次,第一次读数时必须先调整液面在 0 刻度或 0 刻度以下。

【思考题】

(1) 滴定管和移液管使用前均需用待装溶液润洗,原因何在?滴定用的锥形瓶是否也要用待装溶液润洗?为什么?

(2) 用 NaOH 溶液滴定 HAc 溶液测定其浓度,取 10.00 mL 与取 25.00 mL HAc 溶液相比,所得的结果,哪一个误差大?

(3) 以下情况对滴定结果有何影响?

① 滴定管内壁挂有液滴;

② 滴定管尖端留有气泡;

③ 滴定近终点时,没有用蒸馏水冲洗锥形瓶的内壁;

④ 滴定结束时,有液滴悬挂在滴定管的尖端处。

实验七　盐酸标准溶液的配制与标定

【实验目的】

（1）学会运用间接配制法配制标准溶液。

（2）进一步熟练使用减量称量法称取基准试样。

（3）学会用基准物质来标定标准溶液浓度的方法，掌握滴定操作及终点的判断方法。

（4）初步掌握数理统计在分析化学中的应用。

【实验安排】

（1）本实验安排 4 学时。在教师指导下，学生独立完成。

（2）实验重点：HCl 标准溶液的标定原理，滴定操作技术（终点的控制，要求能控制半滴和 1/4 滴）。

（3）实验难点：初步数理统计的方法、滴液速度控制技术。

【实验背景与原理】

浓盐酸易挥发，需用间接法配制盐酸标准溶液。首先根据 $c_1V_1 = c_2V_2$，配制一定浓度的盐酸溶液，用基准物质标定后方可用作标准溶液。标定盐酸常用的基准物质是无水碳酸钠和硼砂等，本实验采用无水碳酸钠，其反应式为

$$Na_2CO_3 + 2HCl =\!=\!= 2NaCl + CO_2 \uparrow + H_2O$$

滴定终点的确定可借助酸碱指示剂。指示剂本身是一种弱酸或弱碱，在不同的 pH 范围内可显示出不同的颜色，滴定时应根据不同的滴定体系选用不同的指示剂，以减少滴定误差。实验室常用的酸碱指示剂有酚酞、甲基红、甲基橙等。还可以用混合指示剂，混合指示利用颜色之间的互补，颜色变化较为敏锐，变色范围较窄。

盐酸与碳酸钠反应完全时，化学计量点的 pH 为 3.89，可以用溴甲酚绿-二甲基黄混合指示剂指示终点，其变色点为 pH 3.9。此时颜色由绿色（或蓝绿色）变为亮黄色，根据碳酸钠的质量和所消耗盐酸的体积，可以计算出盐酸的浓度。

测定过程中，不仅要经过多步操作，使用多种仪器和试剂，还会受到测定者本身的各种因素的影响，因此测量结果与真实值之间存在一定的差距。只有在不存在系统误差的前提下，无限次测量结果的平均值才接近真实值。但在实际工作中不可能对盐酸浓度进行无限次标定，只能进行有限次测量，通常平行测定 3～5 次。测定结果可用数理统计的方法，进行离群值的判断和取舍后，通过计算平均值、标准偏差等来判断测定结果与真实值的接近程度，进而评价分析结果的好坏。

【实验材料、仪器和试剂】

1. 仪器

分析天平，50 mL 酸式滴定管，250 mL 锥形瓶，量筒（5 mL），试剂瓶，烧杯（1000 mL）。

2. 试剂

浓盐酸;无水碳酸钠基准物质(于 270～300℃烘干至恒重后、放入干燥器中备用);甲基红-溴甲酚绿混合指示剂:0.2％溴甲酚绿乙醇溶液 4 份＋0.2％甲基红乙醇溶液 1 份。

【实验方法和步骤】

1. 0.1 mol/L HCl 溶液的配制

用小量筒量取浓盐酸 4.5 mL,倒入 1000 mL 的烧杯中,加蒸馏水稀释到 500 mL 混匀,装入试剂瓶中,贴上标签。在标签上标注浓度、试剂名、配制日期和配制者等内容。

2. HCl 标准溶液的标定

用减量法准确称取 0.15～0.2 g 干燥过的无水 Na_2CO_3 3～5 份,要求准确至 0.0001 g。分别置于 250 mL 锥形瓶中,各加入 80 mL 去离子水,完全溶解后加入溴甲酚绿-二甲基黄混合指示剂 9 滴,摇匀,待滴定。

用待标定的盐酸溶液润洗酸式滴定管 3 次后,再将盐酸溶液装入滴定管中,赶走气泡,调整管内液面的位置,使其保持在"0"或"0"以下某一刻度,并记下准确读数。用 HCl 对锥形瓶中的 Na_2CO_3 溶液进行滴定。接近终点时,用少量蒸馏水冲洗锥形瓶内壁,继续滴定至溶液颜色由绿色变成亮黄色。记下使用的盐酸的体积。将数据记录于下表中。

记录项目	序 号			
	1	2	3	...
称量瓶＋Na_2CO_3 质量(倒出前)/g				
称量瓶＋Na_2CO_3 质量(倒出后)/g				
称量 Na_2CO_3 的质量/g				
HCl 的最后读数/mL				
HCl 的最初读数/mL				
HCl 的净用体积/mL				
c(HCl)* /(mol·L^{-1})				
平均值 c(HCl)/(mol·L^{-1})				
标准偏差 S				

* $c(\text{HCl})=\dfrac{2m(Na_2CO_3)\times1000}{M(Na_2CO_3)V(\text{HCl})}$,其中,$m(Na_2CO_3)$:$Na_2CO_3$ 的质量,g;$M(Na_2CO_3)$:Na_2CO_3 的相对分子质量。

【注意事项】

(1) Na_2CO_3 基准物质在 270～300℃加热干燥,其目的是除去其中的水分和少量的 $NaHCO_3$。但温度不能高于 300℃,否则部分 Na_2CO_3 分解为 Na_2O 及 CO_2。

(2) 摇瓶时,应微动腕关节,使溶液向一个方向做圆周运动,但勿使瓶口接触滴定管,溶液也不得溅出。滴定时左手不能离开旋塞让液体自行流下。

(3) 滴定时应注意观察液滴落点周围溶液颜色变化。不要因为看滴定管上方的体积,而不顾滴定反应的进行。接近终点时要逐滴加入,最后要一次加入半滴甚至 1/4 滴。

【思考题】

（1）配制 HCl 标准溶液能否采用直接配制法？为什么？

（2）盛放 Na_2CO_3 的锥形瓶是否也要用该溶液润洗或烘干？加水是否需要准确？为什么？

（3）为什么每次滴定前，都要使滴定管内溶液的初读数从"0"刻度处开始？

（4）在滴定管中装入溶液后，为什么先要把滴定管下端的气泡赶净？

实验八　EDTA 标准溶液的配制与标定

【实验目的】

（1）掌握 EDTA 标准溶液的配制和标定方法。

（2）掌握铬黑 T 的使用和确定终点的方法。

（3）了解缓冲溶液的应用。

【实验安排】

（1）本实验安排 4 学时。在教师指导下，学生独立完成。

（2）实验重点：EDTA 标准溶液的配制和标定方法、金属指示剂铬黑 T 的指示原理及终点颜色变化。

（3）实验难点：金属指示剂铬黑 T 的使用及终点颜色变化。

【实验背景与原理】

EDTA 不易得到纯品，且在水溶液中的溶解度小，常温下溶解度为 $0.2\,g/L$，其标准溶液常用其二钠盐（$Na_2H_2Y \cdot 2H_2O$，$M_r = 392.28$）配制。由于水和其他试剂中常含有金属离子，因此 EDTA 标准溶液应配制后加以标定。EDTA 可以与大多数金属离子形成 $1:1$ 的稳定配合物，因此可用于标定 EDTA 的基准物质很多，如 Zn、Cu、Bi、$CaCO_3$、ZnO 和 $MgSO_4 \cdot 7H_2O$ 等。

通常采用纯金属锌作基准物标定 EDTA，用铬黑 T 作指示剂。铬黑 T 指示剂在不同 pH 的溶液中呈现不同的状态和相应的颜色。铬黑 T 与二价金属离子形成的配合物都是红色或紫红色的。因此，只有在 pH 7～11 范围内使用，指示剂才有明显的颜色变化。根据实验，最适宜的酸度为 pH 9～10.5。因此本实验用 $NH_3 \cdot H_2O$-NH_4Cl 缓冲溶液（pH 10）控制滴定时的酸度。在 pH 约为 10 的溶液中，铬黑 T 与 Zn^{2+} 形成比较稳定的酒红色螯合物，而 EDTA 与 Zn^{2+} 能形成更为稳定的无色螯合物。滴定至终点时，铬黑 T 便被 EDTA 从 Zn-铬黑 T 中置换出来，游离的铬黑 T 在 pH 为 8～11 的溶液中呈纯蓝色。具体过程如下。

滴定前：
$$Zn^{2+} + In^{2-} \Longrightarrow ZnIn$$
（酒红色）　　　　　（纯蓝色）

式中 In^{2-} 为指示剂。

滴定开始至滴定终点前：$Zn^{2+} + Y^{4-} \Longrightarrow ZnY^{2-}$

滴定终点时：$ZnIn + Y^{4-} \Longrightarrow ZnY^{2-} + In^{2-}$

（酒红色）　　　　　　（纯蓝色）

当溶液由酒红色变成纯蓝色，即到达滴定终点。

此外，也可用二甲酚橙（XO）为指示剂，用六次甲基四胺控制溶液的酸度，在 pH 为 5～6 条件下进行标定。

【实验材料、仪器和试剂】

1. 仪器

托盘天平，移液管（20 mL），酸式滴定管（50 mL），锥形瓶（250 mL），量筒，滴管，烧杯，硬质玻璃瓶或聚乙烯塑料瓶。

2. 试剂

EDTA 二钠盐，0.01 mol/L Zn^{2+} 标准溶液，$NH_3 \cdot H_2O$-NH_4Cl 缓冲溶液，铬黑 T 指示剂。

【实验方法和步骤】

1. EDTA 标准溶液的配制

称取 Na_2H_2Y 约 3.7 g，溶于 300～400 mL 温水中，用去离子水稀释至 1000 mL，混匀贮存，贴上标签，注明试剂名称、配制日期、配制者。

2. EDTA 标准溶液的标定

用移液管移取 3 份 Zn^{2+} 标准溶液 20.00 mL，分别置于 250 mL 锥形瓶中，逐滴加入 1:1 $NH_3 \cdot H_2O$，同时不断摇动直至出现白色沉淀。再加入 $NH_3 \cdot H_2O$-NH_4Cl 缓冲溶液 4 mL，水 50 mL 和铬黑 T 2 滴，摇匀后用 EDTA 标准溶液滴定至溶液由酒红色变为纯蓝色即为终点。记下消耗 EDTA 溶液的体积。将数据记录于下表，计算 EDTA 溶液的物质的量的浓度。

记录项目	序　号		
	1	2	3
Zn^{2+} 标准溶液的最初读数/mL			
Zn^{2+} 标准溶液的最后读数/mL			
Zn^{2+} 标准溶液的净用体积/mL			
$c(EDTA)^*/(mol \cdot L^{-1})$			
平均值			
D			
S			

$*: c(EDTA) = \dfrac{c(Zn^{2+}) \cdot V(Zn^{2+})}{V(EDTA)}$

【注意事项】

（1）配位滴定反应速度较慢，故滴定速度不宜太快。

（2）配位滴定通常在一定的酸度下进行，故滴定时应严格控制溶液的酸度。

【思考题】

(1) 配位滴定为什么加入缓冲溶液？

(2) 若在溶液 pH 调为 10 的操作中,加入很多氨水后仍不见有白色沉淀出现是何原因？应如何避免？

(3) 试解释以铬黑 T 为指示剂的标定实验中,以下现象产生的原理:① 滴加氨水至开始出现白色沉淀;② 加入缓冲溶液后沉淀又消失;③ 用 EDTA 标准溶液滴定至溶液由酒红色变为纯蓝色。

实验九　葡萄糖含量的测定

【实验目的】

(1) 掌握间接碘量法测定葡萄糖的原理和方法。

(2) 了解间接碘量法的实际应用。

【实验安排】

(1) 本实验安排 4 学时。在教师指导下,学生独立完成。

(2) 实验重点：间接碘量法的原理及其操作。

(3) 实验难点：返滴定法、有色溶液滴定时体积的正确读法。

【实验背景与原理】

葡萄糖一般用旋光法测定。但在没有旋光仪的情况下,可用间接碘量法测定。葡萄糖分子中含有醛基,能在碱性条件下氧化。碘与 NaOH 作用可生成次碘酸钠($NaIO$),葡萄糖($C_6H_{12}O_6$)能定量地被次碘酸钠($NaIO$)氧化成葡萄糖酸($C_6H_{12}O_7$)。在酸性条件下,未与葡萄糖作用的 $NaIO$ 可转变成碘(I_2)析出。因此,用 $Na_2S_2O_3$ 标准溶液滴定析出的 I_2,即可计算出 $C_6H_{12}O_6$ 的含量,其反应如下。

(1) I_2 与 NaOH 作用生成 $NaIO$：$I_2 + 2NaOH \Longrightarrow NaIO + NaI + H_2O$

(2) $NaIO$ 与葡萄糖反应：$C_6H_{12}O_6 + NaIO \Longrightarrow C_6H_{12}O_7 + NaI$

(3) 总反应式：$I_2 + C_6H_{12}O_6 + 2NaOH \Longrightarrow C_6H_{12}O_7 + NaI + H_2O$

(4) 葡萄糖作用完全后,剩余的 $NaIO$ 在碱性条件下发生歧化反应,即

$$3NaIO \Longrightarrow NaIO_3 + 2NaI$$

(5) 当酸化溶液时,歧化产物进一步反应生成碘,即

$$NaIO_3 + 5NaI + 6HCl \Longrightarrow 3I_2 + 6NaCl + 3H_2O$$

(6) 析出的 I_2,即剩余的 I_2,可用 $Na_2S_2O_3$ 标准溶液滴定,即

$$I_2 + 2Na_2S_2O_3 \Longrightarrow Na_2S_4O_6 + 2NaI$$

由以上反应可以看出有关反应物之间的化学计量关系,即

$$n(Na_2S_2O_3) : n(I_2)(析出或剩余的碘) : n(NaIO) : n(C_6H_{12}O_6) = 2 : 1 : 1 : 1$$

相当于一定量的 I_2 定量氧化了葡萄糖,剩余的 I_2 被 $Na_2S_2O_3$ 标准溶液滴定,根据滴定

消耗的硫代硫酸钠标准溶液求出剩余的碘的量,可以计算葡萄糖的含量。

【实验材料、仪器和试剂】

1. 仪器

吸量管(2 mL),移液管(25 mL),酸式滴定管或酸碱两用滴定管(50 mL),碘量瓶(250 mL),量筒,滴管。

2. 试剂

0.05 mol/L I_2 标准溶液、2 mol/L 氢氧化钠溶液、6 mol/L 盐酸溶液、葡萄糖待测液、0.1 mol/L $Na_2S_2O_3$ 标准溶液,淀粉指示剂。

【实验方法和步骤】

用移液管吸取待测葡萄糖溶液 25.00 mL 于碘量瓶中,准确加入 I_2 标准溶液 25.00 mL,然后在摇动状态下缓慢滴加 2 mol/L NaOH,直至溶液变成淡黄色。塞上塞子在暗处放置 10～15 min,加 6 mol/L HCl 2 mL,使溶液呈酸性,立即用 $Na_2S_2O_3$ 溶液滴定至溶液呈浅黄色,加入淀粉指示剂 3 mL,继续滴至蓝色消失为终点。平行测定 3 次,按下式计算葡萄糖的含量。

$$c_{葡萄糖} = \frac{\left[c(I_2)V(I_2) - \frac{1}{2}c(Na_2S_2O_3)V(Na_2S_2O_3) \right] \times M(C_6H_{12}O_6)}{V_{葡萄糖}}$$

【注意事项】

(1) 加 NaOH 溶液的速度不能过快,应边摇边滴,否则生成的 $NaIO$ 来不及氧化葡萄糖就转变为 $NaIO_3$,致使葡萄糖氧化不完全,结果偏低。

(2) 注意防止 I_2 的挥发,析出碘后应立即滴定,滴定时轻轻摇动,速度可快些。

【思考题】

(1) 碘量法的主要误差有哪些? 如何避免?

(2) 计算式中 "$\frac{1}{2}c(Na_2S_2O_3)V(Na_2S_2O_3)$" 代表什么意义?

实验十　$AgNO_3$ 标准溶液的配制与标定

【实验目的】

(1) 掌握 $AgNO_3$ 标准溶液的配制和标定的原理和方法。

(2) 掌握铬酸钾指示剂正确使用的方法。

【实验安排】

(1) 本实验安排 4 学时。在教师指导下,学生独立完成。

(2) 实验重点:$AgNO_3$ 标准溶液的配制和标定的原理,沉淀滴定操作要点。

（3）实验难点：滴定的速度控制及滴定终点的判断，铬酸钾指示剂正确使用的方法。

【实验背景与原理】

一般 $AgNO_3$ 试剂往往含有水分、金属银、有机物、氧化银、亚硝酸银及游离酸和不溶物等杂质。因此，$AgNO_3$ 溶液配制后需要标定。最常见的是用基准 $NaCl$ 标定 $AgNO_3$ 溶液。由于 $NaCl$ 容易吸收空气中的水分，在使用时应在 $500\sim600\,℃$ 烘箱中烘干至恒重，冷却后，保存于干燥器中备用。

在中性或弱碱性溶液中，以 K_2CrO_4 做指示剂，用基准物质 $NaCl$ 标定 $AgNO_3$ 标准溶液。由于 $AgCl$ 的溶解度比 Ag_2CrO_4 小，根据分步沉淀的原理，在滴定过程中，首先析出 $AgCl$ 沉淀；到达等当点后，稍过量的 $AgNO_3$ 溶液即与 CrO_4^{2-} 生成砖红色 Ag_2CrO_4 沉淀，指示到达终点。反应如下：

$$Ag^+ + Cl^- \longrightarrow AgCl \downarrow （白）\quad K_{sp}=1.8\times10^{-10}$$

$$2Ag^+ + CrO_4^{2-} \longrightarrow Ag_2CrO_4 \downarrow （砖红色）\quad K_{sp}=2.0\times10^{-12}$$

滴定必须在中性或碱性溶液中进行，最适宜的 pH 范围为 $6.5\sim10.5$。K_2CrO_4 的用量对滴定有影响。如果 K_2CrO_4 浓度过高，终点提前到达，同时 K_2CrO_4 本身呈黄色，若溶液颜色太深，影响终点的观察；如果 K_2CrO_4 浓度过低，终点延迟到达。这两种情况都影响滴定的准确度。一般滴定时，K_2CrO_4 的浓度以 5×10^{-3} mol/L 为宜。

标定 $AgNO_3$ 溶液的方法，最好和用此标准溶液测定试样的方法相同，这样可以消除系统误差。

【实验材料、仪器和试剂】

1. 仪器

托盘天平，酸式滴定管（50 mL），锥形瓶（250 mL），容量瓶（250 mL），移液管（20 mL），棕色试剂瓶，量筒，烧杯（1000 mL）。

2. 试剂

$AgNO_3$，$NaCl$，铬酸钾指示剂（5%）。

【实验方法和步骤】

1. $AgNO_3$ 标准溶液的配制

称取 $AgNO_3$ 8.5 g 置于洁净烧杯中，加不含 Cl^- 的蒸馏水 500 mL 溶解、摇匀。将溶液转入棕色试剂瓶中，置暗处保存，以防见光分解。

2. $AgNO_3$ 标准溶液的标定

准确称取基准 $NaCl$ 1.6$\sim$1.8 g，置于小烧杯中，用蒸馏水溶解后，转入 250 mL 容量瓶中，加水稀释至刻度，摇匀。

准确移取 $NaCl$ 标准溶液 25.00 mL 于 250 mL 锥形瓶中，用吸量管加入 5% 的铬酸钾指示剂 1 mL，在不断摇动下，用 $AgNO_3$ 标准溶液滴定至（慢滴，剧烈摇，因 Ag_2CrO_4 不能迅速转为 $AgCl$）呈现砖红色即为终点，平行 3 次。根据 $NaCl$ 的质量和 $AgNO_3$ 的体积，计算出 $AgNO_3$ 的浓度。将数据记录于下表。

记录项目	序　　　号		
	1	2	3
AgNO₃ 标准溶液的最初读数/mL			
AgNO₃ 标准溶液的最后读数/mL			
AgNO₃ 标准溶液的净用体积/mL			
$c(AgNO_3)^*/(mol \cdot L^{-1})$			
平均值			
D			
S			

$^* c(AgNO_3) = \dfrac{\dfrac{m(NaCl)}{M(NaCl) \times 250} \times 25}{V(AgNO_3)}$，其中，$M(NaCl)$：NaCl 的相对分子质量；$m(NaCl)$：NaCl 的质量，g；$V(AgNO_3)$：AgNO₃ 标准溶液的净用体积，mL。

【注意事项】

（1）配制 AgNO₃ 标准溶液的水应无 Cl^-，用前应用 AgNO₃ 进行检查，证明水中不含 Cl^- 才能用来配制 AgNO₃ 溶液。

（2）在滴定过程中需不断振摇，因 AgCl 沉淀可吸附 Cl^-，被吸附的 Cl^- 难与 Ag^+ 反应完全，如振摇不充分，导致 Ag_2CrO_4 沉淀过早出现，终点提前。为此，滴定时必须充分振摇，使被吸附的 Cl^- 释放出来，以获得准确的终点。

（3）滴定后银盐废液和沉淀要倒入回收瓶中。

【思考题】

（1）AgNO₃ 及其溶液为什么应盛放于棕色试剂瓶中并避光保存？

（2）莫尔法测氯时，为什么溶液的 pH 须控制在 6.5～10.5？

（3）用铬酸钾做指示剂时，其浓度太大或太小对测定有何影响？

（4）测定过程中，为什么要充分摇动溶液？

第二篇　有机化学实验

有机化合物也和其他物质一样,常温下也有固体、液体、气体三种存在状态,有机物的基本性质首先是由基本物理特征来描述的,物理特征主要表现形式为物质的物理性质,物质的纯度对物理性质的影响明显,要得到纯净的有机物就要对物质进行必要的提纯。大量的有机物在自然界存在通常是以混合物的形式为主,因此对有机混合物进行分离也是常用的技术,人工合成的有机物在制备过程中更是离不开分离与提纯技术的应用。

通常所说的有机物的基本性质主要指的是低分子有机物和小分子有机物,而大分子有机物相对分子质量较高,是作为材料使用的一大类物质,描述它们的性质是用一些描述材料的指标,和一般小分子有机物有很大的不同。小分子有机物中只有少数(相对分子质量极小的有机物)为气体,大量有机物是以液体和固体的形式存在的。有机物最主要的性质是极性低,所以很多有机物通常条件下是以液体的形式存在的。因此,液体有机物的提纯就显得非常重要。液体有机物的提纯是利用挥发性不同达到提纯的目的,固体有机物通常是利用重结晶进行提纯。

有机物是按照官能团不同进行分类的,相同的官能团在不同有机物中所表现的性质相似。通过官能团的反应初步判别有机物类型,是有机物基本性质的突出体现。

实验一　乙醇的常压蒸馏

【实验目的】

(1) 学习和了解蒸馏的基本原理。
(2) 掌握常压蒸馏装置的安装及基本操作。
(3) 利用常压蒸馏的方法提纯有机物。
(4) 掌握阿贝折光仪的使用。

【实验安排】

(1) 本实验安排 4 学时。首先讲解有机化学实验课程注意事项,清点认知玻璃仪器,玻璃仪器的洗涤和保养,橡胶塞的选用;讲解实验仪器使用注意事项;讲解常压蒸馏实验内容及注意事项;讲解折光仪的使用操作;明示本实验的基本要求。
(2) 本实验在教师指导下独立完成,按要求写出实验报告。

【实验背景与原理】

蒸馏是根据液体混合物中各组分的蒸气压不同而达到分离的目的。液体在一定的温度下,具有一定的蒸气压。一般来说,纯液体的蒸气压,随着温度的增加而升高,当液体的蒸气压与大气压力相等时,就会有大量气泡从液体内部逸出,即液体沸腾,这时的温度就称为该液体的沸点。纯液体在一定的外界压力下具有一定的沸点,例如,在一个大气压下,纯水的沸点为100℃、乙醇的沸点为78℃、甲苯的沸点为110℃。室温下饱和蒸气压的大小还可直接反映该物质的挥发性,通常饱和蒸气压越高,该物质的挥发性越强。

当一个液体混合物沸腾时,气相的组成和它所对应的液相组成不同,气相中易挥发组分的含量会高于液相,将该蒸气冷凝成为液体,该液体的组成和气相组成相同,也具有较高含量的易挥发组分。易挥发组分大量进入气相后,原液相的组成会发生变化,混合物的沸腾温度也会有所升高。如果混合物的沸腾温度相对稳定,沸腾产生的蒸气经冷凝成的液体就是混合物中的沸点较低的那个纯组分。对于二元混合物,沸点的差值低于30℃时,随着蒸发的进行,气相组成也会发生变化,会有一定数量的高沸点成分进入气相,用蒸馏的方法分离这样的混合物就达不到彻底分离的目的。

蒸馏就是根据液体的上述性质将液体加热至沸腾,使其变成蒸气,再使蒸气通过冷却装置冷凝并将冷凝液收集在另一容器中的联合操作过程。低沸点物质易挥发,高沸点物质难挥发,固体物质更难挥发,甚至可以粗略地认为大多数固体物质不挥发(个别固体有机物也具有很强的挥发性)。因此,通过蒸馏就能将沸点相差较大(至少30℃以上)的两种或两种以上的液体混合物分开,达到提纯的目的,也可以将易挥发物质和不挥发物质分离,达到纯化的目的。由于进行蒸馏时要把液体加热沸腾,所以只要在液体达到沸腾后,测定气-液两相平衡时的温度,则该温度就是液体的沸点(沸程)。在一定的大气压下,纯液体具有固定的沸点,沸程1~2℃;但若有杂质存在,不仅沸点发生改变,而且沸程也将变宽。由此可见,测得化合物的沸程,就可以估计它的纯度(恒沸混合物除外)。

在常压下进行蒸馏时,由于大气压不一定恰好等于760 mmHg(1.01×10^5 Pa),严格地讲,应该对所观察到的沸点加以校正;但大气压力因偏差较小,即使大气压相差20 mmHg,校正值也只约为±1℃。因此,对于一般实验而言,可以忽略不计;但是在高原地区进行蒸馏时,由于压力相差较大,应该考虑这个问题。

【实验材料、仪器及试剂】

1. 实验装置

常压蒸馏实验装置如图2-1-1,由蒸发部分、冷凝部分、接收部分构成。

(1) 蒸发部分。蒸发部分由蒸馏瓶(圆底烧瓶)、蒸馏头、温度计组装而成,物质在蒸馏瓶中受热气化,由液体变成气体,进入蒸馏头,温度计可测定进入蒸馏头的蒸气温度。

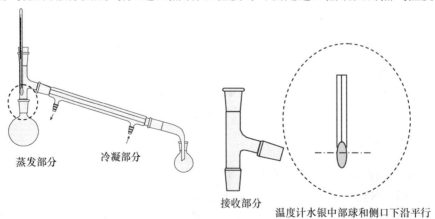

蒸发部分　　　冷凝部分

接收部分

温度计水银中部球和侧口下沿平行

图 2-1-1　常压蒸馏装置

（2）冷凝部分。蒸馏瓶中的蒸气进入冷凝管，通过夹套中的流动冷水达到冷却的目的，如液体的沸点高于130℃时，为了避免冷凝管炸裂，应选用空气冷凝管。冷凝管的水流方向为水平位置由下进、由上出，保证冷凝管夹套完全充满水，提高冷凝效果。

（3）接收部分。在冷凝管的尾部通过接引管（接液管、支管接引管）连接接收瓶，收集自冷凝管流出的液体。最常用的接受瓶是锥形瓶，也可选用梨形瓶、圆底烧瓶等小口的容器，不要选用烧杯等广口的容器，防止有机物挥发。如果馏出液具有一定的毒性、易挥发、易燃烧、易吸潮或放出有毒、有刺激性气味的气体时，应该根据不同情况，在安装接收器时，采取相应的措施，妥善解决。

2. 装配仪器

常压蒸馏实验装置的安装，大致可按先下后上、从前到后的步骤进行，金属支架部分要固定牢靠，固定玻璃仪器以可固定为宜，不要用力过大，按照部件的角度安装固定，尽量避免固定过紧或应力过大导致玻璃仪器破碎。磨口仪器部件连接处涂适量凡士林油，保证接口严密，同时避免受热后有机物分解粘连。

3. 其他仪器和设备

量筒（50 mL），量筒（100 mL），滴管，电热套（100 mL），铁架台，双顶丝，升降台等设施，阿贝折光仪，烘箱。

4. 试剂及用品

乙醇：待蒸馏式样；凡士林：装配实验装置接口密封用；沸石：蒸馏时防止暴沸用；温度计：测定蒸气温度；丙酮：折光仪的盛液槽清洗剂。

【实验方法与步骤】

1. 组装实验装置

在铁架台用升降台放置好加热器（一般是煤气灯和石棉网、酒精灯和石棉网或电热套等），调整好高度和位置，使加热器可以随时移出。

根据热源位置，用烧瓶夹和双顶丝将圆底烧瓶固定在适当位置，使烧瓶正处于加热器热源的中心，距热源应保持有 2～5 mm 的间距，保证蒸馏瓶受热均匀。将要使用的玻璃仪器部件接口处均匀涂抹一层凡士林油。

在蒸馏瓶上加装蒸馏头，蒸馏头上口连接符合要求的温度计（普通温度计可通过橡胶塞和蒸馏头连接，橡胶塞大小要合适，使其进入接口的长度是整个塞子的 1/3～2/3 之间），使温度计水银球的中部和蒸馏头侧口的下沿成水平位置。

依据蒸馏头侧管的位置和角度，用另一个铁架台通过双顶丝和烧瓶夹固定好冷凝管（夹子固定冷凝管的位置以在冷凝管中部以后为宜，注意冷凝管的高度和倾斜角度要合适）。冷凝管和蒸馏头的侧管口处在同一条直线上。

在冷凝管尾部，通过接引管连接接收瓶（圆底烧瓶、平底烧瓶、锥形瓶均可），接收瓶用升降台或其他支撑物支撑。

综上所述，装配仪器的顺序自下而上、自头到尾，要求端正、严密、横平竖直。铁架都应整齐地放在实验装置的背部。整套装置的每个部件都要有相应的支撑物。

最后用橡胶管连接冷凝管进水口到自来水管线，出水口连接下水管线，打开水开关使水流经冷凝管，水流不要过大、以免橡胶水管掉落。

2. 加入试样

正确安装好蒸馏装置后,拆下蒸馏头上端的温度计,在蒸馏头上口放一长颈玻璃漏斗,用 50 mL 量筒量取 40～50 mL 待蒸乙醇,通过玻璃漏斗慢慢加入蒸馏瓶中(加入速度过快会使液体流入冷凝管中,导致仪器不必要的污染)。

再向蒸馏瓶中加入 5～10 粒沸石(也可放入几根一端要封闭的毛细管以代替沸石,开口的一端朝下,其长度应足以使其上端贴靠在烧瓶的颈部而不应横在液体中),保证蒸馏瓶中的液体沸腾状态稳定,避免出现暴沸,使蒸馏过程平稳地进行。

移开长颈玻璃漏斗,重新安装好温度计,再次检查装置的正确性。

3. 蒸馏操作

认真检查仪器安装无误后,接通冷凝管的冷却水(下进、上出),冷凝水以流动为宜,不要过大,防止水压过大冲掉橡胶水管,开始加热蒸馏。

开始加热时,升温速度可以稍快些,待接近沸腾时,注意密切观察蒸馏瓶中所发生的现象及温度计读数的变化,随时调整加热器,使温度慢慢上升。当温度升高到沸点时,沸石或毛细管中逸出许多细小的气泡,成为液体分子的气化中心(在持续沸腾时,沸石和毛细管都继续有效,一旦停止加热,沸腾被中断,已加入的沸石即会失效。若要继续热蒸馏,必须重新补加新的沸石)。

在沸腾开始后,可以看到蒸气慢慢上升,当蒸气的顶端上升到温度计水银球周围时,气相温度指示就会迅速上升,同时冷凝的液体不断地由温度计下端流回蒸馏瓶。这时应调节热浴温度,使从冷凝管末端流出液体的速度约为每秒钟 1～2 滴,在整个蒸馏过程中应可以看到温度计水银球上有液滴悬挂(气液共存的标志)。

在温度没有到达主要组分的沸点之前,常有沸点较低的组分先蒸出,记录下第一滴冷凝液落入接收器时的温度,这部分流出液称为"前馏分"(在此之前应调整好蒸馏速度)。

当前馏分蒸完、温度趋于稳定时,冷凝管流出的就是较纯物质,此时应另换一个接收瓶收集馏出液,这部分流出液称为"中馏分",即主体组分。

继续加热,当中馏分蒸完后,温度会继续上升,超过沸程(一般为 2℃),此时应再换一个接收瓶收集流出液,这部分流出液称为"后馏分",直至烧瓶中残留下少量(约 0.5～1 mL)液体时,停止加热,并立即移开热源。

当蒸馏瓶中的液体沸腾停止、冷凝管末端无流出液时,蒸馏即已完成。在任何情况下都不能将液体蒸干! 防止可能的实验事故出现。

4. 测定结果及拆卸装置

完成蒸馏后,待实验装置温度降低后(以不烫手为宜),移开三个馏分并妥善安置。测量并记录三个接收瓶内各个馏分的沸点范围和体积,最后测量蒸馏瓶中的残留液体积。所有产物经指导教师验看后回收到指定的回收瓶中,不可随意倒掉。

按照组装实验装置顺序的相反方向逐一拆卸实验装置,及时清洗干净(用后的玻璃仪器若放置时间过长,污物会吸附牢固而较难清洗)。

【实验提示与注意事项】

(1) 实验装置要严密,特别是连接冷凝管之前的各接口处应注意,以免乙醇蒸气外泄。严密不是封闭,装置的尾部必须和大气相通,保证装置内部处于常压状态。

(2) 如蒸馏前忘记加沸石,必须等到温度降低到沸点以下才可补加,否则会导致暴沸,待蒸液体冲出。中途停止实验再蒸馏时应补加沸石。

(3) 本实验关键在于控制好温度。

【思考题】

(1) 沸石是如何起平稳沸腾作用的?

(2) 温度计位置的高低对温度指示结果有何影响?

附录：所用试剂的主要性质

名　称	分子式	相对分子质量	性　状	沸点/℃	熔点/℃	密度/$(g \cdot mL^{-1})$	折光率 n_D^{20}	水溶性/$[g \cdot (100\ mL^{-1})]$	安全性
95%乙醇	C_2H_5OH	46.1	无色透明	78.5	—	0.789	1.3610	混溶	易燃
沸石	—	—	多孔颗粒	—	—	—	—	不溶	

实验二　减压蒸馏技术

【实验目的】

(1) 了解减压蒸馏原理。

(2) 掌握减压蒸馏装置的装配和操作。

(3) 减压蒸馏提纯含有杂质的苯胺。

【实验安排】

(1) 本次实验计划 4 学时。讲解减压蒸馏实验原理和操作,讲解减压系统中的减压部分、测压部分、安全保护部分的作用和连接,明示实验基本要求。

(2) 本次实验在教师指导下学生独立完成。

【实验背景与原理】

当液体的蒸气压等于外界大气压时,液体开始沸腾,外界压力降低时,液体的沸腾温度也随之降低。若使用真空泵与蒸馏装置相连接,使体系内的压力降低,从而降低了被蒸馏液体的沸腾温度,就可以在较低的温度下进行蒸馏。

减压蒸馏时液体的沸腾温度与所对应的压力有关,有时在文献中查找不到减压蒸馏时与所选择的压力相对应的沸点,只要知道两组压力与沸点的关系即可近似地通过下式求出在给定压力下的沸点:

$$\lg p = A + \frac{B}{T}$$

式中,p:蒸气压;T:沸点(绝对温度);A 和 B:常数。

如以 $\lg p$ 为纵坐标,$1/T$ 为横坐标,可以近似地得到一条直线。根据已知的两组沸点与压力的关系求出 A 和 B,再将所选的压力代入上式,即可求出液体在该压力线的沸腾温

度 T。

实际上,许多化合物沸点的变化不一定有如此定量的变化关系,主要是化合物分子在液体中缔合程度不同。因此,在实际减压蒸馏中,更为方便的方法是参阅压力-温度关系图(图 2-2-1)来估计一个化合物的沸点与压力的关系,即从某一压力下的沸点推算出另一压力下的沸点(近似值)。

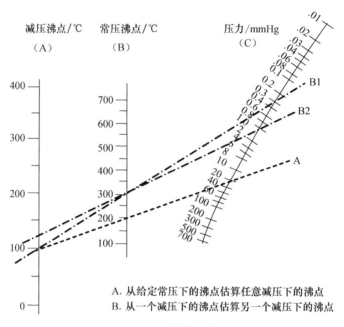

A. 从给定常压下的沸点估算任意减压下的沸点
B. 从一个减压下的沸点估算另一个减压下的沸点

图 2-2-1　压力-沸点温度关系图

在应用压力-沸点温度关系图时,用一把尺子,通过表中任意的两个数据,便可获得第三个数据。如从常温下沸点估算减压条件下的沸腾温度、由一个减压条件下的沸腾温度估算另一个减压条件下的沸腾温度。

例如,已知某液体有机物在常压时的沸点是 200℃,要减压到 30 mmHg 下蒸馏,所要控制的沸点温度应为多少? 可先用尺子通过(B)线(常压沸点)的 200℃点和 30 mmHg 点,便可看到尺子通过(A)线的点是 100℃,即为这一液体将在 30 mmHg 压力下,在 100℃左右沸腾(见图 2-2-1 中 A 线所示)。

再如文献报道,某化合物在压力 0.3 mmHg 时的沸点为 100℃,但实际要在真空度为 1 mmHg 下蒸馏,求其沸点。此时可以将尺子放在(A)线的 100℃点上和(C)线的 0.3 mmHg 点上,则可以看到尺子通过(B)线的 310℃,即常压下沸点为 310℃(见图中 B1 线所示);然后将尺子通过(B)线的 310℃及(C)线的 1 mmHg,这时尺子恰与(A)线的 125℃相交,这便是指该化合物在压力度为 1 mmHg 下蒸馏时,将在 125℃沸腾(见图中 B2 线所示)。

用沸腾温度压力关系图估算有机物的沸腾温度只能作参考,因有机物沸点受多种因素影响,实际沸腾温度还要通过实际测定得到其真实值。

进行减压蒸馏时,还可以从手册中给出的具体有机物压力温度图上找到相应实验压力下的沸腾温度。几种常见有机物不同温度下的沸腾温度如图 2-2-2。

实际实验中,首先得到的是体系的实际压力,根据待蒸馏物质找出图中相关线,根据实测压力数值找到该线与纵坐标(压力)的相交点,在自相交点找到横坐标的数值,此数值为该

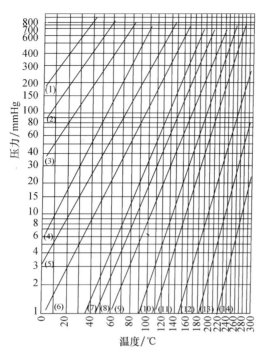

（1）乙醚
（2）丙酮
（3）苯
（4）水
（5）氯苯
（6）溴苯
（7）苯胺
（8）硝基苯
（9）喹啉
（10）月桂醇
（11）甘油
（12）邻苯二甲酸丁酯
（13）二十四烷
（14）二十八烷

图 2-2-2　几种有机物不同压力下的沸腾温度

压力下的沸腾温度。这是针对具体有机物的,得到的沸腾温度也更接近真实沸腾温度。

减压蒸馏中常常会提到"真空",这里所说的真空只是相对的,通常把任何压力较常压为低的气态空间称为真空。真空在程度上有很大的差别,将真空的程度称为"真空度",表示体系的压力和大气压的压力差。为了便于应用,经常把不同程度的真空划分成几个等级:低真空度,压力为 760～10 mmHg,一般在实验室中可用水泵获得;中真空度压力为 10～0.001 mmHg,一般可用油泵获得;高真空度,0.001～0.00000001 mmHg,实验室主要利用扩散泵获得。这三种减压设备各有不同的使用要求和使用的条件,操作也各有难易,最常用的还是水泵。

【实验材料、仪器与试剂】

1. 实验装置

（1）减压蒸馏实验装置。常用的减压蒸馏装置如图 2-2-3 所示,整个系统可划分为四部分,即蒸馏部分（蒸馏实验装置）、减压部分（真空泵）、安全保护部分（安全瓶）和测压（压力计）部分。

（2）蒸馏部分。减压蒸馏应采用克氏蒸馏烧瓶或用圆底烧瓶加上克氏蒸馏头替代。无论是克氏蒸馏烧瓶还是克氏蒸馏头,其上端均有两个口,一个口插入温度计,另一个口插入一根毛细导气管,毛细导气管的底端距蒸馏瓶底部要有 3～5 mm,防止直接触及瓶底而堵塞进气通路。毛细管上端连一段乳胶管,乳胶管内插入一根细铜丝（或棉线）,然后装上螺旋夹,通过螺旋夹调节进入空气的量（使极少量空气进入蒸馏的液体中,呈微小气泡冒出,作为液体沸腾的气化中心,使减压蒸馏平稳进行）。如果在蒸馏烧瓶内放入搅拌子,在电磁搅拌下搅动蒸馏的液体,效果也很好,只是磁力搅拌器不能高温加热蒸馏瓶。

克氏瓶或克氏蒸馏头的侧管口连接冷凝管,使蒸气在此冷凝成为液体。为了收集不同

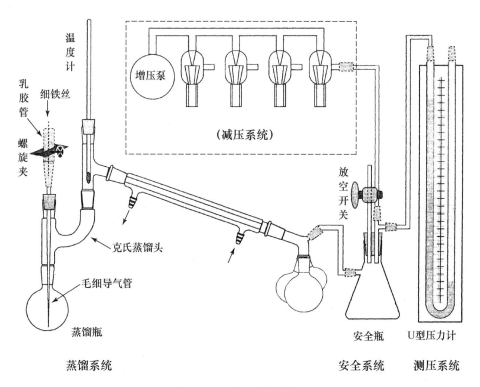

图 2-2-3 减压蒸馏装置

的馏分而又不中断减压蒸馏的操作过程,可选用多尾真空接收器(或分配器),多尾真空接收器的几个支管与圆底烧瓶或梨形瓶连接。转动多尾真空接引管,就能使不同的馏分流入指定的接收瓶中。

　　(3)减压部分。实验室通常是用水泵或油泵进行减压操作。水泵作为减压设备,可实现的真空程度由水泵的结构、供水的压力、工作介质的性质决定,水泵抽真空所能达到的最低压力应大于该温度下水的饱和蒸气压。常温下水泵作为抽真空设备,在水压达到所需压力值的情况下,所能达到的最低压力约 25 mmHg。在不同温度下,水的饱和蒸气压见表2-2-1。

表 2-2-1 不同温度下水的饱和蒸气压

温度/℃	压力/mmHg	温度/℃	压力/mmHg	温度/℃	压力/mmHg	温度/℃	压力/mmHg
0	4.6	12	10.5	35	42.2	90	525.8
1	4.9	14	12.0	40	55.3	91	546.1
2	5.3	16	13.6	45	71.9	92	567.0
3	5.7	18	15.5	50	92.5	93	588.6
4	6.1	20	17.5	55	118.0	94	610.9
5	6.5	22	19.8	60	149.4	95	633.9
6	7.0	24	22.4	65	187.5	96	657.6
7	7.5	26	25.2	70	283.7	97	682.1
8	8.0	28	28.3	75	289.1	98	707.3
9	8.6	30	31.8	80	355.1	99	733.2
10	9.2	32	35.7	85	433.6	100	760.0

水循环真空泵是通过增压泵使水压达到一定的压力值,一定量的水反复循环使用,产生真空的原理和一般玻璃水泵相同,通过高速水流流过气仓产生的低压抽出连接体系内的空气,从而达到抽真空的目的。一台设备可以安装多个真空泵头,达到同时减压多个体系的目的。要说明的是水循环真空泵使用一段时间后水温会升高,导致真空度降低,此时可通过冰的加入降低水温以恢复原有的真空度,也可以将水箱连接成不断换水的方式达到上述目的。

(4) 安全和测压部分。在减压蒸馏过程中突然真空消失或压力增加,会出现倒吸,为了避免倒吸时真空泵中的介质倒流入实验体系中,在真空设备和实验体系中间加装一个安全瓶,安全瓶连接真空泵、压力表、实验体系和大气。

压力表根据需要有不同的测定范围,一般表头式压力计容易受到室内不洁气体的腐蚀而指示失真,要加以注意和更换。水银压力计指示正确程度高,根据压力大小又有 U 形压力计、真空水银压力计、高真空水银压力计之分。一般的 U 形压力计可以满足水泵的压力测定,压力测定值在 10 mmHg 以上,测定精度 1 mmHg。

2. 实验装置组装

圆底烧瓶(10 mL,25 mL,50 mL,100 mL)、克氏蒸馏头、冷凝管、燕尾管、250℃温度计组合成蒸馏装置。

克氏蒸馏头上口加装毛细到气管和控制乳胶管及螺旋夹。

燕尾管侧口接安全瓶抽气管,接通冷凝管的冷凝水。

3. 其他设备、用品及试剂

水循环真空泵,U 形压力计;减压安全保护装置,包括连接装置和减压系统;玻璃漏斗,量筒;苯胺;毛细导气管,乳胶管,细金属丝;凡士林油;烘箱。

【实验方法和步骤】

1. 减压蒸馏实验装置安装

将所用玻璃部件接口处均匀涂上凡士林油。按装置图,由下到上、由前到后的顺序安装,分别在蒸馏瓶、冷凝管加装烧瓶夹固定,蒸馏瓶用电热套加热,电热套和接收瓶下加垫升降台。毛细导气管下端口不要接触蒸馏瓶底端。冷凝管接通冷却水,下进、上出。所有玻璃部件不得有悬挂。

2. 检查实验装置的严密性

整套减压蒸馏装置必须装配紧密,所有接头润滑并密封,不能漏气,这是保证减压蒸馏顺利进行的先决条件。因此需先检查系统是否漏气,具体方法是:① 关闭毛细导气管;② 开启真空泵;③ 关闭安全瓶上的活塞减压至压力稳定;④ 捏住连接系统的橡胶管,观察压力计水银柱有无变化,无明显变化说明不漏气,有明显变化即表示漏气。对于磨口仪器来说,可能是接头部位连接不严密,或者没有涂好润滑油脂;对于普通仪器来说,可能是橡胶塞子的大小不合适或橡胶塞孔径不合适。

3. 加料

检查装置不漏气后,慢慢开启安全瓶上的活塞放空,此时体系内恢复常压,小心取下毛细导气管,通过长颈漏斗将待蒸馏的苯胺加入到蒸馏瓶(克氏蒸馏瓶)中,再次安装好毛细导气管,检查冷凝水是否接通。

4. 减压蒸馏

把毛细管上的螺旋夹旋紧,逐渐关闭安全瓶上的活塞,压力计应指示真空产生,从压力计上观察系统内所能达到真空度或压力。待体系压力稳定后,调节毛细导气管上端的螺旋夹,使蒸馏液中有连续不断的小气泡均匀冒出(注意,如果未见气泡,有可能毛细管被阻塞,应予以更换)。

开启水龙头接通冷凝水,选用合适的热源加热蒸馏瓶。当液体沸腾后,应注意控制温度,调节好蒸馏速度,以使每秒流出1~2滴馏出液为宜。在整个蒸馏过程中,都要特别密切注意温度计和压力计的读数,使温度计水银球上总有液滴悬挂(这是气液平衡共存的标志)。

收集温度稳定、蒸出液清亮透明之前的馏分为前馏分,温度稳定后收集清亮透明的馏分为中馏分,当压力不变时温度升高2℃、流出液变色时的流出液收集为后馏分。收集不同馏分时,只要转动多尾真空接引管(或分配器)即可(一定要转动到正确位置)。当蒸馏瓶中剩余少量液体时,蒸馏完成。

蒸馏完成时(主要标志是温度大大高于主体组分的沸腾温度、蒸馏瓶中剩余液体较少),停止加热、移去热源,待无任何蒸出液后自然冷却到适当温度(以可以用手接触玻璃仪器为宜),结束减压蒸馏。

旋松毛细管上端的螺旋夹,使空气慢慢进入蒸馏装置,再慢慢开启安全瓶上的二通活塞,使系统与大气完全相通而恢复常压,关闭冷凝水,关闭真空泵。

立即将接收到的三个馏分的接收瓶卸下,加盖玻璃塞、并妥善放置。趁热将其他玻璃仪器部件拆下,自然冷却到室温后清洗。

【实验提示与注意事项】

(1) 一定要慢慢地打开二通活塞,使压力计中的汞柱缓缓地恢复原状,否则压力计水银柱会急速流动,有冲破压力计的危险。

(2) 本实验装置的严密性是关键,通常漏气的地方在各连接口处。

(3) 毛细导气管的下口要离蒸馏瓶瓶底尽量近,但不要接触。

(4) 凡士林油不可过多,以免减压下进入产品。

(5) 因蒸馏温度较高,使用250℃温度计,切不可蒸干。

【思考题】

(1)压力读到的是压力差,体系的压力如何计算?

(2)减压蒸馏为什么不用沸石作为沸腾中心而用毛细导气管?

(3)什么情况下适合用减压蒸馏提纯有机物?

(4)蒸馏过程中,如果压力升高,沸腾温度是升高还是降低?

附录:所用试剂的主要性质

名　称	分子式	相对分子质量	性　状	沸点/℃	熔点/℃	密度/$(g \cdot mL^{-1})$	折光率 n_D^{20}	水溶性/$[g \cdot (100 \ mL^{-1})]$	安全性
苯胺	C_6H_7N	93.1	黏性液体	185	-6	1.022	1.5863	3.7	低毒
氢氧化钠	NaOH	40.0	吸湿固体	—	—	—	—	90	强腐蚀

实验三 苯胺的水蒸气蒸馏

【实验目的】

（1）学习和了解水蒸气蒸馏原理。

（2）掌握水蒸气蒸馏装置的装配和操作。

（3）学会用水蒸气蒸馏的方法分离苯胺。

【实验安排】

（1）本实验4学时。讲解水蒸气蒸馏的原理及应用范围，实验装置的组合及作用；教师实际指导学生组装水蒸气蒸馏实验装置，对含有杂质的苯胺进行水蒸气蒸馏，分离、干燥水气蒸馏出的苯胺。

（2）本实验在教师指导下学生独立完成。

【实验背景与原理】

水蒸气蒸馏是用于分离有机物的一种常用方法。特别是对那些常压蒸馏会发生分解的高沸点有机物以及混合物中含有大量固体、树脂或焦油状的物质的分离。进行水蒸气蒸馏时，被分离的物质必须具备以下条件：不溶或几乎不溶于水，长时间与水共热无反应，在100℃左右必须具有一定的蒸气压（大于5 mmHg）。

水蒸气蒸馏是将水蒸气通入在100℃左右具有一定蒸气压的混合物中，使该有机物在低于或接近100℃的温度下，随着水蒸气共同蒸馏出来，蒸气冷凝后该组分又不溶于水而游离出来，从而达到分离的目的。

当有机化合物与水共热时，整个系统的蒸气压根据道尔顿分压定律应等于各组分饱和蒸气压之和，即

$$p = p_A + p_水$$

当总蒸气压等于或大于大气压力时，液体开始沸腾。由此可见，混合物的沸点比系统内任何一个单组分的沸点都要低，与水一起被蒸馏出来。

根据气体方程式，蒸出的混合蒸气中气体分压之比等于摩尔数之比，即

$$p_A / p_水 = n_A / n_水$$

摩尔数 n 为质量 m 除以相对分子质量 M，将 $n_A = m_A/M_A$ 和 $n_水 = m_水/M_水$ 代入上式，得

$$m_A / m_水 = p_A M_A / (p_水 M_水)$$

即蒸出混合物的相对质量之比与它们的蒸气压和相对分子质量成正比。因此馏出液中有机物与水的质量比，可按下式计算：

$$m_A / m_水 = M_A p_A / (18 p_水)$$

式中：M_A 为有机物的相对分子质量，m_A 与 $m_水$ 分别为有机物与水的质量。

水具有低的相对分子质量和较大的蒸气压，有可能用来分离相对分子质量较高和蒸气压较低的物质。例如，溴苯的沸点是135℃，与水不互溶。同水一起加热到95.5℃时，水的蒸气压为646 mmHg，溴苯的蒸气压为114 mmHg。二者总的蒸气压为760 mmHg，于是混合物开始沸腾蒸出。将它们的蒸气压和溴苯的相对分子质量157代入上式，得

$$m_{溴苯} / m_{水} = 157×114 / (18×646) \approx 10 / 6.5$$

由于各种有机化合物或多或少溶于水，导致水的蒸气压降低，所以实际蒸出的质量比与理论计算值略有偏差。

【实验材料、仪器与试剂】

1. 实验装置

水蒸气蒸馏装置由水蒸气发生器和蒸馏装置两部分组成，如图 2-3-1 所示。

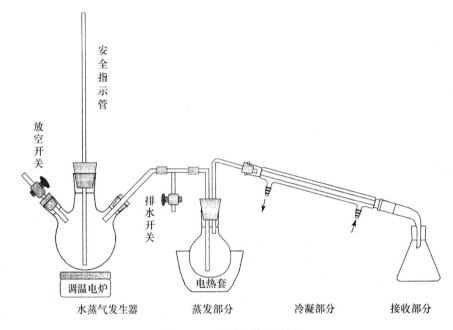

图 2-3-1　水蒸气蒸馏装置

安全指示管底端距离三口瓶瓶底 2～5 mm；三口瓶中盛水量不超过总容量的
2/3；蒸发部分的蒸汽管进口尽量接近蒸馏瓶瓶底；蒸馏瓶采取保温以减少蒸馏瓶
中冷凝水过多；水蒸气进入蒸馏瓶前的管路中有冷却水时需放出

水蒸气蒸馏装置与一般蒸馏装置的主要不同在于前者具有提供水蒸气的装置，即水蒸气发生器，被分离混合物被水蒸气加热和水同时蒸发，将混合蒸气冷凝后被分离物质不溶于水而自然和水分离。

2. 实验装置的组装

（1）水蒸气发生器。由电炉或电热套作为加热器，三口瓶上加装安全开关、安全指示管、蒸气输出导管组合成水蒸气发生器。

（2）水蒸气蒸馏。圆底烧瓶加装水蒸气输入导管，圆底烧瓶再依次加装蒸气导出管、冷凝管、接引管、接收器等，构成蒸馏部分。

（3）蒸馏装置的蒸汽输入导管和水蒸气发生器蒸气输出导管相连（如蒸馏时间较长时可加装 T 形管，实施适时排放管路中的冷凝水）。

3. 其他仪器、设备和试剂

量筒（10 mL，100 mL）；烧杯，分液漏斗（100 mL），锥形瓶（50 mL）；烘箱，100 mL 电热套或 1000 W 电炉；铁架台，双顶丝，螺旋夹；苯胺（含杂质），粒状氢氧化钠。

【实验方法和步骤】

1. 实验装置的组装

依据图 2-3-1 由左到右、自下而上组装水蒸气蒸馏装置。

首先固定好加热器,加热器上方安装 250 mL 三口瓶,三口瓶分别加装安全开关、安全指示管、蒸汽导出管;安全指示管底端尽量接近三口瓶瓶底,安全开关用乳胶管和螺旋夹组成。100 mL 圆底烧瓶加装蒸汽导管组件,蒸汽导入管底端尽量接近瓶底,另一端和水蒸气发生器的导出管相连,蒸汽管连接冷凝管-接引管、接收器。

2. 加料

三口瓶中加入 100 mL 水、几粒沸石,圆底烧瓶中加入 10 mL 待分离苯胺,使蒸汽进口在苯胺液面以下、安全指示管下端在水的液面以下,再次检查装置的严密性。

3. 水蒸气蒸馏苯胺

加热三口瓶,水沸腾后会有水蒸气逐渐进入圆底烧瓶,苯胺被水蒸气加热和挥发,与水蒸气一同进入冷凝管,这时冷凝管中会流出混浊的液滴。调整加热温度,使水蒸气发生器中的水平稳沸腾。当流出的液体呈无色透明时表示大量苯胺已蒸出,再维持 5 min 即可完成。

在结束水蒸气蒸馏时,首先停止加热三口瓶,待无蒸气进入圆底烧瓶时打开三口瓶上的安全开关放空,移走蒸馏出的苯胺和水的混合物(可以呈现分层,也可是浑浊的液体)。

4. 苯胺的分离和干燥

将蒸出的液体加入分液漏斗中,轻轻摇动,净置分层(如分层不明显,可加入固体氯化钠使水相饱和,净置分层后再操作),分出有机相,用适量氢氧化钠干燥,直到透明。测定苯胺的体积。

【实验提示与注意事项】

(1) 如用电炉做加热器,三口瓶底距离电炉要留有 3~5 mm,以免局部过热炸裂。

(2) 分液漏斗的活塞开关要事先涂抹凡士林油,检查是否漏水。

【思考题】

(1) 应用水蒸气蒸馏的前提条件有哪些?

(2) 水蒸气蒸馏完成的依据是什么?

附录:所用试剂的主要性质

名 称	分子式	相对分子质量	性 状	沸点 /℃	熔点 /℃	密度/ (g·mL^{-1})	折光率 n_D^{20}	水溶性/ [g·(100 mL)$^{-1}$]	安全性
苯胺	C$_6$H$_7$N	93.1	黏性液体	185	−6	1.022	1.5863	3.7	低毒
水	H$_2$O	18.0	无色液体	100.0	0	0.999	1.3330	—	—
氢氧化钠	NaOH	40.0	吸湿固体	—	—	—	—	90	强腐蚀

实验四　乙酰苯胺的重结晶

【实验目的】

(1) 了解重结晶的原理和溶剂选择的原则。

(2) 掌握回流及其他重结晶的基本操作。

(3) 以水和95％乙醇为溶剂通过重结晶提纯乙酰苯胺。

【实验安排】

(1) 本实验4学时。讲解重结晶的原理、溶剂选择的原则、溶解、脱色、热过滤、结晶、抽滤等操作技术;详细讲解乙酰苯胺重结晶的操作步骤和实验要求。

(2) 本实验在教师指导下学生独立完成。

【实验背景与原理】

固体有机化合物在溶剂中的溶解度与温度有着密切的关系,通常是随着温度的升高溶解度增大。通过重结晶提纯有机物的原理就是利用被提纯物及杂质在特定溶剂中不同温度时溶解度的不同,以分离出杂质,从而达到纯化的目的。其一般过程为:在加热情况下,将粗产品在已选好的溶剂中制成沸腾或接近沸腾的饱和溶液;然后趁热过滤除去不溶性杂质,再让溶液冷却,这时产品一般都能以较纯的形式析出结晶。通过过滤分离出晶体,除去可溶性杂质组分,就可得到较纯产品。待产品干燥后测定熔点,若纯度不符合要求,可重复进行重结晶,以期达到预定的纯度标准。

重结晶一般适用于纯化杂质含量在5％以下的固体有机物。如果粗产品的杂质含量较高,就会影响结晶生成的速度,有时还会变成油状物难以析出结晶,或者经过重结晶后得到的固体有机物仍然含有杂质,需经多步重结晶后才能达到所需的纯度。最好的办法是对粗产品进行预处理,如采用萃取和水蒸气蒸馏等方法初步分离,然后再进行重结晶。

重结晶对有机物进行提纯时,首先需要选择一种合适的溶剂,使其最适合被提纯有机物的溶解性特点。一般化合物可以借助资料、查阅手册或辞典来了解被提纯物在某种溶剂中的溶解度作为参考,但最主要还是要通过实际实验的方法进行最终选择。

一种理想的溶剂应该具备下述各项条件:① 溶剂不与被提纯物发生化学反应;② 在较高温度时能溶解尽量多的被提纯物,在较低温度时只能溶解少量或微量的被提纯物;③ 对杂质的溶解度应该非常的小(在趁热过滤时作为不溶解组分滤掉除去)或非常的大(在冷却后抽滤时作为溶解组分留在溶液中而被分离);④ 沸点要适中,较易挥发,易与结晶分离;⑤ 能够给出较好的结晶。

溶剂的最终选择,还是应由实验来确定。其具体方法是:将0.1 g待提纯的固体化合物,放入一小试管中,用滴管逐滴滴加溶剂,不断振摇试管,如果在加入的溶剂量不到1 mL时,固体物质已全部溶解,则可认为此溶剂不适用;如果加入的溶剂量已达到1 mL时,固体物质尚未全部溶解,可在热浴中缓缓加热(一般不超过60℃),若在温热时,固体物质就已全溶,此溶剂不适用;如果在高于溶剂沸点5～10℃的热浴中加热,试管内溶剂沸腾时,固体物质还未全溶,则可逐步添加溶剂,每次加入0.5 mL并加热至沸腾,当加入的溶剂总量达到

3 mL时,在溶剂沸腾时,固体物质仍未全溶,此溶剂也不适用;若固体物质能够溶解在1～3 mL沸腾的溶剂中,置于室温下冷却可自行结晶,则此溶剂适用。常用溶剂列于表2-4-1中。

表 2-4-1　重结晶常用溶剂的基本性质

名称	沸点/℃	特性	名称	沸点/℃	特性
水	100	无毒/不燃	苯	80	低毒/易燃
甲醇	65	低毒/可燃	甲苯	110	低毒/可燃
乙醇	78	无毒/可燃	乙酸乙酯	77	无毒/易燃
丙酮	56	低毒/易燃	二氧六环	101	无毒/可燃
丁酮	80	低毒/易燃	二氯甲烷	41	低毒/不燃
乙醚	35	低毒/易燃	二氯乙烷	84	低毒/难燃
石油醚	30～90	无毒/易燃	三氯甲烷	61	低毒/不燃
环己烷	81	无毒/易燃	四氯化碳	77	低毒/不燃

对于某些化合物,在一些溶剂中的溶解度太小,而在另一些溶剂中的溶解度又太大,难于找到一种合适的溶剂时,可采用混合溶剂进行重结晶,这样常常能够获得较满意的结果。混合溶剂一般是由两种能以任何比例无限互溶的溶剂组成。使用时两种组分按最佳比例配制。选用混合溶剂重结晶时,可将两种溶剂在重结晶之前就混合好,然后按照与单一溶剂相同的操作进行重结晶。也可以先把待纯化样品在接近良溶剂的沸点温度时溶于良溶剂中,如果所得的溶液无色透明,则于此热溶液中缓慢地加入已预热好的不良溶剂,一边加热一边小心振荡,直至热溶液中出现浑浊且不消失时为止。最后再加入少许良溶剂,或稍稍加热使其恰好透明。常用的混合溶剂:甲醇-水、甲醇-二氯甲烷、乙醇-乙醚、乙醇-水、三氯甲烷-乙醇、乙醇-丙酮、丙酮-水、石油醚-丙酮、乙醚-甲醇、吡啶-水、三氯甲烷-乙醚、乙醚-丙酮、醋酸-水、苯-无水乙醇、乙醚-石油醚、乙醇-乙酸乙酯、乙醇-乙醚-乙酸乙酯、苯-石油醚等。

【实验材料、仪器与试剂】

1. 实验装置

溶解实验装置由圆底烧瓶和冷凝管组成(回流装置);由锥形瓶、玻璃漏斗和扇形滤纸组成热过滤装置;由吸滤瓶、布氏漏斗和滤纸组成减压过滤装置。三种实验装置如图 2-4-1 所示。

2. 扇形滤纸

常压下热过滤要将滤纸叠成扇形,以提高过滤速度。扇形滤纸的折叠方法如图 2-4-2 所示:① 对折;② 二次对折;③ 打开成半圆1/2 内对折;④～⑦ 打开成半圆,每个 1/4 内对折,现已同方向内折叠了 8次;⑧ 打开成半圆形,每个 1/8 内对折;⑨ 折叠完成后,整理规整;⑩ 完全打开成锥形折叠状。

折叠滤纸时,滤纸中心要经过 32 次正反两面折叠,不要用力过大,以免滤纸破损。滤纸的大小,以折叠好的滤纸放入玻璃漏斗中,滤纸高度略高于玻璃漏斗边缘为宜。

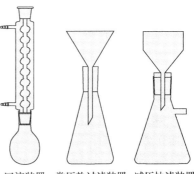

回流装置　常压热过滤装置　减压抽滤装置

图 2-4-1　重结晶实验装置

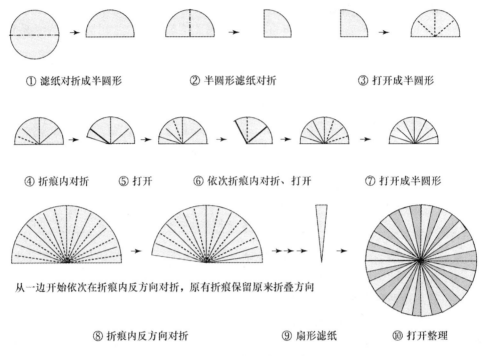

① 滤纸对折成半圆形　　　② 半圆形滤纸对折　　　③ 打开成半圆形

④ 折痕内对折　⑤ 打开　⑥ 依次折痕内对折、打开　⑦ 打开成半圆形

从一边开始依次在折痕内反方向对折，原有折痕保留原来折叠方向

⑧ 折痕内反方向对折　　　⑨ 扇形滤纸　　　⑩ 打开整理

图 2-4-2　扇形滤纸的折叠方法

3. 其他设备及试剂

锥形瓶，电子天平，量筒（10 mL，50 mL），抽真空系统，红外灯，电热套，活性炭，乙酰苯胺，蒸馏水，95％乙醇。

【实验操作】

1. 溶解试样

称取乙酰苯胺试样 3 g、95％乙醇 10 mL，加入到 100 mL 圆底烧瓶中，装上冷凝管，接通冷凝水，用电热套加热至回流，不时摇动圆底烧瓶直到试样完全溶解。自冷凝管上端分批加入蒸馏水，会看到刚刚加入水后会有混浊出现，随着温度的升高逐渐变清，蒸馏水总量不超过 50 mL。注意要分清烧瓶中未溶解的物质是试样还是杂质，试样为有光泽的晶体，杂质是非结晶固体。

2. 脱色和热过滤

停止加热回流，待回流停止后，打开圆底烧瓶，小心加入活性炭，用量约为固体试样的5％，装好回流装置继续加热回流 5～10 min，完成脱色。脱色后的热溶液立即用常压过滤装置分批趁热过滤到干净的锥形瓶中，未过滤的热溶液保温。

3. 结晶

保存于锥形瓶中的热溶液静置等待结晶，会看到有白色片状晶体生成，溶液温度降到室温后持续 1 h 以上，以使结晶完全。如果室温下没有结晶出现，可用磨口塞研磨一下，或用玻璃棒摩擦锥形瓶内壁，以促使结晶。

4. 减压抽滤

结晶完成后，组装减压抽滤装置，裁剪合适的滤纸放在布氏漏斗中，用水润湿，减压抽紧。将结晶完成后的晶体及溶剂混合物倒入布氏漏斗，减压抽滤，直到无溶剂流出为止。用新鲜的溶剂洗涤晶体,再次抽干。

5. 干燥称量

过滤后的晶体转移到培养皿中,在红外灯下干燥(红外灯距试样的距离要大于 30 cm,距离过近可能导致温度过高使试样熔化),直到晶体彻底干燥为止。

称量得到晶体乙酰苯胺的质量。

【实验提示与注意事项】

(1) 加活性炭脱色时必须等到无回流后才可放入,否则可能导致喷料。

(2) 热过滤时必须保证溶液温度,温度过低,结晶会过早析出。

(3) 使用红外灯干燥试样时,不要将水珠溅到灯泡上。

【思考题】

(1) 乙醇和水在这一混合溶剂中的主要作用是什么?

(2) 重结晶中不溶性杂质、有色杂质、可溶性杂质都是如何除去的?

(3) 采用有机溶剂重结晶时,为什么必须采用回流进行溶解?

附录:所用试剂的主要性质

名　称	分子式	相对分子质量	性　状	沸点/℃	熔点/℃	密度/$(g \cdot mL^{-1})$	折光率 n_D^{20}	水溶性/$[g \cdot (100 \, mL^{-1})]$	安全性
乙酰苯胺	C_8H_9O	135.2	片状晶体	304	114	—	—	0.5	—
95%乙醇	C_2H_6O	46	挥发液体	78.5	—	0.798	1.3610	混溶	—
水	H_2O	18.0	无色液体	100.0	0	0.999	1.3330	—	—
活性炭	C	12	黑色粉状	—	—	—	—	不溶	无毒

实验五　从茶叶中提取咖啡因

【实验目的】

(1) 了解天然产物提取的实验原理。

(2) 掌握索氏提取器、浓缩、蒸发、常压升华的操作技术。

(3) 自市售茶叶中提取分离出针状晶体咖啡因(其分子式、结构式等详见本书 151 页)。

【实验安排】

(1) 本实验 8 学时,分两段进行,每段时间约 4 学时。第一阶段讲解实验原理,实验装置原理、条件控制、时间安排、课程要求等,得到提取液;第二阶段将提取液常压浓缩,浓缩液用碱中和后蒸发至干燥,干燥后的试样放入升华装置常压升华,得到针状咖啡因。

(2) 本实验第一阶段两学生合作;第二阶段分别进行浓缩实验,然后再将各自的浓缩液合并,进行中和、蒸发、干燥、升华等实验步骤。

【实验背景与原理】

茶叶中的物质成分比较复杂,可以含有多种特征结构,如链状、饱和环状、不饱和环状、芳香环状等；可以含有多种元素，但大多数含有 C、H、O、N 等。其有效成分是碱性的咖啡因，以盐的形式存在于叶片中。咖啡因的含量通常很低（一般小于 5%），另外还含有单宁酸、色素、纤维素、蛋白质等。要从众多混合物中得到指定的微量咖啡因，不可能用通常的分离方法得到。根据有效物的特性和杂质的性质将咖啡因从多组分混合物中分离出来。

选择一个合适的溶剂对提取指定的天然产物是十分重要的，要选择对被提取成分溶解效果很好，对非有效成分溶解效果差（对非有效成分很难完全不溶）的溶剂，溶剂和被提取物无反应，溶剂应无毒无害，容易操作，易于回收再利用，价格低廉，安全性高。

在天然产物提取前，首先要将原料破碎到一定程度，然后用一定的装置、用特定的溶剂将有效成分提取到溶液中（当然也不可避免地会有其他可溶性物质溶解到溶剂中），将提取液浓缩，得到茶叶的浓缩提取液，蒸出大量的溶剂可回收再利用（这一过程根据被提取物的性质而定）。

要想用溶剂将有效物溶解在溶剂中，一种方法是溶剂浸泡萃取，这需要耗费大量溶剂和较长的时间；另一种方法是反复用新鲜的溶剂加热浸泡萃取，这一目的可通过一套专门的提取装置——索氏提取器或脂肪提取器来实现。

【实验材料、仪器与试剂】

1. 实验装置

从茶叶中提取咖啡因，第一步用索氏提取器提取，第二步用常压蒸馏浓缩提取液，第三步在蒸发皿中和、蒸发残留溶剂，第四步用常压升华装置使咖啡因升华分离。相应的装置如图 2-5-1 所示。

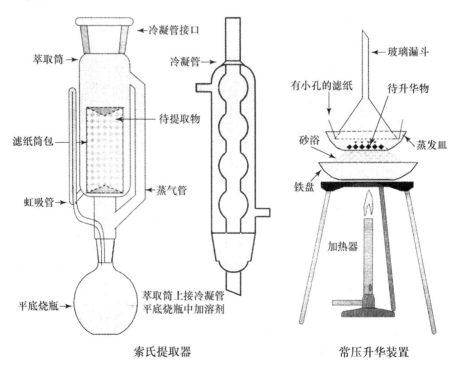

图 2-5-1　咖啡因提取装置

2. 实验装置的组装

索氏提取器:平底烧瓶,萃取筒,冷凝管;浓缩装置即常压蒸馏装置,只是没有温度计;蒸发装置由加热器、蒸发皿构成;升华装置包括加热器、铁盘、砂子、蒸发皿、大漏斗。

3. 其他设备仪器和试剂

量筒,电子天平,茶叶,95%乙醇,氧化钙,温度计。

【实验方法和步骤】

1. 咖啡因的提取

称取茶叶 10 g 放入滤纸筒中,折好两端使茶叶不会从底部漏出,滤纸筒直径略小于萃取筒内径。将滤纸筒放入索氏提取器的萃取筒中,使其高度在虹吸管顶端之上、蒸气进口之下,将装有茶叶的滤纸筒放入,调整滤纸筒顶端的形状,使冷凝溶剂恰好滴在滤纸筒内。下部烧瓶中加入 150 mL 95% 的乙醇和几粒沸石,提取筒中加入 50 mL 95% 的乙醇;依照图 2-5-1 组装好索氏提取器,接通冷凝水,开始加热。

烧瓶中的溶剂受热会沿蒸气管上升到提取筒中,并加热筒中的提取液,溶剂蒸气遇到冷凝管会冷凝回流到萃取筒内的滤纸筒中。提取筒中的溶剂会逐渐增加,颜色也逐渐加深,直到液面达到或超过虹吸管的最高处时,萃取筒中的提取液会自动虹吸流入底部的烧瓶中。继续加热提取,直到萃取筒中的提取液颜色变浅时为止(一般虹吸约 15 次,约 2.5 h)。待最后一次虹吸出现时停止加热,收集提取液,保存。

2. 浓缩提取液

组装常压蒸馏装置,将提取液分几次转移到蒸馏瓶中进行常压蒸馏浓缩(提取液较多,要分几次加入,一次加入量过多容易造成充料,反而延误实验进程),蒸出 150～160 mL 乙醇(或提取液剩余约 20～30 mL)时,停止加热浓缩,蒸出的乙醇应回收。

3. 中和及蒸发

将蒸发皿放在电热套上,低温加热;将浓缩后的提取液趁热倒入蒸发皿中(用少量乙醇洗一次蒸馏瓶,洗涤液也倒入蒸发皿中)。加入 3～4 g 生石灰(CaO)中和(咖啡因是有机碱性化合物,在茶叶中以盐的形式存在,无升华特性;加入氧化钙后可以游离碱形式存在,具有升华特性),用玻璃棒搅拌成糊状,在电热套上边加热边搅拌,使溶剂完全挥发,直至干燥,用玻璃塞或研钵压研成绿色粉末(在此不可使加热温度过高,高温会导致被干燥物碳化,直接导致实验被迫终止)。

4. 升华

按图 2-5-1 组装升华装置。用滤纸头擦去蒸发皿边沿的粉末(防止升华提纯时污物污染产品),蒸发皿上盖一张刺有许多小孔的滤纸(孔刺向上),再在滤纸上罩上合适的玻璃漏斗,压紧,使滤纸和蒸发皿之间尽量严密。将蒸发皿放在用铁盘盛放的砂浴上,在砂浴中插入一支 250℃或 300℃量程的温度计。铁盘放在调温电炉上。加热砂浴,当温度升高到 170℃时停止加热,使其自然升温,砂浴温度可升高至 220℃(因温度计的位置不同,温度指示可能会有较大的偏差)。当温度自然降至 170℃以下时,连同漏斗和滤纸一同移开,观察滤纸下表面是否有晶体出现,滤纸表面出现白色针状结晶时,用小刀小心刮下晶体放在洁净的表面皿中,剩余残渣为绿色可再次升华,直到变为棕色为止(此步操作要非常小心,可采取多次升华,逐渐升高温度,温度绝不可过高,使产品还没来得及升华就分解掉了,以至拿不到产品)。

合并几次升华的咖啡因,称量(如没有大的实验失误,可得到 0.04～0.1 g 的产品),无水咖啡因的熔点为 234.5℃。

待升华装置温度降低后,拆卸实验装置,电炉降温后再收起,热沙浴倒入指定的容器中。在升华过程中要特别注意温度计不要超过量程,以免温度计水银球炸裂,一旦发生炸裂,所用沙浴要在教师的指导下进行特殊处理,消除水银可能造成的污染。

【实验提示与注意事项】

(1) 调温电炉使用后温度较高,注意不要造成烫伤。

(2) 提取液浓缩时温度不要过高,浓缩液不要少于 20 mL,否则容易出现碳化或使得转移难以进行。

【思考题】

(1) 回流提取过程中如果不出现虹吸,对提取效果有何影响?

(2) 提取液浓缩时,有深色固体物附着在蒸馏瓶内壁上,会导致什么结果?

(3) 加入氧化钙除了利用碱性使咖啡因游离出来,还有什么作用?

附录:所用试剂的主要性质

名　　称	分子式	相对分子质量	性　状	沸点 /℃	熔点 /℃	密度/ $(g \cdot mL^{-1})$	折光率 n_D^{20}	水溶性/ $[g \cdot (100 \ mL^{-1})]$	安全性
95%乙醇	C_2H_6O	46	无色透明	78.5	—	0.789	1.3610	混溶	易燃
咖啡因	$C_8H_{10}N_4O_2$	194.2	针状晶体	—	234.5	—	—	2.2	刺激
生石灰	CaO	56.1	白色粉末	—	—	—	—	微溶于水	—

实验六　有机化合物的薄层层析分离

【实验目的】

(1) 了解色谱分离实验原理。

(2) 掌握薄层色谱分离操作技术。

(3) 制备薄层硅胶板并分离有机混合物,测定 R_f 值。

【实验安排】

(1) 本实验 2 学时。教师讲解色谱分离原理、色谱分离技术的应用范围、色谱分离实验操作。实验操作包括制备薄层硅胶板、利用板层析分离邻硝基苯胺和对硝基苯胺混合物等。

(2) 本实验在教师指导下,学生独立完成。

【实验背景与原理】

1. 实验原理

薄层色谱(thin layer chromatography,TLC),又称为"板层析"。根据采用的薄层材料的种类和性质不同,所利用的物理化学原理也有所不同,并因此可以分为吸附薄层色谱、分配薄层色谱、离子交换薄层色谱、排阻薄层色谱等。最常用的是吸附薄层色谱,它是利用硅胶或氧化铝等吸附剂铺成薄层,利用吸附剂表面对不同组分的吸附作用的大小不同而达到分离目的的。

混合物中各组分的分子极性不同,与吸附剂分子间的吸附能力也就有所不同,当被吸附的混合物各组分与溶剂接触时,各组分进入溶剂的速度也有所不同,这就是薄层色谱分离技术中吸附色谱的主要依据及基本原理。

首先将混合物各组分被吸附剂(称为固定相)吸附,然后通过溶剂(又称为展开剂,移动相)流经吸附剂,使得吸附在吸附剂表面的分子进入溶液中,同时进入溶液中的分子又与新的吸附剂接触形成新的吸附。被分离物在层析过程中发生一系列的溶解(解吸)、吸附的过程,由于各组分和吸附剂的吸附能力不同,解吸的难易程度也就不同,因此,在固定相上随溶剂移动的速度也就不同。当展开剂的移动距离相同且一定时,各组分移动的距离就是一定的,各组分移动的距离和展开剂移动的距离的比值也就一定是个常数,以"R_f"表示。将吸附了样品并展开后的薄层板分别取下,用良溶剂溶解,再除去溶剂就得到纯净物。

薄层色谱(TLC)可用于少量样品的分离和鉴定少量有机混合物的组成,利用反应前后各物质量的变化来检测反应进行的程度,此外还经常用于寻找柱色谱的最佳分离条件。

柱色谱是在一根装有吸附剂的管子中分离混合物。柱色谱的原理和薄层色谱基本相同,区别在于薄层色谱展开剂是从下向上移动,柱色谱的展开剂(又叫洗脱剂)是从上向下流动;薄层色谱得到的是分离后的样品的吸附薄层板,柱色谱可以得到的分离后的各组分的稀溶液;薄层色谱吸附的量比较少,柱色谱吸附的量相对薄层色谱比较大,更适合分离相对较多样品时使用。

2. 吸附剂和展开剂

(1)吸附剂。最早出现的薄层色谱为纸色谱,滤纸的质量对分离效果影响较大,经常出现不稳定状况,重复性不如硅胶薄层好,现已较少使用。薄层色谱和柱色谱使用的吸附剂最常用的是硅胶和氧化铝。为了使制成的薄层板具有一定的牢固性,常加入一些凝固剂和增强剂,常用的黏合剂是煅石膏、羧甲基纤维素钠等。硅胶中掺入13%的煅石膏后称为硅胶G,没有掺入煅石膏的称为硅胶H,有的硅胶还含有荧光物质,可以产生荧光显色,如硅胶HF_{254}、硅胶GF_{254}等,它们都是专门用于色谱分离的试剂。

氧化铝的极性比硅胶大,比较适合于分离极性较小的化合物(如烃、醚、醛、酮、卤代烃等),极性较大的化合物被氧化铝较强地吸附,展开或洗脱时移动较慢,分离较差;硅胶适合分离极性较大的化合物(如羧酸、醇、胺等),展开或洗脱时移动较快,分离较好。选择哪种吸附剂要看被分离的物质的物理化学性质。

吸附剂的吸附活性与含水量有关,含水量越低,活性越高,吸附量也就越大(吸附剂吸附了水分子就会减弱对有机物的吸附)。通常将吸附剂在高温烘烤3 h,制得无水物,加入不同的水分得到不同活性级别(通常分为5个级别)的吸附剂。各级别的吸附剂的含水量如表2-6-1所示,其中Ⅱ、Ⅲ级别用得最多。

表 2-6-1　吸附剂的活性和含水量的关系

活性级别	Ⅰ	Ⅱ	Ⅲ	Ⅳ	Ⅴ
氧化铝含水量/(%)	0	3	6	10	15
硅胶含水量/(%)	0	5	15	25	38

需要说明的是，并不是活性越高越好，合适的活性级别的吸附剂要根据实际分离对象来选择。不同活性级别(不同含水量)的吸附剂对薄层分析类型的影响不同，对"干板"和"干柱"影响很大，对湿板操作类型影响较小。

(2)展开剂和洗脱剂。展开剂(在柱色谱中又叫洗脱剂)是薄层色谱和柱色谱分离中的移动相；它的组成、性质、纯净程度对分离效果影响很大。为了排除可能的干扰因素，通常要对所用的试剂进行无水处理和提纯，以保证正确的实验结果和可重复性。

选择展开剂的主要依据是：极性的大小，与被分离物质无反应，沸点适中，容易操作，展开剂的各组分互溶，价格低廉，容易回收，无毒无害，对人体和环境不造成污染等。常用的展开剂及其极性大小见表2-6-2。

表2-6-2　常用的展开剂及见其性质

溶剂名称	己烷	四氯化碳	甲苯	苯	二氯甲烷	乙醚	氯仿	乙酸乙酯	丙酮	乙醇	甲醇
极　　性	极性增加→，展开能力增加→										

有时用一种展开剂不能满足色谱分离的实际要求，常常用两种或多种展开剂配制成多组分展开剂方可达到分离的目的。复合展开剂通常以极性不同、相互溶解、相同或不同类型的有机物配制而成。不同类型有机物常用复合展开剂见表2-6-3。

表2-6-3　不同类型有机物常用吸附剂和展开剂实例

有机物	吸附剂	展开剂
醛、酮和2,4-二硝基苯肼加成物	硅胶	己烷/乙酸乙酯(4/1或3/2)
	氧化铝	苯(氯仿、乙醚)/己烷(1/1)
生物碱	硅胶	苯/乙醇(9/1)，氯仿/丙酮/二乙胺(5/4/1)
	氧化铝	乙醇或环己烷/氯仿(3/7)加0.05%二乙胺
有机胺	硅胶	95%乙醇/25%氨水(4/1)
	氧化铝	丙酮/庚烷(1/1)
	硅藻土G	丙酮/水(99/1)
糖	硅胶(硼酸缓冲液处理)	苯/醋酸/甲醇(1/1/3)
	硅胶G	正丙醇/浓氨水/水(6/2/1)
		正丁醇/吡啶/水(6/4/3)
	纤维素	乙酸乙酯/吡啶/水(2/1/2)
羧酸	硅胶	苯/甲醇/乙酸(45/8/8)
黄酮	硅胶G	石油醚/乙酸乙酯(2/1)
脂	硅胶G	石油醚/乙醚/醋酸(90/10/1或70/20/4)
	氧化铝	石油醚/乙醚(95/5)
酚	硅胶(草酸处理)	己烷/乙酸乙酯(4/1或3/2)
	氧化铝(乙酸处理)	苯
氨基酸	硅胶G	正丁醇/乙醇/水(4/1/1或3/1/1)
	氧化铝	正丁醇/乙醇/水(3/1/1)或吡啶/水(1/1)
多环芳烃	氧化铝	四氯化碳
多肽	硅胶G	氯仿/甲醇或丙酮(9/1)

展开剂在实验时不能长时间连续使用，更不能长时间存放，否则，会应比例发生较大的变化，导致实验结果出现偏差。

【实验材料、仪器与试剂】

薄层色谱的仪器比较简单,常用的仪器装置如图 2-6-1 所示。

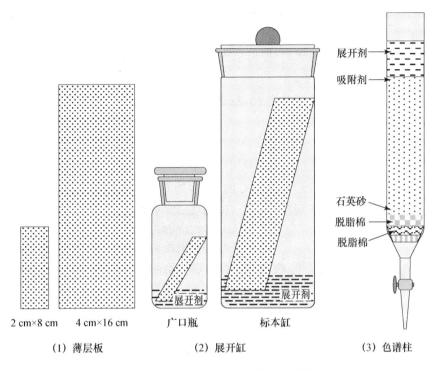

图 2-6-1 薄层层析和柱层析常用仪器装置

薄层板是有一定长、宽规格的玻璃板,用于铺设吸附剂,是薄层层析的主要用品,承载量和硅胶板层的宽度和厚度有关、分离效率和硅胶板的长度有关。展开缸是具有磨口密封盖的广口容器(常用的是密封较好的适宜规格的标本缸或广口瓶),放入一定量的展开剂,吸附样品的薄层板在其中展开。

【实验方法和步骤】

1. 制备薄层硅胶板

依次用洗涤剂、洗液、水、蒸馏水洗净 8~10 块载玻片烘干。称取 8 g 硅胶 GF_{254},在烧杯中用 0.5% 羧甲基纤维素钠水溶液调制成糊状物,平均倒在 10 块玻璃载片上,前、后、左、右晃动使其各部分薄厚均匀。水平放置到无游离状态的水为止(表面无明显反光),自然晾干(最好提前做好)。薄层板在 110℃ 恒温烘箱中活化 30 min,自然降至室温。

2. 点样

取 2 块分配均匀、完整的硅胶板,在两端 5 mm 处做记号,一个作为点样位置、一个作为展开剂终点线。用 3 支毛细管分别吸取邻硝基苯胺、对硝基苯胺、邻硝基苯胺和对硝基苯胺混合物的无水苯溶液,在 2 块薄层板的样点线位置小心点样(已吸取试样溶液的毛细管轻触硅胶板,试样溶液会自动流出,待样点大小达到要求后,立即抬起毛细管,使其脱离硅胶板,完成点样过程),邻硝基苯胺和混合物点在一块板上,对硝基苯胺和混合物点在另一块板上,样点直径在 1.5～2 mm,两样点之间距离 10 mm。自然晾干。

3. 展开

配制体积比为 5：2 的环己烷：无水乙醚作为展开剂,倒入 100 mL 洁净干燥的广口瓶中,混合均匀静置 10 min(使混合展开剂在瓶内达到饱和)。用镊子将点样后并晾干的薄层板小心放入广口瓶中,盖好盖子、展开,展开过程不要移动广口瓶。

待展开剂前沿移至预定位置时(距薄层板上端 5～10 mm)取出展开后的薄层板,立即在展开剂前沿做一标记,自然晾干。

每块硅胶板上的纯净物用于测定 R_f,混合物用于对比(相同物质在同一个展开体系中所移动的距离相同),观察分离效果。

4. 结果及计算

观察薄层板上的样品斑点的颜色和大小,用尺子量出展开剂和样点移动的距离(样点移动的距离为样点起始点到展开后样点中心的距离,展开剂移动的距离为样点起始点到展开剂最前沿的距离),在紫外灯下观察样品斑点的颜色、大小和位置,按下式计算 R_f。

$$R_f = \frac{\text{试样样点移动的距离}}{\text{展开剂移动的距离}}$$

正常的样点展开后应呈圆形、椭圆形、桃形,混合物两样点界限清晰、无重合。

【实验提示与注意事项】

(1) 极性对色谱分离影响最大,实验体系中应特别注意。

(2) 所用仪器必须干燥,否则对结果产生极大影响。

(3) 所用展开剂及试样溶液均为低沸点易燃有机溶剂,注意不可有明火。

【思考题】

(1) 色谱分离中,如仪器不干会产生什么样的影响?

(2) 硅胶板分布不均匀可能得到什么样的展开结果?

(3) 样点过大对展开过程和结果会产生什么样的影响?

附录：所用试剂的主要性质

名　　称	分子式	相对分子质量	性　状	沸点 /℃	熔点 /℃	密度/ $(g \cdot mL^{-1})$	折光率 n_D^{20}	水溶性/ $[g \cdot (100\ mL^{-1})]$	安全性
邻硝基苯胺	$C_6H_6N_2O_2$	138.1	黄色晶体	284	71	—	—	0.1	低毒
对硝基苯胺	$C_6H_6N_2O_2$	138.1	黄色晶体	332	148	—	—	0.05	低毒
95%乙醇	C_2H_6O	46.1	挥发液体	78.5	—	0.789	1.3610	混溶	易燃
乙醚	$C_4H_{10}O$	74.1	挥发液体	34.4	—	0.714	1.3536	7.0	易燃
环己烷	C_6H_{12}	84.2	挥发液体	81	—	0.788	1.4246	不溶	易燃
硅胶 GF_{254}	—	—	白色粉末	—	—	—	—	不溶	—

实验七　烷、烯、炔、芳香烃的性质

【实验目的】

(1) 了解烃类有机物的基本性质。
(2) 掌握烃类有机物的鉴别方法。
(3) 验证烷烃、烯烃、炔烃分别和溴、高锰酸钾发生的作用。
(4) 验证芳烃氧化与加成反应性。

【实验安排】

(1) 本次实验 4 学时。教师讲解烃类有机物相关反应，鉴别依据。
(2) 实验操作进行环己烷、环己烯、乙炔、甲苯分别和溴的四氯化碳溶液、高锰酸钾溶液的反应，详细观察，记录反应现象。
(3) 本次实验在教师指导下，学生独立完成。

【实验背景与原理】

1. 烷-烯-炔的性质

不饱和键可和溴的四氯化碳溶液反应，生成相应加成物，溴的棕红色褪去，反应现象明显，可用于不饱和键的鉴别。

不饱和键和高锰酸钾溶液反应，生成相应的氧化产物羧酸或酮，高锰酸钾的紫色褪去，现象明显，可用于鉴别不饱和键的存在。

2. 末端炔烃的性质

末端炔烃和银氨溶液或铜氨溶液反应，生成相应的炔银或炔铜沉淀，反应现象明显，可用于鉴别末端炔烃。

3. 芳烃的性质

芳烃一般较稳定，苯环难发生加成反应，侧链在激烈的条件下可以发生氧化反应。在强的亲电试剂存在下，可发生苯环上的取代反应。

【实验材料、仪器与试剂】

试管(10 mL)，环己烷，环己烯，乙炔，甲苯，四氯化碳，5%溴的四氯化碳溶液，2%的高锰酸钾溶液，2%硝酸银溶液，10%氢氧化钠溶液，氨水，氯化亚铜。

【实验方法和步骤】

1. 溴的四氯化碳溶液实验

取 2 支试管，分别加入四氯化碳 1 mL，1 支试管中加入环己烷 2～3 滴，1 支试管中加入环己烯 2～3 滴，2 支试管中分别滴加 5%溴的四氯化碳溶液，观察颜色的变化。另取 1 支试管，加入四氯化碳 1 mL，滴加 5%溴的四氯化碳溶液，通入乙炔气体，观察现象。

2. 高锰酸钾溶液试验

在 2 支试管中分别加入环己烷 2～3 滴、环己烯 2～3 滴，各加水 1 mL，2 支试管中分别滴加 2％溴的高锰酸钾溶液。当滴加高锰酸钾 1 mL 以上时,观察褪色情况。另取 1 支试管,加入 2％高锰酸钾溶液 1 mL,通入乙炔气体,观察现象。

3. 炔烃的鉴定试验

干燥的试管中加入 2％ 的硝酸银溶液 2 mL,加入 10％的氢氧化钠溶液 1 滴,再逐滴加入氨水直到沉淀刚好溶解,通入乙炔气体,观察现象。所得产物用 34％硝酸处理。

在试管中加入大豆粒大小的氯化亚铜,加水 1 mL 溶解,再逐滴加入浓氨水至沉淀完全溶解,通入乙炔,观察现象。

【实验提示与注意事项】

(1) 溴有氧化性和强的渗透性,使用时注意不要弄到手上。

(2) 环己烷、环己烯都是易挥发有机物,注意防火安全。

(3) 乙炔是易燃、易爆气体,要在室外操作。

【思考题】

(1) 观察高锰酸钾溶液褪色情况时,为什么要加入 1 mL 以上时才说明不饱和键的存在?

(2) 芳烃为何不发生反应?

(3) 炔银为何要用硝酸处理?

实验八　烃的含卤含氧衍生物的性质

【实验目的】

(1) 了解含卤、含氧有机物的一般性质。

(2) 掌握含卤、含氧有机物的鉴别方法。

(3) 验证含卤、含氧有机物的一般反应和鉴定实验。

【实验安排】

(1) 本次实验 8 学时。讲解相关有机物的化学反应和鉴别方法及原理。

(2) 实验操作分别进行卤代烃的亲核取代反应,醇的取代反应和氧化反应,酚的酸性和络合性,醛-酮的亲核加成反应、活泼氢的反应和醛的氧化反应,羧酸的酸性及羧酸衍生物的水解、醇解和氨解。给出反应现象及活性。

(3) 本实验在教师指导下,学生独立完成。

【实验背景与原理】

1. 卤代烃的反应

卤代烃和硝酸银发生 S_N1 反应,生成卤化银沉淀。不同结构卤代烃活性不同,生成沉淀的速度就不同,可利用这一反应鉴别卤代烃及不同结构的卤代烃。

卤代烃和碘化钠的丙酮溶液发生 S_N2 反应,生成卤化钠不溶于丙酮而沉淀。不同结构的卤代烃活性不同,生成沉淀的速度就不同,可利用这一反应鉴别不同结构的卤代烃。

2. 醇的化学反应

醇和酰氯发生取代反应(也可看成是酰氯的醇解),不同结构的醇和酰氯反应活性不同。

醇和盐酸的氯化锌溶液发生取代反应,生成的卤代烃不溶于浓盐酸而分层,不同结构的醇其反应活性不同,可用于鉴别不同结构的醇。

一级醇、二级醇可以被氧化,三级醇不能被氧化;重铬酸钾氧化醇后自身的还原产物是三价铬,反应前是橙红色,反应后是蓝灰色,现象明显,可用于醇的鉴别。

醇还有络合性,可和硝酸铈铵络合生成红色络合物,可用于鉴别醇的存在。

3. 酚的性质

酚具有酸性,可和强碱反应,产物酚的钠盐可溶于水。

酚和溴水发生亲电取代反应,生成不溶于水的三溴苯酚。

酚和三氯化铁发生络合反应,不同结构的酚生成的络合物颜色不同。

4. 醛、酮的性质

醛、酮和 2,4-二硝基苯肼反应,生成 2,4-二硝基苯腙黄色沉淀,反应灵敏,可用于鉴别羰基的存在。

醛还有还原性,可和 Tollen 试剂、Fehling 试剂、Benedict 试剂发生反应,生成相应的金属银沉淀和氧化亚铜沉淀。

甲基酮和乙醛可和碘的氢氧化钠溶液反应,生成不溶于水的碘仿黄色沉淀。可用于鉴别醛和酮。

5. 羧酸及其衍生物的性质

羧酸和碱反应生成相应的羧酸盐,羧酸不溶于水,相应的盐溶于水。

羧酸衍生物可以和水、醇、氨反应,生成相应的酸酸、酯和酰胺,反应活性不同,反应现象明显,可用于鉴别羧酸衍生物。

【实验材料、仪器与试剂】

1. 仪器和设备

烘箱,试管,调温电炉,烧杯,量筒,滴管等。

2. 试剂

氯代正丁烷,二级氯丁烷,三级氯丁烷,正丁醇,二级丁醇,三级丁醇,苯甲酸,乙酸,乙酸乙酯,乙酰氯,乙酸酐,乙酰胺,乙醇,苯甲酰氯,苯酚,苯酚水溶液,氯化苄,氯苯,正溴丁烷,二级溴丁烷,溴苯,1%硝酸银的乙醇溶液,15%碘化钠的丙酮溶液。

硝酸铈铵溶液,冰醋酸,卢卡斯试剂,7.5 mol/L 硝酸,5%重铬酸钾,饱和溴水,1%三氯化铁,丙酮,乙醛,2,4-二硝基苯肼,95%乙醇,5%硝酸银,10%氢氧化钠,5%氢氧化钠,1 mol/L 氢氧化铵,Fehling 溶液,Benedict 试剂,3 mol/L 氢氧化钠,碘-碘化钾溶液,试纸,6 mol/L 盐酸,2%硝酸银,3 mol/L 硫酸,6 mol/L 氢氧化钠,浓硫酸,饱和碳酸钠。

【实验方法和步骤】

1. 卤代烃的性质

(1) 硝酸银乙醇试验。取 5 支干净、干燥的试管,分别加入正氯丁烷、二级氯丁烷、三级氯丁烷、氯化苄、氯苯各 4～5 滴,每支试管中分别加入硝酸银乙醇溶液,仔细观察生成氯化银的时间。10 min 后未出现沉淀的在 70℃水浴中加热 5 min,观察有无沉淀生成。根据现象给出反应活性顺序,并说明原因。

(2) 碘化钠(钾)实验。取 6 支干净、干燥的试管,分别加入 15% 碘化钠丙酮溶液 1 mL,分别加入正氯丁烷、二级氯丁烷、三级氯丁烷、正溴丁烷、二级溴丁烷、溴苯各 2～4 滴,仔细观察生成沉淀所需要的时间,5 min 内无沉淀的在 50℃ 水浴中加热 6 min,冷却到室温后观察有无沉淀生成。

2. 醇的性质

(1) 苯甲酰氯试验。3 支试管中分别加入正丁醇、二级丁醇、三级丁醇 0.5 mL,再加入水 1 mL 及苯甲酰氯,再分别分两次加入 10% 氢氧化钠溶液 2 mL,每次加入后摇动,使其呈碱性。如果有羟基存在应有水果香味的羧酸酯。

(2) 硝酸铈铵试验。在 3 支试管中分别加入硝酸铈铵溶液 0.5 mL,用 1 mL 水稀释,分别加入正丁醇、二级丁醇、三级丁醇各 5 滴,观察反应现象。

(3) 氯化锌-盐酸试验。3 支试管中分别加入正丁醇、二级丁醇、三级丁醇各 5 滴,再分别加入盐酸氯化锌溶液 1 mL,摇动后静置,观察有无分层或浑浊出现,并记录时间。

(4) 硝铬酸试验。3 支试管中分别加入 7.5 mol/L 的硝酸 1 mL,5% 重铬酸钾溶液 3～5 滴,再分别加入正丁醇、二级丁醇、三级丁醇 3～4 滴,摇动后观察反应现象。说明原因。

3. 酚的性质

(1) 酚的酸性。取少量苯酚放于试管中,加水 5 滴,摇动后观察是否溶解,再滴加 5 滴氢氧化钠溶液至澄清,再滴加 2 mol/L 的盐酸至酸性,观察有何变化?

(2) 酚与溴水反应。试管中加入几滴苯酚溶液,再加水 0.5 mL,逐滴加入饱和溴水,观察有无结晶出现及溴水是否褪色。

(3) 三氯化铁试验。试管中加入几滴苯酚溶液,再加水 2 mL,再加入 1% 的三氯化铁溶液 1～2 滴,用水替代样品做空白试验,比较两溶液的颜色。

4. 醛、酮的性质

(1) 2,4-二硝基苯肼试验。2 支试管中分别加入 2,4-二硝基苯肼 10 滴、95% 乙醇 10 滴,再分别加入乙醛和丙酮,观察有无黄色、橙色或红色沉淀生成。

(2) 银镜反应。2 支试管中分别加入硝酸银溶液 1 mL,5% 氢氧化钠溶液 1 滴,然后分别加入 1 mol/L 的氨水,摇动,直到氢氧化银刚刚溶解为止。向上述两支试管中分别加入 2 滴丙酮和乙醛,室温放置几分钟。如果试管上没有银镜生成,在热水浴中温热几分钟,观察现象。

(3) Fehling 溶液试验。2 支试管中分别加入 Fehling-Ⅰ 和 Fehling-Ⅱ,混合均匀。分别加入丙酮和乙醛 2 滴,摇动后放入沸水浴中,观察反应现象。

(4) Benedict 试验。用 Benedict 试剂替代 Fehling 溶液,重复上述试验,观察现象。

(5) 次碘酸钠试验。2 支试管中分别加入丙酮或乙醛 4 滴,再分别加入碘的碘化钾溶液 1 mL,慢慢滴加 3 mol/L 的氢氧化钠溶液,至碘的黄色褪去,观察有无黄色结晶析出。

5. 羧酸及其衍生物的性质

(1) 羧酸的酸性。加少量苯甲酸于试管中,加入水 5～10 滴,逐滴加入 10% 的氢氧化钠溶液,观察溶解情况,然后再加 6 mol/L 盐酸至酸性,观察有何变化。

(2) 羧酸衍生物的水解。在盛有 1 mL 蒸馏水的试管中,滴加乙酰氯 3 滴,观察反应,冷却后滴加 2% 的硝酸银 1～2 滴,观察有何变化。

3 支试管中分别加入乙酸乙酯 1 mL 和水 1 mL,第一支试管中加入 3 mol/L 硫酸 1 mL、第二支试管中加入 6 mol/L 氢氧化钠 1 mL。3 支试管同时放入 70~80℃ 的水中,不时摇动,观察酯层消失的速度快慢,

在盛有 1mL 水的试管中,加入乙酸酐 3 滴,观察溶解情况,将试管温热(用手的温度即可达到加快反应的目的),会看到酸酐层消失并放热(开始用手握的感觉是凉的,随着时间延长试管的温度和手基本一致,再后感觉试管的温度高于手的温度,最终会感觉到烫手)。

酰胺的碱性水解是在试管中加入乙酰胺 0.5 g、6 mol/L 的氢氧化钠 3 mL,煮沸,辨别有无氨的气味。

酰胺的酸性水解是在试管中加入乙酰胺 0.5 g、3 mol/L 的硫酸 3 mL,煮沸,辨别有无醋酸的气味。

(3) 羧酸衍生物的醇解。干燥的试管中加入乙醇 1 mL,边摇动边滴加乙酰氯 1 mL(反应放热剧烈),将试管冷却,慢慢加入饱和碳酸钠溶液 2 mL,轻微振荡,静止后有乙酸乙酯浮到液面上,并可闻到酯的气味。

试管中加入乙醇 2 mL 和乙酸酐 1 mL,混合后加入浓硫酸 1 滴振荡,混合物会逐渐放热,以致沸腾,将试管冷却,慢慢加入饱和碳酸钠溶液 2 mL,轻微振荡,生成的乙酸乙酯即浮到液面上。

(4) 酯化反应。两支试管中各加入乙醇 2 mL 和冰醋酸 2 mL,混合均匀后,其中一支试管加入 5 滴浓硫酸,两支试管同时放入 70~80℃ 水浴中,边加热、边摇动,10 min 后取出试管,冷却后再各滴加饱和碳酸钠 2 mL,静止,观察有无乙酸乙酯浮到水面。

【实验提示与注意事项】

(1) 使用浓硫酸、硝酸、溴水等强腐蚀性有机试剂时不要弄到手上。

(2) 酰氯和水、醇等反应放热激烈,并有氯化氢放出,要在通风好的地方操作。

(3) 反应需要加热时要用热水浴,绝不可使用电炉直接加热,以免引燃有机物。

【思考题】

(1) 醛、酮、醇、酚、羧酸衍生物等如何鉴别? 有何现象?

(2) 乙酸酐、乙酰氯、乙酸乙酯、乙酰胺如何鉴别?

第三篇 微生物学实验

实验一 无菌操作和微生物接种技术

【实验目的】

（1）了解掌握实验室常用的无菌操作方法和应用范围。

（2）学习并掌握微生物接种技术。

【实验安排】

（1）本实验安排3学时。在教师的指导下，学生独立完成。

（2）教师提前一天做好准备，如培养基及接种物品的灭菌、所使用的各类菌种及接种材料。

（3）实验重点：微生物的无菌操作技术和接种技术。

【实验背景与原理】

无菌操作技术主要是指在微生物实验工作中，控制或防止各类微生物的污染及其干扰的一系列操作方法和有关措施，其中包括无菌环境设施、无菌实验器材及无菌操作方法等。如在分离、转接及培养纯培养物时防止其被其他微生物污染的技术即为无菌操作技术。

接种技术是微生物学实验及研究中的一项最基本的操作技术。接种是用接种环或接种针分离微生物，或将纯种微生物在无菌操作条件下由一个培养器皿移植到盛有已灭菌并适宜该菌生长繁殖所需要的培养基的另一个器皿中。由于打开器皿就可能引起内部被环境中的其他微生物污染，因此微生物所有实验的所有操作均应在无菌条件下进行，其要点是在火焰附近进行熟练的无菌操作，或在接种箱或无菌室内的无菌环境下进行操作。接种箱或无菌室内的空气可在使用前的一段时间内用紫外光灯或化学药剂灭菌，有的无菌室通过无菌空气保持无菌状态。

根据不同的实验目的及培养方式可以采用不同的接种工具和接种方法。常用的接种工具有接种针、接种环、接种钩、接种圈、接种锄、玻璃涂棒、小解剖刀等（如图 3-1-1）。

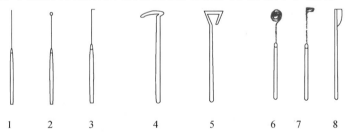

图 3-1-1　接种工具

1. 接种针　2. 接种环　3. 接种钩　4～5. 玻璃涂棒

6. 接种圈　7. 接种锄　8. 小解剖刀

接种环和接种针一般采用易于迅速加热和冷却的镍铬合金等金属制备,使用时用火焰灼烧灭菌。常用的接种方法有斜面接种、液体接种、穿刺接种和平板接种等。

【实验材料、仪器与试剂】

1. 菌种

大肠杆菌($Escherichia\ coli$),金黄色葡萄球菌($Staphylococcus\ aureus$)。

2. 培养基

牛肉膏蛋白胨培养基。

3. 其他材料、仪器

接种环,酒精灯,工作服,胶手套,灭过菌的培养皿,玻璃铅笔,打火机,试管,试管架,恒温培养箱,干燥箱,高压蒸汽灭菌器。

【实验方法与步骤】

(一) 斜面接种

斜面接种是从已长好微生物的菌种试管中挑取少许菌种接种至空白斜面培养基上。

(1) 接种前将空白斜面贴上标签,注明菌名、接种日期、接种者姓名。标签应贴在试管前1/3斜面向上的部位。

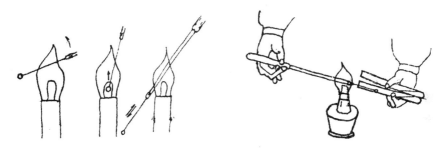

图 3-1-2　斜面无菌接种

(2) 点燃酒精灯。

(3) 将菌种管及新鲜空白斜面向上,用左手握住试管,使中指位于两试管之间的部位,无名指和大拇指分别夹住两试管的边缘,管口齐平,管口稍上斜。

(4) 用右手先将试管帽或棉塞拧转松动,以利接种时拔出。

(5) 右手拿接种柄,使接种环直立于火焰部位,将金属环烧灼灭菌,然后斜口横持将接种环金属杆部分来回通过火焰数次。后续操作都要求试管口靠近火焰旁(即无菌区)进行。

(6) 用右手小指、无名指和手掌拔下试管帽或棉塞并夹紧,棉塞下部应露在手外,勿放桌上以免污染。

(7) 将试管口迅速在火焰上微烧一周。

(8) 将灼烧过的接种环伸入菌种管内,先接触一下没长菌的培养基部分,使其冷却以免烫死菌体;然后轻轻取菌少许。

(9) 在火焰旁迅速将接种环伸入空白斜面,用划线法将菌体接种于斜面上。划线时由底部划起,划成较密的波浪状线;或由底部向上划一直线,一直划到斜面的顶部。注意勿将培养基划破,不要使菌体玷污管壁。

(10) 灼烧试管口,烘烤棉塞并在火焰旁将试管帽或棉塞塞上。

(11) 接种完毕,接种环上的余菌必须烧灼灭菌后才能放下。斜面接种无菌操作过程见(图 3-1-2)。

(二)液体接种

液体接种是由斜面菌种或液体菌种接种到液体培养基(如试管或锥形瓶)中的方法。

(1) 烧接种环、烧管口、拔塞等与斜面接种相同。但试管要略向上倾斜,以免液态培养基流出。

(2) 将取有菌种的接种环送入液体培养基中,并使环在液体与管壁接触的部位轻轻摩擦,使菌体分散于液体中。接种后塞上棉塞,将液体培养基轻轻摇动,使菌体均匀分布于培养基中,以利生长。

(3) 若菌种培养在液体培养基内,需转接到新鲜液体培养基时,此时不能用接种环,而需用灭过菌的移液管、滴管或移液枪。用时先将移液管的包裹纸稍松动,在其 2/3 长度处截开,加橡皮头,拔出移液管,在火焰旁伸入菌种管内,吸取菌液,转接到待接种的培养基内。灼烧管口,迅速塞好管口,进行培养。沾有菌的移液管插入原包装移液管的纸套内、不能直接放在实验台上,以免污染桌面。移液管需经高压灭菌后再行冲洗。

(三)穿刺接种

这是常用来接种厌氧菌、检查细菌的运动能力或保藏菌种的一种接种方法。具有运动能力的细菌,经穿刺接种培养后,能沿着穿刺线向外运动生长,故形成的菌的生长线粗且边缘不整齐,不能运动的细菌仅能沿穿刺线生长,故形成细而整齐的菌生长线。

(1) 贴标签。

(2) 点燃酒精灯。

(3) 转松试管帽或棉塞。

(4) 灼烧接种针。

(5) 在火焰旁拔去试管帽或棉塞,将接种针在培养基上冷却,用接种针尖挑取少量菌种,再穿刺接种到深层固体培养基内,接至培养基 3/4 处,再沿原线拔出。穿刺时要求手稳,使穿刺线整齐(图 3-1-3)。

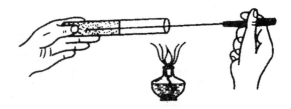

图 3-1-3 穿刺接种

(6) 试管口通过火焰,盖上试管或棉塞。灼烧接种针上的残菌。

（四）平板接种

平板接种即用接种环将菌种接至平板培养基上，或用移液管、滴管将一定体积的菌液移至平板培养基上，然后培养。平板接种的目的是观察菌落形态、分离纯化菌种、活菌计数以及在平板上进行各种实验。平板接种的方法有多种，根据实验的不同要求，可分为以下几种：

1. 斜面接平板

（1）划线法。无菌操作自斜面用接种环直接取出少量菌体，或先制成菌悬液，接种在平板边缘的一处，烧去多余菌体，再从接种有菌的部位在平板培养基表面自左至右轻轻连续划线或分区划线（注意勿划破培养基）。经培养后在划线处长出菌落，以便观察或挑取单一菌落。

（2）点种法。一般用于观察霉菌的菌落。在无菌操作下，用接种针从斜面或孢子悬液中取少许孢子，轻轻点种于平板培养基上，一般以三点的形式接种。霉菌的孢子易飞散，用孢子悬液点种效果好。

2. 液体接平板

即用无菌移液管或者滴管吸取一定体积的菌液移至平板培养基上，然后用无菌玻璃涂棒将菌液均匀涂布在整个平板上。或者将菌液加入培养皿中，然后再倾入融化并冷至45～50℃的固体培养基，轻轻摇匀，平置，凝固后倒置培养。这种方法在稀释分离菌种时常用。

3. 平板接斜面

一般是将在平板培养基上经分离培养得到的单菌落，在无菌操作下分别接种到斜面培养基上，以便作进一步扩大培养或保存之用。接种前先选择好平板上的单菌落，并做好标记。左手拿平板，右手拿接种环，在火焰旁操作，灼烧接种环后将接种环在空白培养基处冷却，挑取菌落，在火焰旁稍等片刻，此时左手将平板放下，拿起斜面培养基，按斜面接种法接种。注意，接种过程中勿将菌烫死，接种时操作应迅速，防止污染杂菌。

4. 平板接种法

根据实验的不同要求，可以有不同的接种方法。如做抗菌谱试验时，可用接种环取菌种在平板上与抗生素划垂直线；做噬菌体裂解试验时可在平板上将菌液与噬菌体悬液混合涂布于同一区域等。

【实验提示与注意事项】

（1）一切操作均应在火焰旁进行。

（2）棉塞应始终夹在手中，如掉落应更换无菌棉塞。

（3）如不慎使棉塞触及火焰着火，切勿用口吹，应在刚着火时迅速塞入试管，因管内氧气不足很快熄灭，若棉塞外端着火，则可用手捏灭，或废弃踩灭后更换无菌棉塞。

（4）接种液体培养物时应特别注意勿使菌液溅在工作台上或其他器皿上，以免造成污染，如有溅污，可用酒精棉球灼烧灭菌后，再用消毒液擦净，凡吸过菌液的吸管或滴管应立即放入有消毒液的容器内。

【思考题】

（1）何为无菌操作技术？为什么说无菌操作是保证微生物研究工作正常进行的关键？

（2）何为接种技术？接种的方法有哪几种？接种应在什么条件下进行？其要点是什么？

（3）试述无菌操作的目的和意义。

（4）试述如何在接种中贯彻无菌操作的原则。

实验二　普通光学显微镜的使用

【实验目的】

（1）熟悉普通光学显微镜的构造及各部分的功能。

（2）学习并正确掌握普通光学显微镜的使用方法。

（3）学习并掌握油镜的原理和使用方法。

【实验安排】

（1）本实验安排 2 学时。在教师指导下，学生独立完成。

（2）教师要提前预备枯草芽孢杆菌的染色标本。

（3）实验重点及难点：使用油镜观察标本的方法及原理。

【实验背景及原理】

人类观察事物的最小分辨率是 0.1 mm，而绝大多数微生物都小于 0.1 mm。因此，微生物的研究和观察必须借助显微镜才能完成。显微镜分为光学显微镜和电子显微镜两大类。光学显微镜即以可见光为光源的显微镜，又分为普通光学显微镜、相差显微镜、偏光显微镜、荧光显微镜等。本实验主要学习普通光学显微镜的使用。

（一）显微镜的结构

显微镜主要由机械部分、光学系统和照明系统组成（图 3-2-1）。

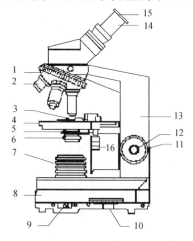

图 3-2-1　光学显微镜的构造

1. 物镜转换器　2. 接物镜　3. 游标卡尺　4. 载物台　5. 聚光器　6. 虹彩光圈　7. 光源　8. 镜座　9. 电源开关　10. 光源滑动变阻器　11. 粗调螺旋　12. 微调螺旋　13. 镜臂　14. 镜筒　15. 目镜　16. 标本移动螺旋

1. 机械部分

机械部分主要包括镜座、镜臂、镜筒、转换器、载物台、调节器等。

(1) 镜座。镜座位于显微镜底部,常呈马蹄形,它支持全镜以保持显微镜的稳定性。

(2) 镜臂。镜臂一端连接镜座,另一端连接镜筒,是取放显微镜时手握的部位。镜臂上端连接目镜,下端连接物镜,中部为手握部分。镜臂有固定式和活动式两种,活动式的镜臂可改变角度。镜臂支持镜筒。

(3) 目镜筒。目镜筒为金属制圆筒,上端连接目镜,下端连接转换器。镜筒分为单筒式和双筒式。单筒镜筒又可分为直立式和后倾式。双筒镜筒则均为倾斜式,其倾斜角度为45°。双筒镜筒中的一个目镜具有屈光度调节装置,能够在两眼视力不同的情况下进行调节。

(4) 转换器。转换器为两个金属碟组成的一个旋转圆盘,其上装有 3~4 个低倍或高倍物镜镜头。转动转换器,可使每个物镜通过镜筒与目镜构成一个放大系统。

(5) 载物台。载物台也称为镜台,是方形或圆形的盘,用以载放所观察物体,中心有一个通光孔。在载物台上有固定标本的金属标本夹;有的装有标本移动器,标本固定好后能够前后左右推动调节标本的观测位置。有的移动器上有刻度以便于确定标本的位置。

(6) 调节器。调节器即调焦装置,即装在镜柱上的螺旋装置。转动螺旋装置能够使镜台上下移动,调节物镜和标本间的距离,当物体在物镜和目镜的焦点上时,就可以观察到清晰的图像。调节器有大小两种螺旋装置,称为粗调节器和细调节器。粗调节器即大螺旋,转动时可使镜台快速和较大幅度地升降,迅速调节物镜和标本之间的距离使物像呈现于视野中,通常在低倍镜观察时,先用粗调节器迅速找到物像。细调节器即小螺旋,转动小螺旋时可使镜台缓慢地升降,一般高倍镜观察时使用。

2. 光学系统

光学系统主要由物镜和目镜组成。

(1) 物镜。物镜一般位于显微镜筒下方的转换器上,因直接与所观察物体相邻,因此被称为物镜。物镜是显微镜中最重要的组成部分,显微镜的放大成像质量及分辨能力主要由它来决定,其优劣直接决定了显微镜的主要光学性能,显微镜其他部件的功能就是使物镜能够充分发挥其性能,得到清晰的图像。物镜的主要功能是将所观察样本进行第一次放大。物镜通常由一组透镜组成的,物镜上通常标有数值孔径、放大倍数、镜筒长度、焦距等主要参数。如:NA 0.30,10×,160/0.17,16 mm。其中"NA 0.30"表示数值孔径(numerical aperture,简写为 NA)为 0.30;"10×"表示放大倍数为 10 倍;"160/0.17"分别表示镜筒长度为160 mm,所需盖玻片厚度为 0.17 mm;16 mm 表示焦距为 16 mm。光学显微镜的常用物镜可按放大倍数分为低倍物镜(放大 10 倍以下)、中倍物镜(放大 10~25 倍)和高倍物镜(放大40~80 倍)。高倍物镜中多采用浸液物镜,即在物镜的下表面和标本片的上表面之间填充折射率约为 1.5 的液体(如香柏油),它能显著提高显微镜观察的分辨率。

(2) 目镜。目镜位于目镜筒顶部,由一组透镜组成,通常由 2 块透镜组成。目镜的作用是将物镜造成的像再次放大,但并不能提高分辨率。在目镜上可以安装测微尺。目镜的放大倍数有10×、12.5×、15×和20×,可根据需要选用。一般可按与物镜放大倍数的乘积为物镜数值孔径的 500~700 倍来选择,最大也不能超过 1000 倍。目镜的放大倍数过大,反而影响观察效果。一般显微镜的标准目镜的放大倍数是 10×。

3. 照明部分

照明部分主要由聚光器和光源组成。

聚光器位于镜台下方的聚光器架上，可以上下移动以调节光线的强弱。光源射出的光线通过聚光器汇聚成光锥照射标本，增强照明度和造成适宜的光锥角度，提高物镜的分辨力。聚光器由聚光镜和虹彩光圈组成。聚光镜由透镜组成。虹彩光圈由薄金属片组成，中心形成圆孔，推动它可调节其开孔的大小，以调节透进光的强弱。调节聚光镜的高度和虹彩光圈的大小，可得到适当的光照和清晰的图像。

普通光学显微镜的照明光源位于聚光器的下方，为特制的照度均匀的强光灯泡，并且配有可变电阻，可以改变光线的强度。

（二）普通光学显微镜的工作原理

显微镜的主要功能是将近处微小物体放大成像。其成像原理为：被观察物体位于物镜前方，离开物镜的距离大于物镜的焦距，但小于两倍物镜焦距。所以，它经物镜以后，必然形成一个倒立的放大的实像。放大的实像再经目镜放大为虚像后即可供眼睛观察。目镜的作用与放大镜一样，所不同的只是眼睛通过目镜所看到的不是物体本身，而是物体被物镜所成的已经放大了一次的像（图 3-2-2）。

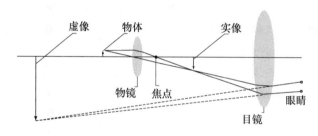

图 3-2-2　显微镜成像原理

显微镜的性能由两个主要参数决定：其一为放大倍数；其二为分辨率，即能够分辨两点之间最小距离的能力，这最小距离即为显微镜的分辨距离。分辨距离越小，分辨率越大。分辨率比放大倍数更重要。

$$分辨距离 = \frac{0.5\lambda}{n\sin\alpha}$$

其中，λ 为波长、n 为折射率、α 为物镜镜口角半数、$n\sin\alpha$ 表示数值孔径。

从上述公式可见，分辨距离与物镜的数值孔径成反比，与光波长度成正比。因此，要想使分辨距离小，可通过缩短光波长和增大数值孔径两种方法实现。一般情况下，光学显微镜的光波为可见光，而可见光光波长度是确定的，因此，要想提高分辨能力，就必须提高物镜的数值孔径。数值孔径指光线投射到物镜上的最大角度（称镜口角）的一半正弦与介质折射率（n）的乘积，那么影响数值孔径大小就有两个因素，其一是镜口角，其二是介质的折射率。加大镜口角和提高介质的折射率均能提高数值孔径。

（三）油镜的工作原理

油镜，也称油浸物镜，镜头上常标有"HI（homogeneneous immersion）"或"Oil（oil immersion）"字样，有的在镜头下缘还刻有 1～2 道黑线或红线作为标记。在低倍、高倍和油镜

3 种物镜中,油镜的放大倍数和数值孔径最大,工作距离最短。使用油镜时,需将镜头浸在香柏油或液体石蜡中进行观察,这样就可消除光由一种介质进入另一种介质时发生的散射,不仅能提高放大倍数,还可以增加照明度和分辨率。

1. 照明亮度

油镜与其他物镜的不同是载玻片与物镜之间不是隔一层空气,而是隔一层油质,称为油浸系。这种油常选用香柏油,因香柏油的折射率 $n=1.52$,与玻璃相同。当光线通过载玻片后,可直接通过香柏油进入物镜而不发生折射,因此进入透镜的光线增多,视野亮度增强,使物像明亮清晰。如果玻片与物镜之间的介质为空气,则称为干燥系,当光线通过玻片后,受到折射发生散射现象,进入物镜的光线显然减少,这样就减低了视野的照明度(图 3-2-3)。

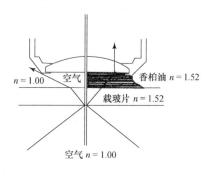

图 3-2-3　油镜工作原理

2. 分辨率

利用油镜不但能增加照明度,更主要的是能增加数值孔径,从而提高显微镜的分辨率。由上可知,加大镜口角和提高介质的折射率均能提高数值孔径。如果在镜口角相同的情况下,提高折射率就可以提高数值孔径。光线在不同的介质中折射率不同,如在空气中的折射率为 1.00,在水中的折射率为 1.33,而在香柏油中的折射率为 1.52。如光线的入射角为120°,其半数的正弦为 $\sin 60° = 0.87$,则:以空气为介质时,$NA = 1 \times 0.87 = 0.87$;以水为介质时,$NA = 1.33 \times 0.87 = 1.15$;而以香柏油为介质时,$NA = 1.52 \times 0.87 = 1.32$。人们肉眼所能感受的光波平均长度为 $0.55\ \mu m$,仍假设光线的入射角为120°,则加入数值口径 NA 为0.87高倍物镜,能分辨两点之间的距离为 $0.32\ \mu m$,而小于 $0.32\ \mu m$ 的两点之间距离就分辨不出,而使用数值口径 NA 为 1.32 的油镜,能分辨两点之间的最小距离为 $0.21\ \mu m$。这样,使用油镜时,即使放大倍数比高倍镜低,也能分辨出更小的距离,即分辨率高。

【实验材料、仪器】

普通光学显微镜,香柏油,二甲苯,擦镜纸,枯草芽孢杆菌(*Bacillus subtilis*)的染色标本。

【实验方法与步骤】

显微镜为精密仪器,使用时必须严格按照下述操作步骤进行。

1. 观察前的准备

(1) 显微镜从显微镜柜或镜箱内拿出时,要用一手紧握镜臂,一手紧托镜座,平稳地将显微镜搬运到实验桌上。

(2) 熟悉显微镜的各部分结构,检查各部分零件是否完全合用,镜身有无尘土,镜头是否清洁。

（3）调节光照。自带光源的显微镜，接通电源，通过调节电流旋钮调节光照强弱。不带光源的显微镜，可利用灯光或自然光通过反光镜来调节光照强弱。首先将 10 倍物镜转入光孔，将聚光器上的虹彩光圈打到最大位置，用左眼观察目镜中视野的亮度，转动反光镜，使视野的光照达到最明亮最均匀为止。光线较强时，用平面反光镜，光线较弱时，用凹面反光镜。注意不能用直射阳光，直射阳光会影响物像的清晰并刺激眼睛。

（4）调节光轴中心。使用显微镜观察时，其光学系统中的光源、聚光器、物镜和目镜的光轴及光阑的中心必须跟显微镜的光轴在一条直线上。具视场光阑的显微镜，先将光阑缩小，用 10 倍物镜观察，在视场内可见到视场光阑圆球多边形的轮廓像，如果此像不在视场中央，可利用聚光器外侧的两个调整旋钮将其调到中央，然后缓慢地将视场光阑打开，能看到光束向视场周缘均匀展开直至视场光阑的轮廓像完全与视场边缘内接，说明光线已经合轴。

2. 低倍镜观察

镜检任何标本都要必须养成先用低倍镜观察的习惯。因为低倍镜视野较大，易于发现目标和确定检查的位置。将标本片放置在载物台上，用标本夹夹住，移动推动器，使被观察的标本处在物镜正下方；转动粗调节旋钮，使物镜调至接近标本处，用目镜观察并同时用粗调节旋钮慢慢升起镜筒（或下降载物台）；直至物像出现，再用细调节旋钮调节至物像清晰为止。用推动器移动标本片，找到合适的目的像并将它调节到视野中央进行观察。

3. 高倍镜观察

在低倍物镜观察的基础上转换高倍物镜。较好的显微镜，低倍、高倍镜头是同焦的，在正常情况下，高倍物镜的转换不应碰到载玻片或其上的盖玻片。若使用不同型号的物镜，在转换物镜时要从侧面观察，避免镜头与盖玻片相接触。然后从目镜观察，调节光照，重复低倍镜观察操作。

4. 油镜观察

由于细菌个体微小，一般都需要用油镜进行观察。油浸物镜的工作距离（即物镜前透镜表面到被观察标本之间的距离）非常短，一般在 0.2 mm 以内，而一般光学显微镜的油镜没有"弹簧装置"，因此使用油镜时要特别细心，要避免由于"调焦"不慎而压碎标本片并使物镜受损。其操作步骤为：

（1）先用粗调节旋钮将镜筒提升（或将载物台下降）约 2 cm，并将高倍镜转出。

（2）在标本盖玻片上的镜检部位滴 1 滴香柏油或液体石蜡。

（3）用粗调节旋钮将载物台缓慢上升（或使镜筒缓慢下降），从显微镜的侧面观察，使油浸物镜浸入香柏油中，使镜头几乎与标本接触。

（4）从目镜内观察，调亮视野。不带光源的显微镜，可放大视场光阑及聚光镜上的虹彩光圈（带视场光阑油镜开大视场光阑），上调聚光器，使光线充分照明。用粗调节旋钮将载物台缓慢下降（或使镜筒缓慢上升），当出现物像后改用细调节旋钮调至最清晰为止。如油镜已离开油面而仍未见到物像，必须再从侧面观察，重复上述操作。

（5）观察完毕，下降载物台，将油镜头转出。先用擦镜纸擦去镜头上的香柏油，再用擦镜纸蘸少许乙醚酒精混合液（乙醚 2 份，纯酒精 3 份）或二甲苯，擦去镜头上的残留油迹，最后再用擦镜纸擦拭 2～3 下即可（注意向一个方向擦拭）。

（6）显微镜使用完毕后，将其各部分还原。转动物镜转换器，使物镜头与载物台通光孔呈八字形位置，而不能与载物台通光孔相对；然后将镜筒下降至最低，降下聚光器，将反光镜与聚光器垂直，用显微镜罩将显微镜罩好；最后用柔软纱布清洁载物台等机械部分，然后将显微镜放回柜内。

【实验提示与注意事项】

（1）加强责任心，养成爱护仪器的习惯，严格操作规程。

（2）拿显微镜时，一定要右手拿镜臂，左手托镜座，严禁单手拿，更不可倾斜拿。

（3）不准擅自拆卸显微镜的任何部件，以免损坏。

（4）观察标本时，必须依次用低、中、高倍镜观察，最后再使用油镜观察。在使用油镜时，不能一边用双眼在目镜上观察，一边转动粗调节器，尤其是当镜台上升或镜筒下降时，以免镜头压碎载玻片或损伤镜头。

（5）观察时，两眼睁开，养成两眼能够轮换观察的习惯，以免眼睛疲劳，并且能够在左眼观察时，右眼注视绘图。

（6）显微镜应存放在阴凉干燥处，以免镜片滋生霉菌而腐蚀镜片。

（7）观察带有水或其他液体的标本时，一定要加上盖玻片，并用滤纸吸去盖玻片周围溢出的水或液体，以免镜头接触而被腐蚀。

（8）显微镜各部分必须保持清洁。光学系统部分切勿用手、布、粗纸等擦拭，必须用擦镜纸轻轻揩擦，若镜头等光学部分积有灰尘时需先用洗耳球吸去灰尘后再擦拭，必要时可略蘸些二甲苯进行擦拭。金属等机械部分有灰尘时，可用纱布擦拭。

（9）显微镜用毕后，必须把物镜移开。通常要使高倍、低倍两个物镜按"八"字形朝前方排列，然后取出标本片。

（10）使用完毕后，拔掉电源，放回原位，罩好防护罩。最后在仪器使用情况登记本如实填写该仪器的使用情况。

【思考题】

（1）分别绘制出在低倍镜、高倍镜和油镜下观察到的细菌个体形态。

（2）镜检玻片标本时，为什么要先用低倍物镜观察，而不是直接用高倍物镜或油镜观察？

（3）油镜与普通物镜在使用方法上有何不同？应特别注意些什么？

（4）使用油镜时，为什么必须用香柏油或液体石蜡？

（5）油镜使用完毕后，为什么必须将其擦净？是否可以用过多的二甲苯或酒精擦拭油镜？为什么？

实验三 细菌的形态结构观察
（简单染色，革兰氏染色，芽孢染色）

【实验目的】

（1）观察细菌个体形态及菌落特征。

（2）掌握简单染色法、革兰氏染色法和芽孢染色法的原理及操作步骤。

（3）在油镜下观察细菌个体的形态。

(4）学习环境中微生物的检查方法，并加深对微生物分布的广泛性的认识。

【实验安排】

（1）本实验安排3学时。在教师指导下，学习独立完成。

（2）提前48 h制备大肠杆菌、枯草芽孢杆菌及金黄色葡萄球菌三种平板菌落；提前18～24 h转接大肠杆菌、枯草芽孢杆菌、金黄色葡萄球菌和巨大芽孢杆菌四种菌的斜面；提前预备牛肉膏蛋白胨培养基平板。

（3）实验重点：细菌制片技术及革兰氏染色的原理及方法。

【实验背景与原理】

由于细菌个体微小肉眼不可见，为了观察细菌的一般形态结构及特征结构，必须借助染色法使菌体着色，在显微镜下用油镜进行观察。根据细菌个体观察的不同要求，可将染色分为三种类型，即简单染色、鉴别染色（革兰氏染色）和特殊染色（芽孢染色）。

细胞染色是物理因素和化学因素共同作用的结果。物理因素包括细胞及细胞物质对染料的毛细现象和渗透、吸收作用等。化学因素是细胞物质能与染料发生化学反应。染料是由苯环、连接在苯环上的染色基团（或称色基团、色基）和助色基团（或称作用基团）三部分组成的有机化合物。助色基团具有电离特性。生物染料分为碱性染料、酸性染料和中性染料三大类。碱性染料离子带正电荷，细菌蛋白质的等电点较低，当它处于中性、碱性或弱酸性溶液里时，常带负电荷。所以常用碱性染料（如美蓝、结晶紫、碱性复红、孔雀绿等）给细菌染色。酸性染料的离子带负电荷，能与带正电荷的物质结合。当细菌处于酸性溶液中，菌体带正电荷时，易被伊红、酸性复红或刚果红等酸性染料着色。中性染料是前两者的结合物，也称为复合染料，如伊红美蓝、伊红天青等。

1. 简单染色法原理

简单染色法是最基本的染色方法。由于细菌在中性环境中一般带负电荷，所以通常采用碱性染料，如美兰、碱性复红、结晶紫、孔雀绿、蕃红等进行染色。

2. 革兰氏染色法原理

革兰氏染色在细菌学研究中应用非常广泛，它是一种重要的鉴别染色法，通过革兰氏染色，可将细菌分为革兰氏阳性菌（G^+）和革兰氏阴性菌（G^-）两大类。

革兰氏染色过程要使用四种不同的试剂。首先用碱性染料草酸铵结晶紫染液进行初染；再用碘液媒染，媒染的作用是增强染料与菌体的亲和力，强化染料与细胞的结合；之后用脱色剂乙醇将染料溶解，使被染色的细胞脱色，由于乙醇对不同细菌脱色的难易程度不同，故可借此对细菌加以区分；最后用蕃红复染，其目的是使已被脱色的细菌重新染上另一种颜色，以便与未脱色菌进行比较。

革兰氏染色有着重要的理论与实践意义，其染色原理是基于革兰氏阳性菌和革兰氏阴性菌细胞壁的组成成分和结构的不同。前者的细胞壁肽聚糖层较厚，交联度大，形成的网状结构致密，脂含量低甚至缺乏，经乙醇处理发生脱水作用，使孔径缩小，通透性降低，这样结晶紫与碘形成的大分子复合物被保留在细胞内，结果细胞呈现紫色。而革兰氏阴性菌肽聚糖层薄，网状结构交联少，且类脂含量高，乙醇处理使得类脂被溶解，细胞壁孔径变大，通透性增加，结晶紫与碘的复合物易于外渗，结果使得细胞被脱色，再经蕃红复染后细胞呈红色。

3. 芽孢染色的原理

细菌的芽孢壁具有特殊的结构，使其具有致密、透性低的特点，因此其着色和脱色都比营养细胞困难。芽孢染色就是依据这一原理，一般先采用碱性染料在微火上加热；或延长染色时间，使菌体和芽孢都同时染上色，然后再用蒸馏水冲洗，脱去菌体的颜色，仍保留芽孢的颜色。这时，用另一种对比鲜明的染料使菌体着色，就可以在显微镜下将绿色的芽孢和红色的营养体明显区分开来。

【实验材料、仪器与试剂】

1. 菌种

大肠杆菌（*Escherichia coli*），金黄色葡萄球菌（*Staphylococcus aureus*），枯草芽孢杆菌（*Bacillus subtilis*）和巨大芽孢杆菌（*Bacillus megaterium*）。

2. 培养基

牛肉膏蛋白胨培养基。

3. 试剂

草酸铵结晶紫染液，革兰氏碘液，95％乙醇，蕃红染液，7.6％饱和孔雀绿染液，0.5％蕃红染液。

4. 仪器及其他物品

显微镜，酒精灯，无菌水，显微镜，载片，滤纸，液体石蜡，擦镜纸，接种环等。

【实验方法与步骤】

1. 实验室环境中微生物的检查

预先制备牛肉膏蛋白胨平板，在平板底部用红蜡笔划分为几个区域，分别用手指、钱币等轻轻在平板培养基上涂抹。如要检查空气中的微生物时，则将平板的皿盖打开，在空气中暴露 5～10 min，再盖上皿盖，37℃培养 24～48 h 观察结果。

2. 观察平板上的细菌菌落

识别平板上大肠杆菌、枯草芽孢杆菌和金黄色葡萄球菌菌落特征。注意观察菌落的形状、高度、大小、颜色以及湿润状况、光泽度、透明度、边缘状况等（图 3-3-1）。

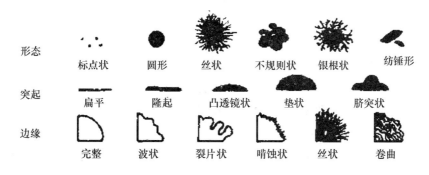

图 3-3-1　细菌的培养特征

3. 简单染色

（1）涂片。取洁净的载片一张，在载片中部加 1 滴无菌水。用无菌操作从斜面上挑取少量菌体，与载片上水滴混合，烧去环上多余的菌体后，再用接种环将菌体涂成直径 1 cm 的均匀薄层。

（2）干燥。平置于操作台上，自然干燥。

（3）固定。将已干燥的涂片标本向上，在微火上通过 3～4 次进行固定。固定的作用为：① 灭活菌体；② 使菌体牢固黏附于载片上，避免在染色时被染液或水冲掉；③ 使染料对菌体的着色效果更好。

（4）染色。在涂片处滴加草酸铵结晶紫 1～2 滴，染色 1 min。要求染料完全覆盖被固定的菌体。

（5）冲洗。载片标本面向下斜置，用流水轻轻冲洗至无色。注意水流不得直接冲洗菌体以免将其冲掉。

（6）吸干。用吸水纸轻轻吸去载片上的水分，干燥后镜检。

（7）镜检。先在低倍镜下找到目的物，然后将低倍镜移开，滴加一滴香柏油或液体石蜡于涂片处，用油镜进行观察。注意观察各种细菌的形状和细菌排列方式。观察完毕，用擦镜纸将镜头上的香柏油或液体石蜡擦净。若使用香柏油，还需进一步用二甲苯擦拭镜头。

4. 革兰氏染色法

（1）涂片。取大肠杆菌、枯草芽孢杆菌和金黄色葡萄球菌分别制成涂片，干燥，固定。

（2）染色。用草酸铵结晶紫染液染色 1 min，将标本向下用流水冲洗至无色。

（3）媒染。用革兰氏碘液冲去残留在涂片上的水分，并用碘液覆盖涂面媒染 1 min，水洗。

（4）乙醇脱色。将载片斜置于烧杯上，滴加几滴 95％乙醇，并轻轻摇动载片进行脱色，约 0.5 min 后立即用水冲洗乙醇并用滤纸轻轻吸干。

（5）复染。蕃红染液复染 1 min，水洗。

（6）干燥，镜检。

5. 芽孢染色（孔雀绿染色法）

（1）涂片。取巨大芽孢杆菌菌体少许，制成涂片，干燥，固定。

（2）孔雀绿染色。用 7.6％的孔雀绿饱和水溶液覆盖涂片，在酒精灯上间断加热染色，注意添加染液以防涂片干燥，10 min 后用水冲洗。

（3）蕃红染色。用 0.5％蕃红液复染 1 min，水洗，自然干燥后镜检。

【实验提示与注意事项】

（1）载玻片要清洁无油污，否则菌液涂布不开或容易把脏东西误为菌体。

（2）挑菌量宜少，涂片要薄而匀，过多的菌体会使得涂片上菌体重叠不宜观察。

（3）染色时间与细菌、染色液种类、染色液浓度有关。

（4）革兰氏染色成败的关键是脱色时间。如脱色过度，G^+ 菌也可被脱色而被误认为 G^- 菌；如果脱色时间过短，G^- 菌也会被误认为 G^+ 菌。脱色时间的长短受涂片的薄厚、脱色时载玻片晃动的快慢以及乙醇用量多少等因素的影响，难以严格规定，需多练习。如要验证一个未知菌的革兰氏反应时，应同时再做一张已知菌与未知菌的混合涂片，以作对照。

（5）染色过程中，染液应覆盖整个涂片，染液不能干，水洗后甩去载玻片上残水，以免染液被稀释而影响染色效果。

（6）菌龄要严格控制，菌体衰老的 G^+ 菌常呈革兰氏阴性反应。

【思考题】

(1) 为什么必须用培养 24 h 以内的菌体进行革兰氏染色？

(2) 要得到正确的革兰氏染色结果，必须注意哪些操作？哪一步是关键步骤？为什么？

(3) 当你对未知菌进行革兰氏染色时，怎样保证操作正确，结果可靠？

(4) 芽孢染色为什么要加热或延长染色时间？

实验四 放线菌的形态结构观察

【实验目的】

(1) 学习并掌握放线菌形态结构的观察方法。

(2) 观察放线菌的菌落特征、个体形态及其繁殖方式。

【实验安排】

(1) 本实验安排 2 学时。在教师指导下，学生独立完成。

(2) 需提前 5～7 天制备培养淡紫链霉菌、灰色链霉菌、泾阳链霉菌三种菌落平板。

(3) 实验重点：掌握放线菌的菌落特征及形态结构。

【实验背景与原理】

放线菌是一类呈丝状、主要以孢子繁殖的原核微生物。

放线菌的菌丝依据其形态和功能可分为基内菌丝、气生菌丝和孢子丝三种(图 3-4-1)。

基内菌丝匍匐生长于培养基内，主要生理功能是吸收营养物，故又称营养菌丝。菌丝一般无横隔，直径 0.2～0.8 μm，长度差别很大，短的小于 100 μm，长的可达 600 μm 以上，有的无色素，有的可产生各种色素。色素分水溶性和脂溶性两类，水溶性色素还能渗入培养基内，使培养基着色，而脂溶性色素只能使菌体着色。色素的产生情况可以作为鉴定菌种的依据。

当基内菌丝长出培养基的表面，发展为伸向空气中的菌丝，即为气生菌丝，又称二级菌丝体。在光学显微镜下，此菌丝颜色较深，直径比营养菌丝粗，约 1～1.4 μm，长度相差很大，菌丝呈直线或弯曲而分枝，有的也产色素。

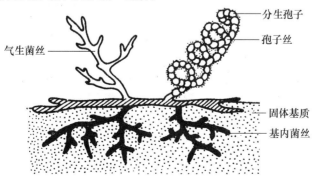

图 3-4-1 放线菌的菌丝种类

气生菌丝发育到一定程度，其上可分化出产生孢子的菌丝，即为孢子丝。放线菌的孢子丝类型按其着生情况不同可分为互生、丛生或轮生三种。孢子丝的着生情况、形态和所产孢子的形态、表面结构、颜色等随菌种而不同，而且比较稳定，因此是分类的主要依据。孢子丝上孢子的形状多种多样，表面结构各异，孢子也具有各种颜色。

放线菌的菌落在培养基上着生牢固，与基质结合紧密，难以用接种针挑取。由于大量孢子的存在，放线菌菌落表面呈现干粉状，从菌落的形态特点很容易将其与其他类微生物区分开来。

【实验材料、仪器与试剂】

1. 菌种

灰色链霉菌（*Streptomyces griseus*），淡紫链霉菌（*Streptomyces lavendulae*）和泾阳链霉菌（*Streptomyces jingyangensis*）（培养好的菌落平板及插片平板）。

2. 试剂

0.1%美蓝染液。

3. 仪器及其他物品

显微镜，接种铲，无菌镊子，载片及盖片，酒精灯等。

【实验方法与步骤】

1. 菌落形态及菌苔特征的观察

以无菌操作用接种环分别取少许泾阳链霉菌或淡紫链霉菌制成菌悬液，在平板培养基上划线接种，25～28℃培养5～7天。观察放线菌菌落，包括其表面形状、大小、颜色、边缘等，并注意有无色素分泌到培养基内；用接种环挑取菌落，观察菌丝在培养基上着生是否紧密。注意区别基内菌丝、气生菌丝及孢子丝的着生部位。

2. 个体形态特征的观察

将泾阳链霉菌或淡紫链霉菌菌落的平板直接置于低倍镜或高倍镜下观察，注意选择菌丝和孢子生长较薄的部位，也可以用接种铲取下一小块带有菌落的培养基，平置于载片上，在低倍镜或高倍镜下观察。观察时注意放线菌菌丝直径的大小、孢子丝的形状。

3. 孢子形状的观察

孢子及孢子丝的观察可采用印片法。用镊子取一洁净盖片，轻放在灰色链霉菌和淡紫灰链霉菌划线培养平板的菌体表面，按压一下，使部分菌丝及孢子黏附于盖片上。在载片上加1滴0.1%美蓝染液，将盖片带有孢子的一侧向下，盖在染液上，用吸水纸吸去多余的染液，在高倍镜下观察孢子丝及孢子的形态，有些制片也能观察到无隔的气生菌丝。

4. 用插片法观察放线菌形态特征

接种放线菌孢子，无菌盖片用无菌镊子以45°斜插在平板培养基上。于盖片内侧基部中央接种放线菌孢子，28℃培养5～7天。取出盖片，轻除盖片上沾有的培养基，将其带有菌丝的面向下，轻放在载片上，在显微镜下观察，也可如观察孢子形状一样加美蓝染液观察。注意孢子的形状、大小以及表面状况（光滑或有刺）。

【实验提示与注意事项】

（1）镜检时要特别注意放线菌的基内菌丝、气生菌丝的粗细和色泽差异。

（2）放线菌生长慢，培养时间长，在操作时应特别注意无菌操作，严防杂菌污染。

（3）盖玻片上培养物用 0.1% 美蓝染色后镜检效果更好。

【思考题】

（1）放线菌为何属于原核微生物？

（2）放线菌与细菌菌落最显著的差异是什么？

实验五　酵母菌的形态结构观察

【实验目的】

（1）观察并掌握酵母菌的菌落特征、个体形态、生长及繁殖方式。

（2）学习酵母菌子囊孢子的形成及观察方法。

【实验安排】

（1）本实验安排 2 学时。在教师指导下，学生独立完成。

（2）提前 7 天制备培养醋酸钠菌斜面；提前 2 天制备培养啤酒酵母菌斜面、啤酒酵母菌落平板和热带假丝酵母菌落平板。

（3）实验重点：掌握好酵母菌的培养条件。

【实验背景与原理】

真菌中的酵母菌和霉菌在形态、培养特性等方面截然不同，它们的主要区别在于酵母菌不形成真正的菌丝。

酵母菌形体较大，结构简单，具有典型的细胞结构（图 3-5-1，图 3-5-2，图 3-5-3）。对酵母菌形态结构的观察方法与细菌的相似。

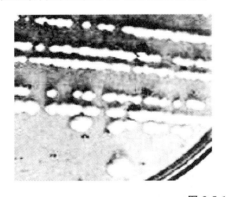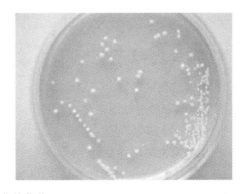

图 3-5-1　酵母菌的菌落

酵母菌是单细胞的微生物，细胞核与细胞质有明显的分化，个体直径比细菌大 10 倍左右，多为圆形或椭圆形。酵母菌的繁殖方式也较复杂，无性繁殖主要是出芽生殖。有的在特殊条件下能形成假菌丝，有性繁殖是通过接合产生子囊孢子。用美蓝染色液制成水浸片，不仅可以观察其外形，还可以区分死活细胞。这是因为活细胞新陈代谢旺盛，还原力强,能使美蓝从蓝色的氧化型变为无色的还原型,而死细胞无还原力,经美蓝染色后不变色。

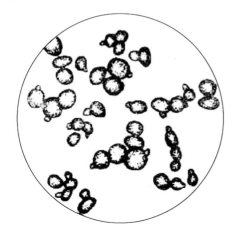

图 3-5-2　啤酒酵母出芽形态

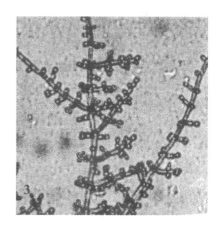

图 3-5-3　热带假丝酵母繁殖方式

【实验材料、仪器与试剂】

1. 菌种

酿酒酵母(*Saccharomyces cerevisiae*),假丝酵母(*Candida*),面包酵母(*Saccharomyces cerevisiae*)。

(酿酒酵母和面包酵母平板各 1 个。酿酒酵母豆芽汁斜面及面包酵母醋酸钠斜面各 1 支。假丝酵母加盖片培养的平板 1 个。)

2. 试剂

7.6%孔雀绿染液,0.5%蕃红染液,苏丹黑染液,二甲苯,中性红染液,碘液。

3. 仪器及其他物品

显微镜,酒精灯,接种环,载片及盖片等。

【实验方法与步骤】

1. 菌落特征的观察

取少量酿酒酵母划线接种在平板培养基上,28～30℃培养 3 天。观察菌落特征:如表面湿润还是干燥,有无光泽,隆起形状,边缘的整齐度、大小、颜色等。

2. 个体形态与出芽繁殖

酵母细胞较大,观察时可不染色,用水浸片法观察,即在载片中央滴加 1 滴无菌水或滴一小滴 0.1%美蓝染液,以无菌操作取酿酒酵母少许(注意观察酿酒酵母与培养基结合是否紧密),置于无菌水或美蓝染液中混合均匀。将盖片轻盖在滴液上。完成制片后,先用低倍镜,再用高倍镜观察酵母细胞的形状及出芽方式。

3. 子囊孢子的观察

将面包酵母接种于麦芽汁或豆芽汁液体培养基中,28～30℃培养 24 h,如此连续传代3～4次,使其良好生长。然后转接到醋酸钠斜面培养基上,25～28℃培养 4～5 天。用水浸片法制片或涂片,再用芽孢染色法染色,观察子囊孢子形状,注意每个子囊内的子囊孢子数目。

4. 假菌丝的观察

观察假丝酵母的出芽方式及假菌丝形态。将假丝酵母划线接种在麦芽汁或豆芽汁平板上,并在划线处盖上盖片,28～30℃培养2～3天。加1滴无菌水或美蓝染液于载片上,再将盖片从平板上轻轻取下,轻放于液滴上。显微镜观察呈分枝状的假菌丝细胞形状及大小。

【实验提示与注意事项】

(1) 染液不宜过多或过少,否则在盖上盖片时,菌液会溢出或出现大量气泡而影响观察。

(2) 盖片上不宜平着放下,应斜置轻放,以免产生气泡影响观察。

(3) 镜检时,先用低倍镜寻找合适的视野,然后用高倍镜仔细观察绘图。

【思考题】

(1) 酵母菌和细菌细胞在形态、结构上有何区别?

(2) 在同一平板培养基上若同时有细菌及酵母菌两种菌落,如何识别?

(3) 假丝酵母生成的菌丝为什么叫假菌丝?与真菌丝有何区别?

(4) 美蓝染液浓度和作用时间不同,对酵母菌死活细胞数量有何影响,分析其原因。

实验六　霉菌的形态结构观察

【实验目的】

(1) 观察霉菌菌落特征。

(2) 学习并掌握霉菌的基本制片方法。

(3) 观察霉菌个体形态及各种无性孢子及有性孢子的形态。

【实验安排】

(1) 本实验安排3学时。在教师指导下,学生独立完成。

(2) 提前7天制备培养产黄青霉菌落平板;提前3天制备培养黄曲霉菌落平板;提前1天制备培养黑根霉菌落平板。

(3) 实验重点:霉菌的培养条件和制片技术。

【实验背景与原理】

霉菌属真核微生物,营腐生或寄生,不能进行光合作用。霉菌细胞壁由几丁质或其他种类多糖组成,用无性或有性方式繁殖。霉菌由有隔或无隔的菌丝组成,因此也称为丝状真菌。

霉菌是由分枝和不分枝的许多菌丝体构成的,直径为2～10 μm。在潮湿条件下,经生长繁殖会长出丝状、绒毛状或蜘蛛网状的菌丝体,并在形态及功能上分化成多种特化结构。

菌丝在显微镜下观察呈管状,有的有横隔,将菌丝分割为多细胞(如青霉、曲霉),有的菌丝没有横隔(如毛霉、根霉)。菌丝的直径比一般细菌和放线菌菌丝分别大几十倍和十几倍。对于霉菌形态和结构的观察,大多来自其自然生长状态下的观察。

霉菌菌落形态较大,质地较疏松,颜色各异(图3-6-1)。菌丝体经制片后可用低倍镜或高倍镜观察。在观察时要注意菌丝直径的大小,菌丝体有无隔膜,营养菌丝有无假根,无性繁殖或有性繁殖时形成的孢子种类及着生方式。由于霉菌的菌丝体较粗大,而且孢子容易飞散,如将菌丝体置于水中容易变形,故观察时将其置于乳酸石炭酸溶液中,其优点是能保持菌丝体形状,使细胞不易干燥,且具有杀菌作用。

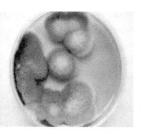

图3-6-1　霉菌菌落

【实验材料、仪器与试剂】

1. 菌种

产黄青霉(*Penicillium chrysogenum*)、黄曲霉(*Aspergillus flavus*)、黑根霉(*Aspergillus niger*)和菌落平板各1套。

2. 试剂

乳酸石炭酸溶液。

3. 仪器及其他物品

显微镜,酒精灯,接种针,镊子,载片和盖片等。

【实验方法与步骤】

1. 霉菌菌落特征的观察

观察产黄青霉、黄曲霉、黑根霉平板中的菌落,注意菌落形态的大小、菌丝的高矮、生长密度、孢子颜色和菌落表面等状况,描述其菌落特征,并与细菌、放线菌、酵母菌菌落进行比较(图3-6-1)。

2. 霉菌个体形态结构观察

制片:在载片中央加1滴乳酸石炭酸溶液,用接种针从菌落边缘挑取少许菌丝体置于其中,摊开并盖上盖片(注意勿出现气泡),置于低倍镜、高倍镜下观察。

(1)产黄青霉。观察菌丝体的分枝状况,有无横隔。分生孢子梗及其分枝方式、梗基、小梗及分生孢子的形状。

平板接种后待菌落长出时,以30～45°斜插上灭菌盖片。注意盖片位置应插在菌落的稍前侧,经培养后盖片内侧可见到长有一薄层菌丝体。用镊子取下盖片,轻轻放在滴有乳酸石炭酸溶液的载片上,即可观察到较为清晰的分生孢子穗,帚状分枝的层次状况及成串的分生孢子(图3-6-2)。

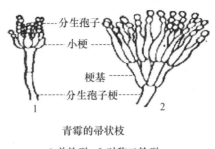

青霉的帚状枝

1.单轮型　2.对称二轮型

图 3-6-2　产黄青霉

（2）黄曲霉。观察菌丝体有无横隔、足细胞,注意分生孢子梗、顶囊、小梗及分生孢子的着生状况及形状（图 3-6-3）。

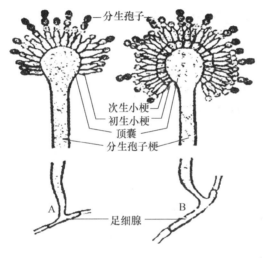

图 3-6-3　黄曲霉

（3）黑根霉。观察无横隔菌丝（注意菌丝内常有气泡,不是横隔）、假根、匍匐枝、孢子囊囊柄、孢子囊及孢囊孢子。孢囊破裂后能观察到囊托及囊轴（图 3-6-4）。

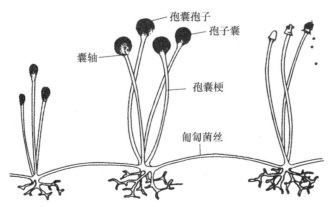

图 3-6-4　黑根霉

【实验提示与注意事项】

（1）制片时，尽可能保持霉菌自然生长状态。

（2）加盖片时，应避免出现气泡，并避免标本移位。

（3）镜检时，先用低倍镜寻找合适的视野，然后用高倍镜仔细观察，绘图。

【思考题】

（1）霉菌的无性繁殖和有性繁殖的孢子各有几种？它们是怎样形成的？

（2）细菌、放线菌、酵母菌、霉菌菌落特征如何识别？以上四类菌在制片方法上有何特点？

（3）总结在显微镜下看到的青霉、黄曲霉和黑根霉在以下各方面的异同：

① 菌丝有隔或无隔；② 无性繁殖的方式；③ 有性繁殖的方式。

实验七　微生物直接计数法

【实验目的】

（1）学习测定微生物数量的血球计数板直接计数法。

（2）测定样品中的酵母细胞数。

【实验安排】

（1）本实验安排 2 学时。学生在教师指导下独立完成。

（2）需提前培养酵母菌菌悬液。

（3）实验重点：血球计数板的构造及菌落计数方法。

【实验背景与原理】

一般将生物个体的增大称为生长，个体数量的增加称为繁殖。由于微生物个体微小，肉眼看不见，要借助显微镜放大一定倍数才可观察清楚，为此，人们通常研究的微生物的增长不是微生物的个体生长，而是微生物个体数量的增长，这种微生物个体数量的增长也称为群体生长（实质上是繁殖）。它对微生物的科学研究和生长都很有意义。

为了研究微生物的生长及生长规律，产生了许多测定微生物生长的方法和技术，血球计数板直接计数法就是常用的一种方法。

血球计数板是一种特殊的载玻片，比较厚，载玻片上有四道槽和两条嵴，中央有一短横槽和两个平台，两嵴的表面比两个平台的表面高 0.1 mm（图 3-7-1）。

血球计数板平台上的格网有两种规格，一种是 1 mm^2 面积先分成 25 个大格，每大格再分成 16 个小格（25×16）；另一种是 16 个大格中，每个大格再分 25 个小格（16×25）（图 3-7-2）。两者都是共有 400 个小格。当专用盖玻片置于两条嵴上时，由于玻片较平台高 0.1 mm，1 mm^2 面积计数室就形成一个 0.1 mm^3 的空间。加入菌液后，通过对一定大格内微生物数量的统计，可计算出 1 mL 菌液所含的菌体数。

在血球计数板上，通常标明了计数板的规格：如，XB-K-25 为计数板的型号和规格，表示此计数板分 25 大格;0.1 mm 为盖上盖玻片后计数室的高;1/400 mm² 表示计数室面积是 1 mm²,分 400 个小格,每小格面积是 1/400 mm²。

这种直接计数法主要用于酵母菌和霉菌孢子的数量测定,测定细菌数量时误差则较大。而且本法所测得的菌体总数是活菌与死菌的总数。

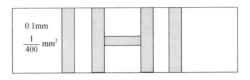

A.血球计数板正面

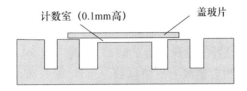

B.血球计数板侧面

图 3-7-1　血球计数板的构造

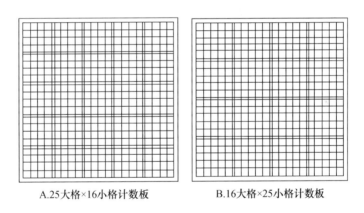

A.25大格×16小格计数板　　　B.16大格×25小格计数板

图 3-7-2　不同规格的血球计数板

【实验材料、仪器与试剂】

1. 菌种

酿酒酵母菌液。

2. 仪器及其他物品

血球计数板,盖玻片,显微镜,手动计数器,酒精灯,无菌吸管,无菌水等。

【实验方法与步骤】

1. 血球计数板的使用

(1) 取清洁的血球计数板,将洁净的专用盖片置两条嵴上。

(2) 将在液体培养基中培养 24～48 h 的酿酒酵母用培养液稀释,混合,稀释倍数根据菌体浓度确定,以稀释后每格有 3～5 个酵母菌为宜。

（3）用无菌吸管取少许菌液，从盖片的边缘处加入，使菌液自行渗入计数室中。注意菌液不宜过多，不得有气泡，以免计数室中液体体积发生改变；滴加菌液后，静置约 5 min。先在低倍镜下找到方格后，再换高倍镜进行观察和计数。

2. 计数方法

计数时，每个样品重复计数 2～3 次，取其平均值。计数方法随计数板的不同而不同。

（1）16×25 规格的计数板。按照对角线方法，计算左上、左下、右上和右下 4 个大格（共100 小格）的酵母菌数。

$$酵母菌细胞数/mL = \frac{100 个小格内酵母细胞数}{100} \times 400 \times 10000 \times 菌液稀释倍数$$

（2）25×16 规格的计数板。共计左上，左下，右上，右下以及中央 5 个大格的菌数。

$$酵母菌细胞数/mL = \frac{80 个小格内酵母细胞数}{80} \times 400 \times 10000 \times 菌液稀释倍数$$

注意：在酵母计数时，对处于特殊位置的酵母，要统一取舍，如，位于两个大格间线上的酵母菌，只统计此格的上侧和右侧线上的菌体数。另外，酵母菌的芽体达到母体细胞大小的一半者，可作为两个菌体计数。

【实验提示与注意事项】

（1）计数完毕用蒸馏水冲洗计数板，洗后待其自行晾干，或用滤纸沾干。绝不能用硬物洗刷。

（2）若计数的是病原微生物，则需先浸泡在 5% 的石炭酸溶液中进行消毒，然后再进行清洗。

（3）利用血球计数板在显微镜下直接计数的方法，无法区别死菌和活菌，最好选用在微生物旺盛生长期间，才会获得较准确的结果。

【思考题】

（1）在滴加菌液时，为什么要先置盖玻片，然后滴加菌液？能否先加菌液再置盖玻片？

（2）用血球计数板测定微生物数量时，哪些步骤易造成误差？如何预防？

（3）计算细菌数目时，此法是否可以适用？

实验八　培养基的配制及高压蒸汽灭菌

【实验目的】

（1）了解合成培养基、半合成培养基和天然培养基的配制原理。

（2）掌握培养基常用的制备方法。

（3）了解消毒灭菌的基本原理和应用、灭菌前的准备工作以及高压蒸汽灭菌的操作方法。

【实验安排】

（1）本课程安排 3 学时。学生在教师指导下独立完成。

（2）实验重点：制备培养基的方法、高压蒸汽灭菌的原理及方法。

【实验背景与原理】

培养基是按照微生物生长代谢所需要的各种营养物质,以人工配制而成的营养基质。培养基中含有碳源、氮源、无机盐、生长因子、微量元素及合适的水分等。培养基还应具有适宜的酸碱度,因此配制培养基时应将培养基调到一定 pH 范围。培养基种类繁多,各种微生物所需培养基不同。按其组成可分为合成培养基、半合成培养基和天然培养基。按其物理状态可分为固体培养基、液体培养基和半固体培养基。按其特殊用途可分为加富培养基、选择培养基、鉴别培养基等。

高压蒸汽灭菌是将待灭菌的物品放在一个密闭的高压灭菌锅内,通过加热,使灭菌锅隔套间的水沸腾而产生蒸汽。待水蒸气急剧地将锅内的冷空气从排气阀中驱尽后,关闭排气阀,继续加热。由于蒸汽不能溢出,灭菌锅内的压力得以增加,从而可使沸点增高到100℃以上。当锅内的压力为 0.1 MPa 时,温度可达到 121℃,使得菌体蛋白质凝固变性,达到对物品灭菌的目的。一般在 121℃维持 20 min,即可杀死一切微生物的营养体及其孢子。具体灭菌的温度及维持的时间随灭菌物品的性质和灭菌锅容量等的不同而不同。

【实验材料、仪器与试剂】

1. 仪器

试管,锥形瓶,烧杯,量筒,玻璃棒,漏斗,天平,药匙,pH 试纸(pH 6.4～8.0),称量纸,棉花,牛皮纸,记号笔,细线绳,纱布,高压蒸汽灭菌锅等。

2. 试剂

牛肉膏,蛋白胨,NaCl,琼脂,可溶性淀粉,NaOH(1 mol/L),HCl(1 mol/L),KNO_3,$K_2HPO_4 \cdot 3H_2O$,$MgSO_4 \cdot 7H_2O$,$FeSO_4 \cdot 7H_2O$,黄豆芽,马铃薯,葡萄糖,孟加拉红,去氧胆酸钠,链霉素。

【实验方法与步骤】

（一）牛肉膏蛋白胨培养基的配制

由于牛肉膏蛋白胨培养基中含有一般细胞生长繁殖所需要的最基本的营养物质,所以是一种应用最广泛和最普通的细菌基础培养基。

1. 配方

牛肉膏 5 g,蛋白胨 10 g,NaCl 5 g,琼脂 15～20 g,水 1000 mL,pH 7.2～7.4。

2. 制法

（1）药品的称量。按培养基配方比例依次准确地称取牛肉膏、蛋白胨、NaCl 放入大烧杯中。牛肉膏可放在小烧杯中称量,用水溶解后倒入大烧杯;也可放在称量纸上称量,随后放入水中溶解,待牛肉膏与称量纸分离后,立即取出纸片。蛋白胨极易吸潮,故称量要迅速。

（2）加热溶解。将水加入已称量好药品的烧杯中(注意,此时加水量应低于 1000 mL),然后将烧杯放在加有石棉网的电炉上,小火加热,并用玻棒搅拌,待药品完全溶解后再补充水至所需量。如果配制固体培养基,则将称好的琼脂放入已溶解的药品中,再加热融化(注意,边加热边搅拌,以防琼脂糊底或溢出),完全融化后需补足所失的水分。

（3）调节 pH。用精密 pH 试纸测量培养基的原始 pH，如果 pH 偏酸，可滴加 1 mol/L NaOH 溶液，边加边搅拌，并随时用 pH 试纸检测，直至所需 pH 范围。若偏碱，则用 1 mol/L HCl 调节。pH 的调节通常在加琼脂之前。

（4）过滤。液体培养基可用滤纸过滤，固体培养基可用 4 层纱布趁热过滤，以利培养结果的观察。对于一般使用的培养基，可省略此步。

（5）分装。按实验要求，可将配制的培养基分装入试管或锥形瓶内。分装时可用漏斗以免培养基沾在管口或瓶口上而造成污染（图 3-8-1）。

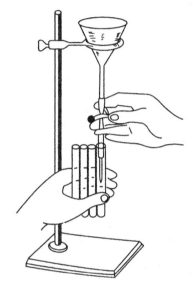

图 3-8-1 培养基的分装

分装时固体培养基约为试管高度的 1/5，灭菌后制成斜面。分装入锥形瓶内以不超过其容积的一半为宜。半固体培养基以试管高度的 1/3 为宜，灭菌后垂直待凝。

（6）加棉塞。试管口和锥形瓶口塞上用普通棉花（非脱脂棉）制作的棉塞。棉塞的形状、大小和松紧度要合适，四周紧贴管壁，不留缝隙，才能起到防止杂菌侵入和有利通气的作用。要使棉塞总长约 3/5 塞入试管口或瓶口内，以防棉塞脱落。有时也可用塑料试管帽或硅胶塞代替棉塞。

（7）包扎。加塞后，将锥形瓶的棉塞外包一层牛皮纸或双层报纸，以防灭菌时冷凝水沾湿棉塞。若培养基分装于试管中，则应每 10 支捆在一起，再于棉塞外包一层牛皮纸，用细线绳扎好。然后用记号笔注明培养基名称和日期。

（8）灭菌。将上述培养基于 121℃ 湿热灭菌 20 min。如因特殊情况不能及时灭菌，则应放入冰箱内暂存。

摆斜面：灭菌后，如制斜面，则需趁热将试管口端搁在一根长木条上，并调整斜度，斜面的长度不超过试管总长的 1/2。

图 3-8-2 斜面的放置

（9）无菌检查。将灭菌的培养基放入 37℃ 温箱中培养 24～48 h，无菌生长即可使用，或贮存于冰箱或清洁的橱内，备用。

3. 高压蒸汽灭菌锅的使用

实验中常用的高压蒸汽灭菌锅有手提式、卧式和立式等类型，它们的结构和工作原理相同。现以 YXQ-LS-18SI 自动手提式高压蒸汽灭菌器（图 3-8-3）为例，介绍其使用方法。

（1）检查灭菌设备的状况，如电源连接、放气阀、安全阀、密封胶圈等是否正常。

（2）将内层锅取出，向外层锅内加入适量的水，使水面没过加热管，以与三角搁架相平为宜。切勿忘记加水，同时水量不可过少，以防灭菌锅烧干而引起炸裂事故。

（3）放回内层锅，装入待灭菌物品。注意不要装得太挤，以免影响蒸汽流动而降低灭菌效果。锥形瓶与试管口端均不要与锅壁接触,以免冷凝水透入棉塞。加盖,并将盖上的排气软管插入内层锅的排气槽内。再以两两对称的方式同时旋紧相对的两个螺栓,使螺栓松紧一致,勿使漏气。

(4) 接通电源,"工作"指示灯亮,打开放气阀,待水沸腾后排除锅内的冷空气。冷空气完全排尽后,关上放气阀,让锅内的温度随蒸汽压力增加而逐渐上升。调节"压力控制器"旋钮,当锅内压力升到所需压力时,"灭菌"指示灯亮,在维持所需压力过程中,两灯交替闪亮。调节"计时器"旋钮,维持压力至所需时间。本实验用 0.1 MPa,121℃,20 min 灭菌。

图 3-8-3　YXQ-LS-18SI 自动手提式压力蒸汽灭菌器

灭菌结束后,"灭菌结束"指示灯亮,灭菌锅自动停止加热,切断电源,让灭菌锅内温度自然下降,当压力表的压力降至"0"时,打开放气阀,旋松螺栓,打开锅盖,取出灭菌物品。注意,压力一定要降到"0"以后,才能打开排气阀,开盖取物。

(二) 高氏合成 1 号培养基的配制

高氏合成 1 号培养基是用于分离和培养放线菌的合成培养基。其中,可溶性淀粉为碳源,KNO_3 为氮源,$NaCl$、$K_2HPO_4 \cdot 3H_2O$、$MgSO_4 \cdot 7H_2O$,$FeSO_4 \cdot 7H_2O$ 作为无机盐等。由于磷酸盐和镁盐相混合时产生沉淀,因此,在混合培养基成分时,注意按配方的顺序依次溶解各成分。

1. 配方

可溶性淀粉 20 g,KNO_3 1 g,$NaCl$ 0.5 g,$K_2HPO_4 \cdot 3H_2O$ 0.5 g,$MgSO_4 \cdot 7H_2O$ 0.5 g,$FeSO_4 \cdot 7H_2O$ 0.01 g,琼脂 15～20 g,水 1000 mL,pH 7.4～7.6。

2. 制法

称量和溶解:按用量先称取可溶性淀粉,放入小烧杯中,并用少量冷水将其调成糊状,再加所需水量的 2/3,继续加热,边加热边搅拌,至其完全溶解。再加入其他成分依次溶解。对微量成分 $FeSO_4 \cdot 7H_2O$,可先配成高浓度的贮备液后再加入,方法是先在 100 mL 水中加入 1 g 的 $FeSO_4 \cdot 7H_2O$,配成浓度为 0.01 g/mL 的贮备液,在配制培养基时,每 1000 mL 中加入贮备液 1 mL。待所有药品完全溶解后,补充水分到所需的总体积。

配制固体培养基、pH 调节、分装、加塞、包扎、灭菌及无菌检查同"牛肉膏蛋白胨培养基的配制"。

(三) 豆芽汁葡萄糖培养基的配制

豆芽汁葡萄糖培养基是常用于培养、分离纯化酵母菌和霉菌的半合成培养基。

1. 配方

黄豆芽 100 g,葡萄糖 50 g,琼脂 15～20 g,水 1000 mL,pH 自然。

2. 制法

称取鲜黄豆芽 100 g,置于烧杯中,加入水 1000 mL,小火煮沸 30 min,用纱布过滤,加水补足量,即成 10％的豆芽汁。加入葡萄糖 50 g,加热溶解后加入琼脂,继续加热使之融化,补足失水。

分装,加塞,包扎,灭菌及无菌检查同"牛肉膏蛋白胨培养基的配制"。

(四) 马铃薯葡萄糖培养基的配制

马铃薯葡萄糖培养基是常用于培养、分离纯化酵母菌和霉菌的半合成培养基。有时也可用于培养放线菌。

1. 配方

马铃薯 200 g,葡萄糖 20 g,琼脂 15～20 g,水 1000 mL,pH 自然。

2. 制法

称取去皮马铃薯 200 g,切成薄片,立即放入 1000 mL 水中,防止氧化。煮沸 30 min,用纱布过滤,补足失水至所需体积。在上述马铃薯浸汁中加入 20 g 葡萄糖,加热后加入琼脂,继续加热使之融化,补足失水。

分装,加塞,包扎,灭菌及无菌检查同"牛肉膏蛋白胨培养基的配制"。

(五) 马丁培养基的配制

马丁培养基是一种用来分离真菌的选择性培养基。此培养基是由葡萄糖、蛋白胨、KH_2PO_4、$MgSO_4 \cdot 7H_2O$、孟加拉红(虎红钠盐)、去氧胆酸钠和链霉素组成。其中葡萄糖主要作为碳源,蛋白胨主要作为氮源,KH_2PO_4 和 $MgSO_4 \cdot 7H_2O$ 作为无机盐,为微生物提供钾、磷和镁离子。而孟加拉红染料能抑制细菌和放线菌,去氧胆酸钠为表面活性剂,不仅可防止霉菌菌丝蔓延,还可抑制 G^+ 细菌生长,而链霉素对多数 G^- 细菌的生长具有抑制作用,所以它们可抑制细菌和放线菌的生长,而对真菌无作用,因而真菌在这种培养基上可以得到优势生长,从而有利于真菌的分离。

1. 配方

葡萄糖 10 g,蛋白胨 5 g,KH_2PO_4 1 g,$MgSO_4 \cdot 7H_2O$ 0.5 g,1 mg/mL 孟加拉红 3.3 mL,琼脂 15～20 g,水 1000 mL,pH 自然。

去氧胆酸钠(2％)20 mL(单独灭菌,临用前加入)。

链霉素(1 万单位/毫升)3.3 mL(临用前培养基冷至约 50℃时加入)。

2. 制法

按培养基配方,准确称取各成分于烧杯中,并加入 600～700 mL 水溶解。再将孟加拉红配成 0.1％的溶液,在 1000 mL 培养基中加入 0.1％的孟加拉红溶液 3.3 mL,待各成分完全溶化混匀后,补足水分至所需体积。加入琼脂,加热融化,补足失水。分装、加塞、包扎后 121℃高压蒸汽灭菌 20 min。

将链霉素配成 1 万单位/mL 的溶液,即将 1 瓶 100 万单位的链霉素以无菌操作加入到 100 mL 无菌水中,混匀。由于链霉素受热容易分解,所以必须在临用时,且融化的培养基温度降至约 50℃时才能加入。在 1000 mL 培养基中加入链霉素溶液(1 万单位/mL)3.3 mL 和 2％的去氧胆酸钠(预先灭菌)溶液 20 mL,迅速混合均匀。

【实验提示与注意事项】

(1) 依据各种培养基配方要求,确定 pH、灭菌温度与时间。灭菌后的培养基一般需要进行无菌检查。

（2）称药品时要准确,注意严防药品混杂,一把药匙用于一种药品,或称取一种药品后,洗净、擦干,再称取另一药品。

（3）应注意 pH 不要调过头,以免回调而影响培养基内各离子的浓度。对于有些要求 pH 较精确的微生物,其 pH 的调节可用酸度计进行。

（4）在琼脂融化过程中,应控制火力,以免培养基因沸腾而溢出容器。同时.需不断搅拌.以防琼脂糊底烧焦。

（5）使用高压蒸汽灭菌锅灭菌时,要有专人负责管理,并要坚守岗位。每次灭菌前要检查锅内的水是否够用。

（6）在使用高压蒸汽灭菌锅灭菌时,一定要将锅内冷空气排尽,否则会使灭菌不彻底。灭菌锅内冷空气的排除是否完全极为重要,因为空气的膨胀压大于水蒸气的膨胀压,所以,在同一压力下,含空气的蒸汽的温度低于饱和蒸汽的温度。

（7）灭菌结束后,一定要等到高压蒸汽灭菌锅压力表降到"0"时才能打开放气阀,确信余气彻底排尽后方可开盖取出灭菌物品。否则就会因锅内压力突然下降,使容器内的培养基由于内外压力不平衡而冲出瓶口或试管口,导致棉塞沾染培养基而发生污染,甚至造成人身伤害。

【思考题】

（1）配制培养基有哪几个步骤？在操作过程中应注意些什么问题？为什么？

（2）培养基配制完成后,为什么必须立即灭菌？若不能及时灭菌应如何处理？

（3）已灭菌的培养基应如何进行无菌检查？

（4）天然培养基和合成培养基的区别,各有什么优缺点？

（5）选择性培养基和普通培养基有什么不同？在什么情况下需要使用选择性培养基？

（6）高压蒸汽灭菌开始之前,为什么要将锅内冷空气排净？灭菌完毕后,为什么待压力降至"0"时才能打开排气阀,开盖取物？

（7）在使用高压蒸汽灭菌锅灭菌时,怎样杜绝一切不安全的因素？

（8）灭菌在微生物实验操作中有何重要意义？

（9）高压蒸汽灭菌时应注意哪些事项？

实验九　细菌生理生化反应

【实验目的】

（1）了解细菌生理生化反应原理,掌握细菌鉴定中常用的生理生化反应的测定方法。

（2）通过不同细菌对不同含碳、含氮化合物的分解利用,认识微生物代谢类型的多样性。

（3）进一步学习培养基的制作和灭菌技术以及接种技术。

【实验安排】

（1）本实验安排 3 学时,分 3 个时段完成:第一时段进行所需培养基的配制及高压蒸汽灭菌;第二时段进行不同菌种的接种;第三时段为培养24 h到一周后进行结果观察。本实验在教师指导下,学生独立完成。

(2) 大肠杆菌、产气肠杆菌、枯草芽孢杆菌、嗜酸乳杆菌斜面需提前24 h制备。

(3) 实验重点及难点:细菌各类生理生化反应的原理。

【实验背景与原理】

新陈代谢简称代谢,是生命存在的前提,是生物最基本的属性和特征之一。所谓代谢是指生物体内进行的化学反应的总称。微生物一方面不断地从环境中摄取营养物质,通过一系列生化反应,转变为自己的组成成分;另一方面,将原有的组分经过一系列的生化反应,分解为不能再利用的物质排出体外,不断地进行自我更新。

微生物除了体积小、吸收转化和生长繁殖速度快等不同于高等生物的特点之外,其新陈代谢也有不同于其他生物的特点:① 代谢速度快。细菌菌体微小,相对表面积很大,因此,物质交换频繁、迅速,呈现十分活跃的代谢。② 代谢类型多样化。各种细菌的营养要求、能量来源、酶系统各不相同,因此,形成多种多样的代谢类型,以适应复杂的外界环境。同时这一特点也使微生物在自然界物质循环中起着极为重要的作用。③ 代谢产物类型多。迄今还很难统计出微生物究竟能产生多少种类的代谢产物。目前已知仅 *E. coli* 一种细菌就能产生 2000~3000 种不同种类的蛋白质,所以由此可推断整个微生物世界代谢产物的多样性。④ 代谢调节具有高度的精确性和灵活性。微生物细胞体积微小,而所处的环境条件却十分多变,因此,在长期进化过程中,微生物发展出一整套十分精确和可塑性极强的代谢调节系统,以保证在复杂的环境条件下生存发展。

微生物代谢的上述特点具体表现为各类微生物生化反应的多样性,如不同微生物利用各种底物的能力不同,即使能够利用相同的底物,其分解途径和代谢产物也有可能不同。这些特点为微生物的菌种鉴定提供了重要依据。

下面分别介绍微生物对不同碳源、氮源利用的简单原理。

1. 乙酰甲基甲醇试验(V. P. 试验)

某些细菌在利用葡萄糖后转化为丙酮酸,丙酮酸由乙酰乳酸合成酶催化成乙酰乳酸,再经乙酰乳酸脱羧酶脱羧成为乙酰甲基甲醇,然后再被丁二醇脱氢酶还原成为2,3-丁二醇。丁二醇发酵的中间产物乙酰甲基甲醇在碱性条件下被空气中的氧气氧化成乙二酰,它能与试剂中精氨酸的胍基反应生成红色化合物。因此,红色反应即为 V. P. 试验阳性。

2. 糖发酵试验

糖发酵是最常用的生化反应,存在于大多数细菌中。不同的细菌在糖的分解能力上存在很大的差异。有些细菌能分解某种糖(如葡萄糖、乳糖、蔗糖、甘露醇、甘油等)并产生酸性物质(如乳酸、丙酸、醋酸等)和气体(如二氧化碳、氢、甲烷等),而有些细菌只产酸不产气。酸的产生可利用指示剂来判断。在培养基中加入溴甲酚紫(溴甲酚紫的变色范围为:pH≤5.2时,呈黄色;pH≥6.8时,呈紫色),当发酵产酸时,则培养基由紫色变为黄色。气体的产生可由发酵试管中倒置的杜氏小管(Durham tube)中有无气泡的出现来验证。

3. 甲基红试验(M. R. 试验)

某些细菌可将葡萄糖转化为丙酮酸,丙酮酸被降解为甲酸、乙酸、丙酸、乳酸等有机酸,使培养液的 pH 下降至4.2以下,滴入甲基红指示剂后,培养基就会由黄色变为红色(甲基红的变色范围为:pH≤4.4时,呈红色;pH≥6.2时,呈黄色)。因此,红色反应即为 M. R.

试验阳性。

4. 吲哚试验

某些细菌细胞内含有色氨酸酶,能将培养基内蛋白胨中的色氨酸分解,其产物为吲哚、丙氨酸和氨。吲哚本身无色,但在加入对二甲基氨基苯甲醛后,与之形成红色化合物玫瑰吲哚。因此,红色反应即为吲哚试验阳性。

5. 柠檬酸盐利用试验

某些细菌能够以柠檬酸盐作为碳源。如培养基内含有柠檬酸盐,遇水会发生水解反应生成柠檬酸和强碱。柠檬酸作为碳源被细菌利用,浓度不断降低,同时产生 CO_2,使培养基的 pH 不断上升,当培养基 pH 上升到 7.6 以上,滴入溴麝香草酚蓝指示剂后,培养基就会由绿色变为蓝色(溴麝香草酚蓝的变色范围:pH<6.0 时,呈黄色;6.0<pH<7.6 时,呈绿色;pH>7.6时,呈蓝色)。因此,蓝色即为柠檬酸盐利用试验阳性。

6. 淀粉水解试验

某些细菌能产生胞外淀粉酶,将淀粉水解为小分子糊精,或进一步将糊精水解为麦芽糖或葡萄糖,再被细菌吸收利用。细菌水解淀粉可通过底物的变化来证明,即用碘测定不再产生蓝色。因此,碘不变色即为淀粉水解试验阳性。

7. 石蕊牛乳试验

牛乳中含有大约 5% 的乳糖和 3.2% 的蛋白质,在总蛋白质中,乳清蛋白的含量为14%～24%,酪蛋白的含量为 76%～86%。不同的细菌,利用乳糖和酪蛋白的能力不同。石蕊是一种常用的酸碱指示剂,变色 pH 范围在 5.0～8.0 之间。在酸性溶液里,即 pH 为5.0～7.0时,红色的分子是存在的主要形式,溶液显红色;在碱性溶液里,即pH 为 7.0～8.0 时,蓝色的离子是存在的主要形式,溶液显蓝色;在中性溶液里,pH 为7 左右,红色的分子和蓝色的酸根离子同时存在,所以溶液显紫色。石蕊同时又是一种氧化还原指示剂,在低氧化还原电位时会被分解,部分或全部褪色。细菌对牛乳的利用分为以下几种情况:

(1) 酸凝固作用。细菌发酵乳糖产酸,使石蕊变红,当酸度较高时,可使牛乳凝固。

(2) 凝乳酶凝固作用。细菌能够产生凝乳酶,使酪蛋白凝固。同时这类细菌还能分解蛋白质产生碱性物质,使石蕊变蓝。

(3) 胨化作用。细菌能够产生蛋白酶,使酪蛋白分解,同时由于细菌的快速生长而使培养基氧化还原电位快速下降,从而使石蕊褪色,牛乳变成清亮透明的液体。

【实验材料、仪器与试剂】

1. 菌种

大肠杆菌(*Escherichia coli*),产气肠杆菌(*Enterobacter aerogenes*),枯草芽孢杆菌(*Bacillus subtilis*),嗜酸乳杆菌(*Lactobacillus acidophilus*)。

2. 培养基

葡萄糖蛋白胨培养基,葡萄糖发酵培养基,乳糖发酵培养基,蔗糖发酵培养基,葡萄糖蛋白胨培养基,蛋白胨水培养基,柠檬酸钠培养基,淀粉培养基,石蕊牛乳培养基。

3. 试剂

α-萘酚溶液,40%KOH,乙醚,石蕊试剂,碘液,M. R. 试剂。

4. 其他材料、仪器

高压蒸汽灭菌锅,恒温培养箱,试管,培养皿,接种针,接种环,酒精灯。

【实验方法与步骤】

1. V. P. 试验

(1) 取葡萄糖蛋白胨水培养基试管 2 支,分别接种大肠杆菌和产气肠杆菌,同时预留 1 支空白对照管,将上述 3 支试管置于 37℃恒温培养箱中培养。

(2) 培养 24 h 后,在培养液中分别加入 40%KOH 溶液 10~20 滴,然后再加入等量 5% 的 α-萘酚溶液,用力振荡,再放入 37℃恒温培养箱中保温 15~30 min,以加快反应速度,如培养液呈现红色,则为 V. P. 反应阳性。

(3) 将实验结果记录到表 3-9-1 中。

2. 糖发酵试验

(1) 取葡萄糖发酵管 2 支,分别接种大肠杆菌和产气肠杆菌,同时预留 1 支葡萄糖发酵管作为空白对照,将上述 3 支试管置于 37℃恒温培养箱中培养。乳糖、蔗糖发酵管实验同上述操作。

(2) 培养 24 h 后,观察结果。若被检细菌能发酵培养基中的糖时,培养基的 pH 降低并变为黄色;若同时产气,则培养基不仅变为黄色,倒置的杜氏小管顶部同时产生气泡;若被检细菌不分解培养基中的糖,则不产酸也不产气,培养基就不发生变化。

(3) 将实验结果记录到表 3-9-1 中。

3. 甲基红试验(M. R. 试验)

(1) 取葡萄糖蛋白胨水培养基试管 2 支,分别接种大肠杆菌和产气肠杆菌,同时预留 1 支空白对照管,将上述 3 支试管置于 37℃恒温培养箱中培养。

(2) 培养 24 h 后,沿管壁在培养液中分别加入 M. R.试剂 3~4 滴,培养液呈现红色为阳性,呈现黄色为阴性。

(3) 将实验结果记录到表 3-9-1 中。

4. 吲哚试验

(1) 取葡萄糖蛋白胨水培养基试管 2 支,分别接种大肠杆菌和产气肠杆菌,同时预留 1 支空白对照管,将上述 3 支试管置于 37℃恒温培养箱中培养。

(2) 培养 24 h 后,在培养液中分别加入 1 mL 乙醚,充分振荡,使吲哚溶于乙醚。再静置片刻,使乙醚和培养液明显分层,再沿管壁缓慢加入吲哚试剂 10 滴。如乙醚层呈现玫瑰红色为阳性。

(3) 将实验结果记录到表 3-9-1 中。

5. 柠檬酸盐利用试验

(1) 取柠檬酸钠试管斜面 2 支,分别接种大肠杆菌和产气肠杆菌,同时预留 1 支空白对照管,将上述 3 支试管置于 37℃恒温培养箱中培养。

(2) 培养 24 h 后,观察斜面上细菌的生长及培养基变色情况。含有溴麝香草酚蓝的斜面呈现蓝色为阳性反应,呈现绿色为阴性反应。

(3) 将实验结果记录到表 3-9-1 中。

6. 淀粉水解试验

(1) 将灭菌后的淀粉培养基置于沸水浴中完全融化,冷却约到 50℃,以无菌操作制成平板。

（2）无菌操作取少许大肠杆菌点种在平板的一边,同样无菌操作取少许枯草芽孢杆菌点种在平板的另一边,将平板置于37℃恒温培养箱中培养。

（3）培养24 h后,将平板取出,打开培养皿盖,滴加少量碘液于平板上,轻轻摇动平板,使碘液均匀铺满整个平板。如菌苔周围有无色透明圈出现,说明淀粉已被水解。透明圈的大小说明该菌分解淀粉能力的强弱,即产生淀粉酶能力的强弱。

（4）将实验结果记录到表3-9-1中。

表 3-9-1　细菌生理生化实验结果

菌种	空白对照		大肠杆菌		产所杆菌		枯草芽孢杆菌		嗜酸乳杆菌	
试验项目	颜色	结果	颜色	结果	颜色	结果	颜色	结果	颜色	结果
V.P.试验										
葡萄糖发酵试验										
乳糖发酵试验										
蔗糖发酵试验										
甲基红试验										
吲哚试验										
柠檬酸盐利用试验										
淀粉水解试验										
石蕊牛乳试验										

注：结果注明阳性(用"＋"表示)和阴性(用"－"表示);没做项目用"/"表示;石蕊牛乳试验结果一栏填入凝固、胨化等现象。

7. 石蕊牛乳试验

（1）取石蕊牛乳培养基试管2支,分别接种大肠杆菌和嗜酸乳杆菌,同时预留1支空白对照管,将上述3支试管置于37℃恒温培养箱中培养。

（2）培养7天后,观察培养液的颜色反应以及牛乳是否发生凝固、胨化等现象。

（3）将实验结果记录到表3-9-1中。

【实验提示与注意事项】

（1）要严格按照培养基配方配制培养基。

（2）每项实验都要做好标记,确保结果的可靠性。

（3）每项实验都要注意接种方法、加药量、反应时间以及反应条件。

（4）每项试验均要预留空白对照,且实验条件要与实验菌种完全一致。

【思考题】

（1）细菌生理生化实验中,为什么一定要设空白对照?

（2）大肠杆菌和产气肠杆菌发酵葡萄糖的区别是什么? 如果某株菌能利用葡萄糖进行有氧代谢,其葡萄糖发酵试验的结果是什么?

（3）简述 V.P.试验、M.R.试验、糖发酵试验、吲哚试验、柠檬酸盐利用试验、淀粉水解试验、石蕊牛乳试验进行细菌鉴定的实验原理。

（4）请解释为什么石蕊不仅是酸碱指示剂,同时也是氧化还原指示剂。

（5）根据实验结果,说明大肠杆菌和产气肠杆菌在代谢方面的区别。

（6）如分离到一株未知肠道菌,怎样根据本实验知识对其进行鉴定?

附录:本实验培养基配方

1. 葡萄糖蛋白胨水培养基

蛋白胨	5 g
葡萄糖	5 g
K_2HPO_4	2 g
蒸馏水	1000 mL

将上述各成分溶于 1000 mL 水中,调 pH 至 7.0～7.2,过滤。分装试管,每管 10 mL,112℃灭菌 30 min。

2. 蛋白胨水培养基

蛋白胨	10 g
NaCl	5 g
蒸馏水	1000 mL

将上述成分混匀;调 pH 至 7.6;121℃灭菌 20 min。

3. 糖发酵培养基(观察细菌对糖的发酵能力,用于鉴定细菌)

蛋白胨水培养基	1000 mL
1.6%溴钾酚紫乙醇溶液	1～2 mL

另配制 20%糖溶液(葡萄糖、乳糖、蔗糖等)各 10 mL。

（1）将上述含指示剂的蛋白胨水培养基(pH 7.6)分装于试管中,每管 9.5 mL,在每管内放一倒置的杜氏小管,使之充满培养液。

（2）将已分装好的蛋白胨水和 20%的各种糖溶液分别灭菌,蛋白胨水 121℃灭菌 20 min;糖溶液 112℃灭菌 30 min。

（3）灭菌后,每管以无菌操作分别加入 20%无菌糖溶液 0.5 mL(即 10 mL 培养基中糖浓度为 1%)。配制用的试管必须洗干净,避免结果混乱。

4. 柠檬酸盐培养基(用于柠檬酸盐利用试验)

$NH_4H_2PO_4$	1 g
K_2HPO_4	1 g
NaCl	5 g
$MgSO_4$	0.2 g
柠檬酸钠	2 g
琼脂	15～20 g
蒸馏水	1000 mL
1%溴麝香酚蓝乙醇溶液	10 mL

将上述各成分加热溶解后,调 pH 至 6.8,然后加入指示剂,摇匀,用脱脂棉过滤;制成后为黄绿色,分装试管,121℃灭菌 20 min 后制成斜面,注意配制时控制好 pH,不要过碱,以黄绿色为准。

5. 淀粉培养基(供淀粉水解试验用)

蛋白胨	10 g
牛肉膏	5 g
NaCl	5 g
可溶性淀粉	2 g
蒸馏水	1000 mL
琼脂	15～20 g

将上述成分混匀;121℃灭菌 20 min。

6. 石蕊牛奶培养基

牛奶粉	100 g
石蕊	0.075 g
蒸馏水	1000 mL

将上述成分混匀;调 pH 至 6.8;121℃灭菌 15 min。

实验十　土壤中细菌、放线菌、酵母菌及霉菌的分离与纯化

【实验目的】

(1) 学习从土壤中分离微生物的原理及方法。

(2) 掌握分离纯化微生物的基本操作技术和无菌操作技术。

【实验安排】

(1) 本实验安排 4 学时,分三个时段完成:第一时段进行所需培养基的配制及高压蒸汽灭菌;第二时段进行各类微生物的分离;第三时段为培养 24 h～1 周后进行结果观察并进行各类微生物的纯化。本实验在教师指导下,学生独立完成。

(2) 实验重点及难点:稀释平板分离、划线分离的实验技术。

【实验背景与原理】

土壤是微生物生活的大本营,它所含有的微生物无论是数量还是种类都是极其丰富的,可以从中分离纯化得到许多有价值的微生物菌株。从混杂的微生物群体中获得只含有某一种微生物的过程称为微生物的分离与纯化。微生物在固体培养基上生长形成的单个菌落一般是由一个细胞繁殖而成的集合体,因此可通过挑取单菌落而获得一种微生物的纯培养。获取单个菌落的方法有很多种,常用的有稀释平板分离法和平板划线分离法。

稀释平板分离法是最常用的微生物分离和计数的方法。这种方法是通过将样品制成一系列浓度梯度的稀释液,使样品中的微生物细胞充分分散;再取一定量的稀释液接种,使其均匀分布于平板上;最后,根据在平板上长出的菌落数计算出每克样品中的微生物数量或分离目标微生物。

平板划线法是最简单的分离微生物的方法。该方法是将微生物样品在固体培养基表面多次作由点到线的稀释,进而达到分离的目的。划线的方法有很多种,常见的划线方法有连续划线法和分区划线法。微生物细胞数量将随着划线次数的增加而减少,并逐步分散开来,

经培养后,可在平板表面得到单菌落。

分离纯化细菌、放线菌、酵母菌及霉菌,可以采用基本类似的操作方法,如果根据微生物的特性,使用不同的培养基,采用各自的分离方法,能取得事半功倍的效果。为了获得某种微生物的纯培养,一般是根据该微生物对营养、酸碱度、氧等条件的要求,供给它适宜的培养条件,或加入某种抑制剂,淘汰其他一些不需要的微生物,再用稀释平板分离法和平板划线分离法分离、纯化该微生物,直至得到纯菌株。从微生物群体中经分离生长在平板上的单个菌落并不一定是纯培养。因此,纯培养的确定除观察其菌落特征外,还要结合显微镜检测个体形态特征后才能确定,有些微生物的纯培养要经过一系列分离与纯化过程和多种特征鉴定才能得到。

本实验主要从土壤中分离纯化细菌、放线菌及霉菌,同时从面肥中分离纯化酵母菌。

【实验材料、仪器与试剂】

1. 培养基

牛肉膏蛋白胨培养基,高氏合成 1 号琼脂培养基,豆芽汁葡萄糖琼脂培养基,马丁琼脂培养基。

2. 实验材料

土样,面肥,无菌水(99 mL,4.5 mL),无菌培养皿,无菌移液管,无菌刮刀,天平,称量纸,药勺,试管架,玻璃珠,锥形瓶,试管,记号笔,胶头(用 75% 乙醇浸泡),酒精灯,接种环。

3. 实验仪器

生化培养箱,高压蒸汽灭菌锅等。

【实验方法与步骤】

(一) 样品采集

(1) 土样的采集。选定采样地点后,用无菌的采样小铲铲去表土层 2~3 cm,取表层以下 3~10 cm 处的土样,放入无菌的袋中,封好袋口。记录采样时间、地点,环境及采样人。采土样后应及时分离,凡不能立即分离的样品,应放在 4℃冰箱中暂存。

(2) 面肥。用无菌的采样小铲取新鲜面肥装入无菌袋中,封好袋口,备用。

(二) 稀释平板分离法

稀释平板分离微生物有倾注培养法和涂布培养法两种,本实验分离细菌、放线菌、霉菌时采用倾注法,分离酵母菌采用涂布法。

1. 细菌的分离

(1) 制备土壤悬液。在无菌室中称取土样 1 g,迅速倒入装有 99 mL 无菌水的锥形瓶中(瓶内加有玻璃珠,用量以布满瓶底即可),振荡 10~20 min,使土样充分打散,制成 10^{-2} 的土壤悬液。

(2) 稀释。用无菌移液管吸 10^{-2} 的土壤悬液 0.5 mL,加入 4.5 mL 无菌水中即为 10^{-3} 的土壤稀释液。用一支新的无菌移液管吸取 10^{-3} 的土壤稀释液 0.5 mL,放入 4.5 mL 无菌水中即为 10^{-4} 土壤稀释液。如此重复,可依次制成 10^{-5}~10^{-7} 的土壤稀释液。

(3) 倾注法分离。取 10^{-5}、10^{-6}、10^{-7} 三管土壤稀释液各 1 mL,分别加入相应标号的平皿中,每个稀释度做两个平皿。然后取冷却至45~50℃的牛肉膏蛋白胨琼脂培养基,分别倒入以上培养皿中,迅速轻轻摇动平皿,使菌液与培养基充分混匀。注意,不要沾湿平皿的边缘,待琼脂凝固即成细菌平板。

2. 放线菌的分离

取10^{-3}、10^{-4}、10^{-5}三管土壤稀释液各1 mL,分别加入相应标号的平皿中,每个稀释度做两个平皿。选用高氏合成1号琼脂培养基,用与细菌相同的方法倒入平皿中,便可制成放线菌平板。

3. 霉菌的分离

取10^{-2}、10^{-3}、10^{-4}三管土壤稀释液各1 mL,分别加入相应标号的平皿中,每个稀释度做两个平皿。选用马丁琼脂培养基,用与细菌相同的方法倒入平皿中,便可制成霉菌平板。

4. 酵母菌的分离

(1)制备面肥稀释液。称取面肥1 g,加入到一个装有99 mL无菌水锥形瓶(带有玻璃珠)中,面肥发黏,用接种铲在锥形瓶内壁磨碎后浸入无菌水内,振荡20 min,制成10^{-2}面肥稀释液。

(2)稀释。用无菌移液管吸10^{-2}的面肥稀释液0.5 mL,放入4.5 mL无菌水中制成10^{-3}的面肥稀释液,用无菌移液管吸10^{-3}的面肥稀释液0.5 mL,放入4.5 mL无菌水中制成10^{-4}面肥稀释液,如此重复,可依次制成10^{-5}~10^{-6}的面肥稀释液。

(3)涂布法分离。向无菌培养皿中倾倒已融化并冷却至45~50℃的豆芽汁葡萄糖培养基制成平板。待平板冷却后用无菌移液管分别吸取10^{-4}、10^{-5}、10^{-6}的面肥稀释菌液各0.1 mL,依次滴加于相应标号的豆芽汁葡萄糖培养基平板上,每个稀释度做2个平皿。以无菌操作,用无菌刮刀将菌液自平板中央均匀向四周涂布扩散(图3-10-1)。

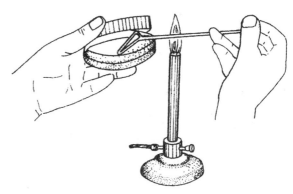

图3-10-1　涂布操作过程

5. 分离菌的培养

将以上含菌平板倒置,细菌于37℃培养1~2天,放线菌、霉菌、酵母菌于28℃培养,放线菌培养5~7天,霉菌培养3~5天,酵母菌培养2~3天。观察生长的菌落,将单菌落进行进一步的分离纯化或直接转接斜面。

(三) 平板划线法

常见的划线方法有连续划线法(图3-10-2)和分区划线法(图3-10-3)。

1. 连续划线法

以无菌操作方式(图3-10-4)用接种环蘸取少量菌样在平板培养基表面作连续划线。划线完毕,盖上皿盖,灼烧接种环。

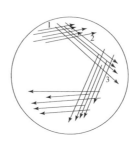

划线操作示意图

图 3-10-2　连续划线法　　　　图 3-10-3　分区划线法　　　　图 3-10-4　划线操作示意图

2. 分区划线法

以无菌操作方式用接种环蘸取少量菌样,先在培养基的一边作第一次平行划线 3～4 条,再转动平皿 60～70°,并将接种环上剩余物烧掉,待冷却后通过第一次划线部分作第二次划线,同法依次作第三次和第四次划线。划线完毕,盖上皿盖,灼烧接种环。

(1)制平板。在无菌平皿中分别倾倒已融化并冷却至 45～50℃的牛肉膏蛋白胨、高氏合成 1 号、豆芽汁葡萄糖、马丁琼脂培养基制成平板。并做好标记。

(2)划线。无菌操作取 10^{-2} 的土壤稀释液在牛肉膏蛋白胨培养基、高氏合成 1 号培养基、马丁培养基的平板上划线。无菌操作取 10^{-2} 面肥稀释液在豆芽汁葡萄糖培养基上划线。

(3)培养。同稀释平板分离法。

(四) 微生物菌落计数

含菌样品的微生物经稀释分离培养后,每一个活菌细胞可以在平板上繁殖而形成一个肉眼可见的菌落,故可根据平板上的菌落数,推算出每克含菌样品中所含的活菌总数。由于一个菌落也可能由一个或多个菌体细胞组成,因此,得到的菌落数实际为菌落形成单位(colony-forming units,CFU),而不是菌液中真正的活菌总数,实际上菌落计数只能以 CFU 表示。在计数时首先选取菌落数在 30～300 CFU 之间、无蔓延菌落生长的平板计数菌落总数。低于 30 CFU 的平板记录具体菌落数,大于 300 CFU 的可记录为多不可计。每个稀释度的菌落数应采用两个平板的平均数。根据平板上菌落的数目,推算出每克(或每毫升)含菌样品中所含的活菌总数。

$$每克含菌样品中微生物的活细胞数 = \frac{同一个稀释度两个平板上菌落平均数 \times 稀释倍数}{含菌样品量(g)}$$

(五) 平板微生物菌落形态及个体形态观察

菌落是由某一微生物的少数细胞或孢子在固体培养基表面繁殖后所形成的子细胞群体,因此,菌落形态在一定程度上是个体细胞形态和结构在宏观上的反映。由于每一大类微生物都有其独特的细胞形态,因而其菌落形态特征也各异。

在微生物的菌落中,细菌和大多数酵母菌都是单细胞微生物。菌落形态具有近似的特征,如湿润、较光滑、较透明、易挑起,菌落正反面及边缘、中央部位的颜色一致,菌落质地较均匀等。它们之间的区别在于细菌形成的菌落较小、较薄、较透明。不同的细菌会产生不同的色素,因此常会出现五颜六色的菌落。酵母菌细胞较大,故其菌落一般比细菌大、厚而且透明度较差。酵母菌产生色素较为单一,菌落多为乳白色,少数为红色,个别为黑色。面肥中分离的酵母菌菌落通常为乳白色。

　　放线菌和霉菌的细胞都是丝状的,菌落外观都呈干燥、不透明的丝状或绒毛状。放线菌由于营养菌丝伸入培养基中,使菌落和培养基连接紧密,故不易被挑起。同时由于气生菌丝、孢子和营养菌丝颜色不同,常使菌落正反面呈不同颜色。而霉菌的菌丝一般较放线菌粗几倍,且长几倍至几十倍,菌落大而疏松,易被挑起。由于霉菌的气生菌丝会形成一定形状、构造和色泽的子实器官,所以菌落表面往往有肉眼可见的构造和颜色。

　　对个体形态观察,可挑取不同菌落进行制片,在显微镜下观察其个体形态,注意菌体形态是否一致,有无混杂的菌株在内,以确定分离得到菌株是否为纯菌,如发现不纯,需按以上方法再次分离。

(六) 分离纯化菌株转接斜面

　　将经平板分离培养得到的单菌落接种到斜面,以便作扩大培养或作鉴定保存之用。将细菌接种于牛肉膏蛋白胨斜面,放线菌接种高氏合成1号斜面,霉菌和酵母菌接种于豆芽汁葡萄糖斜面上。贴好标签,在各自适宜温度下培养。

【实验提示与注意事项】

　　(1) 一般土壤中,细菌最多,放线菌及霉菌次之,故从土壤中分离细菌时,要取较高的稀释度,否则菌落会连成一片无法计数。

　　(2) 在土壤稀释分离操作中,每一个稀释度对应一支移液管,以保证计数的准确。

　　(3) 稀释分离时,必须将融化的培养基冷却到45~50℃,才能倒入装有菌液的平皿内。温度过低,培养基凝固;温度过高,菌液被烫死。

　　(4) 放线菌的培养时间较长,故制平板的培养基用量可适当增多。

　　(5) 烧灼接种环是划线分离法中的重要操作。取菌种之前烧灼的目的是杀死接种环上原有的微生物,分区划线操作过程中,在每一次划线前都要将接种环上的剩余物烧掉,冷却,下次划线的菌液直接来源于上次划线的末端。

　　(6) 用于划线的接种环要较为圆平,划线时的角度和用力要适当,避免划破平板。

　　(7) 为了做好微生物的分离、纯化,在分离工作的每一个操作环节上,都要严格按照无菌操作的要求进行,以获得最佳效果。

【思考题】

　　(1) 对细菌、放线菌和霉菌的稀释分离为什么采用倾注法,而对酵母菌的稀释分离则采用涂布法?

　　(2) 稀释平板分离法培养出的平板菌落数是样品中准确的活菌数吗? 如果不是,你认为结果是偏高还是偏低? 如果是,请说明理由。

　　(3) 要使稀释平板菌落计数准确,需要注意哪几个关键步骤? 为什么?

　　(4) 划线分离时,为什么每次都要将接种环上多余菌体烧掉? 划线时,为何前后两条线不能重叠?

　　(5) 平板培养时为什么要把平皿倒置?

（6）当你的平板上长出的菌落不是均匀分散的而是集中在一起时，你认为问题出在哪里？

（7）根据哪些菌落特征可区分细菌、酵母菌、霉菌和放线菌？

（8）如何确定平板上某单个菌落是否为纯培养？

（9）为什么在分离纯化微生物时要强调无菌操作，你认为怎样才能做到无菌操作？

实验十一　环境因素对微生物生长发育的影响

【实验目的】

（1）了解某些环境因素的抑菌、杀菌的原理。

（2）掌握某些物理因素、化学因素和生物因素对微生物影响的实验方法。

【实验安排】

（1）本实验安排4学时，分三个时段完成：第一时段进行所需培养基的配制及高压蒸汽灭菌；第二时段进行不同菌种的接种；第三时段为培养24 h后进行结果观察。本实验在教师指导下，学生独立完成。

（2）需提前制备大肠杆菌、金黄色葡萄球菌、枯草芽孢杆菌、产黄青霉菌、灰色链霉菌斜面。

（3）实验重点及难点：抗菌谱测定的实验方法、各类化学药物及紫外线对微生物生长影响的原理。

【实验背景与原理】

微生物的生长繁殖除了受到基本营养要素的影响外，外界环境因素的影响也很大。环境条件适宜时，微生物生长良好；环境条件不适宜时，微生物生长受到抑制或引起微生物变异，当环境条件的变化超过一定极限时，则导致微生物死亡。物理、化学、生物等不同环境因素影响微生物生长繁殖的机制不尽相同，而不同类型微生物对同一环境因素的适应能力也有差别。通过控制环境条件，可以促进有益微生物的生长，抑制或杀死有害微生物。研究环境条件与微生物之间的相互关系，对指导卫生消毒和生产实践有重大意义。

物理因素中温度、氧气、渗透压和紫外线对微生物的生长发育均有很大影响。紫外线对微生物有明显的致死作用，波长约为260 nm的紫外线具有最高的杀菌效应。紫外线对细胞的有害作用是由于细胞中很多物质（如嘌呤、嘧啶等）对紫外线的吸收能力特强，而所吸收的能量能破坏DNA的结构，最明显的是诱导胸腺嘧啶二聚体的生成，从而抑制了DNA的复制。紫外线照射的剂量与所用紫外灯的功率、照射距离和照射时间有关。剂量高、时间长、距离短时杀菌效果好；剂量低、时间短、距离长时就会有少量个体残存下来，其中一些个体的遗传特性发生变异。因此，利用紫外线的这种特性可以进行灭菌和菌种诱变选育工作。紫外线虽有较强的杀菌力，但穿透力弱，即使一薄层黑纸或一薄层玻璃，就能将大部分紫外线滤除。在食品工业中，紫外线适于厂房内空气及物体表面消毒。

化学因素中除了pH外，一些化学药品对微生物的生长发育也有重大影响。许多化学药物能够抑制或杀死微生物,它们的杀菌或抑菌作用主要是使菌体蛋白质变性,或者与酶的—SH结合而使酶失去活性等。不同化学药剂对微生物的杀菌能力有所不同,而同一种化学药剂对不同微生物的杀菌效果也不一致。利用上述原理,在实验室及生产上常使用这些化学药剂进行灭菌或消毒。在进行消毒或灭菌时,应注意药品的浓度,如表面消毒剂在极低浓度时,常常表现为对微生物细胞具有刺激作用,随着浓度的逐渐增加,就相继出现抑菌和杀菌作用。

　　某些微生物,特别是放线菌和青霉,在生命活动过程中能产生一些对其本身无害而能抑制或杀死另外一些微生物的特异性的代谢产物,这些特异性的代谢产物称为抗生素。不同抗生素的抗菌机制不同,有些干扰微生物细胞膜的功能;有些阻碍细胞壁合成;有些影响蛋白质或核酸合成。不同的抗生素作用的微生物不同,测定某一抗生素的抗菌范围称抗菌谱实验。

【实验材料、仪器与试剂】

1. 菌种

大肠杆菌(*Escherichia coli*),金黄色葡萄球菌(*Staphylococcus aureus*),枯草芽孢杆菌(*Bacillus subtilis*),产黄青霉(*Penicillium chrysogenum*),灰色链霉菌(*Streptomy ces-griseochromogenes*)。

2. 培养基

牛肉膏蛋白胨培养基,豆芽汁葡萄糖琼脂培养基,马铃薯葡萄糖琼脂培养基。

3. 试剂

土霉素,复方新诺明,新诺尔灭,红汞,结晶紫。

4. 其他材料、仪器

紫外灯,黑纸,刮刀,无菌滤纸片,镊子,酒精灯,无菌平皿,接种环,记号笔,毫米尺,记号笔,生化培养箱,高压蒸汽灭菌锅等。

【实验方法与步骤】

1. 紫外线对微生物生长的影响

(1) 配制菌悬液。取培养18~20 h的大肠杆菌、枯草芽孢杆菌和金黄色葡萄球菌斜面各1支,分别加入4 mL无菌水,用接种环将菌苔轻轻刮下、振荡,制成均匀的菌悬液。

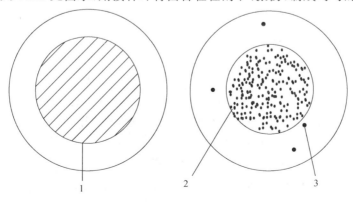

图 3-11-1　紫外线对微生物生长的影响试验
1. 黑纸　2. 贴黑纸处有细菌生长　3. 紫外线照射处有少量菌生长

（2）取牛肉膏蛋白胨培养基平板 3 个，分别在平皿底部标明大肠杆菌、枯草芽孢杆菌、金黄色葡萄球菌等试验菌的名称。

（3）分别用无菌移液管取大肠杆菌、枯草芽孢杆菌和金黄色葡萄球菌菌悬液 0.1 mL 加在相应的平板上，再用无菌刮刀涂布均匀，将无菌黑纸片放入平皿中，遮住部分平板。

（4）紫外灯预热 10～15 min 后，把盖有黑纸的平板置紫外灯下，打开平皿盖，30 W 紫外灯，距离 30 cm，照射 20 min。取出黑纸片，盖上皿盖。

（5）37℃避光培养 24 h 后观察结果，比较并记录三种菌对紫外线的抵抗能力。

2. 化学药剂对微生物生长的影响

（1）制备菌悬液，同上。

（2）取 3 个无菌平皿，在皿底分别写明菌名及测试药品名称，每一皿只写一种试验菌。然后分别用无菌移液管量取 0.2 mL 菌液于相应的无菌平皿中。

（3）将融化并冷却至 45～50℃的牛肉膏蛋白胨培养基倾入平皿中，约 15 mL，迅速与菌液混匀，冷凝，制成含菌平板。

（4）在每一块含菌平板上，用镊子分别放置浸泡有土霉素、复方新诺明、新诺尔灭、红汞和结晶紫溶液的圆滤纸片各一张。

（5）将平板倒置培养于 37℃恒温箱中，24 h 后观察结果，测量并记录抑菌圈的直径。并根据抑菌圈直径初步判断测试药品的抑菌能力（图 3-11-2）。

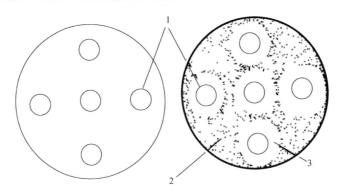

图 3-11-2　化学药剂对微生物生长的影响试验

1. 滤纸片　2. 细菌生长区　3. 抑菌区

3. 抗生素对微生物生长的影响

（1）取无菌平皿 2 个，做成豆芽汁葡萄糖培养基平板。

（2）用接种环取产黄青霉孢子于少量（约 1 mL）无菌水中，制成孢子悬液，取一环孢子悬液在平板一侧划一直线，置 28℃培养 3～4 天，使其形成菌苔并产生青霉素。

（3）用接种环分别取培养 18～24 h 的大肠杆菌、枯草芽孢杆菌和金黄色葡萄球菌，在平皿中，划三条与产黄青霉素的菌苔垂直的平行线。注意，不要接触菌苔。

（4）取 2 个马铃薯葡萄糖琼脂平板，同上述方法接种灰色链霉菌，培养 5～6 天，然后同样接种大肠杆菌、枯草芽孢杆菌和金黄色葡萄球菌。

（5）把平板置 37℃培养，24 h 后观察结果。测量抑菌区的长度。

【实验提示与注意事项】

(1) 紫外线对人体皮肤能产生很大的伤害性,要避免直射。更不要用眼睛直视点着的灯管,由于紫外线不能透过普通玻璃,所以戴眼镜可避免眼睛受伤害。

(2) 金黄色葡萄球菌是人类化脓感染中最常见的病原菌,可引起局部化脓感染,也可引起肺炎等全身感染。大肠杆菌是肠道中的正常菌群。但也有某些型的大肠杆菌可引起不同症状的腹泻。与病原微生物打交道,必须要防患于未然。实验完毕后,所有的培养物均需进行高压蒸汽灭菌。

(3) 用滤纸片蘸取药品时,保证滤纸片所含药品量基本一致,减少误差。

【思考题】

(1) 上述多个试验中,为什么选用大肠杆菌、金黄色葡萄球菌和枯草芽孢杆菌作为试验菌?

(2) 进行紫外线照射时,为什么要打开皿盖?

(3) 通过实验说明芽孢的存在对消毒灭菌有什么影响?

(4) 说明青霉素和链霉素的抗菌谱及其作用机理。

(5) 根据实验结果分别讨论紫外线、化学药剂、抗生素对微生物生长的影响。

实验十二　食品中细菌菌落总数和大肠菌群的检测

【实验目的】

(1) 掌握液体和固体食品中菌落总数的定义和测定的意义,菌落总数测定的方法。

(2) 掌握大肠菌群的定义和卫生学意义,大肠菌群的生物学特性。

(3) 掌握大肠菌群的 MPN 检验原理及液体和固体食品中大肠菌群的检验方法。

【实验安排】

(1) 本实验安排 4 学时,分三个时段完成:第一时段进行所需培养基的配制及高压蒸汽灭菌;第二时段进行各类样品的稀释及其大肠菌群、菌落总数的测定;第三时段为培养 24 ～ 48 h 后进行结果观察。本实验在教师指导下,学生独立完成。

(2) 实验重点:国家标准中菌落总数、大肠菌群的测定程序以及各种样品采取的方法。

(3) 实验难点:大肠杆菌、菌落总数的计数方法及原则。

【实验背景及原理】

食品是人类赖以生存的基本物质,是人类生存的第一需要。卫生、无毒、无害的食品为人体提供所需的各种营养素,能够满足人体生长发育、生活劳动的需要。如果饮食有毒有害、不卫生,不仅降低了它的营养价值,而且容易使人体产生疾病,损害健康,甚至危及生命或对子孙后代产生影响。

食品的卫生标准是检验食品卫生状况的依据,是判定食品、食品添加剂及食品用产品是否符合食品卫生法的主要衡量标志。它规定了食品中可能带入的有毒、有害物质的限量。我国制定的食品卫生标准一般包括三个方面的指标：感官指标、理化指标和微生物指标。目前,我国食品卫生标准中的微生物指标一般是指菌落总数、大肠菌群、致病菌、霉菌和酵母菌五项。上述五项项目均有国家标准检验方法。在不同的食品中,国家食品卫生标准中的微生物指标的含义、表示方法及检测方法并不完全相同,应区别对待,并按国家标准规定方法进行检验。

1. 菌落总数

菌落总数为食品检样经过处理,在一定条件下(如培养基、培养温度和培养时间等)培养后,所得每 g(mL) 检样中形成的微生物菌落总数。需要说明的是,每种细菌都有一定的生理特性,培养时应选择不同的培养条件及不同的生理条件(如培养基、温度、培养时间、pH、氧化还原电位等)以满足其需求,只有这样才能将各种细菌培养出来。但在实际工作中,一般只用一种常用的方法培养细菌,根据结果判定食品被污染的程度。国家卫生标准 GB 4789.2-2010 中规定菌落总数是在普通营养琼脂培养基上,在一定条件下(需氧情况下,36±1℃,48±2 h)培养长出的菌落总数,以菌落形成单位(colony forming unit,简称 cfu)表示。上述国家标准规定的方法所得到的菌落总数结果只是一些能在营养琼脂上生长、好氧性的嗜中温细菌的活菌总数,而不是所有细菌的计数结果。但该方法已得到公认,在许多国家的食品卫生标准中都采用此项方法并规定了各类食品菌落总数的最高允许限量。如我国国标中规定饮用水中(GB 5749-2006)1 mL 的菌落总数不超过 100 个,绵白糖中(GB 1445-2000)1 g 的菌落总数不超过 350 个。

菌落总数测定的意义在于：第一,通过菌落总数的测定,可以判定食品被细菌污染的程度及卫生质量;第二,能够预测食品的保存期限;第三,可以了解细菌在食品中的繁殖动态,从而为被检样品的卫生学评价提供依据。

2. 大肠菌群

大肠菌群是指普遍存在于肠道内的,好氧及兼性厌氧,在 37℃培养 24 h 能分解乳糖产酸、产气的革兰氏阴性无芽孢杆菌。它包括肠杆菌科(*Enterobacteriaceae*)内的埃希氏菌属(*Escherichia*)、柠檬酸杆菌属(*Citrobacter*)、克雷伯氏菌属(*Klebsiella*)、产气肠杆菌属(*Enterobacter*)等四个属的细菌,其中以埃希氏菌属为主,称为典型大肠杆菌,其他三个属在习惯上被称为非典型大肠杆菌。

大肠菌群在许多国家(包括我国)用作食品卫生质量评价的指标菌。尽管大肠菌群是肠道内普遍存在并且数量最多的细菌,但是大肠菌群都是直接或间接来自于人和温血动物的粪便。因此,大肠菌群的数量可以作为食品是否被粪便污染及污染程度的标志。此外,肠道致病菌,如沙门氏菌属、志贺氏菌等病原菌是引起食品中毒的主要因素,但是肠道致病菌不易检测,而大肠菌群较易检测,且与肠道致病菌来源相同,一般条件下在外界环境中生存时间也与主要肠道致病菌相近,故常用其作为肠道致病菌污染食品的指示菌。当食品中检出大肠菌群数量越多,肠道致病菌存在的可能性就越大。

大肠菌群的检验可以通过平板计数法和发酵法进行检验。平板计数法的测定原理是先将样品接种于结晶紫中性红胆盐琼脂培养基(VRBA)中培养后观察典型大肠菌群菌落,如为紫红色菌落,菌落周围有红色的胆盐沉淀环,菌落直径为 0.5 mm 或更大视为典型菌落。

然后挑取典型或可疑菌落接种于煌绿乳糖胆盐(BGLB)肉汤培养基中,如培养 24～48 h 产气者计为大肠菌群。我国国标中(GB4789.3-2010)的发酵法是采用样品三个稀释度各三管的乳糖胆盐发酵二步法。它的测定原理是根据大肠菌群细菌能发酵乳糖、产酸产气以及具备革兰氏染色阴性,无芽孢,呈杆状等有关特性检验求得样品中的总大肠菌群数。通常结果以每 100 mL(g)样品中大肠菌群最近似数来表示,简称为大肠菌群 MPN(the most probable number)。MPN 值是根据检验结果从 MPN 检索表(通过概率计算编制相应的 MPN 检索表)中查出。我国国标中规定饮用水(GB 5749-2006)中 1 mL 的大肠菌群数不得检出,绵白糖(GB 1445-2000)中的大肠菌群数不超过 30 个/100 g。

3. 病原菌

食品中不允许有致病性病原菌存在,因此,在食品卫生标准中规定,所有食品均不得检出致病菌。食品中常见的病原菌有金黄色葡萄球菌(*Staphylococcus aureus*)、溶血性链球菌(*Streptococcus hemolyticus*)、沙门氏菌(*Salmonella*)、志贺氏菌(*Shigella*)、副溶血性弧菌(*Vibrio parahaemolyticus*)、肉毒梭菌(*Clostridium botulinum*)及毒素、巴氏杆菌(*Pasteurella*)、单核细胞增生李斯特氏菌(*Listeria monocytogenes*)等 19 种病原菌。不同的食品根据成分不同,可以被不同的病原菌污染,因此,食品卫生标准对不同食品规定了不同的病原菌检出项目。如金黄色葡萄球菌主要易污染奶类、肉品、糕点等食品;沙门氏菌易污染动物性食品,如牛肉、禽肉、牛奶、鸡蛋及其制品等;单核细胞增生李斯特氏菌在4℃的环境中仍可生长繁殖,是在冷藏食品中威胁人类健康的主要病原菌之一,如冰淇淋、牛奶、生菜沙拉、冷鲜肉、烟熏鱼、生鱼片等冷藏食品易被该菌污染。

【实验材料、仪器与试剂】

1. 培养基

平板菌落计数培养基,月桂基硫酸盐胰蛋白胨(LST)肉汤培养基,煌绿乳糖胆盐(BGLB)肉汤培养基,结晶紫中性红胆盐琼脂(VRBA)培养基。

2. 检测样品

水样,生乳,巴士消毒乳,绵白糖。

3. 材料与仪器

高压蒸汽灭菌锅,恒温培养箱,电炉,天平,试管,平皿,接种针,接种环,酒精灯等。

【实验方法与步骤】

(一) 细菌菌落总数的测定

细菌菌落总数的测定按照图 3-12-1 的程序进行。

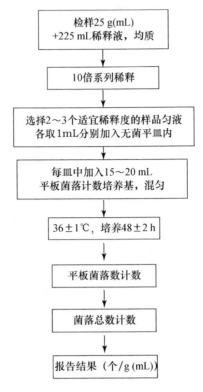

图 3-12-1 菌落总数测定程序

1. 样品采取

（1）自来水样。先将待取样的自来水龙头用酒精擦拭，再用自制的钢丝圈蘸取酒精，点燃，对自来水笼头进行火焰烧灼 3 min（图 3-12-2），将水龙头开至最大，使水流 5 min 后，以经过灭菌的锥形瓶接取水样约 300 mL。记录采样时间、地点、环境以及采样人。采样后，应立即进行检测，如不能及时进行检测，应在低温、干燥的环境中保存，以减少所采样品中微生物的变化。

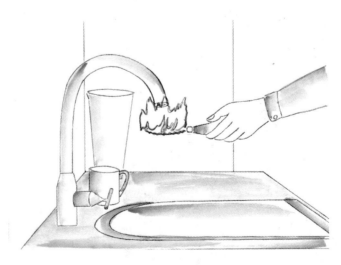

图 3-12-2 用自制钢丝圈对自来水笼头消毒

（2）池水、井水、河水或湖水。应取距水面 10～15 cm 的深层水样。先将预先灭菌的带塞锥形瓶的瓶口向下，浸入水中，然后翻转过来，除去塞，水即流入瓶中，盛满后，将瓶塞盖好，再将取样锥形瓶从水中取出。记录采样时间、地点、环境以及采样人。采样后，应立即进行检测，如不能及时进行检测，应在低温、干燥的环境中保存，以减少所采样品中微生物的变化。

（3）固体样品。如绵白糖，以随机抽取的方式带包装抽取某批次绵白糖。再于一包白糖具有代表性的不同部位（如四角和中心点五个部位）取样后混匀。采样后，应立即进行检测，如不能及时进行检测，应在低温、干燥的环境中保存，以减少所采样品中微生物的变化。

2. 制备稀释液

（1）水样。以严格无菌操作将样品启封，准确量取 25 mL 置于盛有 225 mL 磷酸盐缓冲液或生理盐水的无菌锥形瓶内（灭菌前瓶内预置约 20 粒洁净玻璃珠），充分混匀，制成 10^{-1} 的均匀样液。以 10 倍系列稀释法制备不同浓度的稀释样液。样液稀释度随样品不同，如普通饮用水可以直接测定，而生活污水因细菌很多而需要经过几次 10 倍稀释才能精确测定。

（2）固体样品。以严格无菌操作将样品启封，精确称取 25 g 置于盛有 225 mL 磷酸盐缓冲液或生理盐水的无菌锥形瓶内（灭菌前瓶内预置约 20 粒洁净玻璃珠），充分混匀，制成如 10^{-1} 的均匀样液。以 10 倍系列稀释法制备不同浓度的稀释样液。同样，样液稀释度随样品不同，如新鲜样品只需较低的稀释度即可测定，而腐败食品因细菌很多而需要较高的稀释度才能精确测定。

3. 菌落总数测定

采用倾注分离法进行菌落总数测定（图 3-12-3）。具体操作为，吸取不同稀释度的样品 1 mL 分别置于无菌平皿内，每个稀释度做两个平皿。同时，分别吸取 1 mL 空白稀释液加入两个无菌平皿内作空白对照。之后将已灭菌的牛肉膏蛋白胨琼脂培养基融化，待冷却至 45～50℃（如温度不好掌握，可将培养基放置于恒温水浴箱中保温），分别倾注 15～20 mL 培养基到已盛有稀释样液的平皿内，迅速轻轻转动平皿使其混合均匀，静置于实验台上。待琼脂凝固后，将平板倒置于 36℃恒温培养箱中，培养 48 h 后观察结果并进行计数。

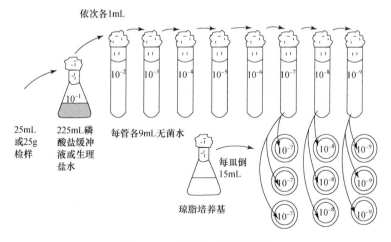

图 3-12-3　倾注分离法示意图

4. 菌落计数及报告

(1) 结果观察与计数。培养完成后进行平皿菌落计数时,可用眼睛直接观察,必要时用放大镜检查,以防遗漏。如平皿中菌落数较多时,可将平皿倒置,用记号笔将记数过的菌落做标记,以确保所记录数据的准确性。在记下各平皿的菌落数后,应求出同稀释度的平均菌落数,供下一步计算时应用。在求同稀释度的平均数时,若其中一个平皿有较大片状菌落生长时,则不宜采用,而应以无片状菌落生长的平皿作为该稀释度的平均菌落数。若片状菌落不到平皿一半,而其余一半中菌落数分布又很均匀,则可将此平皿计数后乘以 2 代表全皿菌落数。然后再求该稀释度的平均菌落数。

(2) 稀释度的选择及菌落总数的计算。将样品各稀释度平均菌落数计数完成后,首先选取菌落数在 30~300 cfu 之间且无蔓延菌落生长的平板统计菌落总数。

若只有一个稀释度的平均菌落数符合此范围时,则将该菌落平均数乘以稀释倍数报告。

若有两个稀释度,其生长的菌落数均在 30~300 之间,则计算公式为

$$N = \sum \frac{C}{(n_1 + 0.1n_2)d}$$

其中:N—样品中菌落数;$\sum C$—平板(含适宜范围菌落数的平板)菌落数之和;n_1—第一稀释度(低稀释倍数)平板个数;n_2—第二稀释度(高稀释倍数)平板个数;d—稀释因子(第一稀释度)。

若所有稀释度的平板上菌落数均大于 300 cfu,则对稀释度最高的平板进行计数,其他平板可记录为多不可计,结果按平均菌落数乘以最高稀释倍数计算。

若所有稀释度的平板菌落数均小于 30 cfu,则应按稀释度最低的平均菌落数乘以稀释倍数计算。

若所有稀释度(包括液体样品原液)平板均无菌落生长,则以小于 1 乘以最低稀释倍数计算。

若所有稀释度的平板菌落数均不在 30~300 cfu 之间,其中一部分小于 30 cfu 或大于 300 cfu 时,则以最接近 30 cfu 或 300 cfu 的平均菌落数乘以稀释倍数计算。

(3) 菌落总数报告。当菌落数小于 100 cfu 时,四舍五入,以整数报告。当菌落数大于或等于 100 cfu 时,第三位数字采用四舍五入,取前两位数字,后面用"0"代替位数;也可用 10 的指数形式来表示,按"四舍五入"原则修约后,采用两位有效数字。若所有平板上为蔓延菌落而无法计数,报告菌落蔓延。若空白对照上有菌落生长,则此次检测结果无效。称重取样以 cfu/g 为单位报告,体积取样以 cfu/mL 为单位报告。

(二) 发酵法大肠菌群 MPN 的测定

以发酵法进行大肠菌群 MPN 的测定按照图 3-12-4 的程序进行。

1. 样品采取和稀释
同上述细菌菌落总数测定的采样和稀释方法。

2. 初发酵试验
初发酵试验的主要目的就是推测被检样品是否有大肠菌群。将每个样品选择 3 个适宜的连续稀释度的样品稀释液(液体样品可以选择原液),每个稀释度接种 3 管月桂基硫

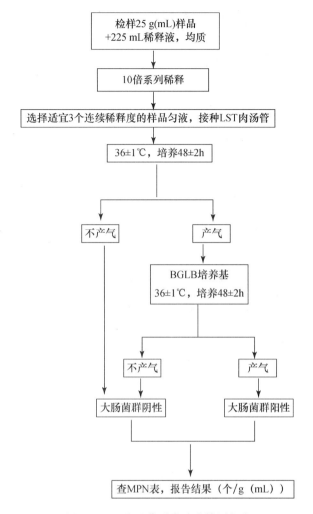

图 3-12-4　大肠菌群发酵法检测程序

酸盐胰蛋白胨(LST)肉汤(每管培养基中均预置倒置的杜氏小管),每管接种 1 mL(如接种量超过 1 mL,则用双料管 LST 肉汤管),36±1℃培养 22～26 h,观察杜氏小管内是否有气泡产生,如果在 22～26 h 内有气体产生,可以初步判断该样品有大肠菌群存在,还需进行复发酵试验,如未产气则需要继续培养至 46～50 h,产气则进行复发酵试验,未产气者为大肠菌群阴性。

3. 复发酵试验

复发酵试验主要对初发酵试验疑有大肠菌群的样品再次进行试验。

首先用接种环从产气的 LST 肉汤管中分别取培养物 1 环,移种于煌绿乳糖胆盐肉汤(BGLB)管中,35～37℃培养 46～50 h,观察产气情况。产气者,计为大肠菌群阳性管。

4. 大肠菌群最可能数(MPN)的结果与报告

按上述试验确证的大肠菌群 LST 阳性管数,检索 MPN 表 3-12-1,报告每 g(mL)样品中大肠菌群的 MPN 值。

表 3-12-1 大肠菌群最可能数(MPN)检索表

阳性管数			MPN 100 mL(g)	95%可信限	
1 mL(g)×3	0.1 mL(g)×3	0.01 mL(g)×3		下限	上限
0	0	0	<30		
0	0	1	30	<5	90
0	0	2	60		
0	0	3	90		
0	1	0	30		
0	1	1	60	<5	130
0	1	2	90		
0	1	3	120		
0	2	0	60		
0	2	1	90	—	—
0	2	2	120		
0	2	3	160		
0	3	0	90		
0	3	1	130	—	—
0	3	2	160		
0	3	3	190		
1	0	0	40	<5	200
1	0	1	70	10	210
1	0	2	110		
1	0	3	150		
1	1	0	70	10	200
1	1	1	110	30	210
1	1	2	150		
1	1	3	190		
1	2	0	110	30	360
1	2	1	150		
1	2	2	200		
1	2	3	240		
1	3	0	160		
1	3	1	200	—	—
1	3	2	240		
1	3	3	290		
2	0	0	90	10	360
2	0	1	140	30	370
2	0	2	200		
2	0	3	260		
2	1	0	150	30	440
2	1	1	200	70	890
2	1	2	270		
2	1	3	340		

续表

阳性管数			MPN 100 mL(g)	95%可信限	
1 mL(g)×3	0.1 mL(g)×3	0.01 mL(g)×3		下限	上限
2	2	0	210	40	470
2	2	1	280	100	1500
2	2	2	350		
2	2	3	420		
2	3	0	290		
2	3	1	360	—	—
2	3	2	440		
2	3	3	530		
3	0	0	230	40	1200
3	0	1	390	70	1300
3	0	2	640	150	3800
3	0	3	950		
3	1	0	430	70	2100
3	1	1	750	140	2300
3	1	2	1200	300	3800
3	1	3	1600		
3	2	0	930	150	3800
3	2	1	1500	300	4400
3	2	2	2100	350	4700
3	2	3	2900		
3	3	0	2400	360	13000
3	3	1	4600	710	24000
3	3	2	11000	1500	48000
3	3	3	>=24000		

注1：本表采用 3 个稀释度[1 mL(g)、0.1 mL(g)和 0.01 mL(g)]，每稀释度 3 管。

注2：表内所列检样量如改用 10 mL(g)、1 mL(g)和 0.1 mL(g)时，表内数字相应降低 10 倍；如改用 0.1 mL(g)、0.01 mL(g)和 0.001 mL(g)时，则表内数字应相应增加 10 倍，其余可类推。

（三）平板计数法大肠菌群的测定

以平板计数法进行大肠菌群的测定按照图 3-12-5 的程序进行。

1. 样品采取和稀释

同细菌菌落总数测定的采样和稀释方法。

2. 平板计数

采用倾注分离法进行大肠菌群平板计数。具体操作为吸取 2～3 个不同连续稀释度的样品 1 mL 置于无菌平皿内，每个稀释度做两个平行平皿。同时，分别吸取 1 mL 空白稀释液加入两个无菌平皿内作空白对照。之后将已灭菌的结晶紫中性红胆盐琼脂培养基融化，待冷却至 45～50℃（如温度不好掌握，可将培养基放置于恒温水浴箱中保温），分别倾注 15～20 mL 培养基到已盛有稀释样液的平皿内，迅速轻轻转动平皿，使其混合均匀，静置于实验台上。待琼脂凝固后，将平板翻转倒置于 36℃恒温培养箱中，培养 18～24 h 后观察结果并

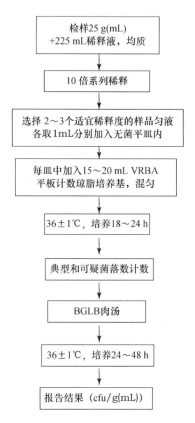

图 3-12-5　大肠菌群数平板计数法测定程序

进行计数。选取菌落数在 15～150 cfu 之间的平板,分别计数平板上出现的典型和可疑大肠菌群菌落。典型菌落为紫红色,菌落周围有红色的胆盐沉淀环,菌落直径为 0.5 mm 或更大。

3. BGLB 证实实验

从结晶紫中性红胆盐琼脂平板上挑取 10 个不同类型的典型和可疑菌落,分别移种于 BGLB 肉汤管内(每管培养基中均预置倒置的杜氏小管),36℃培养 24～48 h,观察产气情况。若 BGLB 肉汤管产气,即可报告为大肠菌群阳性。

4. 大肠菌群平板计数的报告

大肠菌群最后的报告数按照下列公式计算,即

大肠菌群数(cfu/g(mL))＝阳性试管比例×平板菌落数×稀释倍数

例如,一个 10^{-6} 样品稀释液 1 mL,在结晶紫中性红胆盐琼脂平板上有 120 个典型和可疑菌落,挑取其中 10 个接种 BGLB 肉汤管,证实有 6 个阳性管,则该样品的大肠菌群数为

$$120 \times \frac{6}{10} \times 10^6 / g(mL) = 7.2 \times 10^7 \ cfu / g(mL)$$

【实验提示与注意事项】

(1) 样品在进行稀释时要在磷酸盐缓冲溶液或生理盐水锥形瓶内放置玻璃珠,以利于样品均匀打散。

(2) 样品从稀释到倾注或涂布的时间一般为 15～30 min,因长时间放置可能会导致稀

释液中细菌死亡或增殖,还极有可能形成片状菌落。

(3) 样品在做 10 倍系列稀释时,应注意要将每一个稀释度的样液混合均匀,才能进行下一个稀释度的取样,否则样品将不具有代表性。还应注意,样品每稀释 1 次,必须更换 1 支灭菌的移液管,这样得到的稀释倍数才准确。

(4) 当样品与培养基混合后,要立即前后左右晃动,然后按顺时针和逆时针方向轻轻转动,使样品与培养基充分混匀,避免产生片状菌落。待培养皿内培养基凝固后,将平皿倒置于培养箱中培养,避免冷凝水滴落于培养基表面,影响菌落形成,同时还能避免菌落蔓延生长。

(5) 在做细菌总数及大肠菌群测定时,一定要设空白对照。如果空白对照报告结果阳性,则实验失败,必须重新进行测定。

(6) 对平皿的菌落总数计数时,如平皿中菌落数较多,可将平皿倒置,用记号笔将计数过的菌落做标记,以确保所记录数据的准确性。如果稀释度大的平板上菌落数大于稀释度小的平板,则检验过程肯定有失误,所得数据不能作为报告的依据。这时,需要查验试验记录,找出失误原因,重新进行测定。

(7) 通过平板培养进行计数,因只有部分活菌能在所给定的实验条件下生长,因此,这种方法只能检测样品中的活菌数,而并非总菌数。又因为所观察到的菌落有时并非是一个细菌细胞繁殖而来,因此,最后的测定结果总是小于实际结果。即使这样,其结果仍然能够作为食品被细菌污染的评价指标。

【思考题】

(1) 大肠菌群中的细菌,一般不是病原菌。但为何要将大肠菌群作为食品污染的微生物指标?

(2) 为什么在做细菌总数及大肠菌群测定时,都一定要做空白对照?

(3) 生乳和巴氏消毒乳的实验结果的区别是什么?实验结果验证巴氏消毒法对生乳的消毒有效吗?

(4) 从你所测食品样品的细菌总数结果来看,是否符合该食品的国家卫生标准?

(5) 如果你检测了河水、海水、生活污水,那么你所测的水源水的污秽程度如何?

(6) 平板为什么都要进行倒置培养?

附录:本实验培养基配方、试剂

1. 平板计数琼脂(plate count agar, PCA)培养基

胰蛋白胨	5.0 g
酵母浸膏	2.5 g
葡萄糖	1.0 g
琼 脂	15.0 g
蒸馏水	1000 mL
pH	7.0±0.2

将上述成分加于蒸馏水中,煮沸溶解,调节 pH。分装试管或锥形瓶,121℃高压灭菌 15 min。

2. 月桂基硫酸盐胰蛋白胨(LST)肉汤培养基

胰蛋白胨或胰酪胨	20.0 g
NaCl	5.0 g
乳糖	5.0 g
K_2HPO_4	2.75 g
KH_2PO_4	2.75 g
月桂基硫酸钠	0.1 g
蒸馏水	1000 mL
pH	6.8±0.2

将上述成分溶解于蒸馏水中,调节 pH。分装到有杜氏小管(玻璃小倒管)的试管中,每管 10 mL。121℃高压灭菌 15 min。

3. 煌绿乳糖胆盐(BGLB)肉汤培养基

蛋白胨	10.0 g
乳糖	10.0 g
牛胆粉(oxgall 或 oxbile)溶液	200 mL
0.1%煌绿水溶液	13.3 mL
蒸馏水	800 mL
pH	7.2±0.1

将蛋白胨、乳糖溶于约 500 mL 蒸馏水中,加入牛胆粉溶液 200 mL(将 20.0 g 脱水牛胆粉溶于 200 mL 蒸馏水中,调节 pH 至 7.0～7.5),用蒸馏水稀释到 975 mL,调节 pH,再加入 0.1%煌绿水溶液 13.3 mL,用蒸馏水补足到 1000 mL,用棉花过滤后,分装到有玻璃小倒管的试管中,每管 10 mL。121℃高压灭菌 15 min。

4. 结晶紫中性红胆盐琼脂(VRBA)培养基

蛋白胨	7.0 g
酵母膏	3.0 g
乳糖	10.0 g
NaCl	5.0 g
胆盐或 3 号胆盐	1.5 g
中性红	0.03 g
结晶紫	0.002 g
琼脂	15～18 g
蒸馏水	1000 mL
pH	7.4±0.1

将上述成分溶于蒸馏水中,静置几分钟,充分搅拌,调节 pH。煮沸 2 min,将培养基冷却至 45～50℃倾注平板。使用前临时制备,不得超过 3 h。

5. 磷酸盐缓冲液

KH_2PO_4	34.0 g
蒸馏水	500 mL
pH	7.2

贮存液:称取 34.0 g 的 KH_2PO_4 溶于 500 mL 蒸馏水中,用大约 175 mL 的 1 mol/L NaOH

溶液调节 pH,用蒸馏水稀释至 1000 mL 后贮存于冰箱。需用时,取贮存液1.25 mL,用蒸馏水稀释至 1000 mL,分装于适宜容器中,121℃高压灭菌 15 min。

实验十三　食品中的霉菌和酵母菌的检测

【实验目的】

(1) 掌握液体和固体食品中酵母菌和霉菌的菌落数的测定方法和意义。

(2) 掌握酵母菌和霉菌的生物学特性。

(3) 熟悉粮食样品的采取方法。

【实验安排】

(1) 本实验安排 4 学时,分三个时段完成:第一时段进行所需培养基的配制及高压蒸汽灭菌,第二时段进行各类样品的稀释及其酵母菌、霉菌的测定,第三时段为培养 24 h 到48 h 后进行结果观察。本实验在教师指导下,学生独立完成。

(2) 实验重点:国家标准中酵母菌、霉菌的测定程序以及各种样品采取的方法。

(3) 实验难点:酵母菌和霉菌的计数方法及原则。

【实验背景及原理】

我国食品卫生标准中的微生物指标除菌落总数、大肠菌群、致病菌等规定外,还有对霉菌和酵母菌的规定。

酵母菌和霉菌都为真菌,二者在自然界广泛分布并可作为食品中正常菌群的一部分。酵母菌是单细胞的真菌,通常呈圆形、卵圆形、腊肠形或杆状。霉菌是丝状真菌的俗称,意即"发霉的真菌"。在潮湿温暖的地方,很多物品上长出一些肉眼可见的绒毛状、絮状或蛛网状的菌落,那就是霉菌。长期以来,人们利用一些霉菌和酵母加工一些食品,如用霉菌加工干酪和肉,使其味道鲜美;还可利用霉菌和酵母酿酒、制酱;食品、化学、医药等工业都少不了霉菌和酵母。

但在有些情况下,霉菌和酵母也可造成食品腐败变质。由于它们生长缓慢和竞争能力不强,故常常在不适于细菌生长的食品中出现,这些食品通常是 pH 低、湿度低、含盐和含糖高的食品、低温贮藏的食品或者含有抗生素的食品等。由于霉菌和酵母能抵抗热、冷冻以及抗生素和辐照等,因而它们在通常的贮藏及保藏技术下仍能生存。它们甚至能改变食品不利于细菌生长的状态,而促进细菌的生长。霉菌和酵母往往使食品表面失去色、香、味。例如,酵母在新鲜的和加工的食品中繁殖,可使食品发生难闻的异味,它还可以使液体发生混浊,产生气泡,形成薄膜,改变颜色及散发不正常的气味等。而许多霉菌污染食品及其食品原料后,不仅可引起腐败变质,而且可产生毒素引起误食者霉菌毒素中毒。霉菌毒素是霉菌产生的一种有毒的次生代谢产物,自从 20 世纪 60 年代发现强致癌的黄曲霉毒素以来,霉菌与霉菌毒素对食品的污染日益引起重视。

霉菌毒素通常具有耐高温、无抗原性的特点,主要侵害实质器官,如肝脏、肾脏等器官,而且霉菌毒素多数还具有致癌作用。霉菌毒素的作用包括减少细胞分裂,抑制蛋白质合成和 DNA 的复制,抑制 DNA 和组蛋白形成复合物,影响核酸合成,降低免疫应答等。根据霉菌毒素作用的靶器官,可将其分为肝脏毒、肾脏毒、神经毒、光过敏性皮炎等。人和动物一次性摄入含大量霉菌毒素的食物常会发生急性中毒,而长期摄入含少量霉菌毒素的食物则会导致慢性中毒和癌症。因此,粮食及食品由于霉变不仅会造成经济损失,有些还会造成误食者急性或慢性中毒,甚至导致癌症。食品受到产毒菌株污染有时不一定能检测出霉菌毒素,这种现象比较常见,这是因为产毒菌株必须在适宜产毒的特定条件下才能产毒。但也有时从食品中检验出有某种毒素存在,而分离不出产毒菌株,这往往是食品在贮藏和加工中产毒菌株已经死亡,而毒素不易破坏的缘故。一般来说,产毒霉菌菌株主要在谷物粮食、发酵食品及饲草上生长产生毒素,直接在动物性食品,如肉、蛋、乳上产毒的较为少见。而食入大量含毒饲草的动物同样可引起各种中毒症状或毒素残留在动物组织器官及乳汁中,致使动物性食品带毒,被人食入后仍会造成霉菌毒素中毒。容易被酵母菌和霉菌污染的食品有粮食、无酒精饮料、糖果、果脯、果仁、糕点等。因此,霉菌和酵母同样也作为评价食品卫生质量的指示菌,并以霉菌和酵母计数来制定食品被污染的程度。

我国食品安全国家标准 GB 4789.15-2010 中规定,食品中霉菌和酵母菌的测定是指样品经过处理,在一定培养条件下,所得 1 g 或 1 mL 检样中所含霉菌和酵母菌的菌落数。目前已有很多国家制订了一些食品的霉菌和酵母限量标准。我国也已制订了一些食品中霉菌和酵母的限量标准,如碳酸饮料、硬质干酪、某些罐头食品、粮食及其制品。糕点、面包类食品国标 GB7099-2003 中规定,热加工和冷加工糕点类食品中的霉菌限量标准分别为 $\leqslant$100 cfu/g和$\leqslant$150 cfu/g;碳酸饮料国标 GB2759.2-2003 中规定,碳酸饮料的霉菌和酵母菌的限量标准均为$\leqslant$10 cfu/mL。

【实验材料、仪器与试剂】

1. 培养基

马铃薯-葡萄糖-琼脂培养基(PDA 培养基),孟加拉红培养基。

2. 检测样品

碳酸饮料,糕点,面包。

3. 材料与仪器

高压蒸汽灭菌锅,恒温培养箱,电炉,天平,试管,培养皿,接种针,接种环,酒精灯等。

【实验方法与步骤】

食品中霉菌和酵母菌的检验按照图 3-13-1 的程序进行。

1. 样品采取

(1) 粮食样品采集。粮食样品的采集,要根据粮囤和粮垛的大小和类型,分层定点采样。通常情况下,可将采取样品对象分为三层,每层取中心及四角 5 个点,将样品充分混合后送检。如果为圆形粮囤,通常也会将粮囤分为上、中、下三层,每层按内、中、外分别设 1、2、4 个点,共 7 个点,将样品充分混合后送检。采样完毕,要记录采样时间、地点、环境以及采样人。采样后,应立即进行检测,如不能及时进行检测,应在低温、干燥的环境中保存,以减少所采样品中微生物的变化。

(2) 其他样品的采集。乳及乳制品、饮料、其他液体食品、发酵制品、糕点、面包等食品,一般采集可疑霉变食品 250 g 送检。采样完毕,要记录采样时间、地点、环境以及采样人。采样后,应立即进行检测,如不能及时进行检测,应在低温、干燥的环境中保存,以减少所采样

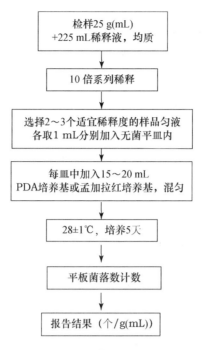

图 3-13-1　酵母菌和霉菌测定程序

品中微生物的变化。

2. 制备稀释液

（1）液体样品。以严格无菌操作将样品启封,准确量取 25 mL 置于盛有 225 mL 磷酸盐缓冲液或生理盐水的无菌锥形瓶内(灭菌前瓶内预置约 20 粒洁净玻璃珠),充分混匀,制成 10^{-1} 的均匀样液。以 10 倍系列稀释法制备不同浓度的稀释样液。

（2）固体样品。以严格无菌操作将样品启封,精确称取 25 g 置于盛有 225 mL 磷酸盐缓冲液或生理盐水的无菌锥形瓶内(灭菌前瓶内预置约 20 粒洁净玻璃珠),充分混匀,制成 10^{-1} 的均匀样液。以 10 系列稀释法制备不同浓度的稀释样液。

3. 霉菌和酵母菌菌落数测定

采用倾注分离法进行霉菌和酵母菌菌落数测定。具体操作为吸取不同稀释度的样品 1 mL 置于无菌平皿内,每个稀释度做两个平皿。同时,分别吸取 1 mL 空白稀释液加入两个无菌平皿内作空白对照。之后将已灭菌的 PDA 培养基或孟加拉红培养基融化,待冷却至 45～50℃ (如温度不好掌握,可将培养基放置于约 46℃ 恒温水浴箱中保温),分别倾注 15～20 mL 培养基到已盛有稀释样液的平皿内,迅速轻轻转动平皿使其混合均匀,静置于实验台上。待琼脂凝固后,将平板翻转倒置于 28℃ 恒温培养箱中,培养 5 天后观察结果并进行计数。

4. 菌落计数及报告

（1）结果观察与计数。培养完成后进行平皿菌落计数时,可用眼睛直接观察,必要时用放大镜检查,以防遗漏。根据菌落形态,分别对酵母菌和霉菌菌落数进行计数。如平皿中菌落数较多时,可将平皿倒置,用记号笔将记数过的菌落做标记,以确保所记录数据的准确性。在记下各平皿的菌落数后,应求出同稀释度的平均菌落数,供下一步计算时使用。

（2）稀释度的选择及菌落总数的计算。选取菌落数在 $10～150$ cfu 之间的平板进行计数,霉菌蔓延生长到整个平板,记录为多不可计。若所有平板均大于 150 cfu,则对稀释度最高的平板进行计数,其他平板则记录为多不可计,最终结果按最高稀释度平板上菌落数的平均值乘以最高稀释度。若所有平板均小于 10 cfu,则对稀释度最低的平板进行计数,最终结果按最低稀释度平板上菌落数的平均值乘以最低稀释度。若所有稀释度平板都无菌落生长,则以小于 1 乘以最低稀释度计数,若最低稀释度为未稀释液,则以小于 1 计数。

(3) 菌落总数报告。以酵母菌和霉菌菌落数合并报告,或分别报告酵母菌和霉菌数。当菌落数小于 100 cfu 时,四舍五入,以整数报告。当菌落数大于或等于 100 cfu 时,第三位数字采用四舍五入,取前两位数字,后面用"0"代替位数;也可用 10 的指数形式来表示,按"四舍五入"原则修约后,采用两位有效数字。若空白对照上有菌落生长,则此次检测结果无效。称量取样以 cfu/g 为单位报告,体积取样以 cfu/mL 为单位报告。

【实验提示与注意事项】

(1) 采样时需特别注意所取样品要具有代表性。采样时要避免由于操作不当造成的样品污染,要事先准备好灭菌容器和采样工具,如灭菌的牛皮纸袋、金属勺、取样器、广口瓶等。

(2) 样品在进行稀释时要在磷酸盐缓冲溶液或生理盐水三角瓶内放置玻璃珠,以利于样品均匀打散。样品在做 10 倍系列稀释时,应注意要将每一个稀释度的样液混合均匀,才能进行下一个稀释度的取样,否则样品将不具有代表性。

(3) 培养酵母菌和霉菌的培养基,国标 GB 4789[1].15-2010 中规定可以使用 PDA 培养基或者孟加拉红培养基。酵母菌和霉菌在 PDA 培养基上均能良好生长,但必须加入抗生素以抑制细菌的生长。孟加拉红培养基中也添加抗生素,与孟加拉红共同抑制细菌的生长,同时孟加拉红还能抑制霉菌菌落的蔓延,同时,在菌落背面由于孟加拉红的红色,还有助于霉菌和酵母菌菌落的计数。

(4) 在测定时,一定要设空白对照。如果空白对照报告结果阳性,则实验失败,必须重新进行测定。

【思考题】

(1) 常用的真菌培养基有哪些? 这些培养基中为什么都要加入抗生素?

(2) 为什么在做酵母菌和霉菌测定时,都一定要做空白对照?

(3) 孟加拉红培养基中的孟加拉红有什么作用?

(4) 从你所测样品的酵母菌和霉菌结果来看,是否符合该食品的国家卫生标准?

附录：本实验培养基配方、试剂

1. 马铃薯-葡萄糖-琼脂(PDA)培养基

马铃薯(去皮切块)	300 g
葡萄糖	20 g
琼脂	20 g
氯霉素	0.1 g
蒸馏水	1000 mL

将马铃薯去皮,切成块煮沸 10～20 min,然后用纱布过滤,补加蒸馏水至 1000 mL。加入糖及琼脂,加热溶解,分装。121℃灭菌 20 min。倾注平板前,将氯霉素用少量乙醇溶解后加入培养基中。

2. 孟加拉红培养基

蛋白胨	5.0 g
葡萄糖	10.0 g
K_2HPO_4	1.0 g
$MgSO_4$	0.5 g
琼脂	20.0 g
孟加拉红	0.033 g
氯霉素	0.1 g
蒸馏水	1000 mL

将上述成分溶解于蒸馏水中,进一步加热使琼脂溶解,分装。121℃灭菌 20 min。倾注平板前,将氯霉素用少量乙醇溶解后加入培养基中。

第四篇　细胞生物学实验

实验一　细胞膜的渗透性

【实验目的】

（1）了解细胞膜的特征及其对物质通透性的一般规律。

（2）了解溶血现象及其发生机制。

【实验安排】

讲授 0.5 学时，实验操作 3 学时。

【实验背景与原理】

细胞膜是细胞与环境进行物质交换的选择通透性屏障。它是一种半透膜，可选择性地控制物质进出细胞。各种物质出入细胞的方式不同。如水分子，它可以按照物质浓度梯度从渗透压低的一侧通过细胞膜向渗透压高的一侧扩散。哺乳动物成熟的红细胞没有细胞核和内膜系统，所以实验中选取红细胞的膜作为生物膜的研究材料。将红细胞放在低渗溶液中，水分子大量渗到细胞内，可使细胞胀破，血红蛋白释放到介质中，由不透明的红细胞悬液变为红色透明的血红蛋白溶液，这种现象称为溶血。将红细胞放置在各种溶液中，红细胞对各种溶质的渗透性不同。有的溶质可渗入，有的溶质不能渗入。即使能渗入，速度也有差异。其通透性大小主要取决于分子大小和分子的极性。一般认为，小分子比大分子容易穿过生物膜，非极性分子比极性分子容易穿过生物膜，而带电荷的离子跨膜运动则需要更高的自由能。因此，可通过溶血作用来观察生物膜对各种物质通透性的差别。

【实验材料、仪器与试剂】

1. 仪器

移液管，试管，离心机，滴管，试管架等。

2. 试剂

NaCl（0.15 mol/L），NaCl（0.005 mol/L），甲醇（0.8 mol/L），乙醇（0.8 mol/L），丙三醇（0.8 mol/L），氯仿，Triton X-100（2%），KCl（0.15 mol/L）。

【实验方法与步骤】

1. 小鼠红细胞悬液制备

取小鼠血液 1 mL，用 0.15 mol/L NaCl 溶液 9 mL 洗涤 3 次（每次洗后 1000 r/min 离心 5 min），最后配成 50% 的红细胞悬液。

2. 溶血现象

取 1 支试管，加入蒸馏水 1 mL，再加入 1 滴红细胞悬液。注意观察溶液的颜色变化，由不透明的红色逐渐澄清,红细胞发生破裂。

3. 红细胞渗透性观察

取 8 支试管,依次加入 0.15 mol/L NaCl、0.005 mol/L NaCl、0.15 mol/L KCl、0.8 mol/L 甲醇、0.8 mol/L 乙醇、0.8 mol/L 丙三醇、氯仿、2% Triton X-100 溶液各 1 mL,再分别加入红细胞悬液 1 滴,轻轻摇动,注意观察是否有颜色变化? 是否有溶血现象? 并记录时间。将上述结果记录于下表。

试管标号	试　剂	是否溶血	时间/s	结果分析
1	0.15 mol/L NaCl			
2	0.005 mol/L NaCl			
3	0.15 mol/L KCl			
4	0.8 mol/L 甲醇			
5	0.8 mol/L 乙醇			
6	0.8 mol/L 丙三醇			
7	氯仿			
8	2% Triton X-100			
发生溶血现象次序(由快到慢):				

【实验提示与注意事项】

(1) 试管内液体分为两层,上层浅黄色透明,下层红色不透明,为不溶血,镜检红细胞完好呈双凹盘状。

(2) 如果试管内液体混浊,上层带红色,为不完全溶血,镜检部分红细胞呈碎片。

(3) 如果试管内液体变红而透明,为完全溶血,镜检全部红细胞呈碎片。

【思考题】

(1) 完成实验结果的表格,解释造成红细胞溶血的原因。

(2) 请解释 Triton X-100 试剂的作用。

(3) 请论述生物膜的结构特征与功能的关系。

实验二　小鼠骨髓细胞染色体制备与观察

【实验目的】

(1) 学习动物骨髓细胞染色体制片的方法。

(2) 观察小鼠细胞染色体的数目和形态。

【实验安排】

讲授 0.5 学时,实验操作 3.5 学时。

【实验背景与原理】

染色体是细胞分裂时期(体细胞的有丝分裂和生殖细胞的减数分裂)遗传物质存在的特

定形式,是染色质紧密包装的结果。不同生物的细胞中含有不同数目的染色体,所有单倍体细胞包含的 DNA 组成该生物的基因组。染色体是有机体遗传信息的载体,对染色体的研究在生物进化、发育、遗传和变异中有十分重要的作用。处于分裂期的细胞经秋水仙素处理,阻断了细胞纺锤丝微管的组装,使细胞分裂停止于中期,此时染色体达到最大收缩,具有典型的形态。核型是指染色体组在有丝分裂中期的表型,包括染色体数目、大小、形态特征的总和。核型分析是在对染色体进行测量计算的基础上,进行分组、排队、配对并进行形态分析的过程。核型分析对于探讨遗传病的机制、物种亲缘关系、远源杂种的鉴定等都有重要意义。

本实验所用的动物骨髓细胞为干细胞,它们处于活跃的细胞分裂期,经秋水仙素处理,可使细胞分裂停止于有丝分裂中期,再经低渗、固定、滴片染色等处理,便可制作较好的小鼠骨髓染色体标本。

【实验材料、仪器与试剂】

1. 材料

小鼠。

2. 仪器

冰箱,显微镜,镊子,注射器,离心机,载玻片,天平。

3. 试剂、材料

0.85% 生理盐水,低渗液(0.075% KCl),Cannoy 固定液,秋水仙素(1 mg/mL),Giemsa 染液。

【实验方法与步骤】

1. 预处理

取体重约 20 g 的小鼠,注射秋水仙素 0.1 mL 于腹腔中,经 4 h 后颈椎处死。

2. 骨髓细胞染色体制备

(1) 剪开腹腔,剥离出两条后肢,由股骨关节处剪断,取下后肢。

(2) 将股骨用浸泡过生理盐水的纱布擦干净,并将其放置在生理盐水中。

(3) 切去股骨两头软骨,露出骨髓腔,用 4 号针头插入骨髓腔内,将股骨穿通。

(4) 将股骨置于离心管上方,用 6 号针头 1 mL 注射器吸入 1 mL 生理盐水,插在股骨切口处,向下吹打直至骨髓腔呈白色为止;再用 4 号针头轻轻抽打离心管内的细胞,尽可能使其分散。

(5) 抽取骨髓腔细胞,将细胞悬液 1000 r/min 离心 8～10 min,弃上清液。

(6) 加入 37℃低渗液 5 mL,用吸管轻轻抽打均匀,置 37℃处理 15 min。

(7) 低渗处理后,立即加入预冷新配的固定液 1 mL,抽打均匀。1000 r/min 离心 8 min,弃上清液。

(8) 加固定液 5 mL,吹打后固定 30 min。1000 r/min 离心 10 min,弃上清液。

(9) 加固定液 3～5 滴,吹打成悬液。

(10) 滴片。冰冻载片排成排,从高处(2 m)垂直将细胞滴向载片。

(11) 用口吹散后,立即烤片。其目的是冷热处理后,使细胞膜和细胞核破裂,注意不能沸腾。

（12）Giemsa 染液染色 10 min 后,用蒸馏水轻轻冲洗,并晾干。

（13）镜检观察,注意观察染色体的数目以及各染色体的形态,绘制小鼠骨髓细胞染色体核型图。

【实验提示与注意事项】

（1）取下后肢时不要将股骨剪断。

（2）股骨细胞滴片在烤片时应多过几次,使胞膜和核膜充分破裂,才能释放染色体。

（3）染色后,切勿先将染液倾去再冲洗,应在染液倾去前直接轻轻冲洗玻片,以免染液中细小颗粒附着于标本,影响观察。

【思考题】

（1）绘制小鼠骨髓细胞染色体核型图。

（2）简述染色体各部分的主要结构。

（3）什么是核型? 检索染色体显带技术。

实验三　核酸(DNA 和 RNA)的显示法

【实验目的】

（1）了解和学习两类核酸显示的原理及操作程序。

（2）了解细胞中 DNA 和 RNA 的分类及分布。

【实验安排】

讲授 0.5 学时,实验操作 4.5 学时。

【实验背景与原理】

Feulgen 在 1924 年发明了一种对 DNA 具有特异性的组织化学染色反应,被称为 Feulgen 反应。该反应对 DNA 染色稳定,且能对 DNA 进行定量测定,所以是一种经典的 DNA 标记方法。DNA 经弱酸水解后,打开了嘌呤碱与脱氧核糖间的糖苷键,以及脱氧核糖与磷酸间的磷酯键,在脱氧核糖的一端形成游离的醛基,它们在原位与 Schiff 试剂(无色品红亚硫酸溶液)结合,生成物中含有醌基发色团,呈现紫色。而酸水解时,由于打断了 RNA 链,除去了 RNA,所以该反应对 DNA 染色具有特异性。预先用热三氯醋酸或 DNA 酶处理,抽提去细胞中的 DNA 而得到阴性反应。通过比对,就能够观察 DNA 在组织中的分布情况。

Unna 法是用甲基绿-派洛宁混合染料处理细胞。核酸是强酸性的,它们对于碱性染料甲基绿和派洛宁均有亲和力,但这两种染料对两类核酸具有一定选择性。DNA 被甲基绿染成蓝绿色,RNA 被派洛宁染成红色,这样就能使细胞中两种核酸分别显示出来。

【实验材料、仪器与试剂】

1. 材料

洋葱根尖或洋葱鳞茎表皮细胞。

2. 仪器

光学显微镜,载玻片,盖玻片,剪刀,镊子,表面皿,小指管,恒温水浴箱(2个)。

3. 试剂

Carnoy 固定液,HCl(1 mol/L),Schiff 试剂,70%酒精,90%酒精,丙酮。

(1) 0.2 mol/L 醋酸缓冲液(pH 4.8):A. 冰醋酸 1.2 mL 加蒸馏水至 100 mL;B. 醋酸钠($NaAc_3H_2O$)2.72 g 溶于 100 mL。待使用时,A 液与 B 液按 2:3 比例混合。

(2) 甲基绿-派洛宁复合染料:A. 甲基绿 2 g 加 0.2 mol/L 醋酸缓冲液至 100 mL;B. 1.0 g 派洛宁 Y 加醋酸缓冲液至 100 mL。临用前,A 液与 B 液 5:2 混合即成。

(3) 5% 三氯醋酸:称三氯乙酸 12.5 g 溶于蒸馏水中,并稀释至 250 mL。

【实验方法与步骤】

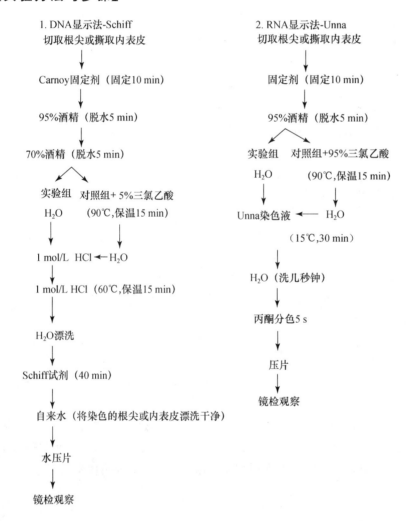

【实验提示与注意事项】

(1) 建议两种方法同时操作,但应做好标记。

(2) 注意操作,避免染液。

【思考题】

(1) 绘制 Feulgen 和 Unna 染色的核酸分布图。

(2) 核酸的分类。

实验四 植物细胞器——叶绿体的分离

【实验目的】

(1) 通过叶绿体的分离,了解细胞器分离的一般原理和方法。

(2) 掌握高速冰冻离心机的使用方法。

(3) 了解叶绿体的结构特点。

【实验安排】

讲授 0.5 学时,学生操作 2.5 学时。

【实验背景与原理】

高速或超速离心法是现代研究亚细胞组分的化学组分、理论特性及功能的手段之一。此法通过组织细胞匀浆、分级分离和分析三个步骤完成。细胞匀浆中各种大小的颗粒,依其质量密度不同,在不同离心力作用下,由低速到高速,逐级沉降到分离,较大的颗粒先在较低转速中沉降,随着转速的增加,原先悬浮于上清液中的较小颗粒分步沉淀下来,从而使各种亚细胞组分得以分离。

叶绿体是植物细胞中非常重要的能量转换的细胞器,是植物细胞进行光合作用的场所,因此,进行叶绿体的分离观察及其研究均是细胞生物学的重要内容。叶绿体的形状、大小和数量因植物种类不同而有很大的差异,同时也会因环境条件的变化而产生适应性变化。大多数叶肉细胞含有几十至几百个叶绿体,可占细胞质体积的 40%～90%。

【实验材料、仪器与试剂】

1. 材料

菠菜叶。

2. 仪器

高速冰冻离心机,光学显微镜,天平,离心管,研钵,纱布,载玻片。

3. 试剂

NaCl(0.35 mol/L,0.005 mol/L),菠菜叶片。

匀浆缓冲液:甘露醇(0.38 mol/L) 34.16 g,EDTA-Na$_2$(4 mmol/L) 0.745 g,Tris-HCl(50 mmol/L,pH 8.0) 3.03 g,β-巯基乙醇(1 mmol/L),0.05% 牛血清白蛋白 0.25 g,加蒸馏水溶解,定容至 500 mL。

【实验方法与步骤】

1．叶绿体的分离与观察

（1）将菠菜叶片洗净，滤纸吸干水分后，去叶脉称取叶片鲜重 1 g，剪成碎块。

（2）加入匀浆缓冲液 5 mL，研钵中充分磨碎。

（3）用 8 层纱布过滤，收集到 1.5 mL 离心管中。

（4）滤液经 3000 r/min 离心 6 min。

（5）沉淀再次悬浮于匀浆缓冲液中，3000 r/min 离心 6 min。

（6）收集沉淀（即为菠菜的叶绿体），镜检观察叶绿体的形态特点。

（7）取叶绿体沉淀用低渗溶液处理，使叶绿体膜破裂，镜检叶绿体破碎后的状况。

2．菠菜叶手切片观察

用刀片将新鲜的菠菜叶切削一斜面置于载片上，滴加 1～2 滴 0.35 mol/L NaCl 溶液，加盖片后轻压，置显微镜下观察。

【实验提示与注意事项】

（1）注意观察类囊体的特征。

（2）可以提前准备好其他绿色植物的叶片来比对观察。

【思考题】

（1）绘制完整叶绿体结构和叶片手切片图。

（2）思考叶绿体的结构特征与光合磷酸化的关系。

实验五　巨噬细胞吞噬现象的观察

【实验目的】

（1）通过对小白鼠腹腔巨噬细胞吞噬鸡红细胞活动的观察，加深理解细胞吞噬作用的过程及其意义。

（2）掌握小鼠腹腔注射给药和颈椎脱臼处死方法。

【实验背景与原理】

细胞吞噬作用原来是单细胞动物获取营养物质的方式，也是原始防御方式。随着动物界的进化，在高等动物中，则发展生成大小两类吞噬细胞，即单核吞噬细胞和嗜中性粒细胞，专司吞噬作用，在细胞的非特异免疫功能中发挥着重要的作用。单核吞噬细胞由骨髓干细胞分化生成，然后进入血液达到各组织内，并进一步分化为各种巨噬细胞。当病原微生物或其他异物侵入机体时，巨噬细胞主动向病原体和异物移行，在接触到病原体或异物时，即伸出伪足，将之包围并内吞入胞质，形成吞噬体，继而细胞质中的初级溶酶体与吞噬泡发生融合，形成吞噬性溶酶体。通过其中水解酶等的作用，将病原体杀死，消化分解，最后将不能消化的残渣排出细胞外。本实验即是观察小鼠腹腔中巨噬细胞的吞噬现象。

【实验安排】

讲授 0.5 学时,学生操作 8.5 学时。

【实验材料、仪器与试剂】

1. 材料

小白鼠,1‰鸡红细胞悬液。

2. 仪器

显微镜,解剖盘,剪刀,镊子,载玻片,注射器,吸管,吸水纸。

3. 试剂

(1) Alsever 液:取葡萄糖 2.05 g,柠檬酸钠 0.8 g,NaCl 0.42 g,加蒸馏水定容至 100 mL。112℃ 15 min 灭菌后冷却至室温,4℃冰箱保存。

(2) pH 6.4 磷酸缓冲液(PBS):称取 KH_2PO_4 0.664 g,Na_2HPO_4 0.257 g,加蒸馏水定容至 100 mL。

(3) Giemsa-Wright 染液:取 Giemsa 染料 0.03 g,Wright 染料 0.15 g,放入研钵,加 1～2 滴甘油和甲醇,充分研磨,用 50.0 mL 甲醇分次洗出,合并洗液,混匀,棕色瓶保存。

(4) Giemsa-Wright-PBS 工作液:Giemsa-Wright 染液 1 份,PBS 9 份,混合均匀。

(5) 3.5% $NaHCO_3$:称 $NaHCO_3$ 3.5 g 溶于蒸馏水中,并稀释至 100 mL。

(6) Hanks 贮备液:

① A 液:NaCl 160.0 g,KCl 8.0 g,$MgSO_4 \cdot 7H_2O$ 2.0 g,$MgCl_2 \cdot 6H_2O$ 2.0 g,$CaCl_2$ 2.8 g,60～80℃加热溶解于蒸馏水 1000 mL 中。

② B 液:$Na_2HPO_4 \cdot 12H_2O$ 3.0 g,KH_2PO_4 1.2 g,葡萄糖 20.0 g,将 3 种试剂依次在 400 mL 双蒸水中于 60～80℃加热溶解。

③ 称取酚红 0.4 g 用少量的 3.5% $NaHCO_3$ 溶解,将两液混合,加蒸馏水至 1000 mL。

(7) Hanks 应用液:取 A 液 10.0 mL＋B 液 10.0 mL＋蒸馏水 180.0 mL 充分混合,用 3.5%$NaHCO_3$ 调 pH 7.2。

【实验方法与步骤】

(1) 在实验前 6 h,给小白鼠腹腔注射 1‰鸡红细胞悬液 0.2 mL。注射时,先用右手抓住鼠尾提起,放在实验台上,用左手的拇指和食指抓住小鼠两耳和头颈皮肤,将鼠体置于左手心中,把后肢拉直,用左手的无名指和小指按住尾巴与后肢,前肢可用中指固定,这样即可在腹部后 1/2 处的一侧注射。进针不能过深,否则易伤害肝及血管等,造成出血致死。

(2) 腹腔注射 20 min 后用颈椎脱臼法处死小鼠(右手抓住鼠尾,用力向后拉,左手拇指与食指同时向下按住鼠头,使脊髓与脑髓间断开致鼠死亡。)

(3) 腹腔注入 Hanks 液 2.5 mL,轻轻按揉腹腔。

(4) 将小鼠置于盘中,剪开腹部,把内脏推向一侧,用吸管吸取腹腔液。

(5) 每人取一张干净载玻片,滴 1 滴腹腔液,37℃温育 30 min。

(6) 丙酮:甲醇＝1:1(V/V)固定,自然晾干。

(7) Giemsa 染色 30 min。

（8）蒸馏水轻轻冲洗，晾干。

（9）盖上盖玻片，置显微镜下观察。

【实验提示与注意事项】

（1）小鼠腹腔注射时不要刺伤内脏。

（2）注入小鼠腹腔的鸡红细胞，时间过长可能被消化，时间过短则尚未被吞噬，因此必须做预实验，一般经过 6 h 可观察到吞噬现象。

（3）染色后，切勿先将染液倾去再冲洗，应在染液倾去前直接轻轻冲洗玻片，以免染液中细小颗粒附着于标本，影响观察。

【思考题】

（1）绘制巨噬细胞吞噬的动态过程图。

（2）在什么情况下吞噬功能增强？

实验六　细胞骨架光学显微镜的观察

【实验目的】

（1）初步掌握研究细胞骨架的制作方法。

（2）了解细胞骨架的分布。

【实验安排】

讲授 0.5 学时，学生操作 3.5 学时。

【实验背景与原理】

真核细胞中发现微丝（microfilament）、微管（microtubule）和中间纤维（intermediate filament）细胞质骨架体系之后，近年来又发现在真核细胞的细胞核中存在另一骨架体系，即核骨架核纤层体系。核骨架或核基质（nuclear matrix，nucleoskeleton，karyoskeleton）、核纤层（nuclear lamina）与中间纤维在结构上相互连接，形成贯穿于细胞核和细胞质的网架体系，称为细胞骨架。微丝（microfilament，MF），又称肌动蛋白纤维（actin filament），由肌动蛋白（actin）组成，直径为 7 nm 的骨架纤维，其功能与几乎所有形式的细胞运动有关。微管是由微管蛋白二聚体组装而成，外径为 24 nm 的中空管状结构。微管通常起源于中心体，能与其他蛋白共同组装成纺锤体、基粒、中心粒、鞭毛和纤毛等结构。微管参与细胞形态的发生和维持、细胞内物质运输、细胞运动核细胞分裂等过程。中间丝是由中间丝蛋白组装而成，直径为 10 nm 的丝状结构。中间丝的种类具有组织特异性。

目前观察细胞骨架的手段主要有电镜、间接免疫荧光技术、酶标、组织化学等。本实验利用非离子去垢剂 TritonX-100，破坏细胞膜结构，使细胞质中可溶性蛋白和结合不牢的蛋白被抽提掉，但细胞骨架系统的蛋白仍可被保留。通过非特异蛋白染料考马斯亮蓝 R250 染色，可在光学显微镜下观察到细胞骨架的网状结构。

【实验材料、仪器与试剂】

1. 材料

新鲜幼嫩的洋葱鳞茎内表皮。

2. 仪器

光学显微镜，镊子，恒温箱，表面皿，滴管，载玻片，盖玻片。

3. 试剂

0.2 mol/L 磷酸缓冲液(pH 6.8)，3％戊二醛(0.2 mol/L 磷酸盐缓冲液配制，pH 6.8)。

(1) M-缓冲液(pH 7.2)：咪唑(50 mmol/L)3.404 g，KCl(50 mmol/L)3.7 g，$MgCl_2 \cdot 6H_2O$(0.5 mmol/L)101.65 mg，1 mmol/L EGTA［乙二醇双(2-氨乙基醚)四乙酸］380.35 mg，EDTA(乙二胺四乙酸)(0.1 mmol/L)29.224 g，DTT(二硫苏糖醇)(1 mmol/L)154.3 mg，加 H_2O 至 1000 mL，用 1 mol/L HCl 调节 pH 至 7.2。

(2) 2％ Triton X-100：量取 Triton X-100 2 mL，加入 M-缓冲液(pH 7.2)稀释至 100 mL。

(3) 0.2％考马斯亮蓝 R 250：考马斯亮蓝 R 250 0.2 g，甲醇 46.5 mL，冰醋酸 7 mL，H_2O 46.5 mL。

(4) 秋水仙素(50 μg/mL)：称秋水仙素 5 mg，加入 pH 6.8 磷酸缓冲液 100 mL。

【实验方法与步骤】

(1) 预处理。前一天晚上用镊子撕取洋葱鳞茎的内表皮，剪成 0.5～1 cm^2 大小，分别放入 10 mL 浓度为 50 μg/mL 的秋水仙素溶液(作为处理组)和 10 mL 0.2 mol/L pH 6.8 的磷酸缓冲液(作为对照组)中进行处理，28℃温箱中过夜。

(2) 次日将材料取出，先用 2％ Triton X-100 处理，28℃保温 0.5～1 h，吸去 Triton X-100，用 M-缓冲液洗 3～5 次，每次 5 min。

(3) 用 3％戊二醛 28℃固定 1 h。

(4) 用 0.2 mol/L pH 6.8 磷酸缓冲液冲洗 3 次，每次 15 min。

(5) 用 3％考马斯亮蓝 R250 染色 0.5 h。

(6) 染色完毕用蒸馏水冲洗。

(7) 把材料置于载玻片上，加上盖玻片。在光学显微镜下观察，可见被染成蓝色、与核联系的细胞骨架及靠近细胞壁的网状结构。

【实验提示与注意事项】

秋水仙素有剧毒，避免与皮肤接触。秋水仙素是微管抑制剂，破坏微管的动态平衡。

【思考题】

(1) 绘制观察到的细胞骨架图。

(2) 查阅资料，收集另一种研究细胞骨架的方法(注明实验原理、实验步骤及应用领域)。

(3) 检索微管抑制剂及其作用机理。

第五篇　仪器分析实验

实验一　紫外分光光度法测定水样中苯酚的含量

【实验目的】

(1) 学习并掌握紫外-可见分光光度计的仪器构造和基本操作方法,巩固紫外分光光度法的基本原理。

(2) 掌握紫外-可见分光光度计的定性、定量测定的分析方法。

【实验安排】

(1) 本实验安排 5 学时。在教师指导下,学生独立完成。

(2) 实验重点:紫外分光光度计的基本操作及紫外分光光度法测定苯酚的原理和方法。

(3) 实验难点:紫外分光光度计的基本操作。

【实验背景与原理】

紫外分光光度法又称紫外吸收光谱法,它是利用物质分子对紫外光的吸收作用,对物质进行定性、定量及结构分析的一种光学分析方法。由于各种物质具有各自不同的分子、原子和不同的分子空间结构,其吸收光能量的情况也就不同,因此,每种物质就有其特有的、固定的吸收光谱,这就是紫外分光光度法定性分析的基础。

紫外分光光度法的定量分析基础是朗伯-比尔(Lambert-Beer)定律,即物质在一定波长的吸光度与吸收层的厚度和吸光物质的浓度呈正比。公式为

$$A = \varepsilon bc$$

其中, A 为吸光度; ε 为摩尔吸光系数,L/(cm・mol); b 为溶液厚度,cm; c 为溶液浓度,mol/L。

紫外-可见分光光度计主要由光源、单色器、吸收池、检测器、数据处理系统等组成。对于分子吸收测定来说,通常希望能连续改变测定波长进行扫描测定,所以分光光度计要求具有连续光谱的光源。在紫外区和可见光区分别用氢(氘)灯和钨灯两种光源。单色器由入射狭缝、准直镜、色散元件、物镜、出射狭缝等组成,单色器是能从光源的复合光中分出单色光的光学装置,其主要功能是产生光谱纯度高、色散率高且波长在紫外可见光区域内任意可调的单色光。它是分光光度计的核心部件,其性能直接影响入射光的单色性,从而影响测定的灵敏度、选择性和工作曲线的线性范围等。在单色器中色散元件是最重要的,常见的色散元件有棱镜和光栅,近年来多用光栅,光栅利用光的衍射和干涉原理进行分光,它在整个波长区可以提供良好的、均匀一致的分辨能力。其他光学元件中,狭缝在决定单色器性能上起着重要作用,狭缝宽度过大时,谱带宽度太大,入射单色性差;狭缝宽度过小时,又会减弱光强。吸收池也称比色

皿,用于盛放溶液,吸收池一般有两种:用光学玻璃制成的吸收池,只可用于可见光区;用熔融石英(氧化硅)制的吸收池,适用于紫外光区,也可用于可见光区。吸收池按其厚度分为 0.5、1、2、3 和 5 cm。用作盛放空白溶液的吸收池与盛放试样溶液的吸收池应互相匹配,即有相同的厚度和相同的透光性。检测器用于检测光信号,并将光信号转变为电信号。一般常用光电效应检测器,如光电管、光电倍增管,利用光电效应使透射光强度能转换成电流进行测量。

苯酚是一种工业废水中的有害物质,已经被列入有机污染物的黑名单。苯酚进入环境后,可能会使水质受到污染,因此在检验饮用水的卫生质量时,需对水中苯酚含量进行测定。具有苯环结构的化合物在紫外光区均有较强的特征吸收峰,苯酚在 270 nm 处有特征吸收峰,其吸收程度与苯酚的含量成正比,因此可用紫外分光光度法,根据 Lambert-Beer 定律直接测定水样中苯酚的含量。在相同的条件下,对标准样品和未知样品进行紫外吸收光谱扫描,通过比较未知样品和标准样品的光谱图可以对未知样进行鉴定。将待测液的纯品即标准样品,配制成一系列浓度梯度的标准溶液,通过紫外吸收光谱扫描,找出最大吸收波长,然后在这一波长下测定一系列不同浓度的标准溶液吸光度,根据所测定的吸光度和标准溶液的浓度绘制工作曲线。在相同的条件下测定未知样品的吸光度值,根据标准曲线即可得出未知样中苯酚的含量。

【实验材料、仪器与试剂】

1. 仪器

760CRT 双光束紫外可见分光光度计(上海精密科学仪器有限公司),带盖石英吸收池(1 cm)1 对,容量瓶(25 mL),吸管(1 mL,2 mL,5 mL),烧杯(50 mL)。

2. 试剂

苯酚标准溶液(250 mg/L),待测样品。

【实验方法与步骤】

1. 标准系列溶液的配制

取 5 个 25 mL 容量瓶,分别加入 1.00、2.00、3.00、4.00、5.00 mL 苯酚标准溶液,用去离子水稀释至刻度,摇匀待用。

2. 设备预热准备

检查仪器样品室,确保其内没有吸收池后,依次打开仪器及计算机、显示器、打印机电源,点击"760CRT 双光束紫外可见分光光度计"图标进入软件操作系统,待仪器自检结束,进入操作页面。

3. 波长扫描

(1) 在波长扫描工作模式下,点击"参数设置"确定波长扫描参数。

(2) 基线校准及调零。将盛有参比液(去离子水)的两个吸收池分别放入参比光路和样品光路,点击"基线校准"进行扫描,待基线扫描结束后,点击"调零"进行调零。

(3) 波长扫描。将盛有参比液(去离子水)和所配制标准系列溶液中的任一溶液的吸收池分别放入参比光路和样品光路上,点击"开始扫描"进行扫描,得到标准样品的紫外吸收光谱图,通过该光谱图可以确定苯酚的最大吸收波长;然后在相同条件下,将盛有参比液(去离子水)和未知样品的吸收池分别放入参比光路和样品光路上,点击"开始扫描"进行始扫描,得到未知样品的紫外吸收光谱图。

4. 定量分析

（1）工作曲线的绘制。首先进入"定量分析"模式，根据波长扫描确定的苯酚最大吸收波长，设定波长，把参比液注入两个吸收池内，分别放入参比和样品光路，按"调零"进行调零，然后进行标样设定，以去离子水作参比，测量标准系列溶液的吸光度。点击"工作曲线建立"得到工作曲线。

（2）水样的测定。在测量标准系列溶液的相同条件下，点击"样品测试"测量水样的吸光度。

5. 数据处理

（1）定性分析。将波长扫描得到的两个光谱图进行比较，对试样进行定性分析。

（2）利用实验"步骤4定量分析"中测得不同浓度标准溶液的吸光度和浓度的关系作标准曲线。

（3）利用所测水样的吸光度值和所作标准曲线，确定水样中苯酚的含量。

【注意事项】

（1）在测量前应把机器预热 30 min。

（2）所使用的吸收池必须洁净，并注意配对使用。取吸收池时，应拿毛玻璃面，手指不得接触其透光面。装样品时以池体的 2/3 为宜，测定挥发性溶液时应加盖。透光面先用吸水纸吸干水分，然后用擦镜纸由上至下轻轻擦拭，直至洁净透明。吸收池内不得有小气泡，否则会影响透光率。吸收池放入样品室时应注意方向相同，以减小误差。吸收池每换一种溶液或溶剂都必须清洗干净，并用被测溶液或参比液荡洗三次。实验结束后用溶剂或水洗干净吸收池，晾干后防尘保存。

（3）在标准溶液的配制过程中，用吸量管准确移取试剂溶液，以保证标准曲线的良好线性。

【思考题】

（1）紫外可见分光光度法的定性、定量分析的依据是什么？
（2）紫外可见分光光度计的主要组成部件有哪些？
（3）本实验中为什么使用石英比色皿？

实验二　荧光法测定硫酸奎宁的含量

【实验目的】

（1）了解荧光分光光度计的基本构造及使用方法，学习荧光分析法的基本原理。
（2）熟悉激发光谱和发射光谱的绘制方法。
（3）掌握荧光法测定硫酸奎宁的含量与直接比例法的定量方法。

【实验安排】

（1）本实验安排 5 学时。在教师指导下，学生独立完成。
（2）实验重点：荧光分光光度计的基本构造及基本操作、直接比例法测定荧光物质的含量。

（3）实验难点：荧光分光光度计的原理和方法、激发光谱和发射光谱的绘制。

【实验背景与原理】

荧光是物质分子接受光辐射后从基态跃迁到激发态成为激发态分子,处于激发态分子的外层价电子从第一电子激发态的最低振动能级以辐射形式回到基态的任一振动能级时所发射的光。荧光是光致发光。利用物质被光照射后产生的荧光辐射的特性和强度对物质进行定性分析和定量分析的方法,称为荧光分析法。

任何荧光物质都具有两种特征光谱——激发光谱和发射光谱(荧光光谱)。激发光谱是通过固定发射波长,扫描激发波长而获得的荧光强度随激发波长变化的关系曲线。由激发光谱可确定最大激发波长。发射光谱亦称荧光光谱,它是通过固定激发波长,扫描发射波长而获得的荧光强度随发射波长变化的关系曲线。由发射光谱可确定最大发射波长。

荧光光谱具有如下特征:① 在溶液中,分子的荧光发射波长总是大于其激发波长(斯托克斯位移);② 荧光发射光谱的形状与激发波长无关;③ 荧光发射光谱与其激发光谱呈镜像关系。

荧光分光光度计主要由光源、激发单色器、样品池、发射单色器、检测器及数据记录系统组成。荧光分光光度计一般采用氙弧灯作光源,单色器为光栅,检测器一般为光电倍增管,为了消除入射光和散射光的影响,检测器在位于激发光垂直的方向上检测发射光,样品池为四壁光洁透明的方形石英池。

具有 $\pi-\pi$ 长共轭结构且具有刚性和共平面性的物质分子具有较强的荧光。硫酸奎宁分子具有喹啉环结构,在紫外光的激发下能产生较强的荧光,溶液的荧光强度 F 与溶液对光吸收的程度、溶液中荧光物质的荧光效率及浓度的关系为

$$F = 2.303\Phi I_0 \varepsilon cl$$

式中,Φ 为荧光效率,即发射的光子数与吸收的光子数之比;I_0 为激发光强度;ε 为摩尔吸光系数;l 为液层厚度,c 为荧光物质浓度。当入射光强度一定时,$F = Kc$,即在低浓度时,荧光强度 F 与溶液荧光物质的浓度 c 呈线性关系。

在荧光分光光度计上描绘出激发光谱和发射光谱,确定适当的激发波长和荧光波长,测定样品溶液和硫酸奎宁对照品溶液的荧光强度,用直接比例法就可计算出样品的含量。

【实验材料、仪器与试剂】

1. 仪器

970CRT 荧光分光光度计(上海精密科学仪器有限公司),四通光石英比色皿,容量瓶(50 mL,100 mL,250 mL,1 L),吸量管(1 mL,2 mL,5 mL),烧杯(100 mL)。

2. 试剂

硫酸奎宁贮备液(100.0 μg/mL):准确称取硫酸奎宁 100 mg 于 1 L 容量瓶中,加 0.05 mol/L H_2SO_4 溶液溶解,并定容至 1 L,避光保存。

待测样品。

【实验方法与步骤】

1. 硫酸奎宁对照品溶液（0.4 μg/mL）的制备

吸取硫酸奎宁储备液（100 μg/mL）5.00 mL 于 50 mL 容量瓶中，加入 0.05 mol/L H_2SO_4 溶液稀释至刻度，摇匀。吸取此溶液 2.00 mL 于 50 mL 容量瓶中，加入 H_2SO_4 溶液（0.05 mol/L）稀释至刻度，摇匀，待测。

2. 样品溶液的制备

精密称取硫酸奎宁样品 10 mg 于 250 mL 容量瓶中，用 0.05 mol/L H_2SO_4 溶液稀释至刻度，摇匀。吸取此溶液 1.00 mL 于 100 mL 容量瓶中，加入 0.05 mol/L H_2SO_4 溶液稀释至刻度，摇匀，待测。

3. 测定

（1）仪器的灵敏度、信噪比（S/N）和稳定性（D/S）的检查。按照仪器说明书接通电源，开机，仪器自动进入初始化状态（初始化大约需要 5 min，初始化过程中不要对计算机做任何操作）。初始化结束后，进入操作界面。采用测试蒸馏水的拉曼光谱检查仪器的灵敏度、信噪比（S/N）和稳定性（D/S）是否符合要求。具体参数为：狭缝宽 Ex 为 10 nm、Em 为 10 nm、测试灵敏度6，扫描速度为慢速，测定波长由仪器自动设定。将装有蒸馏水的石英比色杯放入试样室后，点击"S/N 快捷键"，进入测定界面，点击"开始测定"，进行拉曼光谱扫描和 S/N 测定。测定结果中，若拉曼峰值＞400（反映灵敏度），S/N＞100，D/S＜1.5，表明仪器符合要求。

（2）点击参数设置，设置灵敏度3、狭缝 Ex 为 10 nm、Em 为 10 nm、扫描速度快速，将硫酸奎宁的对照品溶液置于石英池中。

（3）绘制发射光谱，即荧光光谱。在参数设置中选 Em 扫描，设置 Ex 波长 360 nm，扫描波长范围 400～600 nm，进入图谱扫描界面，扫描发射光谱。根据图谱确定发射波长 λ_{Em}。

（4）绘制激发光谱。在参数设置中选 Ex 扫描，设置 Em 波长为上述发射波长 λ_{Em}，扫描波长范围 200～400 nm，进入图谱扫描界面，扫描激发光谱。根据图谱确定激发波长 λ_{Ex}。

（5）样品的测定。在参数设置中选时间扫描，设置 Ex、Em 波长为上述步骤（3）、（4）确定的 λ_{Ex} 和 λ_{Em}，依次测定 0.05 mol/L H_2SO_4 空白溶液、硫酸奎宁标准溶液、样品溶液的荧光强度，用直接比例法计算出样品的浓度及含量。

4. 数据处理

硫酸奎宁样品浓度：

$$c_x/(\mu g/mL) = \frac{F_x - F_{s_0}}{F_s - F_{s_0}} \times c_s$$

$$硫酸奎宁样品含量 = \frac{c_x \times 10^{-3}}{m \times \frac{1}{250} \times \frac{1}{100}} \times 100\%$$

式中，c_x：硫酸奎宁样品浓度，μg/mL；c_s：硫酸奎宁对照品溶液浓度，μg/mL；F_x：样品溶液的荧光强度；F_s：硫酸奎宁对照品的荧光强度；F_{s_0}：空白溶液的荧光强度；m：样品质量，mg。

【注意事项】

（1）硫酸奎宁标准溶液必须当天使用当天配制，并避光保存。

（2）荧光分光光度计需开机预热 30 min。

（3）注意测量过程中比色杯的朝向应一致，以减少测量误差。

（4）荧光比色杯四面通光，为防止污染四壁，注意不要用手触摸杯壁，拿比色杯时应拿其不在光路的部分或四边棱。

（5）扫描过程中不得对仪器进行任何操作。

（6）本工作站主机工作状态复杂，数据量大，计算机负担较重，因此对本机配工作站用的计算机不得作一般计算机使用，否则将影响系统工作。

【思考题】

（1）测量时，为什么要测定 H_2SO_4 空白溶液的荧光强度？

（2）能用 0.05 mol/L 的 HCl 溶液来代替 0.05 mol/L 的 H_2SO_4 溶液吗？为什么？

（3）荧光分光光度计与紫外-可见分光光度计在结构上有何不同？

附：970CRT 荧光分光光度计操作步骤

（1）开氙灯电源，待灯亮后打开主机电源，再开打印机电源。

（2）打开计算机电源。仪器自动进入初始化（初始化大约需要 5 min。初始化时请不要对计算机做任何操作）。

（3）初始化结束后，仪器进入操作界面。

（4）根据实验要求，做定性分析（图谱扫描、图谱分析）和定量分析（绘制标准曲线、测定样品浓度）。

① 定性分析

点击定性分析→图谱扫描→参数设定（选择扫描方式、灵敏度、速度、波长范围）→开始扫描→保存→图谱分析→打开图谱→选中文件名→确定最大激发、发射波长。

② 定量分析

绘制标准曲线。点击设置及测试→参数设定（选择时间扫描、灵敏度、速度）→输入最大激发、发射波长→标准曲线→空白测本底→输入标准溶液各浓度→测 INT→记录 F 与 C→曲线拟合（一次）→保存→记录回归方程和拟合优度。

样品测试。点击样品测试→打开标准曲线→测空白→测样品 INT→记录 F 与 C。

（5）实验完毕后，关计算机、打印机、主机电源和氙灯电源。

实验三　弱碱的自动电位滴定

【实验目的】

（1）了解 702 SM Titrino 自动电位滴定仪的基本结构和工作原理，掌握自动电位滴定仪的操作方法。

（2）掌握电位滴定法测定混合碱浓度的方法、原理，学会使用自动电位滴定仪进行溶液的酸碱滴定。

【实验安排】

（1）本实验安排 5 学时。在教师指导下，学生独立完成。

（2）实验重点：自动滴定分析方法的原理、702 SM Titrino 滴定仪的结构和使用方法。

（3）实验难点：702 SM Titrino 滴定仪操作。

【实验背景与原理】

电位滴定法是用电化学方法指示终点的滴定分析方法，此方法通过测定滴定过程中待测溶液电极电位的变化来确定滴定终点。电位滴定法分为手动电位滴定法和自动电位滴定法。手动滴定法所需仪器简单，但操作不便。自动电位滴定法使滴定更加准确、快速和方便。自动电位滴定仪可以记录滴定过程中的 pH 或电位值的变化，自动找出滴定终点，自动停止滴定。

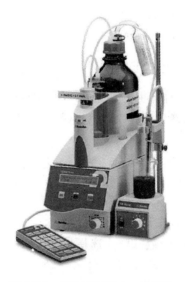

图 5-3-1　702 SM Titrino 滴定仪

强酸滴定强碱或弱碱时，利用指示电极把溶液中氢离子浓度的变化转化为电位的变化来指示滴定终点。滴定过程中，溶液的 pH 发生变化，pH 复合电极将 pH 的变化转化为电位的变化，然后根据滴定曲线的一阶导数确定终点。自动电位滴定法无须使用指示剂，故对有色溶液、浑浊以及没有适合指示剂的溶液均可测定。

盐酸滴定混合碱 Na_2CO_3 和 $NaHCO_3$ 时，在第一个计量点，混合碱中的 Na_2CO_3 转变为 $NaHCO_3$，继续滴定，混合碱中原有的 $NaHCO_3$ 和新生成的 $NaHCO_3$ 与盐酸反应生成 H_2CO_3，到达第二个计量点。根据到达两个计量点时消耗盐酸的体积可以计算出混合碱中 Na_2CO_3 和 $NaHCO_3$ 的浓度。

702 SM Titrino 滴定仪配有 pH 玻璃复合电极，在滴定过程中可以自动记录滴定体系电位或 pH 的变化，并可以根据电位或 pH 突跃确定滴定终点。

【实验材料、仪器与试剂】

1. 仪器

702 SM Titrino 瑞士万通滴定仪（瑞士万通公司），pH 复合电极（6.0232.100），5 mL 吸管，100 mL 烧杯，搅拌子。

2. 试剂

pH 标准缓冲液（pH 4.00），pH 标准缓冲液（pH 9.18），0.05 mol/L Na_2CO_3 标准溶液，

HCl 标准溶液，Na_2CO_3 和 $NaHCO_3$ 混合碱。

【实验方法与步骤】

1. pH 复合电极的准备

提前一天将 pH 复合电极浸泡在蒸馏水中进行活化。

2. 仪器预热

按仪器说明书连接好仪器，开启仪器电源，预热 30 min。

3. 用标准缓冲溶液校正电极

（1）选择滴定模式。反复按〈mode〉键，选择滴定模式。"MET"为恒体积滴定模式；"SET"为设定终点滴定模式；"CAL"用于 pH 电极的校准；"MEAS"为测量模式。在主页上出现"CAL"时，然后按〈enter〉键确认。

（2）编辑参数。按〈parameters〉键，出现：

〉calibration parameters：校正参数，可以设置校正所用缓冲溶液的 pH、校正时的温度、平衡时间等。

〉statistics：设定多次结果的统计计算。

按〈enter〉依次进入上述参数目录进行编辑。

（3）校正步骤。将电极浸没于第一个标准缓冲溶液，按〈start〉键开始校正，输入缓冲液温度，输入 buffer 1 pH；校正结束后，将电极取出洗净后浸没于第二个标准缓冲溶液，输入缓冲溶液温度，输入 buffer 2 pH，按〈start〉键开始校正。

（4）校正结果查看。按〈cal. data〉键进行查看。

4. 滴定方法编辑

（1）选择滴定模式。反复按〈mode〉键，选择滴定模式（MET），接着按〈select〉键，选择信号物理量（pH）。信号物理量根据所用电极而定：pH 电极选择"pH"；极化滴定（永停滴定）选择"Upol"或"Ipol"；其他电极选择"U(mV)"。

（2）编辑滴定参数。按〈parameters〉键进入参数目录，反复按〈parameters〉键显示各参数目录，按〈enter〉依次进入各参数目录进行编辑：

〉titration parameters：控制滴定过程的加液；

〉stop condition：设定滴定停止的条件；

〉statistics：设定多次结果的统计计算；

〉evaluation：筛选等当点的参数；

〉preselections：预选项（开始滴定后的提示的设置）。

每种滴定模式都有相应的一套参数。第一次使用该仪器可以不编辑参数，而是使用其默认参数进行试滴定，根据滴定结果并参考曲线进行修改。在本实验中，主要设定〉stop condition 中的某些参数，即〉stop V，停止滴定绝对体积的具体数值，以及〉stop EP，在找到几个等当点后停止滴定。其他参数用仪器的默认参数。

（3）结果计算或编辑公式。按〈def〉键后显示：〉formula，按〈enter〉进入后显示"RS?"，按数字 1 后出现"RS1＝"（写入用变量表示的具体公式），〈enter〉后出现"RS1text"（具体结果名称），〈enter〉后出现"RS1 decimal places"（结果小数点位数），〈enter〉后出现"RS1 unit"（结果的单位），用〈select〉键选择，按〈enter〉后出现"RS2"，如需要两个以上的公式则继续编辑，否则反复按〈quit〉返回主页。按〈C－FMLA〉键，给公式中所出现的普通变量（C01～

C19)赋值。"C00"代表所取样品量,可以反复按〈sample data〉键,直至出现"smpl size",输入取样量,按〈enter〉键确认,出现"smpl unit",用〈select〉键选择,按〈enter〉键确认。

(4)方法保存。在主页下反复按〈user meth〉键,直至出现〉store method,按〈enter〉后出现,"method name:********",用〈clear〉键清除字符,以文本编辑的方式给方法命名或直接输入名字,〈enter〉确认。方法编写完成后应当及时保存,以便下次直接调用,方法修改后应当及时保存。若调用已经存在的方法,在主页下反复按〈user meth〉键,直至出现〉recall method,按〈enter〉确认后出现"method name:********",用〈select〉选择相应的方法后,按〈enter〉确认,方法即被调入内存。

(5)文本编辑。没有合适的选项或需要文本编辑时请按〈report〉键,用"〈"或"〉"键寻找字母或符号,按〈enter〉键选中,编辑完后按〈quit〉键退出文本编辑,然后按〈enter〉键确认所编辑的文本。

5. 盐酸标准溶液的标定

设置好仪器参数,编辑滴定方法后,在烧杯中预先放入一粒搅拌子,取 Na_2CO_3 标准溶液 5 mL 置于 100 mL 烧杯中,用蒸馏水稀释至 50 mL,放在滴定台上,打开磁力搅拌开关混匀,按"Start"开始滴定。计算标定的盐酸标准溶液的浓度:

$$c(HCl) = \frac{c(Na_2CO_3) \times 5.00}{V}$$

式中,V 为计量点时消耗的盐酸体积。

输入仪器的公式中不能直接写入数字,需要用变量来表示,EP_x:第 x 个等当点时滴定剂消耗的体积(mL),其值由滴定仪自动读取;C_{00}(g,mL 等):样品量;$C_{01} \sim C_{19}$:可以表示公式中的任何常数。上述公式可用变量表示为

$$RS_1 = \frac{C_{01} \times C_{00}}{EP_1}$$

式中,C_{01} 为碳酸钠的浓度,在本实验中为 0.05 mol/L,也可用其他参数来表示;C_{00} 为所取碳酸钠标准溶液的体积数,本实验中为 5 mL;EP_1 为计量点时消耗的盐酸体积。

结果查看:在滴定结束后,界面上可能出现 RS 的数值或 EP 的数值,但是两者不能同时显示在界面上,若要查看时,可以反复按〈select〉键,当界面上显示"〉display EP's",按〈enter〉键查看 EP 数值,当界面上出现"〉display results"时,按〈enter〉键查看 RS(结果)数值。

6. 混合碱的滴定

同上述方法用标定好浓度的盐酸标准溶液滴定混合碱。实验方法同"步骤5",根据下面的公式来计算混合碱中 Na_2CO_3 和 $NaHCO_3$ 的浓度:

$$c(Na_2CO_3) = \frac{c(HCl) \times V_1}{5.00}$$

$$c(NaHCO_3) = \frac{c(HCl) \times (V_2 - 2V_1)}{5.00}$$

式中,V_1 为第一个计量点时消耗的盐酸体积,V_2 为第二个计量点时消耗的盐酸体积。

上述两个公式可用变量表示为

$$RS_1 = \frac{C_{01} \times EP_1}{C_{00}}$$

$$RS_2 = \frac{C_{01} \times (EP_1 - C_{02} \times EP_2)}{C_{00}}$$

式中,C_{01}为盐酸的浓度,即步骤 5 的结果;C_{02}为常数 2;C_{00}为所取混合碱溶液的体积数,本实验中为 5 mL;EP_1为第一个计量点时消耗的盐酸体积;EP_2为第二个计量点时消耗的盐酸体积。也可用其他变量来表示盐酸的浓度和常数 2。

【注意事项】

(1) 使用滴定仪前要了解其结构和使用方法。

(2) pH 电极使用时将上端的塞子打开,不用时塞上并保存在氯化钾饱和溶液中。

(3) 滴定时注意保护电极,不要让搅拌子打到电极,滴定时要将滴定头置于液面以下。

(4) 实验开始前一定要将管路用标准溶液润洗,每次换溶液时,都必须用蒸馏水冲洗电极、滴定头数次,以免过量的滴定剂被带入下一个样品。

【思考题】

(1) 用双指示剂法滴定 Na_2CO_3 和 $NaHCO_3$ 混合碱时所用的指示剂是什么?并说明原因。

(2) 与化学分析中的容量分析法相比,电位滴定法有何特点?

实验四　火焰原子吸收法测定自来水中钙的含量

【实验目的】

(1) 学习原子吸收分光光度法的基本原理。

(2) 了解原子吸收分光光度计的基本构造及使用方法。

(3) 掌握应用原子吸收分光光度法的标准曲线法测定自来水中钙的含量。

【实验安排】

(1) 本实验安排 5 学时。在教师指导下,学生独立完成。

(2) 实验重点:原子吸收分光光度计的基本构造、基本操作及原子吸收光谱法中标准曲线法的应用。

(3) 实验难点:原子吸收分光光度法的基本原理及仪器条件的选择。

【实验原理】

原子吸收分光光度法是利用被测元素的基态原子对特征谱线的吸收程度来确定被测元素含量的一种分析方法,原子吸收光谱法具有灵敏度高、选择性好、操作简便、快速和准确度好等特点,是测定痕量元素的首选分析方法之一,它可测定 70 余种元素。该方法的不足之处是分析不同元素时,必须换用不同元素的空心阴极灯,因此多元素同时分析尚比较困难。

原子吸收分光光度计由光源、原子化器、分光系统、检测系统和数据处理系统等组成。按光束形式又可分为单光束和双光束两类。双光束光路系统是通过切光器将光源发射的光分成两路:一路为样品光束,穿过原子化器;一路为参比光束,不通过原子化器。两路光经过半透半反射镜后,合为一路,交替进入单色器(分光系统),经光电转换和信号处理后给出测量数据。双光束的优点是可以克服由光源波动带来的能量波动的干扰,测量时基线稳定。

根据原子化器的不同又可分为火焰原子吸收法和无火焰原子吸收法。

火焰原子化器由三部分组成:雾化器、预混合室和燃烧器。雾化器是利用空气(助燃气)在喷嘴处产生的负压,将液体样品从毛细管的一端吸入,从另一端喷出时雾化成非常细的液滴,即气溶胶。气溶胶与撞击球碰撞后,成为更加细小的液滴,在预混室内与燃气、助燃气均匀混合后,从燃烧器的缝隙中喷出。待测元素在燃烧器火焰的高温和化学气氛作用下被原子化。较大的液滴不能被气流从燃烧器的狭缝中带出,沉降后从废液排放口流出。

待测元素的溶液以气溶胶的形式引入火焰原子化器中,在高温下进行原子化,产生基态原子蒸气,当光源发射的某一特征波长的光通过原子蒸气时,原子中的外层电子将选择性地吸收该元素所能发射的特征波长的谱线,这时,透过原子蒸气的入射光将减弱,其减弱的程度与蒸气中该元素的浓度成正比,吸光度符合吸收定律:

$$A = \lg(I_0/I) = KcL$$

式中,A 为吸光度,I_0 为入射光强度,I 为透射光强度,K 为常数,c 为溶液浓度,L 为原子蒸气吸收光程。

在波长 422.7 nm 处,根据这一关系可用工作曲线法或标准加入法来测定未知溶液中钙元素含量。

钙是火焰原子化的敏感元素,测定条件的变化(如燃气与助燃器之比,即燃助比)、干扰离子的存在等因素都会严重影响钙在火焰中的原子化效率,从而影响钙的测定灵敏度。因此,测定之前应对测定条件进行优化。

【实验材料、仪器与试剂】

1. 仪器

AA320CRT 原子吸收分光光度计,乙炔钢瓶,无油空气压缩机,容量瓶(25 mL,100 mL,500 mL)容量瓶,吸管(5 mL,10 mL),量筒(50 mL),烧杯。

2. 试剂

(1) 盐酸(GB 622)。

(2) 钙标准储备溶液(1000 μg/mL):精确称取 $CaCO_3$(纯度大于 99.99%)1.2486 g,加去离子水 50 mL,加盐酸溶解,移入 500 mL 容量瓶中,加去离子水稀释至刻度。储存于聚乙烯瓶内,4℃保存。

(3) 钙标准使用液(50 μg/mL):取钙标准溶液 5 mL 于 100 mL 容量瓶中,用去离子水稀释至刻度,储存于聚乙烯瓶内,4℃保存。

(4) 未知样品:自来水。

【实验方法与步骤】

1. 仪器工作条件的选择

按变动一个因素,固定其他因素来选择最佳工作条件的方法,确定最佳实验条件。以AA320CRT 原子吸收分光光度计为例,其最佳条件为(若使用其他型号,实验条件应根据具体仪器而定):波长 422.7 nm、灯电流 8 mA、火焰为空气-乙炔、空气流量 5 L/min、乙炔流量 0.7 L/min、狭缝 0.7 nm、燃烧器高度 6 mm。

（1）灯电流的选择。灯电流的大小影响分析的灵敏度和精密度,较小的灯电流可获得较高的灵敏度,但会有较大的噪声,为此应选择合适的灯电流。选择某一标样,绘制吸光度与灯电流的关系曲线,选择灵敏度高、稳定性好的灯电流为最佳灯电流。

（2）燃烧器高度的选择。燃烧器的高度对分析的灵敏度有很大影响。选择某一标样,在火焰条件下,边吸样边上下调节燃烧器高度,寻找具有最大吸收或稳定的火焰区域。

（3）助燃比的选择。固定助燃气流量,改变燃气流量,绘制吸光度与助燃比关系曲线,确定最佳助燃比。

（4）狭缝宽度。绘制吸光度与狭缝宽度关系曲线,选择以不引起吸光度值减小的最大狭缝宽度为合适的狭缝宽度。

2. 标准曲线的绘制

（1）标准系列溶液的配制。分别吸取钙标准使用液 1.00、2.00、3.00、4.00、5.00、6.00 mL,分别置于 25 mL 容量瓶中,用去离子水定容至 25 mL,其钙浓度分别相当于 2.0、4.0、6.0、8.0、10.0、12.0 $\mu g/mL$。

（2）标准系列溶液的测定。按选定的工作条件,按钙离子浓度由低到高的顺序依次测定各标准溶液的吸光度。

3. 试样溶液的测定

吸取自来水样 2.00 mL,置于 25 mL 容量瓶中,用去离子水稀释至刻度,摇匀。按同样条件测定其吸光度。

4. 数据处理

以吸光度 A 为纵坐标,相应的标准溶液浓度 c 为横坐标,绘制标准曲线。用未知试样溶液的吸光度在工作曲线上查出自来水样中钙的含量。若经稀释需乘以稀释倍数求得原始自来水中钙的含量。

【注意事项】

（1）使用火焰原子化器时,废液管中要注入水,以免发生回火,引起爆炸。

（2）原子吸收分光光度计的工作条件的变化会影响仪器的灵敏度、稳定性,在进行最佳测定条件的选择时,每改变一个条件都必须重复调零步骤,在进行狭缝宽度和灯电流选择时还必须重复光能量调节步骤。

（3）若自来水中除钙离子外,还有其他阴阳离子干扰,可加入锶离子作为干扰抑制剂或采用标准加入法进行测定。

（4）乙炔为易燃、易爆气体,必须严格按照操作步骤进行。点燃火焰前,应先开空气,后开乙炔;结束或暂停实验,熄灭火焰时,应先关乙炔,后关空气。以确保安全。在开启乙炔钢瓶时,阀门不要充分打开,旋开不应超过 1.5 转,同时注意出口不要对着人,要缓慢开启,以防过猛,冲击气流使温度过高,引起燃烧或爆炸。

【思考题】

（1）原子吸收分光光度分析为什么要用待测元素的空心阴极灯作为光源? 能否用氘灯或钨灯代替,为什么?

（2）如何选择最佳的实验条件?

附：AA320CRT 原子吸收分光光度计操作步骤

（1）先开主机，再开电脑。

（2）开机，装元素灯，开灯电源，调灯电流至 10 mA，调节波长使能量显示最大，转动元素灯使能量最大，用对光板调节燃烧器位置。

（3）开空压机，使输出压力 0.3 MPa，开乙炔，输出压为 0.05 MPa。

（4）开总开、空气、助燃气开关，调助燃气压力旋钮至气流量压力表 0.2 MPa，调节乙炔针型阀至乙炔流量 1.2 L/min，点火，之后调节乙炔流量至助燃比 7～8∶1，插入蒸馏水喷吸预热 10 min。

（5）点击桌面原子吸收软件，打开工作界面，选择测试方式"火焰原子吸收"，选择测试元素，确认。选择设定测试条件，进行工作条件设定，选择样品测定，置零后进行测试，先测标样，再测未知样。

（6）测毕，蒸馏水喷吸 10 min。关乙炔，关乙炔针型阀；火灭后，关助燃气、空气、总开，调低元素灯电流，关灯，关空压机，空压机放水，关主机电源。

实验五　无火焰原子吸收光谱法测定铅的含量

【实验目的】

（1）了解石墨炉原子化器的基本构造和使用方法。

（2）掌握石墨炉原子吸收光谱法进行定量分析的原理和方法。

【实验安排】

（1）本实验安排 6 学时。在教师指导下，学生独立完成。

（2）实验重点：石墨炉原子化器的基本构造、基本操作及石墨炉原子吸收光谱法中标准曲线法的应用。

（3）实验难点：石墨炉原子吸收光谱法进行定量分析的原理和方法及仪器条件的选择。

【实验原理】

石墨炉原子吸收法是最灵敏的分析方法之一，其优点是原子化效率高，灵敏度高，绝对检出限可高达 10^{-10}～10^{-14} g。样品可直接在原子化器中进行处理，试样用量少，每次进样量为 5～100 μL，适用于微量元素的测定分析。

石墨炉原子化过程需经过干燥、灰化、原子化、净化四个阶段。干燥阶段升温较慢，其目的是除去样品中的溶剂；灰化阶段也较慢，其主要目的是尽可能除掉试样中的基体和有机物，使基体灰化完全；原子化阶段的目的是使待测元素原子化，这一过程要求升温速度很快，这样可使自由原子数目最多；净化阶段的温度一般比原子化温度略高一些，以除去样品残渣，净化石墨炉，消除记忆效应，以便下一个样品的分析。

样品经过灰化或酸消解后，注入原子吸收分光光度计石墨炉中，电热原子化后，吸收283.3 nm 的共振线，在一定浓度范围，其吸收量与铅含量成正比，可与标准系列样品比较进行定量。

【仪器和试剂】

1. 仪器

AA320CRT原子吸收分光光度计（附石墨炉及铅空心阴极灯），氩气，马弗炉，电热板，电子天平，微量进样器（20 μL），容量瓶（10 mL，50 mL，100 mL），吸量管（1 mL，2 mL，5 mL，10 mL），瓷坩埚（50 mL），量筒（10 mL，50 mL），烧杯。

2. 试剂

(1) 硝酸（GR），过硫酸铵（GR）。

(2) 铅标准储备液（1.0 mg/mL）：准确称取1.000 g金属铅（99.99%），分次加少量硝酸（1+1），加热溶解，总量不超过37 mL，移入1000 mL容量瓶，加水至刻度。混匀。

(3) 铅标准使用液（1.0 μg/mL）：吸取铅标准储备液10.0 mL于100 mL容量瓶中，用1%硝酸定容至刻度。如此经多次稀释，得到每毫升含1.0 μg铅的标准使用液。

(4) 未知样品：食品样品。

【实验内容与步骤】

1. 样品处理（下述样品可根据仪器灵敏度增减样品量）

准确称取洁净样品0.5 g（样品量可根据仪器灵敏度增减），置于50 mL瓷坩埚中，加硝酸5 mL，浸泡0.5 h，小火蒸干，继续加热至炭化，移入马弗炉中，500℃灰化1 h，取出坩埚，放冷后再加硝酸1 mL浸湿灰分，小火蒸干，冷却后加过硫酸铵2 g，覆盖灰分，继续加热至不冒烟，再移入马弗炉中，800℃灰化20 min，冷却后，用滴管以1%硝酸溶液少量多次洗涤瓷坩埚，洗液合并于10 mL容量瓶中并定容至刻度，混匀备用。

取与消化样品相同量的硝酸、过硫酸铵，按同一操作方法作试剂空白试验。

2. 仪器条件的选择

(1) 干燥温度和时间的选择。干燥温度应根据溶剂或液态试样组分的沸点进行选择。一般应选择略低于溶剂沸点的温度进行烘干。干燥时间取决于进样量，一般为20 μL，干燥时间20～30 s。

(2) 灰化温度和时间的选择。根据不同的灰化温度对应的原子化信号绘制灰化曲线，通过灰化曲线进行确定。在保证被测元素没有损失的前提下尽可能使用较高的灰化温度，以便尽可能完全地去除干扰。

(3) 原子化温度和时间的选择。选择高于灰化温度200℃作为初始原子化温度，测量吸收信号；之后，按照100℃的间隔依次增加原子化温度，测量对应的吸收信号，并绘制原子化曲线，通过原子化曲线选用达到最大吸收信号的最低温度作为原子化温度。原子化时间以保证完全原子化为准。

3. 测定

(1) 标准曲线制备。吸取0.5、1.0、2.0、3.0、4.0 mL铅标准使用液，分别置于50 mL容量瓶中，用1%硝酸溶液定容至刻度，混匀，其铅浓度分别相当于10、20、40、60、80 ng/mL。吸取该标准溶液系列各20 μL，注入石墨炉，测得其吸光值，并以各浓度系列标准溶液与对应的吸光度绘制标准曲线。

(2) 测定条件。波长283.3 nm，仪器狭缝、元素灯电流等均按使用的仪器说明调至最佳状态。

以 AA320CRT 原子吸收分光光度计为例(见下表):

狭缝:0.7 nm	灯电流:6 mA	氘灯背景校正
干燥温度:120℃	斜率升温 15 s	保持 25 s
灰化温度:500℃	斜率升温 15 s	保持 20 s
原子化温度:2300℃	斜率升温 1 s	保持 5 s
净化温度:2500℃	斜率升温 1 s	保持 2 s

(3)样品测定。分别吸取样液和试剂空白液各 20 μL,注入石墨炉,由标准曲线查出浓度值(c,c_0),求得样品中铅含量。

4. 数据处理

$$X = \frac{(c-c_0)V}{m}$$

式中:X:样品中铅含量,μg/kg(μg/L);c:测定样液中铅含量,ng/mL;c_0:空白液中铅含量,ng/mL;V:样品消化液总体积,mL;m:样品质量或体积,g 或 mL。

结果的表述:数据要求保持算术平均值的二位有效数字。

【注意事项】

(1)所用玻璃仪器均需以 10%~20%硝酸浸泡 24 h 以上,用水反复冲洗,最后用去离子水冲洗干净,晾干后方可使用。

(2)所使用的化学试剂均为优级纯,分析过程中全部用水均使用去离子水(电阻率在 $8×10^5\,Ω$ 以上)。

(3)进样用移液器需根据样品不同及时更换吸头,以免交叉污染。

【思考题】

试比较火焰与无火焰原子吸收分光光度法的优缺点?

附:石墨炉操作步骤

(1)开石墨炉电源,调冷凝水适量,开氩气,氩气压力应在 0.05 MPa 左右。
(2)先按数字键,再按功能键。

步 1,** 温度,** 斜率,** 保持,0 内气,0 外气;
步 2,** 温度,** 斜率,** 保持,0 内气,0 外气;
步 3,** 温度,** 斜率,** 保持,0 读数;
步 4,** 温度,** 斜率,** 保持,0 内气,0 外气。

实验六　啤酒中乙醇含量的测定

【实验目的】

(1)学习气相色谱法的基本原理。
(2)了解气相色谱仪的基本构造及使用方法。
(3)掌握利用内标标准曲线法测定啤酒中乙醇的含量。

【实验安排】

(1) 本实验安排 6 学时。在教师指导下,学生独立完成。

(2) 实验重点:气相色谱法的基本原理及气相色谱仪的基本操作。

(3) 实验难点:气相色谱定性和定量分析法、内标定量分析法的应用。

【实验原理】

气相色谱法是一种以气体为流动相的色谱分析方法。根据所用固定相的不同,又可分为气固色谱法和气液色谱法。气固色谱的固定相是吸附剂,是利用吸附剂对不同组分吸附系数的不同,在流动相的推动下使组分在气固两相之间反复多次的吸附-解吸附,最终达到各组分之间的分离。气液色谱的固定相是在惰性担体上涂渍固定液,利用组分在气液两相间反复多次的溶解-挥发分配过程,根据固定液对组分分配系数的不同,达到各组分的分离。

气相色谱法具有选择性高、分离效率高、灵敏度高、分析速度快、应用范围广等特点,其特点反映在可分离性质极为相似的同位素和同分异构体;能分离和测定组分极复杂的混合物;使用高灵敏度检测器可检出 $10^{-13} \sim 10^{-11}$ g 的痕量物质;一般只需要几分钟到几十分钟即可完成一个分析,且样品用量少;不仅可分析气体,还可分析液体、固体,凡是在仪器允许的条件下能够气化,且热稳定的物质均可用气相色谱法分析。其不足之处是不能直接给出定性结果,必须有标准物进行对照。

气相色谱仪由气源、进样系统、分离系统、检测系统、数据处理系统等部分组成。

试样进入气相色谱仪中的色谱柱时,在一定的温度与压力条件下,由于各组分在气固两相中的吸附系数不同或在气液两相间的分配系数不同,在载气的推动下样品各组分在气固或气液两相间进行反复多次的吸附或分配,使啤酒中乙醇与其他组分得以分离,利用氢火焰离子化检测器进行鉴定,与标样对照,根据保留时间定性,利用内标法进行定量。

内标法是一种准确而应用广泛的定量分析方法,对进样量和操作条件要求不严格。当样品中的所有组分不能全部流出色谱柱,某些组分在检测器上无信号或只需测定样品中的某几个组分时,可采用内标法。

内标法具体操作是先配制待测组分 i 的已知浓度的对照品溶液,加入一定量内标物 s,再将等量的内标物加入同体积的样品溶液中,然后进行色谱分析。通过绘制 (A_i/A_s)-c_i 标准曲线,从而求出样品溶液中待测组分的含量。

内标法的关键是选择内标物,选用内标物时需满足下列条件:

① 内标物必须是待测试样中所不具有的纯物质,且组成性质应与待测组分的组成性质相近;

② 内标物出峰应在待测组分附近,且与待测组分的色谱峰完全分离;

③ 内标物的加入量应接近待测物的含量;

④ 内标物与样品应互溶并不发生化学反应。

【仪器与试剂】

1. 仪器

GC-14C 气相色谱仪(附氢火焰检测器),三气发生器,微量进样器(1 μL),色谱柱(填充

Chromsorb 103),容量瓶(10 mL),吸量管(1 mL、2 mL、5 mL、10 mL),烧杯。

2. 试剂

正丙醇:分析纯,内标。

乙醇标准溶液:用无水乙醇配制成2%、4%、6%、8%(V/V)的乙醇标准溶液。

未知试样:啤酒。

【实验内容与步骤】

1. 色谱操作条件

根据不同仪器,通过实验选择最佳色谱条件,以GC-14C为例:

柱温:160℃

进样口:180℃

检测器:200℃

载气流量:40 mL/min

氢气流量:40 mL/min

空气流量:500 mL/min

2. 工作曲线的绘制

分别吸取不同浓度的乙醇标准溶液各10.0 mL于4个10 mL容量瓶中,分别加入正丙醇0.50 mL,混匀。在上述色谱条件下,各进样0.30 μL,以标样和内标峰面积的比值(或峰高比值),对应酒精度绘制工作曲线,或建立相应的回归方程。

注:所用乙醇标准溶液应当天配制使用,每个浓度至少做两次,取平均值作图计算。

3. 试样的测定

吸取啤酒试样10.0 mL于10 mL容量瓶中,加入正丙醇0.5 mL,混匀,在上述色谱条件下,进样0.3 μL。

4. 数据处理

用试样的乙醇峰面积(或峰高)与内标峰的面积(或峰高)的比值,查工作曲线或用回归方程计算出试样的酒精度(%,V/V)。计算结果应保留至小数点后两位。

【注意事项】

(1) H_2 比较危险,一定要经常检漏,不用时要立即关上。

(2) 柱子要老化后再接上检测器,以免流失造成喷嘴堵;确保柱子连接正确及有载气,方可开主机电源。

(3) 氢火焰离子化检测器在点火时,可先调高一些氢气压力,以利于点火,氢火焰点着后,将氢气压力调回工作压力。

(4) 注意微量进样器的使用,进样时,进样器应与进样口保持垂直,进样器针头刺穿进样隔垫,插到底,迅速进样。完成进样后应立即拔出进样器。注意整个过程应连贯、迅速。

【思考题】

(1) 气相色谱仪由哪几部分组成?

(2) 选择内标物的原则是什么?内标法的优缺点是什么?

（3）氢火焰离子化检测器的特点是什么？影响其灵敏度的因素有哪些？

附：GC-14C 气相色谱仪的操作步骤

（1）将信号线插到 FID 检测器上。

（2）打开三气发生器，自检完成后，开载气，根据分析方法选择柱子。

（3）当选择填充柱时，将柱子进样口一端接到 INJ1 或者接到 INJ2 上（要加密封垫），主 P 表压力调至 0.4 MPa，将流量计接到柱子出口，调 M1 表或 M2 表（根据 INJ1 或 INJ2），使测得的流量与分析条件相符。取下流量计后将柱子接到 1♯FID 或 2♯FID 上（加密封垫）。

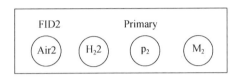

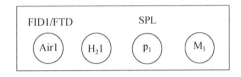

（4）确保柱子连接正确及有载气流时，开主机电源，设温度参数。根据仪器系统配置设定进样口温度和 DET 的温度（数值参照分析条件），再设 COL 的温度，恒温分析时，直接输入值即可；程序升温时，按 PROG 键和"▽△"键设定（数值参照分析条件）。

（5）按"FUNC""5""ENT"三个键，设定 READY 检查项（所用的温度模块），设定完后，按"ESC"键退出。

（6）按"SYSTEM"键，启动加热，等"READY"状态灯亮后再进行下一步设置。

（7）按"DET♯"键，"△▽"键，选择 FID 画面，通过"ON"键打开检测器，当用"1♯FID"时，"POL"输入"1"，当用"2♯FID"时，"POL"输入"2"；RNG 灵敏度根据分析条件输入，可输入 0，1，2，3 四档。

（8）开 H_2 和 AIR，当用 1♯FID 时，开 1♯AIR 表和 1♯H_2表（用 2♯FID 时，开 2♯AIR 表和 2♯H_2 表），分别调到 50 kPa 左右。点火时，H_2 压力可高一些，点着后将 H_2 压力调回 50 kPa。

（9）在处理机上设置数据处理参数，观察基线是否走直，走直后在主机上调零，按"ZERO"键及"△▽"键使基线在 0 mV 左右即可。

（10）进样，按"START"键启动。分析结束后停止，数据解析。

（11）关 H_2 和 AIR（包括压力表及减压阀，发生器电源）。

（12）降温，将各温度设为室温。

（13）关检测器，按"DET♯"键，将"FID"设为"OFF"。

（14）等 COL 温度降到 40℃以下后，关主机电源，将载气总阀关上即可。一般少动各载气及分流调节阀，以免每次都要调节。

（15）待数据解析完毕，即可关数据处理机。

实验七　高效液相色谱测定饮料中的咖啡因

【实验目的】

（1）了解高效液相色谱仪的基本结构和工作原理,掌握仪器操作。

（2）通过实验了解高效液相色谱法在有机混合物提取分析中的应用。

（3）掌握高效液相色谱的定性、定量分析的基本方法。

【实验安排】

（1）本实验安排6学时。在教师指导下,学生独立完成。

（2）实验重点：高效液相色谱仪的基本操作;高效液相色谱法基本原理及其在有机混合物提取分析中的应用;高效液相色谱常用的定量方法。

（3）实验难点：高效液相色谱仪的基本操作,高效液相色谱法基本原理。

【实验背景与原理】

1. 液相色谱法

液相色谱法是一种以液体为流动相的色谱分析方法,采用普通规格的固定相及流动相常压输送的液相色谱法称为经典液相色谱法,这种方法柱效低、分离周期长。

液相色谱根据固定相的性质可分为吸附色谱、键合相色谱、离子交换色谱和尺寸排阻色谱等。其中键合相色谱应用最广,键合相色谱法是将固定相通过化学反应键合到硅胶表面。根据键合固定相与流动相相对极性的强弱,可将键合相色谱法分为正相键合相色谱法和反相键合相色谱法。在正相键合相色谱法中,键合固定相的极性大于流动相的极性;在反相键合相色谱法中,键合固定相的极性小于流动相的极性。反相键合相色谱法在现代液相色谱中应用最为广泛,它主要用于分离非极性至中等极性的各类分子型化合物,溶剂的极性可以在很大范围内调整,因此应用范围很宽。据统计,它约占整个HPLC应用的80%。

反相键合相色谱法常采用甲醇-水或乙腈-水体系作为流动相,纯水廉价易得,紫外吸收小,可以在纯水中添加物质来改变流动相极性。使用最广泛的反相键合相是十八烷基键合相,即让十八烷基（$C_{18}H_{37}$—）键合到硅胶表面,这也就是我们通常所说的C_{18}柱。

2. 高效液相色谱法（HPLC）

高效液相色谱法（high performance liquid chromatography,HPLC）是在经典液相色谱法的基础上,于20世纪60年代后期引入了气相色谱理论而迅速发展起来的。高效液相色谱法与经典液相色谱法的区别是填料颗粒小而均匀,小颗粒具有高柱效,但会引起高阻力,需用高压输送流动相,具有分离效率高、分析速度快等特点。

高效液相色谱中的分离作用是依据样品分子与固定相和流动相三者之间的作用力差别,气相色谱则是依据样品分子与固定相之间作用力的差别,流动相几乎不参与分离作用。高效液相色谱分析的是液体样品,它只要求样品能制成溶液,而不需要气化,可以在室温下进行分离,而且不受样品挥发性的束缚。气相色谱分析的样品要求是气体或在高温下可以气化的样品。因此,高效液相色谱法的应用非常广泛。在目前已知的有机化合物中,大约有80%的有机化合物可以用高效液相色谱法进行分析。

高效液相色谱仪主要有输液泵、进样器、色谱柱、检测器和数据处理系统几部分组成。输液泵的任务是将流动相以稳定的流速输送到色谱系统,泵的稳定性直接关系到分析结果的重现性、精度和准确性。因此通常要求其流量变化小于0.5%。目前常使用的输液泵有三种:往复柱塞泵、气动放大泵、螺旋注射泵,现在90%的商品高效液相色谱仪采用往复柱塞泵系统。进样器装在色谱柱的进口处,常用的进样方式是六通阀进样,进样体积由定量环确定,定量环体积在0.5~100 μL之间可变换,制备色谱为0.1~5 mL。现代高效液相色谱仪亦配有计算机程序控制的自动进样器,效率高、重复性好,适用于大量试样自动化分析操作。色谱柱是实现分离的核心部件,最常用的分析型色谱柱是内径为4.6 mm,长100~300 mm的内部抛光的不锈钢管柱,内部是采用匀浆法高压装填的5~10 μm粒径的球形颗粒填料。检测器是连续检测经色谱柱分离后流出物的组成和含量变化的装置。当被测物从色谱柱流出后,检测器将化学信号转化为可测的电信号,以色谱峰的形式表现出来。目前应用最多的是紫外检测器,其次是荧光检测器与电化学检测器。数据处理系统可以在线监测所有分析过程,自动采集数据、处理和储存,并可以实现分析过程的自动控制。

3. 咖啡因

咖啡因(caffeine)又名咖啡碱,是许多饮料和药物中的一种活性成分,属甲基黄嘌呤化合物,化学名称为1,3,7-三甲基黄嘌呤。在咖啡、茶和可乐等饮料,以及头痛药、止疼药中都发现有咖啡因的存在。适量食用咖啡因有祛除疲劳、兴奋神经等作用,临床上可用于神经衰弱、伤风、偏头痛等疾病的治疗,但大量或长期摄取咖啡因有损人体的健康,如咖啡因自身存在毒性,还可引发心脏病,对人体骨骼状况及钙平衡也会产生不利影响等。当前,各种可乐饮料已经成为人们饮食当中摄取咖啡因次数和频率较高的一个重要来源。因此,定量测定可乐中咖啡因的含量,具有重要意义。

咖啡因的分子式为$C_8H_{10}O_2N_4 \cdot H_2O$,其结构式为

样品在碱性条件下,用氯仿定量提取,用反相液相色谱法将可乐中的咖啡因与其他组分分离后,以紫外检测器进行检测,根据其在色谱图上的保留时间进行定性,用峰面积作为定量测定的参数。以咖啡因标准系列溶液色谱峰面积对其浓度作工作曲线,再根据样品中咖啡因的峰面积由工作曲线求出其浓度(外标法)。

【实验材料、仪器与试剂】

1. 仪器

Waters高效液相色谱仪:2996型检测器,1525型主机,Empower系统,色谱柱:Diamonsil C18(5 μm),250 mm×4.6 mm;平头微量注射器;超声波发生器;溶剂过滤器;循环水泵;一次性滤器(0.45 μm);烧杯(100 mL);容量瓶(10 mL,50 mL);移液管(50 mL);吸量管(2 mL,1 mL);分液漏斗(125 mL)。

2. 试剂

甲醇(色谱纯),重蒸水,氯仿,NaOH(1 mol/L),NaCl(AR),无水Na_2SO_4(AR),可口可

乐(1.25 L瓶装),咖啡因标准储备溶液(1000 mol/L)。

【实验方法与步骤】

1. 仪器准备

按仪器说明书依次打开计算机、高压输液泵、紫外检测器;点击"Empower"打开色谱工作站,按操作说明书使色谱仪正常工作,编辑仪器运行参数(柱温:室温;流动相流量:0.5 mL/min;流动相:甲醇/水(V/V)=50/50;检测波长:275 nm),然后运行。

2. 咖啡因标准系列溶液配制

分别用移液管吸取 0.40、0.60、0.80、1.00、1.20、1.40 mL咖啡因标准储备液于6只10 mL容量瓶中,用氯仿定容至刻度,浓度分别为 40、60、80、100、120、140 mg/L。

3. 样品处理

将约100 mL可口可乐置于250 mL洁净、干燥的烧杯中,剧烈搅拌30 min或用超声波脱气15 min,以赶尽可乐中的CO_2气体。将上述样品溶液进行干过滤(即用干漏斗、干滤纸过滤),弃去前过滤液,取后面的过滤液。吸取上述样品滤液50.00 mL于125 mL分液漏斗中,加入饱和 NaCl 溶液1.0 mL,1 mol/L NaOH 溶液2.0 mL,然后用45 mL氯仿分4次萃取(15,10,10,10 mL),将氯仿提取液分离后经过装有无水 Na_2SO_4 小漏斗(在小漏斗的颈部放少量脱脂棉,上面铺一层无水 Na_2SO_4)脱水,过滤于50 mL容量瓶中,最后用少量氯仿多次洗涤无水 Na_2SO_4 小漏斗,将洗涤液合并至容量瓶中,定容至刻度。

4. 绘制工作曲线

待液相色谱仪基线稳定后,将进样阀手柄拨到"Load"的位置,用微量进样器取标准样品注入色谱仪进样口,然后将手柄拨到"Inject"的位置,记录色谱图后拔出注射器。按浓度由低到高的顺序依次注入咖啡因标准系列溶液20 μL,记下峰面积和保留时间。

5. 样品测定

在同样的条件下用微量进样器取样品溶液注入色谱仪进样口,进样量为20 μL,记下咖啡因色谱峰面积和保留时间。

实验结束后,让流动相继续流动20~30 min,按要求关好仪器。

6. 数据处理

(1)根据咖啡因标准系列溶液的峰面积,绘制工作曲线。

(2)根据所作标准曲线,以及可乐样品的峰面积,计算可乐中咖啡因的含量。

【注意事项】

(1)尽可能使用色谱纯试剂,水应使用超纯水。

(2)流动相过滤后,进行脱气,以免在泵内产生气泡,影响流量的稳定性。

(3)取样用的微量注射器一定要干净。吸取不同试液时,先用甲醇冲洗干净,再用要抽取的试液润洗3次后,方能进样。注射器使用完毕,须用甲醇洗干净后存放。注射器取样时,针头朝上排尽气泡,针头残存液体要用滤纸吸干。使用定量环进样时,注射器注入的体积为定量环体积的3~6倍。

(4)在完成实验后,若仪器长时间不用,还应卸下色谱柱,将色谱柱两头的螺帽套紧,每个泵通道和整个流路一定要用纯有机相(甲醇或乙腈)冲洗后保存,以免结晶或造成污染。

(5)色谱柱的个体差异很大,即使同一厂家的同型号的色谱柱,性能也会有差异,因此,色谱条件应根据所用色谱柱的实际情况作适当的调整。

【思考题】

（1）反相高效液相色谱法的特点有哪些？

（2）用工作曲线法定量的优缺点是什么？

（3）液相色谱仪是有哪几部分组成的？各起什么作用？

实验八　液相色谱法测定红曲中的洛伐他汀

【实验目的】

（1）了解红曲中洛伐他汀含量测定的意义。

（2）掌握高效液相色谱法测定红曲中洛伐他汀的方法。

【实验安排】

（1）本实验安排 5 学时。在教师指导下，学生独立完成。

（2）实验重点：高效液相色谱仪的基本操作；高效液相色谱法测定洛伐他汀的方法。

（3）实验难点：高效液相色谱仪的基本操作及其应用。

【实验背景与原理】

红曲是以大米为主要原料，经红曲霉（Monascus）发酵而制成的一种紫红色米曲。红曲历史悠久，是中国劳动人民的一项伟大发明，自古以来就是一种药食同源的天然食品添加剂。除了作为天然色素广泛应用在食品工业外，红曲还具有一定的药用价值，据《本草纲目》记载，红曲具有消食活血、健脾燥胃、活血化瘀等功效。近年来红曲霉的次级代谢物成为研究热点，日本学者 Endo（远藤章）根据李时珍"活血化瘀"的启示，从红曲中分离出优良的降血脂药物洛伐他汀（Lovastatin）。洛伐他汀是 3-羟基-3-甲基戊二酰辅酶 A（HMG-CoA）还原酶的抑制剂，HMG-CoA 还原酶是胆固醇生物合成的关键酶。洛伐他汀能对 HMG-CoA 进行有效的抑制，具有明显减轻高血脂、降低冠心病的死亡率等作用。作为红曲中的主要活性成分，洛伐他汀的含量是对红曲进行质量控制的主要指标，因此，红曲中的洛伐他汀测定非常重要。

将红曲样品混合均匀，使用 75% 乙醇超声提取其中的洛伐他汀，离心去除不溶残渣，取上清液用反相高效液相色谱分离出洛伐他汀，并用紫外检测器在 238 nm 波长下检测。根据被测组分与标准品的保留时间定性，利用被测组分峰面积与标准品的峰面积之比进行定量分析。

【实验材料、仪器与试剂】

1. 仪器

Waters 高效液相色谱仪：2996 型检测器，1525 型主机，Empower 系统；色谱柱：Diamonsil C18（5 μm），250 mm×4.6 mm；平头微量注射器；超声波发生器；溶剂过滤器；循环水泵;一次性滤器(0.45 μm);容量瓶(10 mL,50 mL)。

2. 试剂

(1) 流动相:甲醇(色谱纯):去离子水:磷酸(分析纯)＝385：115：0.14(V：V：V)。

(2) 洛伐他汀标准储备液:准确称取洛伐他汀(内酯)标准品 40.0 mg,以流动相定容 100 mL。此溶液浓度为 400 μg/L。

(3) 洛伐他汀标准工作液:准确量取洛伐他汀标准储备液 1 mL,以流动相定容至 10 mL。此溶液浓度为 40 μg/L。

(4) 75% 乙醇。

【实验方法与步骤】

1. 试样处理

将红曲充分混合均匀。准确称取 400.0～600.0 mg 试样于 50 mL 容量瓶中。加入 75% 乙醇 30 mL 摇匀,室温下超声波处理 20 min(工作频率 40 kHz)。加 75% 乙醇至接近刻度,再超声波处理 10 min,之后冷却至室温,用 75% 乙醇定容至 50 mL。用 3500 r/m 离心 10 min。取上清液过 0.45 μm 微孔滤膜,滤液待测。

2. 液相色谱条件

色谱柱:C_{18}柱,4.6 mm×250 mm,5 μm

柱温:室温

紫外检测器:238 nm

流动相:甲醇:水:磷酸＝385：115：0.14(V：V：V),pH 3.0

流速:1.0 mL/min

进样量:20 μL

3. 色谱分析

将处理好的样品提取液 20 μL 进样,与标准溶液保留时间对照定性,用被测组分洛伐他汀峰面积与标准洛伐他汀的峰面积之比进行定量。

4. 结果计算

$$X = \frac{h_1 c \times 50}{h_2 m}$$

式中,X:试样中洛伐他汀的含量,mg/g;h_1:样品中洛伐他汀峰面积;h_2:标准洛伐他汀溶液峰面积;c:标准洛伐他汀溶液浓度,mg/mL;50:试样定容体积,mL;m:试样称取量,g;计算结果保留小数点后两位有效数字。

【注意事项】

洛伐他汀的稳定性较差,其标准品应现配现用。

【思考题】

(1) 紫外光度检测器是否适用于检测所有的有机化合物,为什么?

(2) 采用一点工作曲线的分析结果的准确性比多点工作曲线好,还是坏,为什么?

附：Waters 高效液相色谱仪（2996 型检测器，1525 型主机，Empower 系统）操作步骤

1．开机

打开泵电源，仪器进入自检阶段。待仪器通过自检后打开计算机。打开光电二极管阵列检测器，简称 PDA(Photo-Diode Array)检测器的电源：仪器通过自检后，才能被软件控制，建议有流动相流经检测器后再开启电源。

2．启动色谱管理软件

双击 Empower 桌面登陆图标，输入用户名和密码（系统自带用户名：system，密码：manager），进入 Empower pro 操作界面。

3．建立系统

单击配置系统，进入"配置管理器"。选择文件＞新建，建立用户、项目、色谱系统等。

4．测试样品

单击运行样品，选择相应"项目"和"色谱系统"，单击确定，进入"运行样品"界面。

5．建立仪器方法及方法组

可以在左栏通过"创建方法组"来设定使用的仪器方法：创建方法组→选择仪器方法（新建→编辑仪器方法，包括主机和选定的检测器的参数的设置→设置好，选另存为，保存此仪器方法→关闭）。此时上述编辑的仪器方法出现在列表中→出现"缺省方法项"对话框，点"下一步"→出现"命名方法组"，设置方法名（与刚才的仪器方法名相同）对话框→完成。返回"运行样品"对话框，选方法组和仪器方法。

6．"进样"模式

依次编辑样品名称、进样体积、进样数、功能、方法组/报告方法和运行时间，单击运行快捷键即可。注意在正确安装色谱柱之后，要先用准备好的流动相、编好的仪器方法平衡系统，大约 0.5～1 h。

右栏模式的选定，右键→定制通道。用 PDA 检测器进行 3D 数据采集时能看到光谱图和色谱图；但是进行 2D 数据采集时没有光谱图，在"运行样品"的右栏只出现一个图谱。

监视基线。对于基线回零不好时按面板上的"auto zero"，等监视基线平稳后，按中断按钮。等系统空闲后，按进样按钮。

7．查看数据

单击浏览项目，选择相应的"项目"，打开项目窗口。单击"项目"窗口中的通道选项卡，选择目标文件，单击查看快捷键或工具＞查看。

8．通过处理方法与向导建立处理方法或方法组

(1) 3D 色谱图数据处理。点"通道"→双击要处理的原始数据（点查看图标）→进入查看主窗口（此时点窗口中的工具栏可以看到等高图或 3D 图）→提取光谱图，找到最大吸收波长→提取色谱图→点"处理方法向导"图标→新建处理方法→峰 1、峰 2→积分区域（选定要积分的峰）→给出条件剔除不要的峰→→→……→纯度匹配（选"否"）→PDA 光谱对照→处理方法名→完成（然后又出现主窗口，处理结果自动给出）→点"方法组"图标，选好后点"文件"下的"另存为"→"方法组"，设定即可。

(2) 2D 色谱图数据处理。不用提取光谱图一步，直接点"处理方法向导"（同 3D 色谱图）：

点击"处理方法向导"图标→新建处理方法→在新方法（方法类型）中选 LC→其他同上。

注：通道无论什么时候给出的都是未处理数据。

9. 获取结果

"项目"窗口中的通道选项卡中，选择目标文件，单击鼠标右键＞处理，选择相应的处理方法和方法组，确定即可。

单击"项目"窗口中的结果选项卡，选择目标文件，单击鼠标右键＞预览/出版，选择相应的报告方法，确定即可。

10. 关机

关机前，用流动相冲洗系统 30 min，然后用纯甲醇冲洗系统 30 min（适于反相色谱柱，正相色谱柱用适当的溶剂冲洗）。退出 Empower 工作站及其他窗口，关闭计算机，然后依次关闭泵、检测器的电源开关。

第六篇　生物化学实验

生物大分子主要包括氨基酸、多肽、蛋白质、酶、辅酶、激素、维生素、多糖、脂类、核酸及其降解产物等。其中,蛋白质、酶、核酸等表现出典型的生理功能和生物活性,已成为生命科学研究的主要对象。尤其是随着人类基因组序列的完成(2003年4月15日公布),研究的焦点已从基因的序列转移到基因的产物及其功能方面,《国家中长期科学与技术发展规划纲要(2006—2020)》遂将"蛋白质研究"列为四项重大科学研究计划之一。为此,鉴定大量未知蛋白质(酶)的结构及关于其功能的研究必将进入一个空前活跃的时期,分离纯化和分析鉴定蛋白质技术也就显得十分重要。

实验一～六以大豆种子为材料,将不同蛋白质组分的提取、分离、纯化及鉴定所涉及的常用实验技术综合起来,形成一个重在综合实践能力培养的完整的连续体系,在这个体系中可以了解如何根据实验目的进行实验方案和实验技术的选择,这样既可以联系理论学习,避免理论与实践的脱节,又可以将各种实验方法和技能串联起来。当把整个实验完成后,不仅完成了一项具体的实验课题,而且将生物大分子的提取、分离、纯化、鉴定的整套基本技术进行了实践,并由此可以体会各个独立的实验在解决实际问题中综合应用的价值。在完成综合实验的过程中,通过实验设计和对比实验,有助于培养主动分析问题、解决问题的能力及综合实践能力和创造性思维能力。

实验一　大豆种子不同蛋白质组分的提取

【实验目的】

(1) 通过脱脂大豆粉不同蛋白质组分的提取与制备,了解 Osborne 分类法分步提取各类蛋白质组分的一般原理和步骤。

(2) 掌握溶剂提取、离心、盐析、沉淀、透析、浓缩等操作技术。

(3) 掌握微量可调移液器(Eppendorf)和低温高速离心机(Sigma)的规范操作。

【实验安排】

(1) 每2人一组,一人一份样品,两人步调一致配平离心。

(2) 实验原理、背景、操作技能要点的学习约1学时,各种提取溶剂的配制约1学时,实验操作约8学时,共需约10学时。

【实验背景与原理】

1. 大豆中的蛋白质组分

大豆种子中约含有40%的蛋白质,其中90%是贮藏蛋白,它营养价值丰富、全面,食品功能特性优良,是人类重要的植物蛋白质来源。大豆种子贮藏蛋白组分可按不同标准划分,Osborne 根据蛋白质的溶解度差异把大豆和其他豆科植物蛋白质分为清蛋白(albumin)、球蛋白(globulin)、醇溶蛋白(prolamin)和谷蛋白(glutenin),这种分类方法一直沿用至今。

与核酸相比,蛋白质的结构和功能更具有奇妙独特的复杂性和艺术性。生命现象的发生涉及多个蛋白质,而且多个蛋白质的参与是交织成网络的,或平行发生,或呈级联因果。在执行生理功能时,蛋白质的表现是多样的、动态的,并不像基因组那样固定不变。

蛋白质在组织或细胞中一般都是以复杂的混合物形式存在的,所以蛋白质的分离和提纯工作是生物化学中一项艰巨而繁重的工作。到目前为止,还没有一个单独的或一套现成的方法能把任何一种蛋白质从复杂的混合蛋白质中提取出来。尽管对于不同的蛋白质,提取纯化方法各不相同,但大都根据不同蛋白质之间各种性质的差异,选择较适合于分离目标蛋白质的方法,常用的性质主要有蛋白质分子的大小和形状、溶解度以及在一定条件下解离带电情况。

2. 盐析法和膜分离技术

获得蛋白质混合物提取液后,选用一套适当方法,将所要的蛋白质与其他杂质分离开来。一般这一步的分离用盐析、等电点沉淀和有机溶剂分级分离等方法。固体溶质在溶液中加入中性盐而沉淀析出的过程称为盐析。在生化制备中,许多物质都可以用盐析法进行沉淀分离,如蛋白质、多肽、多糖、核酸等,但盐析法应用最广的还是在蛋白质领域内。蛋白质在高盐浓度下发生盐析,主要是因为高浓度的盐离子使蛋白质表面电荷大量被中和,最后破坏了蛋白质分子表面的水化层,使蛋白质分子之间相互聚集而沉淀。与其他方法相比,盐析法有许多突出的优点:其一,成本低,不需要昂贵的设备;其二,操作简单、安全;其三,对许多生物活性物质具有稳定作用。盐析时常用的中性盐有硫酸铵、硫酸钠、硫酸镁、磷酸钠、磷酸钾、氯化钠、氯化钾、醋酸钠和硫氰化钾等,其中用于蛋白质盐析的以硫酸铵、硫酸钠最广泛。

盐析之后要除盐,常用的是膜分离技术。膜分离技术始于1861年,其主要是由于溶液中的溶质分子的大小、形状不同,对各种薄膜表现出不同的可透性,从而用膜处理可达到分离的目的。小分子透过膜,可由简单的扩散作用引起,也可由膜两边外加的流体静压差或电场作用所推动。常见的膜分离法有透析、超滤、反渗析、反渗透等。透析法的特点是半透膜两侧都是液相,一侧是样品液,一侧是纯净试剂(水或缓冲液)。样品液中不可透析的大分子如蛋白质分子被截留于膜的一侧,可透析的小分子如盐离子经扩散作用不断透过膜进入另一侧,直到两侧浓度达到平衡。

本实验根据大豆种子蛋白在不同溶剂中溶解度的差异,分步分类提取各类蛋白质组分,并采用盐析、透析等方法进行初步纯化。

【实验材料、仪器与试剂】

1. 实验材料

脱脂大豆粉。

2. 器材

粉碎机,真空/低温干燥机,研钵,电磁搅拌器,电子天平,离心机,离心管,吸量管,量筒,烧杯,容量瓶,玻璃棒,透析袋,滴管,精密pH试纸等。

3. 试剂

(1) 去离子水。

(2) 1 mol/L的HCl:取37.2% HCl 8.4 mL加去离子水定容至100 mL。

（3）1 mol/L 的 NaOH：NaOH 4 g 加去离子水溶解，最后定容至 100 mL。

（4）50 mmol/L Tris-Cl 溶液（pH 8.0，含 0.5 mol/L NaCl）：Tris-base 0.6055 g，NaCl 2.922 g，用约 80 mL 去离子水溶解，用 1 mol/L 的 HCl 和 NaOH 调节 pH 至 8.0，最后用去离子水定容至 100 mL。

（5）70％异丙醇：取异丙醇 70 mL 加去离子水定容至 100 mL。

（6）Glutenin 溶液（50％异丙醇＋0.2 mol/L Tris-HCl，pH 8.0）：Tris-base 2.0422 g，用约 30 mL 去离子水溶解，再加入异丙醇 50 mL，用 1 mol/L 的 HCl 和 NaOH 调节 pH 至 8.0，最后用去离子水定容至 100 mL。

（7）12％$BaCl_2$：称 $BaCl_2$ 12 g 溶于 100 mL 去离子水中。

【实验方法与步骤】

（一）材料处理

提前将大豆用粉碎机制成粉末，然后用乙醚或石油醚经索氏抽提法脱脂处理并低温干燥备用。

（二）不同蛋白质组分的分步提取

（1）称 1 g 脱脂大豆粉加 10 mL 蒸馏水（可按料液比 1∶10 扩大提取体系），室温旋涡振荡 1.5 h，4℃ 8000 r/min 离心 20 min 得上清液 A 和沉淀 A（沉淀 A 可再用蒸馏水在相同条件抽提一次并将两次的上清液合并在一起得上清液 A）。

向上清液 A 中缓慢加入固体$(NH_4)_2SO_4$，边加边搅拌，使$(NH_4)_2SO_4$溶液饱和度达 60％（即 100 mL 溶液加 36 g 固体$(NH_4)_2SO_4$），放置 30 min 以上，蛋白沉淀析出。

离心，取沉淀溶于适量蒸馏水（2 mL）。

将沉淀溶解液装入透析袋，在 1000 mL 烧杯中用去离子水透析。30 min 换水一次，换水 3～4 次后，从水中取出透析袋，取透析外液约 1 mL，滴加 1～2 滴 $BaCl_2$ 试剂，摇匀，如果无白色沉淀出现，表示透析完全。透析袋内液即为清蛋白。

（2）沉淀 A 中加 50 mmol/L Tris-Cl 溶液（pH 8.0，含 0.5 mol/L NaCl）10 mL，室温旋涡振荡 1.5 h，4℃ 8000 r/min 离心 20 min 得上清液和沉淀 B（重复本步骤，并将两次的上清液合并得上清液 B），上清液 B 如上透析并浓缩至 2 mL 得球蛋白。

（3）沉淀 B 中加 10 mL 70％ 异丙醇溶液，室温旋涡振荡 1.5 h，4℃ 8000 r/min 离心 20 min 得上清液 C 和沉淀 C，上清液 C 浓缩至 2 mL 得醇溶蛋白。

（4）沉淀 C 加 10 mL Glutenin 溶液（使用前加入二硫苏糖醇 DTT 或 β-巯基乙醇，使终浓度为 1％），混匀，65℃水浴 45 min，10 000 r/m 离心 10 min 得上清液 D，浓缩上清液 D 至 2 mL 得谷蛋白。

以上所得产品以约 300 μL/管分装，于 −20℃ 冷冻保存。

【实验提示与注意事项】

（1）大豆粉脱脂处理后，如果需要干燥，一定要在低温下进行，以防有机溶剂蒸气与空气混合比例达到爆炸极限引起爆炸；同时，温度太高易引起蛋白质变性。

（2）盐析时需加入粉末状$(NH_4)_2SO_4$，并且要边加边搅拌，切忌一次倒入。

（3）透析脱盐是利用蛋白质分子较大，不能通过一定截留值的半透膜，而其中的盐分的分子很小，浓度很高，容易透过半透膜，从高浓度向低浓度的水相移动，达到去除效果。

（4）离心机的使用。样品一定要严格配平，成对角线放置。使用过程中离心机出现任何意外（摩擦声、撞击声、剧烈摇晃等），应及时终止程序，进行检查。

（5）微量可调移液器的使用。选择合适量程的移液器及正确调节数据读框很重要（图6-1-1）。装配吸头时，轻取吸头，左右转动旋紧；吸取液体时保持垂直吸液，控制钮的释放要慢（图6-1-2）。

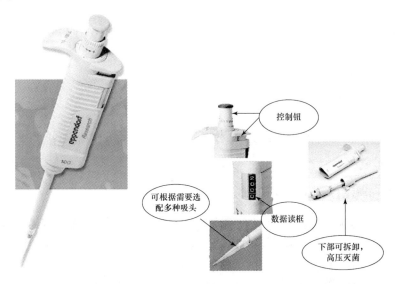

图 6-1-1　Eppendorf 微量可调移液器的外观及各部分组件

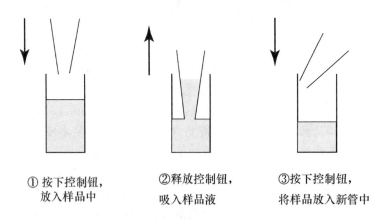

① 按下控制钮，放入样品中　　②释放控制钮，吸入样品液　　③按下控制钮，将样品放入新管中

图 6-1-2　正确的正向吸液方法

【思考题】

（1）做好本实验应注意哪些关键环节，为什么？

（2）本实验应用了哪些基本的生化分离纯化方法？

（3）有哪些方法可以用于蛋白质的沉淀处理？

实验二 大豆种子不同蛋白质组分的定量测定

【实验目的】

（1）学习 Folin-酚法测定蛋白质含量的原理和方法。

（2）掌握 UV-2000 紫外可见分光光度计的使用方法；掌握移液管的规范操作。

（3）制备标准曲线，测定实验一提取的大豆种子各个蛋白质组分的含量，并比较大豆种子中各类组分的含量差异。

【实验安排】

（1）每 2 人一组，每组共用一套标准曲线（两次平行），每人测定一套实验一提取的蛋白质样品（清蛋白、球蛋白、醇溶蛋白、谷蛋白）的蛋白质含量。

（2）实验原理、背景、操作技能要点尤其是平行操作要点的学习约 1.5 学时，实验操作约 3.5 学时，共需约 5 学时。

【实验背景与原理】

在生物大分子分离提纯过程中，经常需要测定某一或某些大分子的含量。目前，蛋白质含量测定有两类方法：一类是利用蛋白质的物理化学性质，如折射率、密度、紫外线吸收等方法测定；另一类是利用化学方法，如考马斯亮蓝法、双缩脲法、Folin-酚法等。虽然蛋白质含量测定的方法很多，但至今没有一个十分完善和令人满意的方法。各方法均有它的适用性，又有它的局限性，因此，要根据我们的条件及实验的要求进行选择。

Folin-酚法是当前生物化学实验室常用的蛋白质含量测定方法之一。Folin-酚法测定蛋白质含量的原理包括两步反应：第一步是在碱性条件下蛋白质与酒石酸钾钠-铜盐溶液作用生成铜-蛋白质络合物；第二步是此络合物还原 Folin 试剂（磷钼酸和磷钨酸试剂），生成深蓝色的化合物，且颜色深浅与蛋白质的含量成正比关系。该方法的优点是操作简便、迅速，不需要特殊的仪器设备，灵敏度较高（较紫外吸收法灵敏 10～20 倍，较双缩脲法灵敏 100 倍）；缺点是凡干扰双缩脲反应的基团以及在性质上是氨基酸或肽的缓冲剂，如硫酸铵、甘氨酸，还原剂如二硫苏糖醇（DTT）、巯基乙醇等对此反应均有干扰作用。

【实验材料、仪器与试剂】

1. 实验材料

待测蛋白质溶液（实验一已提取制备）。

2. 器材

试管，试管架，移液管，UV-2000 紫外可见分光光度计。

3. 试剂

（1）去离子水。

（2）标准蛋白溶液（150 μg/mL）：在分析天平上精确称取结晶牛血清白蛋白 0.015 g，用少许去离子水溶解，以去离子水定容至 100 mL，制成 150 μg/mL 标准蛋白质溶液。

（3）A 液：称取 Na_2CO_3 20 g，去离子水溶解定容至 500 mL；NaOH 4 g，去离子水溶解

定容至 500 mL,临用前 1∶1 等体积混合成 A 液。

（4）B 液：硫酸铜($CuSO_4 \cdot 5H_2O$)1 g,去离子水溶解定容至 100 mL,酒石酸钾钠 2 g,去离子水溶解定容至 100 mL,临用前 1∶1 等体积混合成 B 液。

（5）试剂甲：每次使用前将 A 液 50 份与 B 液 1 份混合,即为试剂甲,此混合液的有效期只有 1 天,过期失效。

（6）试剂乙：在 1.5 L 容积的磨口回流器中加入钨酸钠($Na_2WO_4 \cdot 2H_2O$)100 g,钼酸钠($Na_2MoO_4 \cdot 2H_2O$)25 g 及去离子水 700 mL,再加 85% 磷酸 50 mL、浓盐酸 100 mL 充分混合,接上回流冷凝管,以小火回流 10 h。回流结束后,加入 Li_2SO_4 150 g,去离子水 50 mL 和数滴液态溴,开口继续沸腾 15 min,去除过量的溴,冷却后溶液呈黄色(若仍呈绿色,须再重复滴加液态溴数滴,继续沸腾 15 min)。然后稀释至 1 L,过滤,滤液置于棕色试剂瓶中保存。使用时约加水 1 倍使最终的酸浓度约为 1 mol/L。

【实验方法与步骤】

1. 制作标准曲线和测定未知蛋白质溶液

取 28 支试管/组,分 2 组按表 6-2-1 平行操作。

表 6-2-1　制作标准曲线和测定未知蛋白质溶液浓度加样表

试管编号 试　剂	标准曲线						待测样品			
	1	2	3	4	5	6	清蛋白	球蛋白	醇溶蛋白	谷蛋白
标准蛋白溶液	—	0.1	0.2	0.3	0.4	0.5	—	—	—	—
待测蛋白溶液							x	x	x	x
去离子水	0.5	0.4	0.3	0.2	0.1	—	$0.5-x$	$0.5-x$	$0.5-x$	$0.5-x$
试剂甲	2.5	2.5	2.5	2.5	2.5	2.5	2.5	2.5	2.5	2.5
混匀,室温(18～20℃)放置 10min										
试剂乙	0.25	0.25	0.25	0.25	0.25	0.25	0.25	0.25	0.25	0.25
迅速混匀,室温(18～20℃)放置 30 min,以去离子水为空白,在 640 nm 处比色										
$A_{640}(1)$										
$A_{640}(2)$										

2. 数据处理和绘制标准曲线

计算出每个标准蛋白浓度 A_{640} 的平均值,扣除空白管的光吸收值得到每个标准蛋白浓度的实际吸光度,以其为纵坐标,每管标准蛋白含量(μg)为横坐标,利用 Excel 软件绘制标准曲线。

3. 计算待测蛋白质溶液的浓度

用待测蛋白质的 A_{640} 的平均值从标准曲线上查出其对应的蛋白质的含量 $X(\mu g)$,根据实验中所加入待测蛋白质溶液的体积计算其质量浓度($\mu g/mL$ 或 mg/mL),进而根据实验一提取的各蛋白组分的体积数,比较大豆种子中各类组分的含量差异。

【实验提示与注意事项】

（1）Folin 试剂(试剂乙)在碱性条件下不稳定,但试剂甲是在碱性条件下与蛋白质作用生成碱性的铜-蛋白质溶液,因此在试剂乙反应时应立即混匀,否则显色程度减弱。

(2)测定中所取待测蛋白质溶液的体积 x 应使测定值在标准曲线范围内,如果样品蛋白质浓度很大,可适当进行稀释,计算质量浓度时乘以相应稀释倍数即可。

(3)为了减少操作误差,在制备标准曲线时,要严格遵循一种试剂一人添加,按照平行操作的顺序依次完成所有反应管药品的添加。平行操作顺序见图 6-2-1:

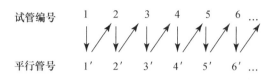

图 6-2-1　平行操作药品添加顺序示意图

(4)通常标准曲线和未知样品的测定要同时平行操作,在固定仪器和实验条件的前提下,标准曲线可供一段时间使用。制作标准曲线时,至少要选择五种浓度递增的标准液,测出的数据至少要三点落在一条直线上,这样的标准曲线方可使用。

(5)根据标准曲线的意义,直线应过原点。

【思考题】

(1)Folin-酚法定量测定蛋白质的原理是什么?该方法可否用来测定游离酪氨酸和色氨酸的含量,为什么?

(2)两人一组制备标准曲线时,应注意哪些平行操作要点?

(3)有哪些因素可干扰 Folin-酚法测定蛋白质含量?

实验三　大豆种子不同蛋白质组分相对分子质量测定
——SDS-聚丙烯酰胺凝胶电泳法

【实验目的】

(1)学习 SDS-聚丙烯酰胺凝胶电泳(简称 SDS-PAGE)测定蛋白质相对分子质量的原理。

(2)掌握夹心式垂直板 SDS-PAGE 的操作和考马斯亮蓝染色方法。

(3)利用夹心式垂直板 SDS-PAGE 方法测定实验一提取的大豆种子各蛋白质组分的相对分子质量分布范围。

【实验安排】

(1)每 2 人一组,每组共用一板胶和一套标准蛋白质相对分子质量 Ladder,每人测定一套实验一提取的蛋白质样品(清蛋白、球蛋白、醇溶蛋白、谷蛋白)相对分子质量的分布范围。

(2)实验原理、背景、操作技能要点的学习约 1.5 学时,试剂配制过滤约需 3.5 学时,实验操作、电泳约 6 学时,染色、脱色、照相(时间灵活安排)约 1 学时,共需约 11 学时。

【实验背景与原理】

电泳是指在外界电场的作用下,带电的物质向着与其电性相反的电极方向移动。各种蛋白质由于在同一 pH 条件下所带净电荷的种类和数量不同,在电场中的迁移方向和速度不同(图 6-3-1),因而可以利用蛋白质的这种性质对它进行分离和鉴定。

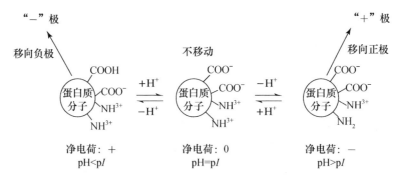

图 6-3-1　不同 pH 条件下蛋白质分子在电场中运动状态示意图

聚丙烯酰胺凝胶电泳(polyacrylamide gel electrophoresis,PAGE)是广泛采用的一种方法。聚丙烯酰胺是一种人工合成的凝胶,由单体丙烯酰胺和交联剂甲叉双丙烯酰胺在催化剂过硫酸铵和加速剂 TEMED 作用下聚合成网状。其网孔的大小决定于单体丙烯酰胺和交联剂甲叉双丙烯酰胺的浓度及两者的比例。

SDS(十二烷基硫酸钠)是一种很强的阴离子去污剂,具有一个极性的头部和一长链状非极性的尾巴(图 6-3-2)。在蛋白质溶液中,SDS 以其非极性尾部和蛋白质分子的疏水区相结合,形成蛋白质-SDS 复合物。SDS 与大多数蛋白质的结合是高密度的,其重量比为1.4∶1。结合后的蛋白质带上大量的阴离子,SDS 的负电荷远远超过了蛋白质本身所带电荷,因而掩盖了蛋白质分子间所带电荷的差别。同时蛋白质和 SDS 结合后,分子的次级键被破坏,构象发生改变,SDS-蛋白质复合物具有扁平而紧密的椭圆形棒状结构,不同的复合物的短轴长度都一样,约为 1.8 nm,而长轴则随蛋白质的相对分子质量呈正比例变化。因此,由于 SDS 和蛋白质的结合,消除了净电荷和分子形状二因素对电泳迁移率的影响,相对分子质量成为鉴定蛋白质电泳迁移率的唯一因素。我们只要测出 4～6 个已知相对分子质量的标准蛋白质的迁移率,作出标准曲线,即可得到待测蛋白质分子的相对分子质量。

$$Na^{+\ -}O-\overset{\overset{\displaystyle O}{\|}}{\underset{\underset{\displaystyle O}{\|}}{S}}-O-(CH_2)_{11}CH_3$$

十二烷基硫酸钠
(SDS)

图 6-3-2　SDS 分子结构及极性头部(灰)和非极性尾巴(链状黑白)示意图

【实验材料、仪器与试剂】

1. 实验材料

待测蛋白质溶液(实验一已提取制备)。

2. 器材

中压电泳仪,夹心式垂直板电泳槽,微量可调移液器,烧杯,玻璃皿,脱色摇床,观察灯。

3. 试剂

(1) 重蒸水和去离子水。

(2) 30%凝胶储液:称取丙烯酰胺(Acr)29.2 g,甲叉双丙烯酰胺(Bis)0.8 g,重蒸水溶解,定容至 100 mL,过滤后置棕色瓶,4℃保存。

(3) 分离胶(下层胶)缓冲液:称取三羟甲基氨基甲烷(Tris)18.17 g,加重蒸水至 80 mL 使其溶解。用 HCl 调节 pH 为 8.8,然后用重蒸水定容至 100 mL,至棕色瓶,4℃保存。

(4) 浓缩胶(上层胶)缓冲液:称取 Tris 12.11 g,加重蒸水至 80 mL 使其溶解。用 HCl 调节 pH 为 6.8,然后用重蒸水定容至 100 mL,至棕色瓶,4℃保存。

(5) SDS 电极缓冲液(pH 8.3):称取 Tris 15 g,甘氨酸 72 g,SDS 5 g,依次溶于重蒸水中,调 pH 8.3 后,用去离子水定容至 1000 mL,置试剂瓶中室温贮存。临用时用去离子水稀释 5 倍。

(6) 10%过硫酸铵:将 1 g 过硫酸铵溶于少量重蒸水中,然后用重蒸水调整体积至 10 mL。溶液在 4℃可保存 1 周,最好现配现用。

(7) 10% SDS:将 SDS 10 g 溶于 90 mL 重蒸水中,加热至 68℃助溶。室温保存(注意:SDS 在 4℃会沉淀析出,因此常温保存即可)。

(8) 四甲基乙二胺(TEMED)。

(9) 染色液:考马斯亮蓝 R-250 0.5 g,无水乙醇 225 mL,冰醋酸 50 mL 依次混合搅拌溶解,用去离子水定容至 500 mL,过滤到棕色瓶中室温保存。

(10) 脱色液:无水乙醇 100 mL+冰醋酸 100 mL+去离子水 800 mL,混匀。

(11) 2×上样缓冲液(室温保存):

下层胶缓冲液	2.0 mL
甘油(丙三醇)	2.0 mL
10% SDS	4.0 mL
0.1%溴酚蓝	0.5 mL
2-β-巯基乙醇	1.0 mL
重蒸水	0.5 mL

(12) 标准蛋白分子量 Ladder(Fermentas),4℃保存 3 个月或−20℃长期保存。

【实验方法与步骤】

1. 夹心式垂直板电泳槽的安装

垂直板电泳槽是用有机玻璃做成的两个"半槽",半槽之间夹着凝胶"模子","模子"由两块玻璃板构成,两块玻璃板之间相隔 1.5 mm,凝胶就注入在两块板之间,聚合成平板胶。玻璃板要先用洗液浸泡,海绵块刷洗,然后用蒸馏水冲洗,直立干燥。以北京六一仪器厂 DYY-III24D 小型垂直板电泳槽为例,介绍其组件安装要点(图 6-3-3)。

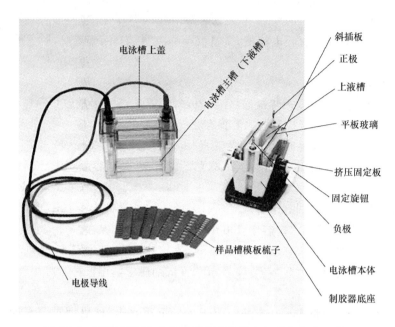

图 6-3-3   DYY-III24D 小型垂直板电泳槽各组件及安装示意图

图中,一块平板玻璃与一块凹形玻璃板重合,左、右、下三边对齐,在两块玻璃板中间形成凝胶"模子"。将"模子"凹形玻璃板朝向电泳槽制胶器本体上液槽,插入斜插板固定,斜插板直边贴平板玻璃板,并用力压紧,旋钮固定。此电泳槽本体可同时安装两块凝胶板,若只用一块凝胶板电泳时,需用一块厚的玻璃板将本体另一侧封住,插入斜插板固定,使上下液槽分隔开。

2. 制胶

按照表 6-3-1 选择适宜的浓度,配制好分离胶溶液(12%),将胶溶液沿玻璃壁缓缓注入已准备好的凝胶模子中,制胶过程中应防止气泡产生。胶溶液加到距玻璃板顶端 3 cm 处,立即覆盖 3～5 mm 的水层,静止聚合约 40 min。胶聚合好的标志是胶与水层之间形成清晰的界面。按表 6-3-1 配好浓缩胶溶液(5%),吸去分离胶的上层水相,立即将浓缩胶溶液注满分离胶上层空间,然后插入样品槽模板梳子。

表 6-3-1   SDS-PAGE 电泳凝胶配方

凝胶成分	分离胶(12%)	浓缩胶(5%)
30%凝胶储液	4 mL	0.66 mL
1.5 mol/L Tris-HCl,pH 8.8	2.5 mL	—
1 mol/L Tris-HCl,pH 6.8	—	0.5 mL
ddH$_2$O	3.3 mL	2.74 mL
10% SDS 溶液	100 μL	40 μL
10%过硫酸铵	100 μL	40 μL
TEMED	6 μL	4 μL
总体积	10 mL	4 mL

凝胶聚合后小心地取出样品槽模板梳子,将电泳槽本体放入主槽内。向上液槽(即两块凝胶"模子"间形成的空槽,也称负极槽)加入电极缓冲液直至没过凹形玻璃板,下液槽(正极槽)也加入电极液,即可上样,电泳。

根据制胶板"模子"大小可按比例扩大制胶体系。如果对待分离蛋白质的分子了解不多,可选择不同的凝胶浓度观察分离效果。凝胶浓度的选择和不同浓度凝胶配制体系如表6-3-2和表6-3-3。

表6-3-2　不同浓度凝胶分离蛋白质的范围(Bis：Acr 的分子比为 1：29)

凝胶浓度/(%)	分离范围
15	12 000～43 000
10	16 000～68 000
8.0	39 000～94 000
6.0	57 000～212 000

表6-3-3　不同浓度分离胶配方

试剂成分	6%	7.5%	10%	12%	15%
30%凝胶储液	2.0 mL	2.5 mL	3.3 mL	4.0 mL	5.0 mL
1.5 mol/L Tris-HCl,pH 8.8	2.5 mL	2.5 mL	2.5 mL	2.5 mL	2.5 mL
ddH$_2$O	5.3 mL	4.8 mL	4.0 mL	3.3 mL	2.3 mL
10% SDS 溶液	100 μL	100 μL	100 μL	100 μL	100 μL
10%过硫酸铵	100 μL	100 μL	100 μL	100 μL	100 μL
TEMED	6 μL	6 μL	6 μL	6 μL	6 μL
总体积	10 mL	10 mL	10 mL	10 mL	10 mL

3. 样品处理

蛋白质样品与2×上样缓冲液1：1混匀(7 μL：7 μL),100℃水浴中保温约10 min,取出待用。标准蛋白 Ladder 按照说明书处理上样。

4. 上样

根据凝胶厚度及样品浓度加入适量样品液体积和标准蛋白液体积,一般上样体积为5～20 μL。上样时,微量移液器的吸头通过电极液小心伸入加样孔内,缓慢加入,样品溶液密度较大会自动沉降在凝胶表面形成样品层,如图6-3-4。同时记录好加样的顺序。

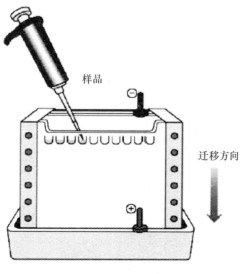

图 6-3-4　上样示意图

5. 电泳

按正负极盖上电泳槽盖,并与电泳仪相连接。打开电泳仪,将电流调至恒流 16 mA/板,待样品进入分离胶后,将电流恒定在 25 mA/板,待染料前沿迁移至凝胶板底边约 1 cm 处停止电泳,一般需要 2~3 h。

6. 染色、脱色

电泳结束后小心撬开玻璃板,在溴酚蓝区带中心插入金属丝做好标记,在凝胶左上部切去一小角以标注凝胶的方位,然后将凝胶剥离到装有染色液的玻璃皿中染色约 2 h;染色完毕,倾出染色液(可回收使用 2~4 次),去离子水清洗 2~3 遍,加入脱色液,脱色摇床轻摇,5~6 h 更换一次,直至凝胶蓝色背景完全褪去,蛋白质电泳条带清晰为止。

7. 照相

将凝胶按照标注方位小心铺展在玻璃板上,放置于观察灯上观察照相。

8. 绘制标准曲线,计算蛋白质样品相对分子质量范围

用普通直尺分别测量出标准蛋白和蛋白质样品各蛋白条带中心及溴酚蓝指示剂区带中心(染色前夕金属丝标记的位置)距凝胶加样端的距离,如图 6-3-5 所示,然后按下面公式计算出每一种标准蛋白质的 m_R 值。

以标准蛋白相对分子质量 Ladder 中各蛋白条带相对迁移率为横坐标,各条带蛋白相对分子质量的对数为纵坐标,利用 Excell 软件绘制标准曲线如图 6-3-5。

根据实验一提取的各类蛋白质样品条带相对迁移率,计算各类样品蛋白质相对分子质量分布范围。

$$相对迁移率\ m_R = \frac{蛋白条带迁移距离(cm)}{染料迁移距离(cm)}$$

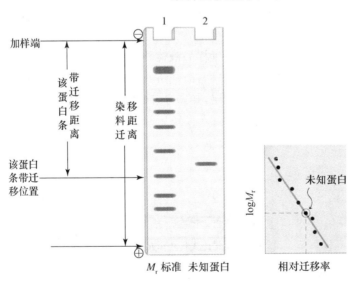

图 6-3-5 相对迁移率及标准曲线制作示意图

【实验提示与注意事项】

（1）凝胶聚合好取梳子时，在梳子水平方向各处要向上均匀用力拔出梳子，尽量防止梳子倾斜。

（2）装有样品的带塞的小离心管在沸水浴时，塞子上可扎几个小眼儿，以免加热时液体迸出。

（3）处理好的样品暂时不用时，可放在$-20℃$冰箱中保存较长时间。使用前在$100℃$沸水中要再加热 3 min，以除去亚稳定态聚合。

（4）用 SDS-PAGE 测定蛋白质相对分子质量时，每次都应同时用标准蛋白质制备标准曲线，而不是用某一次的标准曲线作为每一次的标准曲线。

（5）用 SDS-PAGE 法测定的相对分子质量只是单个亚基或肽链的相对分子质量，而不是完整分子的相对分子质量。此方法对球蛋白及纤维状蛋白的相对分子质量测定较为准确，对糖蛋白、胶原蛋白等的测定差异较大。

【思考题】

（1）简述 SDS-PAGE 测定蛋白质相对分子质量的原理。

（2）做好本实验的关键是什么？

（3）上样缓冲液中 SDS、甘油、巯基乙醇、溴酚蓝等成分各有何作用？

（4）SDS-PAGE 能否用来测定寡聚蛋白的相对分子质量？什么情况下能？怎么测？如果不能，为什么？

实验四　大豆种子不同蛋白质组分等电点测定
——聚丙烯酰胺等电聚焦电泳法

【实验目的】

（1）学习聚丙烯酰胺凝胶等电聚焦电泳（简称 IEF-PAGE）法测定蛋白质等电点的原理。

（2）掌握水冷式平板 IEF-PAGE 操作方法，并测定实验一提取大豆种子各类蛋白质组分的等电点分布范围。

【实验安排】

（1）每 2 人一组，每两组共用一板胶和一套等电子标准蛋白，每组测定一套实验一提取的蛋白质样品（清蛋白、球蛋白、醇溶蛋白、谷蛋白）等电点的分布范围。

（2）实验原理、背景、操作技能要点的学习约 1.5 学时，试剂配制过滤约需 3.5 学时，实验操作、电泳约 7 学时，固定、清洗、染色、脱色、照相（操作时间根据各组情况灵活安排）约 2 学时，共需约 14 学时。

【实验背景与原理】

蛋白质和氨基酸一样是两性电解质。调节溶液的酸碱度达到一定的离子浓度时,蛋白质分子所带的正电荷和负电荷相等,以兼性离子状态存在,在电场内该蛋白质分子既不向阴极移动,也不向阳极移动,这时溶液的 pH 称为该蛋白质的等电点(pI)。

根据蛋白质等电点(pI)的差异,在一个稳定、连续、线性的 pH 梯度凝胶中进行电泳分离的方法称为等电聚焦电泳。以聚丙烯酰胺为支持介质则称为聚丙烯酰胺等电聚焦电泳(isoelectric focusing polyacrylamide gel electrophoresis),简称 IEF-PAGE,也就是在支持介质聚丙烯酰胺中加入两性电解质载体,并以强酸、强碱为电极液,通以直流电后,由于两性电解质的泳动和扩散,在两极之间的凝胶内便自然形成了一个从负极到正极的均匀而又连续的线性 pH 梯度。当带电的蛋白质分子进入此体系后,移动并聚焦于相当于其等电点的位置,这样可将不同等电点的蛋白质分子分离,同时根据已知等电点标准蛋白 marker 的分布及样品蛋白条带在 pH 梯度胶中的位置可测得该蛋白质的等电点。

两性电解质载体商品由于生产厂家不同、合成方式各异而有不同的商品名称,如 Ampholine(LKB 公司)、Servalyte (Serva 公司)、Pharmalyte (Pharmaca 公司)。国内生产的均称为两性电解质载体。一般溶液浓度为 40% 或 20%,其 pH 范围分别为 2.5~5、4~6.5、5~8、6.5~9、8~10.5、3~10 等。

等电聚焦电泳的方式有许多种,如毛细管式、垂直管式、水平板式和水平超薄型等。本实验采用北京六一仪器厂生产的 DYCP-37B 水冷式平板电泳槽进行大豆种子各类蛋白质组分等电点的分析。

【实验材料、仪器与试剂】

1. 实验材料

待测蛋白质溶液(实验一已提取制备)。

2. 器材

高压电泳仪,水冷式平板等电聚焦电泳槽,玻璃板、边条成套,小剪刀,小镊子,大文具夹若干,微量可调移液器,滤纸,烧杯,玻璃皿,脱色摇床,观察灯。

3. 试剂

(1) 重蒸水和去离子水。

(2) 30% 凝胶储液,同实验三。

(3) 10% 过硫酸铵,同实验三。

(4) 四甲基乙二胺(TEMED)。

(5) 两性电解质载体(Servalyte,pH 3.5~10.0),4℃密封保存。

(6) 等电点标准蛋白 marker(Serva,pI 3.0~10.0),4℃密封保存。

(7) 固定液:3.5 g 磺基水杨酸+10 g 三氯乙酸+35 mL 甲醇,溶解后用重蒸水定容至 100 mL。

(8) 染色液:考马斯亮蓝 R250 0.5 g+甲醇 175 mL+冰醋酸 50 mL 搅拌溶解,用去离子水定容至 500 mL,过滤到棕色瓶中室温保存。

(9) 脱色液:无水乙醇 50 mL+冰醋酸 20 mL+去离子水 130 mL,混匀。

（10）负极电极液（1 mol/L NaOH）：NaOH（分析纯）4 g 用少量重蒸水溶解，冷却后定容到 100 mL。

（11）正极电极液（1 mol/L H_3PO_4）：H_3PO_4（85％，分析纯）6.7 mL，加重蒸水定容到 100 mL。

【实验方法与步骤】

1. 制胶

玻璃板先用洗液浸泡，海绵块刷洗，然后用蒸馏水冲洗，酒精擦净，直立干燥。然后在两块玻璃板间放上合适厚度的边条，用夹子夹紧，两块玻璃板之间的空隙即是凝胶"模子"。按照表 6-4-1 配方制胶、混匀、灌胶，注意防止产生气泡。根据玻璃板面积可按比例扩大制胶体系。

表 6-4-1　等电聚焦凝胶配方

试　　剂	凝胶面积 9 cm×9 cm
30％凝胶储液	2.0 mL
两性电解质载体	0.5 mL
重蒸水	5.5 mL
10％过硫酸铵	50 μL
TEMED	8 μL

2. 水冷式平板等电聚焦电泳槽的安装

把冷却板连接上恒温循环器，设好温度（4℃），开始预冷。凝胶聚合好之后，撬开并揭去一块玻璃板，把带胶的玻璃板放在已经预冷的冷却板上（冷却板上涂适量液体石蜡，使玻璃板与冷却板紧密接触，保证良好的冷却效果）。

将滤纸剪成与凝胶宽度大约相当的长条（3~5 层）作为电极条，分别用 1 mol/L NaOH、1 mol/L H_3PO_4 浸透并各自用干净滤纸吸去过多的液体，使其分别平直紧贴在胶面两边负极和正极端，两电极条间相距约 7 cm（各组件见图 6-4-1）。

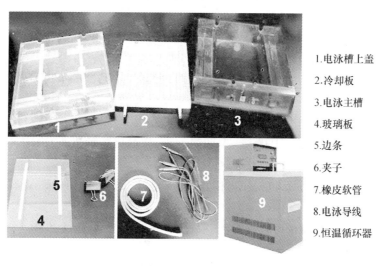

1.电泳槽上盖
2.冷却板
3.电泳主槽
4.玻璃板
5.边条
6.夹子
7.橡皮软管
8.电泳导线
9.恒温循环器

图 6-4-1　水冷式平板等电聚焦电泳槽主体与配件

3. 上样

将加样纸剪成 0.5 cm×1.0 cm 大小若干条,以凝胶板下冷却板上的坐标线为标记放在适当的位置上,并紧贴胶面不能有气泡,加样条间以坐标线为标记依次相隔一小格的距离。然后分别吸取等电点标准蛋白 marker 和样品蛋白溶液各 10 μL,依次点在加样条上,并记录好各自的顺序。

4. 电泳

调整电泳槽上盖上的两根电极间的距离,使电极正好能压在凝胶上的滤纸上,盖上电泳槽上盖,将电泳主槽侧面的正极与负极分别与电泳仪正、负极连接,开始电泳。本实验先恒压 60 V,15 min,再恒流 8 mA,当电压上升到 550 V,关闭电源。取下电泳槽上盖,用镊子取出加样纸,按原来位置安放电泳槽上盖,调节恒压 580 V,继续电泳 2~3 h 直至电流下降接近并稳定在零附近时,结束电泳。

5. 固定、染色、脱色、保存及照相

(1) 小心切去一小角标注凝胶方向,然后取下凝胶放入加有固定液的玻璃皿中,固定约 4 h 或过夜。

(2) 倾去固定液,去离子水清洗 2 遍,加入染色液染色约 1 h。

(3) 倾去染色液,去离子水清洗 2 遍,加入脱色液,每 5~6 h 更换一次,直至凝胶蓝色背景完全褪去,蛋白质电泳条带清晰为止。

(4) 然后将凝胶按照标注方位小心铺展在玻璃板上,放置于观察灯上观察照相。

6. 数据分析

根据等电点标准蛋白 marker 各蛋白质条带的分布,判断大豆种子各类蛋白质组分条带等电点分布范围。

【实验提示与注意事项】

(1) 灌胶时,将玻璃板稍稍倾斜,可有效防止气泡产生。即使有个别小气泡,也可使气泡一侧稍稍向上倾斜,使气泡随着灌注液面上升而上升,最终将其赶出去。

(2) 拿取电极条及加样纸均用镊子,每次用后应洗净擦干再用,以免彼此污染。

(3) 可通过改变加样纸的大小和层数获得不同的加样量。

(4) 两性电解质是等电聚焦电泳的关键试剂,它直接影响凝胶 pH 梯度形成,因而对其质量和浓度均有严格要求。两性电解质在凝胶中的终浓度一般为 2%~3%,当保存时间过长时易分解变质,不能再使用。

(5) 样品的预处理。盐类干扰 pH 梯度的形成,易造成区带扭曲,因此含盐样品应预先透析除盐或用专用滤头脱盐。

(6) 样品理论上可加在凝胶板任何位置,但应离开电极条至少 1 cm,以防酸、碱引起蛋白质变性。

(7) 使用不同 pH 范围的两性电解质,应选用相应合适的电极缓冲液。

【思考题】

(1) 简述 IEF-PAGE 测定蛋白质等电点的原理。

(2) 简述做好 IEF-PAGE 实验的关键环节。

实验五　大豆种子不同蛋白质组分的分离纯化——离子交换层析

【实验目的】

(1) 学习离子交换层析原理。

(2) 掌握离子交换层析介质的处理及再生技术。

(3) 用离子交换层析法分离纯化大豆种子蛋白质组分。

【实验安排】

(1) 每2人一组,每组共用一根离子交换柱,每组选择一种梯度洗脱方法对一种蛋白质组分(清蛋白、球蛋白、醇溶蛋白、谷蛋白中的任一种组分)进行分离。

(2) 实验原理、背景、操作技能要点的学习约1.5学时,试剂配制过滤约需1.5学时,介质处理、装柱、平衡、洗脱约7学时。共需约10学时。

【实验背景与原理】

层析技术(chromatography)又称色谱法,因最先用于分离植物叶子色素,各种色素以不同速率通过柱子形成易于区分的色素带而得名。层析技术有很多种,按照分离原理可分为吸附层析(absorption chromatography)、分配层析(partition chromatography)、离子交换层析(ion exchange chromatography)、凝胶过滤层析(gel filtration chromatography)、亲和层析(affinity chromatography)、金属螯合层析(metal chelating chromatography)、疏水层析(hydrophobic chromatography)和反相层析(reverse phase chromatography)等。

离子交换层析是分析性和制备性的分离、纯化混合物的液-固相层析方法,是目前蛋白质分离纯化的重要手段之一。它基于固定相所偶联的离子交换基团与流动相解离的离子化合物之间发生可逆的离子交换反应而进行分离。它是在一种高分子不溶性固体(层析介质)上引入具有活性的离子交换基团,这些基团与溶液中相同电荷的基团进行交换反应。根据活性基团种类不同,可将离子交换层析分为阳离子交换层析和阴离子交换层析。在一定的pH环境中,不同物质的解离度不同,分子或离子带电性的强弱就不一样,与离子交换基团的交换能力也不同,通过改变洗脱液离子强度和(或)pH梯度有效控制这种交换能力,就可使这些物质按亲和力大小顺序依次从层析柱中洗脱下来。

如图6-5-1所示,离子交换层析包括离子交换剂平衡、样品物质加入和结合、改变条件以产生选择性吸附、取代、洗脱以及离子交换剂再生等步骤。离子交换层析是从复杂的混合物体系中分离性质相似的生物大分子的有效手段之一。其特点是条件温和,能保持分离物的活性,分离能力强,效果好,规模可大可小,条件简便,选择范围宽,应用面广。

离子交换层析介质主要由惰性载体和离子交换基团两部分组成。惰性载体主要有两类:一类是化学原料合成的,如聚苯乙烯树脂等;另一类是天然原料制成的,如纤维素粉、琼脂糖凝胶、葡聚糖凝胶等。一般被分离物质,若是小分子物质则采用离子交换树脂,若是大分子物质,如蛋白质、酶、核酸等,则多采用离子交换纤维素、离子交换葡聚糖等。离子交

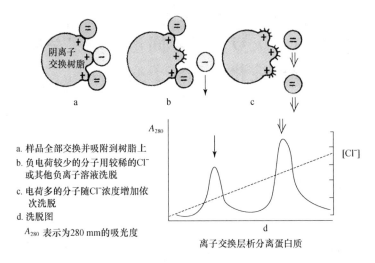

a. 样品全部交换并吸附到树脂上

b. 负电荷较少的分子用较稀的Cl⁻或其他负离子溶液洗脱

c. 电荷多的分子随Cl⁻浓度增加依次洗脱

d. 洗脱图

A_{280} 表示为280 mm的吸光度

离子交换层析分离蛋白质

图 6-5-1　离子交换层析分离蛋白质示意图

基团也主要有两类：酸性离子交换基团，亦称为阳离子交换基团；碱性离子交换基团，亦称为阴离子交换基团。目前常用的离子交换纤维素见表 6-5-1。

　　根据实验四中大豆种子蛋白质组分的等电点分析结果，大豆种子蛋白等电点大约集中在2～4，多属酸性蛋白，所以本实验选择强碱型阴离子交换纤维素——二乙基氨基乙基纤维素（简称 DEAE）对其进行分离纯化。

表 6-5-1　常用离子交换纤维素及其特点

类	型	离子交换剂活性基团及名称	简写名称	作用特点
阳离子交换纤维素	强酸型	甲基磺酸纤维素 乙基磺酸纤维素	SM SE	用于极低 pH
	中强酸型	磷酸纤维素	P	用于低 pH
	弱酸型	羧甲基纤维素	CM	适用于中性和碱性蛋白质分离在 pH>4 应用
阴离子交换纤维素	强碱型	二乙基氨基乙基纤维素	DEAE	在 pH<8.6 应用。适用于中性和酸性蛋白质的分离
		三乙基氨基乙基纤维素 胍乙基纤维素	TEAE GE	在极高 pH 仍可使用
	中强碱型	氨基乙基纤维素 ECTEOLA 纤维素 苄基化的 DEAE 纤维素 聚乙亚胺吸附的纤维素	AE ECTEOLA DBD PEI	适用于分离核苷、核酸和病毒 适用于分离核酸 适用于分离核苷酸
	弱碱型	对氨基苄基纤维素	PAB	

【实验材料与试剂】

1. 实验材料

待测蛋白质溶液（实验一已提取制备）。

2. 器材

层析柱,核酸蛋白仪,记录仪,电脑采集器,大烧杯,电子天平,玻璃棒,电磁搅拌器。

3. 试剂

(1) 重蒸水和去离子水。

(2) 0.1 mol/L 的 NaOH(含 0.5 mol/L 的 NaCl):NaOH 0.4 g,NaCl 2.922 g 加去离子水溶解,最后定容至 100 mL。

(3) 0.5 mol/L 的 NaCl:NaCl 2.922 g 加去离子水溶解,最后定容至 100 mL;

1 mol/L 的 NaCl:NaCl 5.844 g 加去离子水溶解,最后定容至 100 mL。

(4) 0.1 mol/L 的 HCl(含 0.5 mol/L 的 NaCl):NaCl 2.922 g,37.2% HCl 8.4 mL 加去离子水溶解定容至 100 mL。

(5) 0.2 mol/L Na_2HPO_4:71.628 g $Na_2HPO_4 \cdot 12H_2O$ 用重蒸水溶解后定容至 1 L。

(6) 0.1 mol/L 柠檬酸:21.014 g 柠檬酸用重蒸水溶解后定容至 1 L。

(7) 起始缓冲液:pH 7.4 的 Na_2HPO_4-柠檬酸缓冲液。不同 pH 梯度的 Na_2HPO_4-柠檬酸缓冲液配方如表 6-5-2。

表 6-5-2　Na_2HPO_4-柠檬酸缓冲液

pH	0.2 mol/L Na_2HPO_4 /mL	0.1 mol/L 柠檬酸 /mL	pH	0.2 mol/L Na_2HPO_4 /mL	0.1 mol/L 柠檬酸 /mL
2.2	0.40	19.60	5.2	10.72	9.28
2.4	1.24	18.76	5.4	11.15	8.85
2.6	2.18	17.82	5.6	11.60	8.40
2.8	3.17	16.83	5.8	12.09	7.91
3.0	4.11	15.89	6.0	12.63	7.37
3.2	4.94	15.06	6.2	13.22	6.78
3.4	5.70	14.30	6.4	13.85	6.15
3.6	6.44	13.56	6.6	14.55	5.45
3.8	7.10	12.90	6.8	15.45	4.55
4.0	7.71	12.29	7.0	16.47	3.53
4.2	8.28	11.72	7.2	17.39	2.61
4.4	8.82	11.18	7.4	18.17	1.83
4.6	9.35	10.65	7.6	18.73	1.27
4.8	9.86	10.14	7.8	19.15	0.85
5.0	10.30	9.70	8.0	19.45	0.55

【实验方法与步骤】

1. 离子交换纤维素的处理

(1) 将 8 g 离子交换纤维素悬浮于大体积的水中让其自然沉降,用倾倒法除去细颗粒。

(2) 将离子交换纤维素再悬浮于 2 倍体积的 0.1 mol/L 的 NaOH(含 0.5 mol/L 的 NaCl)溶液中 10 min,布氏漏斗抽干,再次重复该步骤。

（3）将抽干的离子交换纤维素悬浮于 2 倍体积的 0.5 mol/L 的 NaCl 溶液中，如（2）重复 2 次。

（4）再将其悬浮于 2 倍体积的 0.1 mol/L 的 HCl（含 0.5 mol/L 的 NaCl）溶液中，如（2）重复 2 次。

（5）将其悬浮于 2 倍体积的重蒸水中，如（2）重复 2 次。

（6）用 5～10 倍体积的重蒸水洗涤，直到布氏漏斗洗脱液 pH 达到 5 或者 5 以上。

（7）将以上离子交换纤维素重悬于 2 倍体积的 1 mol/L 的 NaCl 溶液中，用 NaOH 调节 pH 至 7～8 之间。

（8）用起始缓冲液浸泡，轻轻搅动，测 pH，用 Na_2HPO_4 或柠檬酸调 pH，期间可多次置换起始缓冲液直至稳定在起始 pH。

2. 装柱

洗净一支层析柱，将其架到垂直支架上，用螺旋夹夹紧下端胶管，然后向层析柱内加入少许起始缓冲液（约 1/3 柱高），再将以上平衡处理的纤维素重悬液加入层析柱内，使其自由沉降至柱的底部，慢慢放松柱下端的螺旋夹，让柱内液体慢慢流出，同时不断加入纤维素悬液，当纤维素沉降至所需高度（约 1/2 柱高）时，夹紧下端夹子。纤维素柱床留有 3 cm 高的溶液，将层析柱两头旋紧，上端接起始缓冲液，下端接核酸蛋白检测仪，同时核酸蛋白检测仪与电脑正确相连，打开层析柱下端接口和检测系统，预热约 20 min。

3. 平衡

用起始缓冲液平衡层析柱约 1 h，控制流速约为 60 mL/h，层析曲线持续水平时证明层析柱处于平衡状态，待柱面存留一薄层缓冲液，旋紧下端螺旋夹。

4. 加样

用滴管将待分离蛋白质组分溶液约 0.3 mL 沿柱内壁徐徐加到纤维素柱面，然后慢慢放松下端螺旋夹，使样品液面降至纤维素柱表面，再加入少许起始缓冲液洗涤柱壁，反复洗涤 2 次。

5. 洗脱

（1）pH 梯度洗脱。依次改变缓冲液的 pH 梯度，观察洗脱峰，并收集单峰洗脱液：用起始缓冲液洗脱，至平衡；改用 pH 6.4 的缓冲液洗脱，至基线平衡；改用 pH 5.4 的缓冲液洗脱，至基线平衡；改用 pH 3.4 的缓冲液洗脱，至基线平衡；改用 pH 2.2 的缓冲液洗脱，至基线平衡。

（2）盐离子梯度洗脱。依次改变缓冲液的盐离子梯度，观察洗脱峰，并收集单峰洗脱液：用起始缓冲液洗脱，至平衡；改用 pH 7.4（含 0.1 mol/L 的 NaCl）的缓冲液洗脱，至基线平衡；改用 pH 7.4（含 0.5 mol/L 的 NaCl）的缓冲液洗脱，至基线平衡；改用 pH 7.4（含 0.1 mol/L 的 NaCl）的缓冲液洗脱，至基线平衡；改用 pH 7.4（含 2 mol/L 的 NaCl）的缓冲液洗脱，至基线平衡。

（3）pH 梯度＋盐离子梯度洗脱。依次改变缓冲液的 pH 和盐离子梯度，观察洗脱峰，并收集单峰洗脱液：用起始缓冲液洗脱，至平衡；改用 pH 7.4（含 0.1 mol/L 的 NaCl）的缓冲液洗脱，至基线平衡；改用 pH 5.4（含 0.3 mol/L 的 NaCl）的缓冲液洗脱，至基线平衡；改用 pH 3.4（含 0.5 mol/L 的 NaCl）的缓冲液洗脱，至基线平衡；改用 pH 2.2（含 1 mol/L 的 NaCl）的缓冲液洗脱，至基线平衡。

6. 离子交换纤维素的回收

将离子交换纤维素置于指定烧杯中(统一回收)。回收方式:加入 100 mL 0.5 mol/L NaOH(含 0.5 mol/L NaCl)溶液,混匀,静置 15 min 后。在布氏漏斗中抽滤,水洗滤饼至中性。然后按照"步骤 1.离子交换纤维素的处理"中(2)~(7)进行再生。

【实验提示与注意事项】

(1) 离子交换纤维素使用前必须平衡至所需的 pH 和离子强度,以免在层析中发生 pH 变化。装柱前可将交换纤维素放到起始缓冲液中,在搅拌下用 pH 计测定。如 pH 改变则根据需要,直接用起始缓冲液的酸成分或碱成分溶液来调整它们的 pH,最后用起始缓冲液洗,使之平衡。

(2) 装好的柱内不能有气泡,不能分层,纤维素柱面要平。

(3) 洗脱液流速也往往影响层析的分辨率,故在整个分离过程中,洗脱液过柱时要尽量保持稳定的流速。流速大小与所用介质结构、粗细、数量、层析柱大小、介质填装的松紧、洗脱液的黏度和操作压有关,可提前根据具体条件反复实验以确定一个相对合适的流速。

【思考题】

(1) 离子交换纤维素有何特点?为什么人们常用它来分离纯化生物大分子?

(2) 本次实验选用了哪些洗脱液,其作用分别是什么?

(3) 洗脱的方式有哪两种?其原理是什么?

(4) 分析比较三种洗脱方式的分离效果,设计最优化的洗脱分离方式。

实验六　大豆种子不同蛋白质组分的分离纯化——凝胶层析

【实验目的】

(1) 学习凝胶层析原理。

(2) 掌握凝胶层析介质的处理及再生技术,掌握离心干燥机的使用。

(3) 用凝胶层析法分离纯化大豆种子蛋白质组分。

【实验安排】

(1) 每 2 人一组,每组共用一根凝胶层析柱,每组将实验五中收集的各个峰的洗脱液分别进行凝胶层析分离。

(2) 实验原理、背景、操作技能要点的学习约 1.5 学时,透析、浓缩约 2.5 学时,介质处理、装柱、平衡、洗脱约 6.5 学时。共需约 10 学时。

【实验背景与原理】

凝胶层析(gel chromatography)也称为凝胶过滤层析(gel filtration chromatography)、排阻层析(exclusion chromatography)和分子筛层析(molecular sieve chromatography)。用于凝胶层析的凝胶主要有两类：一类如交联葡聚糖（商品名 Sephadex）、琼脂糖凝胶（商品名 Sepharose）和聚丙烯酰胺凝胶（商品名 Bio-Gel P）等，以水为溶剂，用于分离生物大分子；另一类如交联聚苯乙烯、氯丁橡胶等，以有机溶剂为溶剂，用于分离分析有机多聚物。

凝胶层析是利用层析介质（固定相）内一定大小的网孔，对相对分子质量不同的组分的阻滞程度不同而进行分离的层析方法，其原理是"分子筛"效应，只是这种"过筛"与普通过筛不一样。凝胶颗粒在合适的溶剂中充分浸泡、吸液膨胀，然后装入层析柱内，加入预分离的混合物后，再以同一溶剂洗脱。在洗脱过程中，大分子不能进入凝胶颗粒内部而沿凝胶颗粒间的空隙最先流出柱外，小分子可以进入凝胶颗粒内部的多孔网状结构，流速缓慢，以致最后流出柱外，这样样品中分子大小不同的物质得以分离。其层析过程如图6-6-1所示。

凝胶的选择主要取决于预分离混合物相对分子质量（分子大小）的分布范围和凝胶颗粒内部微孔的孔径。另外，凝胶颗粒的粗细与分离效果也有直接的关系，颗粒细的分离效果好，但流速慢，费时间；颗粒粗的流速快，但区带扩散，洗脱峰变平拉宽，所以，还应根据工作需要选择适当粗细颗粒的凝胶。

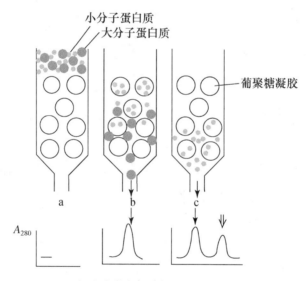

凝胶过滤分离蛋白质

图 6-6-1 凝胶层析分离蛋白质示意图

a. 大球是葡聚糖凝胶颗粒。

b. 样品上柱后，小分子进入胶微孔，大分子不能进入，
故洗脱时大分子先洗脱下来。

c. 小分子后洗脱出来。

表 6-6-1 是常用葡聚糖凝胶的技术参数，根据实验三中 SDS-PAGE 的实验结果，本实验选择中等颗粒的 Sephadex G-75 对实验五中收集的离子交换层析峰洗脱液进行进一步的分离。

表 6-6-1 常用葡聚糖凝胶的技术参数

凝胶过滤介质名称	分离范围	颗粒大小/μm	特性/应用	pH 稳定性（工作）	干凝胶溶胀体积/$(mL \cdot g^{-1})$	溶胀最少平衡时间/h 室温	溶胀最少平衡时间/h 沸水	最快流速/$(cm \cdot h^{-1})$
Sephadex G-10	＜700	干粉 40～120		2～13	2～3	3	1	2～5
Sephadex G-15	＜1500	干粉 40～120		2～13	2.5～3.5	3	1	2～5
Sephadex G-25 Coarse	1000～1500	干粉 100～300	脱盐及交换缓冲液用	2～13	4～6	6	2	2～5
Sephadex G-25 Medium	1000～1500	干粉 50～150	脱盐及交换缓冲液用	2～13	4～6	6	2	2～5
Sephadex G-25 Fine	1000～1500	干粉 20～80	脱盐及交换缓冲液用	2～13	4～6	6	2	2～5
Sephadex G-25 Superfine	1000～1500	干粉 10～40	脱盐及交换缓冲液用	2～10	4～6	6	2	2～5
Sephadex G-50 Coarse	1500～30	干粉 100～300	小分子蛋白质分离	2～10	4～6	6	2	2～5
Sephadex G-50 Medium	1 500～30000	干粉 50～150	小分子蛋白质分离	2～10	9～11	6	2	2～5
Sephadex G-50 Fine	1 500～30 000	干粉 20～80	小分子蛋白质分离	2～10	9～11	6	2	2～5
Sephadex G-50 Uperfine	1 500～30 000	干粉 10～40	小分子蛋白质分离	2～10	9～11	6	2	2～5
Sephadex G-50 Uperfine	1 500～30 000	干粉 10～40	小分子蛋白质分离	2～10	9～11	6	2	2～5
Sephadex G-75	3 000～80 000	干粉 40～120	中等蛋白质分离	2～10	12～15	24	3	72
Sephadex G-75 Uperfine	3 000～70 000	干粉 10～40	中等蛋白质分离	2～10	12～15	24	3	16
Sephadex G-100	4 000～1.5×10^5	干粉 40～120	中等蛋白质分离	2～10	15～20	48	5	47
Sephadex G-100 Superfine	4 000～1×10^5	干粉 10～40	中等蛋白质分离	2～10	15～20	48	5	11
Sephadex G-150	5 000～3×10^5	干粉 40～120	稍大蛋白质分离	2～10	20～30	72	5	21
Sephadex G-150 Superfine	5 000～1.5×10^5	干粉 10～40	稍大蛋白质分离	2～10	18～22	72	5	5.6
Sephadex G-200	5 000～6×10^5	干粉 40～120	较大蛋白质分离	2～10	30～40	72	5	11
Sephadex G-200 Superfine	5 000～2.5×10^5	干粉 10～40	较大蛋白质分离	2～10	20～25	72	5	2.8

【实验材料、仪器与试剂】

1. 实验材料

待测蛋白质溶液（实验五中收集的离子交换层析的各个洗脱峰溶液）。

2. 器材

透析袋，离心干燥机，离心管，层析柱，核酸蛋白仪，记录仪，电脑采集器，大烧杯，电子天平，玻璃棒，电磁搅拌器。

3. 试剂

洗脱液：去离子水。

【实验方法与步骤】

1. 透析浓缩待分离样品

将实验五中收集的各个洗脱峰溶液装入透析袋，放入 1000 mL 烧杯中（用电磁搅拌器搅拌），对去离子水透析，30 min 换水一次，换水 3～4 次后，转入 5 mL 离心管，离心干燥机离心干燥浓缩至约 200 μL，备用。

2. 凝胶预处理

商用凝胶很多颗粒大小不均匀，首先要除去影响流速的过细的颗粒，最常用的方法是水力浮选法：将颗粒不均匀的凝胶悬浮于大体积的水中，让其自然沉降，在一定时间之后，用倾泻法除去悬浮的过细颗粒，如此反复多次。

凝胶为干燥的颗粒，使用前需充分浸泡溶胀。目前多采用"热法"溶胀：即在沸水浴中，将悬浮于去离子水中的凝胶浆逐渐升温至沸，通常需沸水浴约 1～5 h。不同类型的各种凝胶溶胀所需最少时间不同，可参照表 6-6-2 进行。

表 6-6-2　Sephadex 的水合作用和平衡时间

物　　质	室温/℃	沸水浴/h
Sephadex G-10、G-15	3	1
Sephadex G-25、G-50	6	2
Sephadex G-75	24	3
Sephadex G-100	48	5
Sephadex G-150	72	5
Sephadex G-200	72	5

3. 装柱

洗净一支层析柱，将其垂直固定，用螺旋夹夹紧下端胶管。向层析柱内加入去离子水（约 1/3 柱高），然后将预处理好的凝胶悬浮液装入柱内，使其自由沉降至柱的底部。放松柱下端的螺旋夹，让柱内液体慢慢流出，同时不断加入凝胶悬液，待凝胶沉降至所需高度（约 9/10 柱高）后，置一圆形滤纸片或尼龙片于胶面。凝胶柱床留有 3 cm 高的溶液，将层析柱两头旋紧，上端接起始缓冲液，下端接核酸蛋白检测仪，同时核酸蛋白检测仪与电脑正确相连，打开层析柱下端接口和检测系统，预热约 20 min。

4. 平衡

用洗脱缓冲液平衡层析柱约 1 h，控制流速约为 60 mL/h，层析曲线持续水平时证明层析柱处于平衡状态,待柱面存留一薄层缓冲液,旋紧下端螺旋夹。

5. 加样

用滴管将以上透析浓缩好的待分离蛋白质组分溶液徐徐加到凝胶柱面滤纸片或尼龙片上,然后慢慢放松下端螺旋夹,当样品将完全渗入凝胶时,再加入少许起始缓冲液小心洗涤柱壁,并仔细加入约 3～4 cm 柱高洗脱液。

6. 洗脱

持续用去离子水洗脱,流速稳定在约 30 mL/h,核酸蛋白仪监测洗脱峰。

7. 凝胶的保存与回收

凝胶柱使用一次后,必须反冲疏松一次,平衡后再使用。葡聚糖凝胶属多糖类,非常适宜微生物生长,短期(2～3 周)内湿态保存的凝胶需要加入抑菌剂(如 0.02% 叠氮钠或 0.002% 洗必泰)。实验完毕,需回收处理(放于指定容器,由老师统一回收):用 0.1 mol/L NaOH-0.5 mol/L NaCl 溶液浸泡,然后用大量去离子水洗涤,除去杂质,再依次用 70%,90%,95% 乙醇逐步脱水,最后在 60℃烘箱中烘干,回收保存。

【实验提示与注意事项】

(1)凝胶溶胀过程中,不能进行剧烈的搅拌,严禁使用电磁搅拌器,否则凝胶颗粒会破裂产生碎片。

(2)凝胶溶胀必须充分,否则会影响层析的均一性,甚至有引起凝胶柱破裂的危险。

(3)装好的柱子要均匀、平整,不能有气泡,不能分层。可用蓝色或红色葡聚糖过柱一次检查柱体是否均匀,如果色带均匀下降说明柱体正常可以使用。

(4)样品的上柱体积对凝胶层析的分离效果有影响,一般来说,在一定范围内,加样量或加样体积越小,分辨率越高。但样品的黏度也影响层析分辨率,因此,浓度低的样品应适当浓缩后上样,但浓度也不能过高。

(5)样品上柱是凝胶层析的一项重要操作,上柱前仔细检查柱床表面是否平整,如果有凸凹不平,可用细玻璃棒轻轻搅动表面,使凝胶重新自然沉降至表面平整。上样前还应保证柱面液体要尽可能少。

【思考题】

(1)试述凝胶过滤层析的原理,并着重说明分子洗脱下来的顺序。

(2)总结一下本实验成功的关键所在。

(3)比较离子交换层析和凝胶过滤层析的异同。

(4)将离子交换层析的单个洗脱峰溶液继续进行凝胶层析时,洗脱峰会发生什么样的变化,并分析其原因。

实验七　植物总 DNA 提取与琼脂糖凝胶电泳

【实验目的】

(1)掌握植物总 DNA 提取的基本原理和方法。

(2)掌握琼脂糖凝胶电泳的基本原理和操作方法。

（3）掌握相关试剂的配制、使用和相关仪器的使用方法。

【实验安排】

（1）每 2 人一组，每组共用一套移液器，各组按照试剂盒说明书独立进行操作。

（2）实验原理、背景、操作技能要点的学习约 1.5 学时，试剂配制过滤约需 1.5 学时，按照试剂和操作流程提取植物基因组 DNA 4 学时，琼脂糖凝胶电泳 3 学时。共需约 10 学时。

【实验背景与原理】

核酸是重要的生物大分子之一。作为遗传信息载体的 DNA（某些情况下是 RNA）和传递遗传信息的 RNA，它们参与遗传信息在细胞内的贮存、编辑、传递和表达，因此，在进行科学研究时，获得遗传信息的最直接方法就是进行 DNA 和 RNA 的研究。目前针对不同的生物体、组织、细胞，已经开发出了很多提取方法，不同生物（动物、植物、微生物）的基因组 DNA 的提取方法有所不同，不同生物种类或同一生物种类的不同组织因其细胞结构及所含成分不同，其基因组 DNA 的提取方法也有所差异。在提取时应注意选择合适的提取方法，除去组织中的多糖、蛋白质及多酚类物质等杂质。本实验用试剂盒，采用可以特异性结合 DNA 的离心吸附柱和独特的缓冲液系统，用于提取植物细胞中的基因组 DNA。

带电荷的物质在电场中的趋向运动称为电泳。电泳的种类多，应用非常广泛，它已成为生物化学、分子生物学技术中分离生物大分子的重要手段，琼脂糖凝胶电泳是其中应用最为广泛的电泳种类之一。DNA 分子在琼脂糖凝胶中泳动时有电荷效应和分子筛效应。DNA 分子在高于等电点的 pH 溶液中带负电荷，在电场中向正极移动。在一定的电场强度下，DNA 分子的迁移速度取决于 DNA 分子本身的大小和构型。通过与已知浓度和相对分子质量大小的标准 DNA 片段对照电泳，观察其带型和迁移距离，即可鉴定出待测样品的纯度、浓度及相对分子质量大小。琼脂糖凝胶电泳操作简单、快速、灵敏等优点，使其成为分离和鉴定核酸的常用方法。

【实验材料、仪器与试剂】

1. 实验材料
新鲜幼嫩植物组织，如叶片、花瓣、果实、种子、根和表皮等。

2. 器材
微量移液器（20 μL，200 μL，1000 μL），低温高速离心机，琼脂糖凝胶电泳系统（电泳仪，水平电泳槽及制胶器），凝胶成像系统，液氮罐，恒温水浴，电子天平。

3. 试剂
（1）植物基因组 DNA 提取试剂盒（离心柱型）（选用天根公司产品）。

（2）琼脂糖。

（3）DNA 电极缓冲液（0.5×TBE）：

先配成 5×TBE 母液（Tris 10.88 g，硼酸 5.52 g，EDTA·Na$_2$·2H$_2$O 0.74 g，溶解后蒸馏水定容 200 mL），使用前稀释 10 倍。

（4）6×上样缓冲液配方：0.25% 溴酚蓝，40% 蔗糖。

（5）5×DNA 相对分子质量 marker：λDNA/HindⅢ。

【实验方法与步骤】

1. 植物基因组 DNA 提取

使用前请先在缓冲液 GD 和漂洗液 PW 中加入无水乙醇,加入体积参照瓶上的标签。

(1) 取新鲜的植物组织约 100 mg,加入液氮充分研磨。

(2) 将研磨好的粉末迅速转移到装有 700 μL 65℃预热缓冲液 GP1 的离心管中(实验前在预热的 GP1 中加入巯基乙醇,使其终浓度为 0.1%),迅速颠倒混匀后,将离心管放在 65℃水浴中 20 min,水浴过程中颠倒离心管以混合样品数次。

(3) 加入氯仿 700 μL,充分混匀,12 000 r/min 离心 5 min。

(4) 小心地将上一步所得上层水相转入一个新的离心管中,加入缓冲液 GP2 700 μL,充分混匀。

(5) 将混匀的液体转入吸附柱 CB3 中,12 000 r/min 离心 30 s,弃废液。(吸附柱容积为 700 μL,可分次加入离心。)

(6) 向吸附柱 CB3 中加入缓冲液 GD 500 μL,12 000 r/min 离心 30 s,弃废液。

(7) 将吸附柱 CB3 放入收集管中,向吸附柱 CB3 中加入漂洗液 PW 700 μL,12 000 r/min离心 30 s,弃废液。

(8) 将吸附柱 CB3 放入收集管中,向吸附柱 CB3 中加入漂洗液 PW 500 μL,12 000 r/min离心 30 s,弃废液。

(9) 将吸附柱 CB3 放入收集管中,12 000 r/min 离心 2 min,弃废液。将吸附柱 CB3 置于室温放置数分钟,以彻底晾干吸附材料中残余的漂洗液。

(10) 将吸附柱 CB3 放入一个新的离心管中,向吸附膜中间部位悬空滴加 50～200 μL 洗脱缓冲液 TE,置于室温放置 2～5 min,12 000 r/min 离心 2 min,将溶液收集到离心管中,−20℃保存。

2. 琼脂糖凝胶电泳检测植物基因组 DNA

(1) 将凝胶成形模具水平放置,将选好的梳子放好。

(2) 称取 DNA 电泳用琼脂糖 0.8 g 放入 250 mL 的锥形瓶中,加入 0.5×TBE 缓冲液 100 mL,混匀后,将烧瓶置于电炉上,加热煮沸,直至琼脂糖完全溶解。

(3) 将其置室温下冷却至约 70℃(手握烧瓶可以耐受),再加入 GoldView™核酸染料 (10 mg/mL)5 μL,混匀后,将凝胶溶液倒入胶板铺板。本实验所用制胶板约需胶液 20 mL。

(4) 室温下待凝胶完全凝固,需时约 30 min,水平施力拔出梳齿,将胶板放入电泳槽中。

(5) 在电泳槽加入 0.5×TBE 缓冲液,以高出凝胶表面 2 mm 为宜。

(6) 将 20 μL 样品和 7 μL marker 分别与等体积的上样缓冲液充分混合,用加样器吸取样品,依序分别加入点样孔中,注意加样器吸头应恰好置于凝胶点样孔中,不可刺穿凝胶,也要防止将样品溢出孔外。

(7) 接通电源,调节电压至 50 V,电泳 90 min 后,将凝胶板取出,在紫外灯下观察结果或用凝胶成像仪(图 6-7-1)进行扫描。

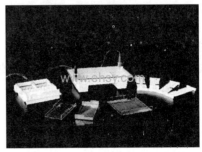

图 6-7-1　琼脂糖凝胶电泳系统

【实验提示与注意事项】

（1）线性 DNA 分子的迁移率与其相对分子质量的对数值成反比。

（2）一定大小的 DNA 片段在不同浓度的琼脂糖凝胶中的迁移率是不相同的。相反,在一定浓度的琼脂糖凝胶中,不同大小的 DNA 片段的迁移率也是不同的。若要有效地分离不同大小的 DNA,应采用适当浓度的琼脂糖凝胶（表 6-7-1）。

表 6-7-1 琼脂糖浓度的选择

琼脂糖凝胶浓度	可分辨的线性 DNA 片段大小/kb
0.4	5～60
0.7	0.8～10
1.0	0.4～6
1.5	0.2～4
1.75	0.2～3
2.0	0.1～3

（3）在同一浓度的琼脂糖凝胶中,超螺旋 DNA 分子迁移率比线性 DNA 分子快,线性 DNA 分子比开环 DNA 分子快。

（4）每厘米凝胶电压不超过 5 V,若电压过高分辨率会降低,只有在低电压时,线性 DNA 分子的电泳迁移率与所用电压成正比。

（5）上样缓冲液的作用:增加样品密度,保证样品沉入加样孔内;使样品带有颜色,便于简化上样过程;能明确显现样品在电泳胶上泳动的位置。指示剂监测电泳的行进过程,一般加入泳动速率较快的溴酚蓝指示电泳的前沿,它的速率约与 300 bp 的线状双链 DNA 相同。溴酚蓝在琼脂糖凝胶中迁移速率与琼脂糖浓度无关。一般在上样缓冲液中加入一定浓度的甘油或蔗糖,可以增加样品的比重。而在大片段电泳中采用 Ficoll（聚蔗糖）,可减少 DNA 条带的弯曲和拖尾现象。

【思考题】

（1）电泳时 DNA 片段的长度与胶的浓度应是怎样的对应关系?

（2）总结本实验操作的关键环节。

实验八　酵母 RNA 提取及定磷法测定 RNA 含量

【实验目的】

（1）掌握稀碱法提取酵母中 RNA 的原理和方法。

（2）掌握消化实验技术的原理和方法。

（3）掌握定磷法测定 RNA 含量的原理和实验方法。

【实验安排】

（1）每 2 人一组，每组制备一套标准曲线（2 次平行），按照要求测定 RNA 含量、无机磷含量，计算实验结果。

（2）实验原理、背景、操作技能要点尤其是回收率的测定和计算要点的学习约 2 学时，酵母 RNA 提取、消化 6 学时，标准曲线制备、含量测定 5 学时。共需约 13 学时。

【实验背景与原理】

由于 RNA 的来源和种类很多，因而提取制备方法也各有不同。一般有苯酚法、去污剂法和盐酸胍法。其中苯酚法又是实验室中最常用的，其原理为组织匀浆用苯酚处理并离心后，RNA 即溶于上层被酚饱和的水相中，DNA 和蛋白质则留在酚层中。向水层加入乙醇后，RNA 即以白色絮状沉淀析出，此法能较好地除去 DNA 和蛋白质。上述方法提取的 RNA 具有生物活性。工业上常用稀碱法和浓盐法提取 RNA，用这两种方法所提取的核酸均为变性的 RNA，主要用作制备核苷酸的原料，其工艺比较简单。浓盐法使用浓度约 10% 的 NaCl 溶液，90℃提取 3～4 h，迅速冷却，提取液经离心后，上清液用乙醇沉淀 RNA。稀碱法使用稀碱使酵母细胞裂解，然后用酸中和，除去蛋白质和菌体后的上清液用乙醇沉淀 RNA 或调 pH 2.5 利用等电点沉淀。

酵母含 RNA 达 2.67%～10.0%，而 DNA 含量仅为 0.03%～0.516%，为此，提取 RNA 多以酵母为原料。

元素分析表明，RNA 平均含磷量为 9.4%，DNA 为 9.9%，因此可以从测定核酸样品的含磷量计算 RNA 或 DNA 的含量。测定样品核酸总磷量，需先将它用硫酸或过氯酸消化成无机磷再行测定。总磷量减去未消化样品中测得的无机磷量，即得核酸含磷量，由此可以计算出核酸含量。

在酸性环境中，定磷试剂中的钼酸铵以钼酸形式与样品中的磷酸反应生成磷钼酸，当有还原剂存在时，磷钼酸立即转变蓝色的还原产物——钼蓝，钼蓝最大的光吸收波长在 650～660 nm 处。当使用抗坏血酸为还原剂时，测定的最适范围为 1～10 μg 无机磷。

【实验材料、仪器与试剂】

1. 实验材料

干酵母粉。

2. 器材

玻璃吸量管(1 mL,5 mL),低速离心机,分析天平,恒温水浴,真空泵及抽滤装置,电热消化炉,分光光度计。

3. 试剂

(1) 冰乙酸,95％乙醇,无水乙醚,pH 试纸(pH 1~14),30％过氧化氢。

(2) 0.2％NaOH：称取 NaOH 0.2 g,溶解于 99.8 mL 蒸馏水中即可,注意 NaOH 在空气中易吸潮,所以称量时应将 NaOH 直接置于玻璃烧杯内,不能使用称量纸。此外,NaOH 等强碱性溶液要放在塑料瓶内保存,不能使用玻璃磨口瓶保存。

(3) 0.05 mol/L NaOH：称取 NaOH 0.2 g,蒸馏水定溶 100 mL 即可。

(4) 标准磷溶液：将分析纯 KH_2PO_4 预先置于 105℃烘箱烘至恒重。然后放在干燥器内使温度降到室温,精确称取 0.2195 g(含磷 50 mg),用水溶解,定容至 50 mL(含磷量为 1 mg/mL),作为贮存液置于冰箱中待用。测定时,取此溶液稀释 100 倍,使含磷量为10 μg/mL。

(5) 定磷试剂：3 mol/L 硫酸：水：2.5％钼酸铵：10％抗坏血酸为 1∶2∶1∶1(体积比),配制时按上述顺序加试剂。溶液配制后当天使用。溶液的正常颜色呈浅黄绿色,如呈棕黄色或深绿色则不能使用,抗坏血酸溶液在冰箱放置可用 1 个月。定磷试剂需要现配现用。

(6) 3 mol/L 硫酸：量取浓硫酸 8.4 mL 用蒸馏水定容至 100 mL,注意稀释浓硫酸是要将硫酸缓慢地注入水中,并注意搅拌,避免稀释浓硫酸时大量放热引起危险。

(7) 5 mol/L 硫酸：量取 14 mL 浓硫酸用蒸馏水定容 100 mL。

(8) 2.5％钼酸铵：称取钼酸铵 2.5 g,溶解于 97.5 mL 蒸馏水中即可。

(9) 10％抗坏血酸：称取抗坏血酸 10 g,溶解于 90 mL 蒸馏水中即可。

(10) 沉淀剂：称取钼酸铵 1 g 溶于 14 mL 70％过氯酸中,加入 386 mL 水即可。

【实验方法与步骤】

1. 酵母 RNA 提取

称 4 g 干酵母粉置于 100 mL 0.2％ NaOH 溶液中,沸水浴加热 30 min,经常搅拌,然后加入数滴乙酸使提取液呈酸性(试纸检测)。4000 r/m,离心 10~15 min,取上清液加入 95％乙醇 30 mL,边加边搅动,加毕,静置,待 RNA 沉淀完全后,布氏漏斗抽滤,滤渣先用 95％乙醇洗两次,每次 10 mL,再用无水乙醚洗两次,每次 10 mL,洗涤时可用细玻棒小心搅动沉淀。最后用布氏漏斗抽滤,沉淀在空气中干燥,称量并回收。

$$干酵母粉 RNA 含量 = \frac{RNA 重(g)}{干酵母粉重(g)} \times 100\%$$

2. 标准曲线的绘制

取 12 支洗净烘干的硬质玻璃试管,按表 6-8-1 加入标准磷溶液、水及定磷试剂,平行作两份。

表 6-8-1　标准曲线制作

	1	2	3	4	5	6
标准磷溶液/mL	0	0.2	0.4	0.6	0.8	1.0
H_2O/mL	3.0	2.8	2.6	2.4	2.2	2.0
磷量/μg	0	2	4	6	8	10
定磷试剂/mL	3	3	3	3	3	3
将试管内溶液立即摇匀,于 45℃恒温水浴内保温 25 min。取出冷却至室温,以 1 号管调零, 于 660 nm 处测定吸光度。						
A_{660}(1)						
A_{660}(2)						

取两管平均值,以标准磷含量(μg)为横坐标,光密度为纵坐标,绘出标准曲线。

3. 测总磷量

精确称取已恒重的 RNA 约 200 mg,以 0.05 mol/L NaOH 溶液湿透,用玻璃棒研磨至似浆糊状的浊液后,用重蒸水定容至 100 mL,配得溶液含 RNA 2000 μg/mL。

样品的消化、总磷量和回收率的测定:取消化管 3 支,参照表 6-8-2 进行操作。

表 6-8-2　总磷量测定

	0	1	2
RNA 样品溶液/mL	—	1	—
标准磷原液	—	—	1
H_2O/mL	1	—	—
5 mol/L 硫酸/mL	2	2	2
168~200℃消化 60 min,溶液呈黄褐色,冷却			
30% H_2O_2/滴	2	2	2
168~200℃继续消化至溶液透明,冷却			
H_2O/mL	1	1	1
沸水浴中加热 10min(分解焦磷酸),冷却,转移至 50 mL 容量瓶中,定容			
取定容液/mL	3	3	0.3
H_2O/mL	—	—	2.7
定磷试剂/mL	3	3	3
将试管内溶液立即摇匀,于 45℃恒温水浴内保温 25 min。取出冷却至室温,以 0 号管调零, 于 660 nm 处测定吸光度。			
A_{660}			

按测得样品的光吸收值从标准曲线上查出磷量(μg),再乘以稀释倍数即得样品的总磷量(以每毫升溶液中的磷的 μg 数计算较为方便)。照同样方法可求得标准磷原液中磷的 μg 数(测定值),再除以原液中磷的 μg 数(配制值),即得回收率。总磷量再除以回收率就是样品中实际总磷量。

$$RNA\ 样品液的总磷量/(\mu g/mL) = \frac{样品管查出的磷量 \times 50}{3 \times 回收率}$$

4. 无机磷的测定

取试管 4 支,按表 6-8-3 操作。

表 6-8-3　无机磷的测定

	1	1′	2	2′
RNA 样品溶液/mL	—	—	2	2
H_2O/mL	2	2	—	—
沉淀剂/mL	4	4	4	4
	以 3500 r/min 离心 15 min			
取上清液	3	3	3	3
定磷试剂	3	3	3	3
	将试管内溶液立即摇匀,于 45℃ 恒温水浴内保温 25 min。取出冷却至室温,以 1 号管调零, 于 660 nm 处测定吸光度。			
A_{660}				

根据测得样品的光吸收值从标准曲线上查出无机磷含量(μg),再乘以稀释倍数即得样品的无机磷含量。

5. 核酸含量计算

RNA 的含磷量为 9.5%,由此可以根据 RNA 的含磷量计算出核酸量,即 1 μg RNA 磷(有机磷)相当于 10.5 μg RNA。将测得的总磷量减去无机磷量即核酸磷量。若样品中含有 DNA 时,则核酸磷量尚需减去 DNA 的含磷量,才得 RNA 磷量,DNA 的含磷量为 9.9%,但酵母中 DNA 含量非常少,可以忽略不计。

$$RNA 量(μg/mL)＝(总磷量－无机磷量－DNA 量×9.9\%)×10.5$$

$$样品液 RNA 含量＝\frac{RNA 量(μg/mL)}{2000(μg/mL)}×100\%$$

【实验提示与注意事项】

(1) 室温下,钼蓝颜色至少稳定 30 min。

(2) RNA 的用量应严格控制,使光密度值在 0.1～0.7 之间。

(3) 钼蓝反应极为灵敏,所用玻璃仪器、试剂中微量杂质的磷、硅酸盐、铁离子等都会影响结果,因此玻璃仪器的清洗需使用无磷的洗涤用品,用自来水冲洗干净后再用去离子水冲洗 3 遍,用重蒸水冲洗 1 次,烘干。所有试剂均用重蒸水配制。

(4) 钼酸铵和磷酸在酸性条件下才能生成磷钼酸,但过酸的环境,钼蓝反应难于进行,影响显色效果。所以酸度应该控制在 0.4～1.0 mol/L。

(5) 消化过程中,应控制温度,避免爆沸和内容物溅出,否则将影响消化过程中磷的回收率,进而影响整个实验的结果。

【思考题】

(1) 测定回收率有何意义?

(2) 实验中所使用的水、钼酸铵的质量和显色时酸的浓度对测定结果有何影响?

实验九　动物体内转氨基实验

【实验目的】

（1）掌握转氨基作用的原理和特点，了解氨基转移酶的作用。

（2）学习纸层析技术分离的基本操作和原理。

【实验安排】

（1）每 2 人一组，每组做一张层析纸，计算 R_f。

（2）实验原理、背景、操作技能要点的学习约 2 学时，试剂配制 4 学时，实验操作、层析约 7 学时，显色和实验数据分析 2 学时，本实验需要 15 学时。

【实验背景和原理】

α 氨基酸上的氨基在氨基转移酶的催化下，经过转氨基作用后，转移到 α 酮酸的羰基位置上，形成另一个新的 α 氨基酸和 α-酮酸。反应液可通过纸层析的方法进行分离，层析结束后用茚三酮进行染色检测。

本实验用纸层析法来观察 α 酮戊二酸与丙氨酸在丙氨酸氨基转移酶（ALT）催化下的转氨基作用．它们催化的反应如下：

$$
\begin{array}{ccccccc}
\text{COOH} & & \text{CH}_3 & & \text{COOH} & & \text{CH}_3 \\
| & & | & & | & & | \\
(\text{CH}_2)_2 & + & \text{C}=\text{O} & \rightleftharpoons & (\text{CH}_2)_2 & + & \text{CHNH}_2 \\
| & & | & & | & & | \\
\text{CHNH}_2 & & \text{COOH} & & \text{C}=\text{O} & & \text{COOH} \\
| & & & & | & & \\
\text{COOH} & & & & \text{COOH} & & \\
\text{谷氨酸} & & \text{丙酮酸} & & \alpha\text{-酮戊二酸} & & \text{丙氨酸}
\end{array}
$$

滤纸层析是以滤纸作为惰性支持物的分配层析。滤纸纤维上羟基具有亲水性，因此吸附一层水作为固定相，而通常把有机溶剂作为流动相。流动相流经支持物时，对固定相进行连续抽提，使物质在两相之间不断分配而得到分离。

溶质在滤纸上的移动速率用 R_f 表示：

$$R_f = \frac{\text{原点到层析斑点中心的距离}}{\text{原点到溶剂前沿的距离}}$$

溶质结构、溶剂系原点到溶剂前沿的距离、物质组成和比例、pH、选用滤纸质地和温度等因素都会影响 R_f。此外，样品中的盐分、其他杂质以及点样过多皆会影响样品的有效分离。

【实验材料、仪器与试剂】

1. 实验材料

新鲜肌肉。

2. 器材

研钵，试管，水浴锅，新华 1 号层析纸，喷雾器，吹风机，毛细管，培养皿，漏斗，电动匀浆器。

3. 试剂

（1）0.1 mol/L 丙氨酸：称取 L-丙氨酸 0.89 g，用少量 0.01 mol/L 磷酸缓冲液溶解，以 NaOH 溶液调 pH 至 7.4，定容至 100 mL。

（2）0.1 mol/L 谷氨酸：称取 L-谷氨酸 1.47 g，如（1）中方法配制成 100 mL 溶液。

（3）0.01 mol/L 磷酸缓冲液（pH 7.4）：0.2 mol/L Na_2HPO_4 溶液 1 mL 与 0.2 mol/L $Na_2H_4PO_4$ 溶液 19 mL 混匀，加水稀释 20 倍。

（4）0.1 mol/L α-酮戊二酸：取 α-酮戊二酸 1.46 g，如（1）中方法配制成 100 mL 溶液。

（5）0.1％茚三酮：取茚三酮 0.1 g 溶于 95％乙醇中，定容至 100 mL。

（6）展层剂（水饱和酚）：取新蒸馏的苯酚 2 份，加蒸馏水 1 份（V/V），放入分液漏斗中剧烈摇动后，放暗处静置 7～10 h，待分层后，取下层液贮于棕色瓶中备用。

【实验方法与步骤】

1. 肌肉糜的制备

取新鲜肌肉 5 g 在低温下剪碎，加入预冷的 0.01 mol/L 磷酸缓冲液（pH 7.4）5 mL，用匀浆器研磨成匀浆备用。

2. 转氨基反应

分别向测定管和对照管中加入各种试剂，按表 6-9-1 顺序操作。对照管加入肌肉糜后立即放入沸水浴中煮沸 10 min，而后放入 37℃ 水浴中与测定管同时保温 1 h。测定管保温后立即在沸水浴中加热 10 min 终止反应。待冷却后将二管中的反应液分别过滤到 2 支干净试管中（或载玻片上）待层析用。

表 6-9-1　转氨基反应

	对照管	测定管
0.1mol/L 丙氨酸/mL	1	1
0.1 mol/L α-酮戊二酸/mL	1	1
0.01 mo/L 磷酸缓冲液（pH 7.4）/mL	1	1
肌肉糜/mL	1	1

3. 纸层析

取直径 10～11 cm 层析纸 1 张，找出圆心，通过圆心作垂直线，在两条垂直线上与圆心相距 1.5 cm 处分别作为测定管和对照管上清液及标准 L-丙氨酸、L-谷氨酸的点样位置（图 6-9-1）。

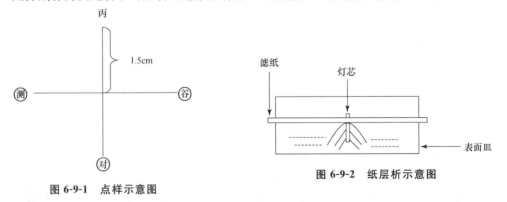

图 6-9-1　点样示意图

图 6-9-2　纸层析示意图

点样前，在层析纸的圆心上打一直径为 3～4 mm 的小孔。点样时将毛细管口轻轻靠在滤纸上，使斑点直径为 2～3 mm，重复点 3 次，每次点样完成后待自然风干（或吹风机吹干），再点下一次。点样后,取一小层析纸条,将其下端剪成刷,卷成"灯芯"状,插入层析线圆心的小孔内,使纸卷毛刷状朝下浸入展开液中,另一端突出纸面少许,将层析纸平放在盛有饱和苯酚的培养皿上,层析纸上盖上合适的培养皿,如图 6-9-2 所示。

溶剂沿纸芯上升到滤纸,再向四周扩散,待溶剂前沿到达培养皿边缘 $0.5\sim1$ cm 处(约 40 min),取出层析纸,并记下溶剂前沿,去掉纸芯,吹风机吹干层析纸上的展层剂。用喷雾器向层析纸均匀喷洒 0.1%茚三酮溶液,吹风机吹干,层析纸上即可看到紫色斑点,比较色斑的位置和颜色深浅,并计算每个斑点的 R_f,分析实验结果。

【实验提示与注意事项】

(1) 选用合适、干净的层析滤纸。如滤纸不干净,可将滤纸浸于 0.4 mol/L 盐酸中 20 h,去离子水洗至中性,再依次用 95%乙醇、无水乙醇及无水乙醇分别浸洗一次。吹风机吹去乙醚,40℃烘干。

(2) 在低温下进行匀浆,保证酶的活性。

(3) 点样斑点不能太大(直径小于 0.5 cm),防止氨基酸斑点不必要的重叠。吹风温度不宜太高,否则斑点变黄。

(4) 茚三酮的喷洒要均匀。

(5) 滤纸上的小孔大小要适中,勿使灯芯过紧或过松。

【思考题】

(1) 纸层析的基本原理是什么?简述转氨基作用及其反应原理。

(2) 实验过程中为什么不能用手直接接触滤纸?

(3) 影响 R_f 的因素都有哪些?

实验十　脂肪酸的 β-氧化实验

【实验目的】

(1) 了解脂肪酸的 β-氧化作用过程。

(2) 通过测定和计算反应液内丁酸氧化生成丙酮的量,掌握测定酮体的方法及原理。

【实验安排】

(1) 每 2 人一组,每组测定一组肝脏丙酮含量数据。

(2) 实验原理、背景、操作技能要点的学习约 1.5 学时,试剂配制约需 3.5 学时,实验操作 4 学时。共需约 9 学时。

【实验背景和原理】

在肝脏内,脂肪酸经 β-氧化作用生成乙酰辅酶 A,两分子的乙酰辅酶 A 可缩合生成乙酰乙酸,乙酰乙酸可脱羧生成丙酮,也可以还原生成 β-羟丁酸。乙酰乙酸、β-羟丁酸和丙酮总称为酮体。酮体作为机体代谢的中间产物,在正常情况下,其产量甚微,生成后即被吸收,患糖尿病、严重饥饿或食用高脂肪食物时,血液中出现大量酮体,尿中的酮体含量也显著提高。本实验用新鲜肝糜与丁酸保温生成丙酮,可用碘仿反应测定生成的丙酮量。在碱性条件下,丙酮与碘生成碘仿。

反应式如下:

$$2NaOH + I_2 \Longrightarrow NaOI + NaI + H_2O$$

$$CH_3COCH_3 + 3NaOI \Longrightarrow CHI_3 + CH_3COONa + 2NaOH$$

剩余的碘,可用标准硫代硫酸钠滴定:

$$NaOI + NaI + 2HCl \Longrightarrow I_2 + 2NaCl + H_2O$$

$$I_2 + 2Na_2S_2O_3 \Longrightarrow Na_2S_4O_6 + 2NaI$$

根据滴定样品与滴定对照所消耗的硫代硫酸钠溶液体积之差,可以计算由丁酸氧化成丙酮的量。

【器材和试剂】

1. 仪器

匀浆器或研钵,剪刀,镊子,漏斗,锥形瓶(50 mL),试管,刻度吸管(5 mL,10 mL),微量滴定管(5 mL),恒温水浴锅。

2. 试剂

(1) 0.1‰淀粉溶液,0.9%NaCl 溶液,15%三氯乙酸溶液,10%NaOH 溶液,10%盐酸溶液,0.1‰淀粉溶液,1/15 mol/L 磷酸盐缓冲液(pH 7.6)。

(2) 0.5 mol/L 正丁酸溶液:取正丁酸 5 mL,用 0.5 mol/L NaOH 溶液中和至 pH 7.6,并用蒸馏水稀释至100 mL。

(3) 0.01 mol/L KIO$_3$ 溶液:准确称取 KIO$_3$(M_r 214.02)2.1402 g,溶于蒸馏水后,于 1000 mL 容量瓶中用蒸馏水定容。

(4) 0.01 mol/L 硫代硫酸钠标准溶液:称取 $Na_2S_2O_3 \cdot 5H_2O$ 2.48 g 和 Na_2SO_4 400 mg 溶于 1000 mL 刚煮过的冷蒸馏水中,定容至 1000 mL。标定:吸取 0.01 mol/L KIO$_3$ 溶液 20 mL 于锥形瓶中,加入 KI 1 g 及 12 mol/L H$_2$SO$_4$ 溶液 5 mL,然后用上述 0.01 mol/L 硫代硫酸钠溶液滴定至浅黄色,再加入 0.1‰淀粉溶液 3 滴作指示剂,此时溶液呈蓝色,继续滴定至蓝色刚消失为止,计算硫代硫酸钠溶液的准确浓度。

(5) 0.1 mol/L 碘溶液:称取 I$_2$ 12.7 g 和 KI 25 g 溶于水中,稀释到 1000 mL,混匀,用标准 0.01 mol/L 硫代硫酸钠标定。

【操作步骤】

1. 肝糜的制备

将家兔(或大鼠、鸡)杀死。迅速放血,取出肝脏,用预冷的 0.9% NaCl 溶液洗去污血,用滤纸吸去表面的水分。称取肝组织 5 g 置于研钵中,加少量预冷的 0.9%NaCl 溶液,研磨成匀浆,用 0.9%NaCl 溶液定容至 10 mL。

2. 酮体的生成

取 2 个 50 mL 的锥形瓶,各加入 $\frac{1}{15}$ mol/L 的磷酸盐缓冲液(pH 7.6)3 mL。一个锥形瓶中加正丁酸 2 mL,另一个锥形瓶作为对照,不加正丁酸。然后各加入肝组织 2 mL,混匀,置 43℃恒温水浴中保温 1.5 h。取出锥形瓶,各加入 15%三氯乙酸溶液 3 mL,在对照瓶内追加正丁酸 2 mL,混匀,静置 15 min 后过滤。将滤液分别收集在两支试管中。

3. 酮体的测定

吸取两种滤液各 5 mL 分别放入另外两个锥形瓶中,再各加入 0.1 mol/L 碘溶液 3 mL 和 10% 氢氧化钠溶液 3 mL,摇匀,静置 10 min。加入 10% 盐酸溶液 3 mL 中和。然后用 0.01 mol/L 标准硫代硫酸钠滴定剩余的碘,滴至浅黄色时,加入 3 滴淀粉溶液指示剂,摇匀,并继续滴到蓝色消失。记录滴定样品与对照所用的硫代硫酸钠溶液毫升数,并按下式计算样品中的丙酮含量。

表 6-10-1 酮体测定方法

	A	B
新鲜肝匀浆/mL	—	2.0
预先煮沸肝匀浆/mL	2.0	—
pH 7.6 磷酸缓冲液/mL	3.0	3.0
正丁酸溶液/mL	2.0	2.0

$$肝脏丙酮含量/(mg/g) = (A-B)c \times 58.6 \times 15$$

式中,A:滴定对照所消耗的 0.01 mol/L 硫代硫酸钠溶液的体积,mL;B:滴定样品所消耗的硫代硫酸钠溶液的体积,mL;c:硫代硫酸钠溶液的浓度,mol/L。

【注意事项】

(1) 在低温下制备新鲜的肝糜,以保证酶的活性。

(2) 加 HCl 溶液后即有 I_2 析出,I_2 会升华,所以要尽快进行滴定,滴定的速度是前快后慢,当溶液变浅黄色后,加入指示剂就要慢,应逐滴添加。

(3) 滴定时淀粉指示剂不能太早加入,当被滴定液变浅黄色时加入最好,否则将影响终点的观察和滴点结果。

【思考题】

(1) 为什么说做好本实验的关键是制备新鲜的肝糜?

(2) 什么叫酮体?为什么正常代谢时产生的酮体量很少?在什么情况下血中酮体含量增高,而尿中也能出现酮体?

(3) 为什么测定碘仿反应中剩余的碘可以计算出样品中丙酮的含量?

(4) 实验中三氯乙酸起什么作用?

第七篇 分子生物学实验

实验一 大肠杆菌感受态细胞的制备

【实验目的】

通过本实验掌握 $CaCl_2$ 法制备感受态细胞的原理和方法。

【实验安排】

（1）本实验安排 4 学时。实验前一天晚上接种大肠杆菌 DH5α，从制备感受态细胞到转化（实验二）一天可完成，次日上午观察结果。

（2）本实验在教师指导下，学生独立完成。

【实验背景与原理】

（一）背景

基因克隆的技术流程主要包括以下几个基本环节。

1. 目的基因的获得

目的基因是指所要研究或应用的基因，也就是将要克隆或表达的基因。获得目的基因是分子克隆过程中最重要的一步。用于获得目的基因的方法有几种，如文库筛选法、体外扩增法和人工合成法等，其中多聚酶链式反应（PCR）或逆转录-多聚酶链式反应（RT-PCR）体外扩增目的 DNA 片段是目前最常用的方法。

（1）采用 PCR 或 RT-PCR 方法制备目的基因。

根据已发表的基因序列设计并合成引物，采用 PCR（以基因组 DNA 为模板）或 RT-PCR（以 mRNA 为模板）从组织或细胞中获取目的基因片段用于基因操作，这是实验室中最常用的获取已知基因的方法。

还有一个获得目的基因的方法是利用计算机技术进行"计算机克隆"，即利用 GenBank 中的基因信息，通过软件比较不同种属基因之间的相似性（同源性），利用保守区序列设计引物，再用 PCR 或 RT-PCR 从不同种属或不同组织细胞中获取未知的基因片段。这是目前可实现的一种获得新基因的捷径。

（2）基因组文库或 cDNA 文库的构建和筛选。

将基因组 DNA 用限制性内切酶消化后插入到适当载体中，得到含有不同插入片段的克隆载体，这种克隆载体的混合物含有长短不同的基因组片段，这就是基因文库。若将细胞内所有 mRNA 均逆转录成 cDNA，然后将所有 cDNA 片段克隆到适当的载体中，构建成含有不同 cDNA 片段的克隆载体混合物，这就是 cDNA 文库。目前许多组织或细胞的基因组或 cDNA 文库都可以从商业公司买到。

当获得了基因组文库或 cDNA 文库,可以根据已知的信息合成特异性探针,采用核酸分子杂交的方法从文库中筛选感兴趣的基因片段,这仍是目前获得新基因的一种常用手段。

(3) 化学合成法制备基因片段。

采用 DNA 合成仪,对目的基因进行分段合成,然后进行连接,可以得到所需的目的基因。化学合成法可以改变原始的基因序列,甚至可以合成自然界不存在的序列。

2. 目的基因和载体的连接

获得目的基因后必须将其放在一定的载体内才能在宿主细胞内扩增或表达。目的基因与载体的连接及其后续的转化过程习惯上称为克隆(cloning)。由于目前的基因克隆都是利用 PCR 技术获得,因此这里先介绍 PCR 产物的克隆策略,然后再介绍其他的克隆方式。

(1) PCR 产物的克隆策略。

获得 PCR 产物通常只是克隆的第一步。无论研究的起始材料是 RNA 还是 DNA,最重要的是要有一种有效的方法对 PCR 产物进行克隆。目前已建立了多种对 PCR 产物进行克隆的方法,具体选择哪种方法取决于以下几个因素:PCR 产物序列是否已知;载体上有哪些单一的限制性酶切位点可以利用;克隆 PCR 产物的用途等。

① 限制性内切酶酶切位点添加法。对 PCR 产物进行克隆的一个基本方法是利用目的片段所特有的限制性内切酶识别位点对产物进行酶切消化。一般是在设计 PCR 引物时就要考虑到连接方式,直接在引物末端包含与载体相匹配的限制性内切酶位点。

② T/A 克隆法。在 PCR 产物的克隆中,还可以利用含有单个胸腺嘧啶(T)3′突出端的线性化载体与带有单个腺苷酸(A)3′突出端的 DNA 片段的连接来进行克隆,这种克隆系统被称为 T/A 克隆。它利用了 Taq DNA 聚合酶具有延伸酶活性,即以不依赖模板的方式将一个核苷酸添加到已完成延伸的 PCR 产物的 3′末端。对于多数 DNA 聚合酶,这个添加上去的核苷酸通常是 A 残基。目前,已有不少商业公司提供专门用于 PCR 产物克隆的 T 载体(图 7-1-1),即 3′端带有单个 T 突出末端的线性化载体。

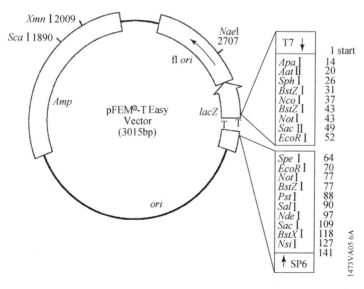

图 7-1-1　T 载体

(2) 外源 DNA 片段和载体的连接。

① 黏性末端的连接。用一种适当的限制性核酸内切酶将目的基因和载体 DNA 消化,

使它们两端各具有相同的黏性末端,两者的互补末端碱基配对,在 DNA 连接酶作用下,共价连接成新的 DNA 分子。在实际操作中,我们最常用的就是双酶切策略,即用两种限制性内切酶消化载体和外源 DNA 片段,因黏性末端不同,载体分子和外源 DNA 片段只能按一种方向连接,这就是所谓"定向克隆"。

② 平头末端的连接。载体和外源 DNA 片段的末端是平头也可以连接,但由于平端连接时反应更偏向于载体的自身环化,因此这种方法的效率要比黏端连接低得多。

3. 重组 DNA 分子的转化

目的基因和载体在体外连接形成重组 DNA 分子后,需要被导入受体细胞中才能进行增殖和表达。接受重组 DNA 分子的细胞称作受体细胞或宿主细胞。受体细胞分为原核细胞(如大肠杆菌)和真核细胞(如酵母、昆虫细胞及哺乳动物细胞)。原核细胞可作为基因复制扩增的场所,也可作为基因表达的场所;而真核细胞一般只用作基因表达系统。

未经处理的大肠杆菌很难接受外源重组 DNA 分子,但经物理或化学方法处理后,细菌对摄取外来 DNA 分子变得敏感,这种经处理而易接受外源 DNA 分子的细胞叫做感受态细胞(competent cell)。

将重组 DNA 分子和感受态大肠杆菌细胞相混合,使重组 DNA 分子进入大肠杆菌中,就可以实现重组 DNA 分子的转化。

4. 重组 DNA 分子的筛选和鉴定

重组 DNA 分子导入受体细胞后是否得到扩增,扩增后的重组 DNA 分子是否正确,导入的重组 DNA 分子是否含有正确的插入片段,重组 DNA 分子能否表达插入的目的基因,一般可以采用以下几种方法对重组 DNA 分子进行筛选和鉴定。

(1) 重组 DNA 分子的筛选。

① 抗生素筛选。可根据所选用载体的特性,尤其是抗药基因的存在与否进行初步筛选。例如,载体具有抗氨苄青霉素的抗性基因,若转化后的细胞能在含氨苄青霉素的培养基中生长,说明载体 DNA 被导入到了受体细胞中并且能够扩增繁殖。但这种筛选并不能说明目的基因一定连接到了载体上。但通过抗药基因的失活筛选可以证明有外源基因插入。

② 蓝白斑筛选。有些载体为了方便筛选,根据细菌乳糖操纵子原理,将 LacZ 基因构建到了载体的多克隆酶切位点处。如果目的基因连接成功,LacZ 基因将由于目的基因的插入而失活,不能产生分解乳糖及其类似物的半乳糖苷酶,菌落在含有 X-gal 和 IPTG 的培养基上呈现白色,无目的基因插入的克隆菌落为蓝色。根据这种特性,可以基本判断重组成功与否。

(2) 重组 DNA 分子的鉴定。

① PCR 鉴定。要确定外源基因是否插入载体分子,可以采用 PCR 的方法进行鉴定。根据外源基因设计特异性引物,直接进行菌落 PCR 或者对小量抽提的质粒 DNA 进行 PCR 分析。PCR 简便易行,往往成为鉴定的第一步。但 PCR 结果并不可靠,因此需要后续的更为可靠的酶切鉴定。如果得到的阳性克隆不多,也可以跳过 PCR 鉴定这一步,直接进行酶切鉴定。

② 酶切鉴定。将重组 DNA 分子提取出来,用特定内切酶切割重组 DNA 分子并电泳。如果目的基因被成功地插入到了载体分子中,可以通过目的基因两端的酶切位点将目的基因切割下来,经琼脂糖凝胶电泳即可以判断目的基因的存在与否,这是常用的鉴定方法。

③ 测序鉴定。由于 PCR 产物有错配的可能性,所以,经过初步鉴定后的重组 DNA 分子往往需要进行目的基因片段的 DNA 序列分析,通常采用多克隆位点两端的载体序列作为测序时

引物的结合位点,即所谓的通用引物。一般需要表达的目的基因都必须经过测序予以确认。

(二) 原理

质粒 DNA 或以它为载体构建的重组子导入细菌的过程称为转化。制备感受态细胞的方法有化学转化法和电击转化法。本实验采用化学转化法,首先用冰冷的氯化钙溶液处理大肠杆菌,其原理是大肠杆菌处于 $0℃$、$CaCl_2$ 低渗溶液中,菌细胞膨胀成球形,细胞膜的通透性发生改变,此时的细胞呈现感受态。转化混合物中的 DNA 形成抗 DNA 酶的羟基钙磷酸复合物黏附于感受态细胞表面,经 $42℃$ 短时间热击处理,促进细胞吸收 DNA 复合物。

【实验材料、仪器与试剂】

1. 材料

大肠杆菌 $DH5\alpha$,Eppendorf 管,吸头,培养皿,玻璃刮刀。

2. 仪器

高压蒸汽灭菌锅,台式高速冷冻离心机,制冰机,旋涡混匀器,电热恒温水浴锅,生化培养箱,台式恒温振荡器,超净工作台,移液器。

3. 试剂

(1) $0.1 \, mol/L \, CaCl_2$ 溶液:高压蒸汽灭菌后 $4℃$ 冰箱保存。

(2) 氨苄青霉素(Amp):用无菌去离子水配制成 $100 \, mg/mL$ 溶液,分装至 Eppendorf 管中,置于 $-20℃$ 保存。

(3) LB 液体培养基:胰蛋白胨 $10 \, g$,酵母提取物 $5 \, g$,NaCl $10 \, g$,去离子水 $1000 \, mL$,pH 7.0。$121℃$ 灭菌 $20 \, min$。

(4) LB 固体培养基:量取一定体积的液体培养基,加入 1% 的琼脂,$121℃$ 灭菌 $20 \, min$。

【实验方法与步骤】

(一) 实验步骤

(1) 从新活化的大肠杆菌 $DH5\alpha$ 平板上挑取一个单菌落,接种于 $2 \, mL \, LB$ 液体培养基试管中,放入恒温摇床,$37℃$ 振荡培养过夜,转速为 $200 \, r/min$。

(2) 取菌液 $2 \, mL$ 转接到一个装有 $50 \, mL \, LB$ 液体培养基的三角瓶中,$37℃$ 振荡培养 $2\sim 3 \, h$,按 $1:100$ 扩大培养。A_{600} 约为 0.4 时即可停止培养,此时菌体处于对数生长期前期。

(3) 取菌液 $1.5 \, mL$ 至 $1.5 \, mL$ Eppendorf 管中,冰上放置 $10 \, min$,以避免处于对数生长期的细菌继续繁殖。

(4) 置高速冷冻离心机中,$4℃ \, 4000 \, r/min$ 离心 $10 \, min$,弃上清液,回收菌体细胞。

(5) 用冰冷的 $0.1 \, mol/L \, CaCl_2 \, 1.0 \, mL$ 悬浮沉淀,可用移液器轻轻吹打沉淀,使菌体细胞均匀悬浮,并立即冰浴 $15 \, min$,使菌体细胞完全冷下来。

(6) 再次置高速冷冻离心机中,$4℃ \, 4000 \, r/min$ 离心 $10 \, min$,弃上清液,回收细胞。

(7) 用冰冷的 $0.1 \, mol/L \, CaCl_2 \, 0.2 \, mL$ 重悬沉淀。$4℃$ 冰箱中放置 $2 \, h$,此细胞为感受态细胞。

(二) 数据记录及结果处理

制备好的大肠杆菌感受态细胞用于重组 DNA 的导入和筛选。

【实验提示与注意事项】

（1）实验中所有操作均应在无菌条件下进行，所有器具及试剂都需进行高压蒸汽灭菌处理。

（2）制备感受态细胞时，细胞处于对数生长期，不要过于老化。

（3）制备的感受态细胞可在 4℃放置 2 h 以上，以增加转化效率（4～6 倍），但不能超过 24 h。

【思考题】

（1）何谓感受态细胞？制备感受态细胞的原理是什么？制备过程中应注意哪些关键步骤？

（2）$CaCl_2$ 溶液的作用是什么？

（3）为什么通常采用大肠杆菌 DH5α 作为基因克隆中受体菌？

（4）制备感受态细胞应注意哪些问题？

实验二　重组 DNA 的导入和筛选

【实验目的】

（1）学会将重组子导入受体细胞的原理和方法。

（2）掌握抗药性筛选、蓝-白斑筛选鉴定重组子的原理和方法。

【实验安排】

（1）本实验安排 4 学时。实验前一天晚上接种大肠杆菌 DH5α，从制备感受态细胞到转化（实验二）一天可完成，次日上午观察结果。

（2）本实验在教师指导下，学生独立完成。

【实验背景与原理】

载体（vector）是指能将目的 DNA 片段带入宿主细胞，并能进行扩增的一类 DNA 分子。载体一般都能在细胞内建立稳定的遗传状态，可在细胞内独立繁殖，传代，或是整合到宿主细胞染色体基因组中随基因组的复制而复制。表达型载体还可表达携带的目的基因。

一般而言，载体是通过改造天然质粒、噬菌体和病毒构建而成。目前，全世界构建和应用的载体有数千种之多。实验室最常用的是质粒载体。

质粒是细胞染色体以外的独立遗传因子，能自主复制且稳定遗传，由双链 DNA 分子组成，几乎完全裸露，很少有蛋白质结合，大小在 1～200 kb 之间，至今发现的质粒多数是环状的。

质粒 DNA 在细菌中的复制有严谨型和松弛型之分。严谨型质粒拷贝数少，一个细胞可复制 1～5 个质粒，这对于基因的扩增和表达是不利的；松弛型质粒可复制 30～50 个质粒，大量扩增时甚至可达上千个，每个细菌能容纳的质粒数目称为拷贝数，拷贝数越大，对基因工程的生产应用越有利，松弛型质粒在重组 DNA 技术中得到广泛的应用。用氯霉素可阻止蛋白质合成，使质粒有效利用原料，复制更多的质粒。

含有同一复制起始点或复制机制相同、相似的两种质粒,不能在同一细胞中长期稳定地共存,这种现象称为质粒的不相容性。带有相同复制子的质粒属于同一不相容组,而带有不同复制子的质粒则属于不同的不相容组。当两个不相容质粒被导入同一个细胞时,它们在复制及随后分配到子代细胞的过程中彼此竞争,最初的微小差异将随着细菌生长而增加直至严重失衡,生长若干代之后,比例占少数的质粒将逐步减少直至最终消失,细胞中只含有其中一种质粒。质粒的不相容性保证了野生型质粒和重组质粒最终不可能共存于同一个细胞中,这是通过基因克隆获取单一质粒 DNA 的重要生物学基础。

如果两种质粒复制子不同,复制过程互不干扰,则可以同时在一种细胞中共存,则称为相容性质粒。作为克隆载体,应尽量避免相容性质粒的污染。但有时在表达外源基因时,也利用可以共存于同一细胞中的质粒表达有协同功能的蛋白。

实验室中用于重组 DNA 技术的质粒都是改造的、本身 DNA 大小多在 3～5 kb 之间,通常具有以下特点:

(1) 复制子,由复制起点、复制区和复制终点组成。它能自我复制而不受染色体制约,此外还带有一些编码质粒复制过程中必需的 RNA 和蛋白质的基因;使它携带的目的基因得到大量扩增。

(2) 可被转化但不能扩散,以利于安全,另外相对分子质量小,拷贝数要高,便于应用(如便于提取、基因克隆、酶切鉴定、细胞转化及原位杂交等)。

(3) 遗传标记,至少要有两个便于选择的遗传标记。其一用于检查外源 DNA 是否插入到质粒中,例如,载体中引入的 LacZ 基因,它编码 β-半乳糖苷酶氨基端的一个 146 个氨基酸的 α-肽,可以被 IPTG(异丙基-β-D-硫代半乳糖苷)诱导合成,新合成的肽能与宿主细胞所编码的缺陷型 β-半乳糖苷酶实现互补,产生有活性的 β-半乳糖苷酶。该酶能够水解 X-gal(5-溴-4-氯-3-吲哚-β-D-半乳糖苷),生成蓝色的溴氯吲哚,使含 X-gal 的培养基中生长的菌落为蓝色。若有外源 DNA 插入 LacZ 中,因不能合成正确的 α-肽,转化或转染的 Lac 缺陷菌株,用 X-gal 筛选,白色菌落可能是含阳性克隆载体,含空载体的菌落为蓝色;其二用于选择已把载体转化到细菌中的菌落,如氨苄青霉素抗性基因(amp^r),只有经转化含有质粒的重组菌在含氨苄青霉素的培养基中才能生长。

(4) 酶切位点,有多个单一的酶切位点,起点在某个遗传标记上,为一些限制酶单一识别位点,可将外源 DNA 在这些位点上插入构成重组体,而不破坏质粒的生存能力及特性。

质粒进入细胞是通过转化技术实现的,但重组质粒大于 15 kb 时,用普通的冷 $CaCl_2$ 转化技术转化时效率明显降低,因此,质粒一般用于 10 kb 以下的 DNA 片段的克隆。下面是几种代表性的质粒载体。

1. pBR322 质粒载体

pBR322(图 7-2-1)是一种经典的环状双链 DNA 质粒载体的代表,长 4.36 kb。在细菌中的分子个数(称为拷贝数)多,便于制备;含有一个复制起始点(ori),它可以保证该质粒只在大肠杆菌中行使复制功能。含有 $BamH$ Ⅰ、$EcoR$ Ⅰ、$Hind$ Ⅲ 和 Sal Ⅰ等多种限制性内切酶的单一酶切位点,用于插入外源 DNA 片段。含有四环素(tet)和氨苄青霉素(amp)两个耐药性基因标

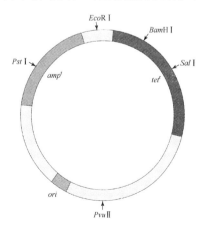

图 7-2-1 pBR322 质粒载体

记,分别简写为 *tet*[r] 和 *amp*[r](r 是 resistance 的简写,即抗性或耐性)。无耐药性基因的大肠杆菌被 pBR322 质粒转化后便可获得相应抗生素抗性。两个抗生素抗性基因中均含有单克隆位点,如 *Bam*HⅠ、*Hind*Ⅲ和 *Saz*Ⅰ的识别位点在四环素耐药性基因内;而另一个单一的 *Pst*Ⅰ识别位点在氨苄青霉素耐药性基因内。若在这些位点插入外源 DNA 片段,破坏了相应的 *tet*[r] 和 *amp*[r] 基因,宿主细胞失去相应的耐药性,不能在含相应抗生素的培养基中生长,这一现象称为插入失活(insertional inactivation)。利用这一现象可用于筛选含重组 DNA 的宿主细胞。

2. pUC18/19 质粒载体

pUC 系列质粒载体也是常用的质粒克隆载体,由 pBR322 载体衍生构建而成。它是用 *E. coli* 的乳糖操纵子基因氨基末端部分(1*acZ*)代替了 pBR322 的选择标记 *Tc*[r] 基因,并在 *lacZ* 中组装了多克隆位点区。因此,pUC18/19 长 2.69 kb,复制起始点来自 pBR322,含有一个氨苄青霉素抗性基因、一个大肠杆菌 β-半乳糖苷酶基因(1*acZ* 基因)启动子及一个调节 *lacZ* 基因表达的阻遏蛋白(repressor)的基因 *lac* Ⅰ。pUC18 和 pUC19 所有元件均相同,两者唯一的差别是相对于 *lacZ* 启动子的多克隆位点的排列方向相反,提供了更多的克隆策略选择机会(图 7-2-2)。

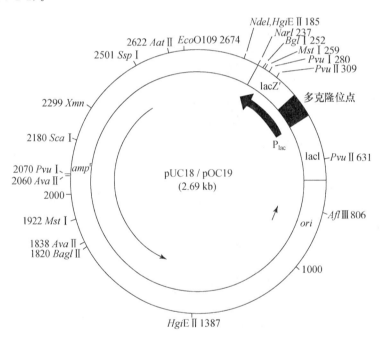

图 7-2-2 pUC18/pUC19 的限制性内切酶图谱及多克隆位点

(引自 Sambrook,J. et al.,Molecular Cloning,1989)

pUC 18/19 质粒载体含有 *lacZ* 基因,能表达 β-半乳糖苷酶氨基端的一个片段(α 片段),适用于可编码 β-半乳糖苷酶羧基端的部分序列(片段)的宿主细胞(DH5α,JM109 等)。虽然这类质粒和宿主各自所编码的片段都没有完整的 β-半乳糖苷酶的活性,但两者可以互补,产生具有完整 β-半乳糖苷酶活性的蛋白质,这种现象称为 α-互补。将这些细胞涂布在含有氨苄青霉素、IPTG 和 X-gal 的固定培养基上,那些带有自身环化质粒的细胞由于能够形成有活性的 β-半乳糖苷酶,所以菌落是蓝色的,如果 pUC 18/19 质粒中插入有目的基因片段,那么就会破坏 *lacZ* 基因的结构,导致细胞无法产生功能性的 lacZ 蛋白,也就无法形成杂合 β-半乳糖苷酶,因而菌落是白色的。利用这一特性建立了一个简单的颜色实验用于重组体的筛选。

3. 细菌质粒表达载体

通常用于表达外源目的基因的质粒载体,主要目的是为了在细菌中表达真核基因,因此这类载体有个共同的特点:在多克隆位点区的上游有强大的原核基因启动子(一般来源于 *lacz*,*trp* 或 T7 promoter)和细菌核糖体结合的 SD 序列,在克隆位点的下游常常还有一段转录终止的序列。这样可以在转录和翻译水平上保证外源片段的高效表达(图 7-2-3)。

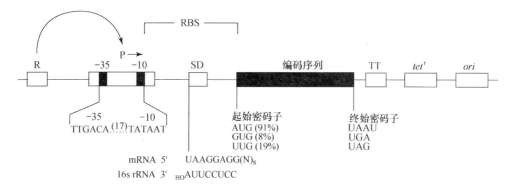

图 7-2-3 大肠杆菌表达载体

在多克隆位点的上游有一段天然的 T7 RNA 聚合酶启动子。用 pET 质粒(图 7-2-4)在大肠杆菌中表达外源基因,表达的蛋白量常可达细菌总蛋白量的 30% 以上(随基因不同而异),并且可以利用融合的 6 个组氨酸,很方便地用 Ni 柱纯化所表达的蛋白。

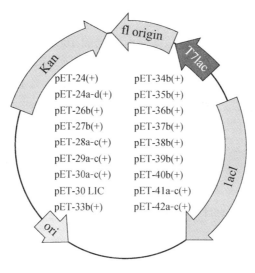

图 7-2-4 pET 质粒载体

体外构建重组子就是将外源基因构建到相应的载体上。重组体的筛选是 DNA 体外重组技术中一个重要的环节,常用的方法主要是利用质粒的耐药性基因和生化标记基因进行选择。

本实验就是利用质粒的耐药性基因以及生化标记基因两种方法进行选择鉴定。

(1) 抗药性筛选。

抗药性筛选是利用重组质粒 DNA 携带某一抗生素抗性基因实现的,是最常用的转化细胞筛选方法。大多数基因工程载体均带有抗生素抗性基因,如氨苄青霉素抗性基因、四环素抗性基因、卡那霉素抗性基因等。用此类载体构建重组体时,如果保留了抗性基因的活性,那么它所转化的细胞可以在含此种抗生素的培养基中生长出转化子克隆,而未转化的细胞则不能生长,这样可以初步筛选出转化子克隆。以常见的 pUC18/19 质粒载体为例,该载体含有氨苄青霉素抗性基因的选择标记,外源基因通过多克隆位点插入载体分子,重组体转化宿主菌 DH5α,在含氨苄青霉素的培养基中能够生长形成克隆的即是阳性转化子,未转化的宿主菌在这种培养基中不能生长。应当注意,除了阳性重组子之外,自身环化的载体、未酶解完全的载体以及非目的基因插入载体形成的重组子均能转化细胞并形成菌落,故本法仅是阳性重组子的初步筛选。

(2) β-半乳糖苷酶系统筛选(α-互补)(图 7-2-5)。

利用 β-半乳糖苷酶系统筛选是最常用的一种利用生化标记基因进行选择鉴定的方法。外源基因可以利用载体 lacZ 中的多克隆位点插入载体而构建成重组体。然而这种插入作用导致 lacZ 基因失活,从而破坏了 α-互补作用,也就不能产生蓝色菌落,而产生白色菌落。

【实验材料、仪器与试剂】

1. 材料
大肠杆菌 DH5α,载体 DNA,Eppendorf 管,吸头,培养皿,玻璃刮刀。

2. 仪器
高压蒸汽灭菌锅,台式高速冷冻离心机,制冰机,旋涡混匀器,电热恒温水浴锅,生化培养箱,台式恒温振荡器,超净工作台,移液器。

3. 试剂
(1) 氨苄青霉素(Amp):用无菌去离子水配制成 100 mg/mL 溶液,分装至 Eppendorf 管中,置于 −20℃保存。

(2) LB 液体培养基:胰蛋白胨 10 g,酵母提取物 5 g,NaCl 10 g,去离子水 1000 mL,pH 7.0。121℃灭菌 20 min。

(3) LB 固体培养基:量取一定体积的液体培养基,加入 1% 的琼脂,121℃灭菌 20 min。

(4) X-gal:将 X-gal 溶于二甲基甲酰胺,配成 20 mg/mL,不需过滤灭菌,分装小包装,避光贮存于 −20℃。

(5) IPTG:取 IPTG 2 g 溶于 8 mL 重蒸水中,再用重蒸水补至 10 mL,用 0.22 μmol/L 滤膜过滤除菌,每份 1 mL,储存于 −20℃。

【实验方法与步骤】

(一) 实验步骤

1. 抗药性筛选

(1) 在 200 μL 新制备的感受态细胞中,加入载体 DNA 1 μL,轻摇,冰上放置 20 min。同时做一个对照管,在 200 μL 新制备的感受态细胞中,加入无菌水 1 μL。每组的两位同学各做一管,分别为对照管和实验管。

(2) 将对照管和实验管放到 42℃ 水浴中 90 s。时间控制要准确,注意勿摇动 Eppendorf 管。

(3) 冰上放置 2 min。

(4) 每管加 LB 液体培养基 800 μL,轻轻混匀,在 37℃,150 r/min 摇床中温育 40 min。让细菌复苏,使进入细菌中的质粒表达抗生素抗性蛋白。

(5) 在两个预制的 LB 琼脂平板上,各加入 100 mg/mL 氨苄青霉素溶液 20 μL,并用灭菌玻璃刮刀均匀涂布于琼脂平板表面。

(6) 将适当体积(200 μL)已转化的感受态细胞均匀涂在上面的平板上(实验组)。同时将未转化的感受态细胞(200 μL)也均匀涂在上面制备的另一个平板上(对照组)。放置 37℃ 培养箱中 30 min,至液体被吸收。

(7) 倒置培养皿,37℃ 培养 12～16 h,观察结果。

2. 蓝-白斑筛选

(1) 在 200 μL 新制备的感受态细胞中,加入载体 DNA 1 μL,轻摇,冰上放置 20 min。同时做一个对照管,在 200 μL 新制备的感受态细胞中,加入无菌水 1 μL。每组的两位同学各做一管,分别为对照管和实验管。

(2) 将对照管和实验管放到 42℃ 水浴中 90 s。时间控制要准确,注意勿摇动 Eppendorf 管。

(3) 冰上放置 2 min。

(4) 每管加 LB 液体培养基 800 μL,轻轻混匀,在 37℃,150 r/min 摇床中温育 40 min。让细菌复苏,使进入细菌中的质粒表达抗生素抗性蛋白。

(5) 在两个预制的 LB 琼脂平板上,各加入 100 mg/mL 氨苄青霉素溶液 20 μL,用灭菌玻璃推子均匀涂布于琼脂凝胶表面。加 20 mg/mL X-gal 40 μL 和 200 mg/mL IPTG 溶液 4 μL,用灭菌玻璃推子均匀涂布于琼脂凝胶表面。

(6) 将适当体积(200 μL)已转化的感受态细胞均匀涂在上面的平板上(实验组)。同时将未转化的感受态细胞(200 μL)也均匀涂在上面制备的另一个平板上(对照组)。放置 37℃ 培养箱中 30 min,至液体被吸收。

(7) 倒置培养皿,37℃ 培养 12～16 h,观察结果。

(二) 数据记录及结果处理

经 12～16 h 培养后,培养板上生长着很多白色菌落,或白色菌落和蓝色菌落,白色菌落为含有重组 DNA 的大肠杆菌形成的菌落(图 7-2-5)。

对照组　　　　　　　　　　　　　实验组

图 7-2-5　DNA 转化实验结果图例

【实验提示与注意事项】

（1）实验中所有操作均应在无菌条件下进行，所有器具及试剂都需进行高压灭菌处理。

（2）42℃热休克处理很关键，温度和时间都要求准确，注意勿摇动 Eppendorf 管。

【思考题】

（1）影响转化效率的因素有哪些？

（2）转化成功的大肠杆菌为什么能在含有抗生素的培养基平板上生长？

（3）为什么通常采用大肠杆菌 DH5α 作为基因克隆中受体菌？

（4）如果实验组平板中没有或只有极少的转化菌落，请分析原因。

（5）如果对照组平板中长出菌落，请分析原因。

（6）质粒的耐药性基因鉴定重组子的原理是什么？

实验三　质粒 DNA 的快速分离提取

【实验目的】

通过本实验学习和掌握碱裂解法提取质粒 DNA 的基本原理、过程和方法。

【实验安排】

实验前一天下午接种含有质粒的大肠杆菌，本实验一天内完成。

【实验背景与原理】

提取质粒 DNA 的目的是将细菌质粒 DNA 与菌体染色体 DNA 分开，去除菌体残片及蛋白，以获取质粒 DNA。提取质粒的方法很多，现有提取方法通常根据菌株类型、质粒种类、分子大小及应用等具体情况选择实施。目前常用的方法有碱变性抽提法、煮沸法、氯化铯密度梯度离心法等。

这些方法都包含以下三个步骤：① 细菌培养物的生长；② 细菌的收获和裂解；③ 质粒 DNA 的纯化。

1. 细菌培养物的生长

从琼脂平板上挑取一个单菌落,接种到含有适当抗生素的液体培养基中,然后从中纯化质粒。现在使用的许多质粒载体都能复制到很高的拷贝数,只需将培养物放在标准 LB 培养基中培养到对数生长期的晚期,就可以大量提纯质粒。然而,有些载体(如 pBR322)由于不能如此自由地复制,所以需要在得到部分生长的细菌培养物中加入氯霉素继续培养若干小时,以增加质粒的拷贝数。氯霉素可抑制宿主的蛋白质合成,结果阻止了细菌染色体的复制,然而,松弛型质粒仍可继续复制,在若干小时内,其拷贝数持续递增。这样,像 pBR322 一类的质粒,从经氯霉素处理和未经处理的培养物中提取质粒的产量迥然不同,前者大为增高。

2. 细菌的收获和裂解

细菌的收获可通过离心来进行,而细菌的裂解则可以采用多种方法中的任意一种,这些方法包括用非离子型或离子型去污剂、有机溶剂或碱进行处理及加热处理等。选择哪一种方法取决于三个因素:质粒的大小、大肠杆菌菌株及裂解后用于纯化质粒 DNA 的技术。

(1)质粒的大小。大质粒(大于 15 kb)容易受损,故应采用温和裂解法从细胞中释放出来。将细菌悬于蔗糖等渗溶液中,然后用溶菌酶和 EDTA 进行处理,破坏细胞壁和细胞外膜,再加入 SDS 一类去污剂溶解球形体。这种方法最大限度地减小了从具有正压的细菌内部把质粒释放出来所需要的作用力。

(2)可用剧烈的方法来分离小质粒。在加入 EDTA 后,有时还在加入溶菌酶后让细菌暴露于去污剂,通过煮沸或碱处理使之裂解。这些处理可破坏碱基配对,故可使宿主的线状染色体 DNA 变性,但闭环质粒 DNA 链由于处于拓扑缠绕状态而没有彼此分开。当条件恢复正常时,质粒 DNA 链迅速得到准确配制,重新形成完全天然的超螺旋分子。

(3)一些大肠杆菌菌株(如 HB101 的一些变种衍生株)用去污剂或加热裂解时可释放相对大量的糖类,当随后用氯化铯-溴化乙锭梯度平衡离心进行质粒纯化时,糖类会在梯度中紧靠超螺旋质粒 DNA 所占位置形成一致密的、模糊的区带。实验过程中很难避免质粒 DNA 内污染有糖类,而糖类可抑制多种限制酶的活性。因此从 HB101 和 TG1 等大肠杆菌株中大量制备质粒不宜使用煮沸法。

(4)当从表达内切核酸酶 A 的大肠杆菌菌株中小量制备质粒时,建议不使用煮沸法。因为煮沸不能完全灭活内切核酸酶 A,以后在温育(如用限制酶消化)时,质粒 DNA 会被降解。但如果通过一个附加步骤(用酚-氯仿进行抽提)可以避免此问题。

3. 质粒 DNA 的纯化

常使用的所有纯化方法都利用了质粒 DNA 相对较小及共价闭合环状这样两个性质。

(1)碱裂解。从染色体 DNA 及大部分其他细胞成分中纯化出质粒 DNA 最常用的方法称为碱裂解法。菌体沉淀重悬于悬浮缓冲液,必要时该缓冲液可加入能降解菌体细胞壁的溶菌酶。再加入细胞裂解液,即含去污剂十二烷基硫酸钠(SDS)的碱性 NaOH 溶液。SDS 的作用是破碎细胞膜及引起蛋白质变性;碱性条件会引起 DNA 变性及水解 RNA。然后用高浓度pH 4.8的乙酸钾溶液中和。其作用是沉淀已变性蛋白质和染色体 DNA 及大部分去污剂(十二烷基硫酸钾不溶于水)。将溶液再次离心,上清液(裂解液)中含有质粒 DNA。小型闭合环状的质粒 DNA 在碱处理后很易复性,此时的溶液中还含有大量小分子 RNA 及少量蛋白质。

(2)酚抽提。目前有许多专利方法用以从上述裂解液中提取出纯质粒 DNA,其中多数是采用将 DNA 选择性地结合于树脂或膜上,再洗脱掉蛋白质和 RNA 的原理。而经典的方法,虽然较慢却极为有效,采用对裂解液用酚或酚-氯仿混合液进行抽提。酚相与水相不相溶,当剧烈振荡后,静置或离心分相,变性了的残余蛋白会沉降出来,处于酚相与水相的界面。

（3）乙醇沉淀。留在水相中的 DNA 和 RNA 可由乙醇沉淀得以浓缩。这是常用的方法，可应用于任何核酸溶液。当向溶液中加入 NaAc 至 Na^+ 浓度大于 0.3 mol/L，溶液中的 DNA 和（或）RNA 加入 2～3 倍体积的乙醇后被沉淀出来。离心沉淀核酸，然后再溶于更少体积的缓冲液中，或溶于含新成分的缓冲液中。对于小量制备过程，乙醇可直接加到酚抽提后的裂解液中，形成的沉淀可溶于 Tris-EDTA 缓冲液，该缓冲液是用于 DNA 贮存的常用溶液。溶液中含 Tris-HCl 以缓冲溶液酸碱度（通常为 pH 8），还含有低浓度的 EDTA 用来螯合 Mg^{2+} 以保护 DNA 免受核酸酶降解，因大多数核酸酶工作都需要 Mg^{2+}。核糖核酸酶 A（RNase A）可同时被加入溶液中以降解残余的 RNA 污染。该酶降解 RNA 又不损伤 DNA，也不需 Mg^{2+} 参与反应。

（4）氯化铯梯度。碱裂解法也可应用于大量制备获得毫克数量级的质粒 DNA。制备大量的质粒可作为常用克隆载体储备，或用作大量酶解反应的底物。此时，CsCl 密度梯度离心可被用来作为最终纯化步骤。该步骤虽然有点费力，但却是获得极纯的超螺旋质粒 DNA 的最佳方法。粗裂解液经含有溴化乙锭的 CsCl 梯度分级分离后，各种成分会完全分离。超螺旋 DNA 结合的溴化乙锭比线性或带切口的要小，具有较大的密度（因其损伤最少）。因此大量的超螺旋质粒可一步就从蛋白质、RNA 及污染的染色体 DNA 中分离出来。从离心管中回收含有带质粒的溶液，在除去溴化乙锭后再用上述乙醇沉淀步骤进行浓缩。

如图 7-3-1 为质粒的制备流程：

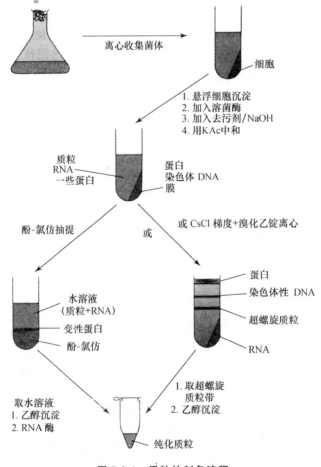

图 7-3-1　质粒的制备流程

提取的质粒 DNA 可以用紫外分光光度计进行定量;电泳法定量及检测质粒 DNA 质量。质粒 DNA 通常有三种构型:超螺旋、开环(缺口)及线性化 DNA。这三种构型在凝胶中的迁移率不同,超螺旋的质粒 DNA 一般迁移最快、开环(缺口)质粒 DNA 迁移最慢,线性化 DNA 位于两者之间。

本实验采用的是碱裂解法(alkaline lysis)提取质粒。

【实验材料、仪器与试剂】

1. 材料

大肠杆菌 DH5α(含有 pUC19 质粒),大肠杆菌 JM109(含有重组质粒 pcDNA3.1/pdx1),Eppendorf 管,吸头。

2. 仪器

高压蒸汽灭菌锅,台式高速冷冻离心机,制冰机,旋涡混匀器,电热恒温水浴锅,生化培养箱,台式恒温振荡器,超净工作台,移液器,手掌型离心机,制冰机,电泳仪,电泳槽,凝胶成像系统,超净工作台。

3. 试剂

(1) LB 液体培养基:接种前加入适量 100 mg/mL Amp,使 Amp 的工作浓度为 100 μg/mL。

(2) 溶液 Ⅰ:50 mmol/L 葡萄糖,10 mmol/L EDTA,25 mmol/L Tris-HCl,pH 8.0。

(3) 溶液 Ⅱ:0.4 mol/L NaOH,2% SDS,用前等体积混合。

(4) 溶液 Ⅲ:5 mol/L KAc 60 mL,醋酸 11.5 mL,dH$_2$O 28.5 mL,pH 4.8。

(5) 酚-氯仿混合液:酚和氯仿以 1:1(V/V)混匀。

(6) TE 缓冲液:10 mmol/L Tris-HCl,1 mmol/L EDTA ,pH 8.0。

(7) RNase A:用 TE 缓冲液配制至 20 μg/mL,−20℃保存。

(8) 5×TBE(电泳缓冲液):称取 Tris 10.88 g,硼酸 5.52 g,EDTA · Na$_2$ · 2H$_2$O 0.74 g,溶解后用蒸馏水定容至 200 mL,使用时稀释 10 倍,为 0.5×TBE。

(9) 1%琼脂糖:琼脂糖 0.5 g,加入 0.5×TBE 50 mL,微波炉中加热融化。

(10) 无水乙醇,75%乙醇,双蒸水,6×上样缓冲液,DGL 2000 DNA marker,Gold-View™核酸染料。

【实验方法与步骤】

(一) 实验步骤

(1) 从平板上挑取含质粒的大肠杆菌 DH5α 和 JM109 的菌落分别接种于 50 mL LB 液体培养基(含 100 μg/mL 的 Amp)中,37℃过夜培养。

(2) 取 1.5 mL 菌液于离心管中,4℃,10 000 r/min 离心 1 min,弃上清液。再取 1.5 mL 菌液,使菌体多一些,重复离心一遍,弃上清液,这次将上清液尽量控干。

(3) 将沉淀悬于 100 μL 溶液 Ⅰ 中,加入溶液 Ⅰ 后,先用吸头吹打 20 s 至菌体无块状,再在混匀器上剧烈振荡,室温放置 5 min。

(4) 加入 200 μL 新配制的溶液 Ⅱ,轻轻颠倒 4~5 次混匀,动作不要剧烈,不能用微量移液器吹打。置冰浴 4 min。溶液 Ⅱ 中的 NaOH 是强碱,SDS 是表面活性剂,能破坏细菌的细胞膜,有利于细胞裂解。加入溶液Ⅱ后,溶液会变清。

(5) 加入 0℃的溶液Ⅲ150 μL,轻轻颠倒 5 次混匀,动作不要剧烈,不能用微量移液器吹打。置冰浴 5 min。此时,可见大量白色沉淀,大量白色沉淀主要是蛋白质和染色体 DNA。

(6) 10 000 r/min 离心 5 min,吸取上清液约 400 μL,将上清液转移至另一干净离心管中,弃沉淀。上清液中含有质粒 DNA、部分可溶性蛋白质和 RNA,最上层可能有一层脂肪。

(7) 加入与上清液等体积的 400 μL 酚-氯仿混合液,不时地颠倒混匀 5 min。加入酚-氯仿混合液的作用是使蛋白质变性,以除去蛋白质。

(8) 10 000 r/min 离心 5 min,小心吸出上层水相 350~400 μL,并将其转入另一干净离心管中。离心后上层为水相,中间有一层白膜是蛋白质,下层是酚-氯仿层。

(9) 向吸出的上层水相中,加入 2 倍体积(约 800 μL)的无水乙醇,此时可见核酸的拉丝状沉淀,混匀,室温放置 2 min。使质粒 DNA 和 RNA 沉淀。

(10) 10 000 r/min 离心 5 min,弃上清液。上清液为水和醇。

(11) 向沉淀中加入预冷的 75%乙醇 1 mL,振荡漂洗沉淀,以除去沉淀中的盐分。

(12) 10 000 r/min 离心 2 min,弃上清液。

(13) 待乙醇挥发干净后,将沉淀溶于 20 μL TE 缓冲液(含 RNase A)中,降解 RNA,37℃保温 0.5~1 h。

(14) 从中取出质粒 DNA 溶液 5 μL 放入 0.5 mL 的 Eppendorf 管中,加入 6×上样缓冲液 1 μL,混匀,再在手掌离心机中离心,即可准备电泳。剩余的质粒 DNA 溶液可置于－20℃冰箱中保存用于做酶切实验。

(二) 数据记录及结果处理

取少量样品,进行琼脂糖凝胶电泳,观察实验结果。

【实验提示与注意事项】

(1) 要严格控制碱变性的时间,使其不超过 5 min。如质粒处于强碱性环境中时间过长,可发生不可逆变性,导致限制性内切酶切割困难。

(2) 在提取过程中,应尽量保持低温,操作要温和,防止机械剪切对 DNA 的断裂作用。

(3) 碱裂解法加入溶液Ⅰ前,应尽量吸弃残余的培养基以防止稀释加入的溶液;加入溶液Ⅱ后充分重悬细菌沉淀物对获得高产量的质粒是相当关键的。充分重悬后溶液是均匀的,不存在小块物质。

(4) 加入溶液Ⅲ后,未见大量白色沉淀,说明实验失败,立即重做。

(5) 加酚-氯仿混合液时,注意要吸取下层液体,且酚具有高度腐蚀性,使用时务必小心。

(6) 在步骤(13)中,应尽量将乙醇挥发干净,可用滤纸条小心吸净离心管壁上的乙醇液。如残留较多乙醇,它会使限制性内切酶失活,影响酶切实验。

【思考题】

(1) 什么是质粒? 质粒的基本性质有哪些?

(2) 碱裂解法提取质粒的原理是什么?

(3) 在用碱裂解法提取质粒过程中,溶液Ⅰ、Ⅱ、Ⅲ的作用是什么?

(4) 在质粒提取过程中,如何避免染色体 DNA 污染? 为什么?

（5）沉淀 DNA 时为什么要用无水乙醇而且要求在低温高盐条件下进行？

（6）试分析本实验中哪些步骤对于保持质粒 DNA 的完整性具有重要作用？本实验的关键步骤是什么？

实验四　琼脂糖凝胶电泳法分离 DNA 片段

【实验目的】

（1）了解琼脂糖凝胶电泳法基本原理。

（2）掌握用琼脂糖凝胶电泳分离 DNA 片段的方法。

【实验安排】

本实验不单独进行，与其他实验结合在一起安排。

【实验背景与原理】

琼脂糖凝胶电泳常用于分离、鉴定核酸，如 DNA 鉴定、DNA 限制性内切酶图谱制作等，为 DNA 分子及其片段的相对分子质量测定和 DNA 分子构象的分析提供了重要手段。由于这种方法具有操作方便、设备简单、需样品少、分辨能力高的优点，已成为基因工程研究中的常用方法之一。

琼脂糖凝胶电泳对核酸的分离作用主要依据它们的相对分子质量及分子构型，同时与凝胶的浓度也有密切关系。

（一）核酸分子大小与琼脂糖浓度的关系

1. DNA 分子的大小

在凝胶中，较小的 DNA 片段迁移比较大的片段快。DNA 片段迁移距离（迁移率）与其相对分子质量的对数成反比。因此，通过已知大小的标准物移动的距离与未知片段的移动距离进行比较，便可测出未知片段的大小。但是当 DNA 分子大小超过 20 kb 时，琼脂糖凝胶就很难将它们分开，此时电泳的迁移率不再依赖于分子大小。因此，应用琼脂糖凝胶电泳分离 DNA 时，分子大小不宜超过此值。

2. 琼脂糖的浓度

一定大小的 DNA 片段在不同浓度的琼脂糖凝胶中，电泳迁移率不相同。不同浓度的琼脂糖凝胶适宜分离的 DNA 片段大小范围详见表 7-4-1。有效地分离大小不同的 DNA 片段，主要是选用适当的琼脂糖凝胶浓度。

表 7-4-1　线状 DNA 片段分离的有效范围与琼脂糖凝胶浓度关系

琼脂糖凝胶浓度 /（%）(m/V)	可分辨的线性 DNA 大小范围/kb	琼脂糖凝胶浓度 /（%）(m/V)	可分辨的线性 DNA 大小范围/kb
0.3	60～5	1.2	6～0.4
0.6	20～1	1.5	4～0.2
0.7	10～0.8	2.0	3～0.1
0.9	7～0.5		

(二) 核酸构型与琼脂糖凝胶电泳分离关系

不同构型 DNA 在琼脂糖凝胶中的电泳速度差别较大。在相对分子质量相同的情况下，不同构型的 DNA 的移动速度次序如下：共价闭环 DNA＞线性 DNA＞开环的双链环状 DNA(图 7-4-1)。

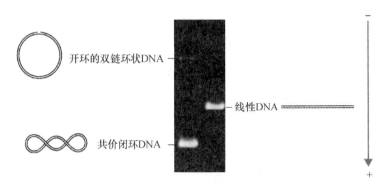

图 7-4-1　琼脂糖凝胶电泳中质粒的三种构型

(三) 琼脂糖凝胶电泳基本方法

1. 凝胶电泳类型

用于分离核酸的琼脂糖凝胶电泳也可分为垂直型及水平型(平板型)两种。水平型电泳时，凝胶板完全浸泡在电泳缓冲液下 1～1.5 mm，故又称为潜水式电泳。目前更多用的是水平式电泳，

2. 缓冲液系统

常用的电泳缓冲液为 Tris-乙酸(TAE)、Tris-硼酸(TBE)和 Tris-磷酸(TPE)三种缓冲体系，以保证较稳定的 pH。电泳缓冲液一般都配制成浓的储备液，临用时稀释到所需倍数。TAE 的缓冲能力较弱，长时间电泳后阳极变为碱性，阴极变为酸性，因此长时间使用需循环或更换缓冲液。TBE 和 TPE 缓冲能力较强，可重复使用数次，但用 TPE 配制的凝胶，尤其是低熔点凝胶，回收的 DNA 片段中含有较高的磷酸盐，易与 DNA 一起沉淀而影响后续的一些酶反应。故最好以 TBE 缓冲液作为首选电泳缓冲液。这些缓冲液中均加入 EDTA，目的在于螯合二价离子，抑制 DNA 酶以保护 DNA。电泳缓冲液常采用偏碱或中性 pH，使 DNA 分子带负电荷，向正极泳动。

3. 样品配制与加样

DNA 样品管中加入其 0.2 倍体积的 6× 加样缓冲液，使用加样缓冲液的目的有三个：① 增加样品密度，以确保 DNA 样品均匀进入点样孔内(蔗糖、聚蔗糖 400 和甘油等)；② 使样品呈现颜色，使加样操作便利；③ 作为 DNA 电泳时的前沿指示剂。

DNA 样品的点样量也有一定的限制，如 0.5 cm 宽的孔，单一相对分子质量的 DNA，每孔加样 100～500 ng，许多不同相对分子质量的片段的加样量可达 20～30 μg 而不会影响分辨率。点样量太多易产生拖尾现象或 DNA 条带轮廓不清晰，点样量太少紫外灯下难以辨认，影响结果判定。一般来说，电泳结果在紫外灯下可用肉眼分辨低至 0.1 μg 的 DNA 条带，如在紫外灯下拍照，只需 5～10 ng DNA 就可从照片上比较鉴别；另外，上样体积不能过

大,每孔最大加样容积由加样孔大小决定,若样品容积大于凝胶孔容积会导致样品溢出,流入邻近样品孔造成样品交差污染,影响结果分析。解决的方法是将凝胶制厚一点,或用乙醇沉淀浓缩 DNA。

4. 电压

琼脂糖凝胶分离大分子 DNA 实验条件的研究结果表明:在低浓度、低电压下,分离效果较好。在低电压条件下,线性 DNA 分子电泳迁移率与所用的电压呈正比。但是,在电场强度增加时,相对分子质量高的 DNA 片段迁移率的增加是有差别的。因此,随着电压的增高,电泳分辨率反而下降,相对分子质量与迁移率之间就可能偏离线性关系。为了获得电泳分离 DNA 片段的最大分辨率,电场强度不宜高于 5 V/cm。

5. 染色

电泳后,核酸需经过染色才能显示出带型,最常用的染色方法是溴化乙锭(EB)染色法。

EB 是一种荧光染料(图 7-4-2),这种扁平分子可以嵌入核酸双链的配对碱基之间(EB 能与核酸分子中的碱基结合),用 EB 染色方法具有操作简单、灵敏度高的优点。

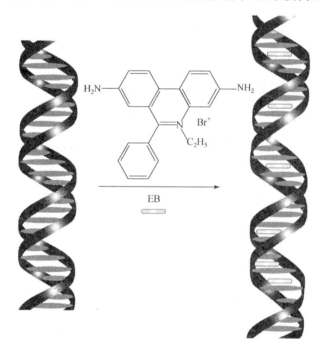

图 7-4-2　溴化乙锭染料分子的化学结构及其对 DNA 分子的插入作用

EB 是一种强诱变剂,有毒性,使用含有该染料的溶液时必须戴聚乙烯手套,注意防护。目前实验室使用 EB 染色一般有三种方法:

(1) 在凝胶中与电泳缓冲液中同时加入 EB 至终浓度 0.5 μg/mL。

(2) 只在凝胶中加入 EB 至终浓度 0.5 μg/mL。这是目前实验室常用的方法。以上方法在实验过程中随时观察 DNA 的迁移情况,极为方便。

(3) 电泳结束后,取出凝胶放入含有 0.5 μg/mL EB 的电泳缓冲液(或重蒸水)中染色 10～30 min。此法的优点是更能确切测定 DNA 相对分子质量大小。

GoldView™是一种可代替 EB 的新型核酸染料,采用琼脂糖电泳检测 DNA 时,Gold-View™与核酸结合后能产生很强的荧光信号,其灵敏度与 EB 相当,使用方法与之完全相同。在紫外透射光下双链 DNA 呈现绿色荧光,而且也可用于 RNA 染色。虽然未发现 GoldView 有致癌作用,但对皮肤、眼睛会有一定的刺激,操作时应戴上手套。

本实验采用的琼脂糖凝胶电泳(agamsegel electrophoresis,AGE)可检测 DNA 的纯度、含量以及相对分子质量大小,是最常规的分子生物学实验方法。DNA 分子在高于其等电点的 pH 溶液中带负电荷,在电场中 DNA 片段向正极泳动。DNA 分子在凝胶中的迁移速率取决于分子本身的大小、构型,且与凝胶的浓度有关。通过凝胶电泳可以将不同相对分子质量的 DNA 分开,也可以分离相对分子质量相同,但构型不同的 DNA 分子。用 GoldView™ 核酸染料染色后,在紫外灯下可直接检出 DNA 片段所在的位置。在电泳过程中通过把相对分子质量标准参照物和样品一起电泳,可检测样品相对分子质量。琼脂糖凝胶电泳分离、纯化和鉴定 DNA 片段大小一般在 0.2~50 kb。

【实验材料、仪器与试剂】

1. 材料
待分离 DNA 样品。

2. 仪器
微波炉,电炉,水平电泳槽,电泳电源,小型高速离心机,高压灭菌锅,紫外检测仪,微量加样器,吸头,玻璃三角瓶。

3. 试剂
(1) 5×TBE(电泳缓冲液):称取 Tris 10.88 g,硼酸 5.52 g,EDTA · Na_2 · $2H_2O$ 0.74 g,溶解后用蒸馏水定容至 200 mL,使用时稀释 10 倍,为 0.5×TBE。

(2) 1%琼脂糖:琼脂糖 0.5 g,加入 0.5×TBE 50 mL,微波炉中加热溶解。

(3) 6×上样缓冲液:溴酚蓝 0.25%,蔗糖 40%。

(4) 250 bp DNA marker,GoldView™核酸染料。

【实验方法与步骤】

(一) 实验步骤

1. 制备琼脂糖凝胶
配制实验用1%琼脂糖。称取琼脂糖1g,放入三角瓶中,加入1×TAE 或1×TBE 缓冲液 100 mL,置微波炉或电炉加热至完全溶解,取出摇匀,冷却至60℃。

2. 胶板的制备
(1) 将制胶槽放置于一水平位置,并放好样品梳子。

(2) 当琼脂糖凝胶液冷却至约60℃时,加入 10 mg/mL 浓度的 GoldView™核酸染料(每100 mL 琼脂糖凝胶溶液加入染料 5 μL),充分混匀后,缓缓倒入制胶槽内,直至有机玻璃板上形成一层均匀的胶面(注意,不要形成气泡)。

(3) 待胶凝固后,小心地拔出梳子,然后将制胶内槽放在电泳槽内。注意,DNA 样品孔应朝向负电极一端。

(4) 加电泳缓冲液至电泳槽中,加液量要使液面没过胶面1~1.5 mm。

3. 加样
用微量加样器将已加入上样缓冲液的 DNA 样品加入加样孔并记录点样顺序及点样量。

4. 电泳

接通电泳槽与电泳仪的电源。DNA 的迁移速度与电场强度成正比，一般电场强度不要超过 5 V/cm。当溴酚蓝染料移动到距凝胶前沿 1～2 cm 处，停止电泳。

（二）数据记录及结果处理

在紫外灯(360 nm 或 254 nm)下观察染色后的电泳凝胶，DNA 存在处应显出绿色荧光条带。

【实验提示与注意事项】

(1) 加热琼脂糖时应不断地摇动容器，对光检查溶解的情况，直至附于容器壁上的颗粒完全溶解。

(2) 加样量依加样孔的大小及 DNA 样品中片段的数量、大小而定。以 0.5 cm 宽的加样孔为例，上样量为 100～500 ng DNA。上样体积不能过大，否则溢出的样品会导致邻孔之间相互污染。

(3) 每次电泳同时应有对照样品或相对分子质量标准物，作为样品电泳结果判断的参照对比。

(4) 254 nm 波长的紫外光进行观察效果较好。需回收 DNA 时应尽量缩短操作时间。

(5) 电泳后，DNA 条带不是尖锐清晰而是形状模糊，可能有以下原因：

① DNA 加样量过大；

② 电压太高；

③ 加样孔破裂；

④ 凝胶中存在气泡；

⑤ 样品加入后没有及时通电电泳，或电泳结束后凝胶放置时间过长，没有及时观察结果。

(6) GoldView™ 对皮肤、眼睛会有一定的刺激，操作时应戴上手套。

(7) 制备凝胶时，掌握好倒胶的温度和速度，以保证凝胶均匀无气泡；一定要等琼脂糖凝固，才能取出梳子；上样时要小心，以免吸头刺破凝胶；电泳时，电极务必连接正确。

(8) 溴酚蓝为常用电泳指示剂，呈蓝紫色。在 1%、1.4%、2% 的琼脂糖凝胶电泳中，溴酚蓝的迁移率分别与 600 bp、200 bp、150 bp 的双链线性 DNA 片段大致相同。

【思考题】

(1) 凝胶电泳中，影响 DNA 分子泳动的因素有哪些？

(2) 上样缓冲液的作用是什么？

实验五　质粒 DNA 的酶切与回收鉴定

【实验目的】

(1) 了解限制性内切酶酶切原理，掌握酶切体系的建立原则，了解限制性内切酶在基因工程中的应用。

（2）学习利用限制性内切酶切割质粒的方法和琼脂糖凝胶电泳检测 DNA 的方法。

（3）掌握从琼脂糖中纯化、回收 DNA 的方法，为 DNA 克隆打好基础。

【实验安排】

本实验一天内可完成：上午做质粒的酶切，下午做电泳检测和回收。

【实验背景与原理】

限制性核酸内切酶（简称限制酶）是一类能识别双链 DNA 分子中特定核苷酸序列，并在识别序列内或附近特异切割双链 DNA 的核酸内切酶，如 $BamH\ I$（图 7-5-1）。在分子克隆的操作过程中，限制性核酸内切酶具有特别重要的意义，下面重点介绍限制性核酸内切酶。

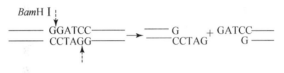

图 7-5-1　限制性内切酶

（一）限制性核酸内切酶概述

用限制酶切割载体和目的基因，是顺利进行基因克隆的基础。在切割载体和目的基因时，最好采用相同的限制性核酸内切酶，这样使得产生的载体片段末端能与目的基因片段的末端互补，有利于进行下一步的连接反应。

限制酶天然存在于细菌体内，与相伴存在的甲基化酶共同构成细菌的限制修饰体系，称限制-修饰系统，它是原核生物中普遍存在的一种防御系统，对维持细菌遗传物质的稳定有重要意义，目前使用的限制酶都是从原核生物中分离获得。

1. 限制酶的命名

限制酶的命名遵照如下规则：

（1）按酶来源的相应的微生物的学名，取其属名的第一个大写字母和种名的第一、二两个字母（小写）组成酶的基本名称；

（2）若微生物有不同的株系，取其株系的第一个字母加于酶名称之中；

（3）用大写的罗马数Ⅰ、Ⅱ、Ⅲ等来区分存在于同种微生物中具有不同特异性的内切核酸酶。例如，流感嗜血杆菌中 $Hind$ Ⅰ、Ⅱ和Ⅲ三种酶的命名（图 7-5-2）。

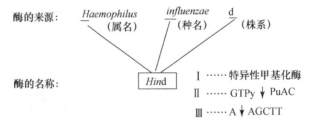

图 7-5-2　流感嗜血杆菌中 $Hind$ Ⅰ、Ⅱ和Ⅲ三种酶的命名

迄今为止，世界上已发现几百种内切核酸酶，它们的名称均是按上述的规则来命名的。

2. 限制酶的分类

限制酶分为Ⅰ、Ⅱ和Ⅲ型。其中Ⅱ型限制酶是在其识别序列内的固定位点上切割双链DNA,产生的各DNA片段具有相同的末端结构,这就有利于片段再连接,因而也就成为了DNA重组技术的重要工具酶。

绝大多数的Ⅱ型限制酶识别长度为4～6个核苷酸,极少数酶识别更长的序列,这些序列具有双轴对称的结构,又称回文结构。切割位点相对于二重对称轴的位置因酶而异:一些酶恰在对称轴处同时切割DNA的两条链,产生带平端切口的DNA片段;而另一些酶则在对称轴两侧相类似的位置上分别切割两条链,产生带有单链突出端的DNA片段,形成黏性末端,如 $EcoRⅠ$ 的识别序列是 5′-GAATTC-3′,产生的DNA是黏性末端。

(二)限制酶的反应条件及注意事项

绝大多数酶作用的最适pH在7.5～8.0之间,最适温度为37℃。现在限制性内切核酸酶基本上都已商品化,按照说明书使用即可。大多数商品化的限制酶都配有相应的10倍反应缓冲液(10×buffer),供实验者使用。

1. 限制酶

限制酶应低温保存。使用时,从冰箱取出后,应速置于冰中。一般总是加完其他试剂后,最后加限制酶。加入酶量的多少应视DNA状况而定,对于超螺旋DNA、基因组DNA的酶解,可适当加大酶量,但其体积要低于总反应体积的1/10,否则会因酶中的甘油达到反应体积5%而抑制酶活性;另外,酶量过大,也会导致其识别序列的特异性下降。每次取酶必须使用新的灭菌微量吸管,一个吸管不能反复使用,更不可交叉使用,以防造成对酶的污染,导致整管限制酶报废。用同一种限制酶消化多个DNA样品时,应先计算出所需酶的总量,然后取出确切容积的酶液与适量的水和10倍反应缓冲液混合,再将酶与缓冲液分配到各个反应管中,以减少酶液储存管的污染机会。使用的水必须是重蒸无菌水。

2. DNA样品

一般而言,经过碱法提取的DNA样品,可以直接使用大多数限制酶进行酶切,并且可得到较好的酶切效果。但DNA样品的某些污染物,如苯酚、氯仿、酒精、SDS、蛋白质、大于10 mmol/L的EDTA以及高浓度的盐离子等,都有可能抑制限制酶的活性,因此,制备DNA样品时首先是要求操作规范,尽量减少杂质的存在。少数限制酶,即使用规范操作提取的DNA样品其酶切活性也很低,这时,通常采用增大酶用量、延长反应时间、扩大反应体积或提高DNA纯度等方法来获得满意的切割结果。

有些DNA样品,尤其是采用碱法制备的样品,会含有少量的DNase的污染。一般DNA储液中含有EDTA,螯合了DNase活性所需的 Mg^{2+},因此DNA是稳定的。但随着限制酶缓冲液中 Mg^{2+} 的加入,有时DNA会被DNase很快地降解。要避免这种情况,一般采用提高样品中DNA的浓度。

3. 限制酶反应的缓冲液

每一种限制酶都有其一系列最佳反应条件,来源于不同厂家的同一种限制酶的反应缓冲液不尽相同,使用单个酶进行酶切时,商业化的酶制剂已经很好地解决了这个问题,不用多作考虑,严格遵照产品说明书进行操作即可。使用两个或两个以上的酶进行酶切时,可以按产品说明寻找它们的共用缓冲液,厂商提供有关各种酶在不同缓冲液中活性发挥程度的百分率,对于实验者选择缓冲液具有相当重要的参考价值,一般每种酶的酶活都达到50%以上即可。如果没有合适的共用缓冲液，可以考虑先使用低盐浓度缓冲液的酶，再使用高浓度的内切酶进行酶切，也可以在一种酶酶切以后，将 DNA 重新提炼、溶解，再用另一种酶酶切。另一种 10 倍核心缓冲液（core buffer），内含 0.5 mol/L Tris-Cl（pH 8.0）、0.1 mol/L $MgCl_2$、0.5 mol/L NaCl 等，适用于许多酶反应。

4. 酶切反应体积、酶的用量和反应时间

商品化的酶一般有 50% 的甘油和少量 EDTA，如果反应体积太小，甘油含量易超过 5%，甘油和 EDTA 都会影响酶的活性。通常切割 1 μg DNA 的体积在 20～30 μL 为宜，酶用量一般在 5 单位酶/μg DNA 时足够了（注意，不同的限制酶切割 1 μg DNA 的用量要求是不同的）。如果反应体积过大，酶浓度变小，底物浓度太低，在反应完毕进行电泳时，所加样品中 DNA 的量在电泳中可能不足以显示出清晰的条带。由于通常酶的用量大于所需量，故反应时间不能过长，一般可选择 1～1.5 h，最长不超过 3 h，以免其他杂酶影响酶切效果。有时酶切的 DNA 较多，体积较大，酶的用量可减少到 2～3 单位酶/μg DNA，同时把反应时间延长至 3 h。酶解时间可通过加大酶量而缩短；反之，酶量较少，可通过延长酶解时间以达到完全酶解 DNA 的目的。

5. 酶解温度

绝大多数限制酶的反应温度为 37℃，少数酶的最适反应温度不是 37℃。如 Sfi I，在 50℃ 时的酶活力是 37℃ 时的 5 倍，而 $Smal$ I 的最适温度则是 25℃。因此，对于一些受温度影响较大的酶，一般选用它们的合适反应温度。

6. 反应体系混匀与反应终止

酶解过程中，混匀步骤极易被人忽略，这是造成酶切失败的常见原因。这时，可用微量移液器反复吸打几次，或使用手指轻弹管壁，使酶切体系中所有成分混匀。但应避免强烈地旋转性振荡，否则可导致 DNA 大分子断裂及限制酶变性。最后用微量离心机短暂（5 s）离心，使管壁上吸附的液滴全部沉至管底。

终止限制酶反应的方法有三种：① DNA 酶切后不再进行下一步反应时，可加入 EDTA 至终浓度 10 mmol/L，除去 Mg^{2+}，或加入 0.1% SDS（质量体积浓度），使酶变性以终止反应；② 若 DNA 酶切后仍需进行下一步反应（如连接、限制酶反应等），可通过加热灭活限制酶；③ 用酚-氯仿抽提，乙醇沉淀，此法最为有效且有利于下一步 DNA 的酶学操作，但 DNA 的损失较多。

7. 酶解结果鉴定

酶解完成后，不必立即终止反应，先取出适量（2～5 μL）反应液进行快速的微型琼脂糖凝胶电泳，在紫外灯下观察酶解结果后，再决定是否终止反应。

8. 双酶解反应条件

当 DNA 需用两种限制酶进行切割时，如选用的两种酶所需反应条件相同时，可以在同一反应体系中加入两种酶同时消化 DNA；如两种酶的反应条件不同时，最保险的方法是单个酶切后，用酚-氯仿抽提，乙醇沉淀，改变缓冲液后再进行下一个酶切反应。

(三) 限制酶酶解中常见的问题和对策

在实验操作中，限制酶对于 DNA 的消化，常常会出现下列各种问题：① DNA 没有被切割或切割不完全；② 酶切后没有观察到 DNA 片段存在；③ 酶切后电泳 DNA 片段带型弥散，不均一。

导致上述问题的可能原因有：① 限制酶失活或并非限制酶最佳反应条件而使酶活性下降；② DNA 样品不纯，含有 SDS、酚、EDTA 等限制酶抑制因子；③ 部分 DNA 溶液黏在管壁上而未被消化，或酶切后 DNA 黏端退火；④ 限制酶星号活力；⑤ 存在其他核酸酶污染。

选择下列措施可消除以上因素的影响：① 将 DNA 过柱纯化，或用酚-氯仿抽提后，用乙醇沉淀回收；② 增加反应体积后，加大酶量；③ 反应前离心 1～2 s；④ 电泳前将 DNA 在 65℃保温 5 min；⑤ 检查甘油是否过量；⑥ 用 RNase A 消化后，重新定量 DNA。

(四) 限制酶的星号活力

限制酶在非标准反应条件下能够切割一些与其特异识别序列类似的序列，这种现象称为星号活力。在相应限制酶的名称右上角加一个星号（*）表示，如 $EcoR\ I^*$ 代表 $EcoR\ I$ 的星号活力。星号活力对标准识别序列中两侧的碱基没有特异性。$EcoR\ I$ 的特异性由六个核苷酸降为四个核苷酸（AATT），使酶在 DNA 分子中的切口数目增多。多种因素单一或综合作用都会引起某些酶出现星号活力，常见诱发星号活力的因素包括高甘油含量（5%）、内切酶用量过大（100 U 酶/μg DNA）、低离子强度缓冲液（<25 mmol/L）、pH 高于 8.0、有机溶剂（乙醇、DMSO 等）、非 Mg^{2+} 的（Mn^{2+}、Cu^{2+}、Co^{2+}、Zn^{2+} 等）2 价阳离子存在。实验中要注意防止星号活力的发生。

通常利用质粒的大小和限制性核酸内切酶切位点来鉴定质粒。具体做法是：首先，选用一种或两种限制酶来切割质粒；其次，将酶切产物进行琼脂糖凝胶电泳；最后，根据质粒的电泳迁移率和酶切图谱对质粒进行鉴定。

本次实验采用 $EcoR\ I$ 酶切、碱法提取的质粒在酶切前电泳时可以看到三条带，本次"酶切反应 1"是用 $EcoR\ I$ 酶切 pUC19 质粒，其理想结果电泳后看到一条带，因为它是空载体，两个酶切位点之间只有十几个碱基。"酶切反应 2"是用 $EcoR\ I$ 酶切 PCDNA-3 质粒，其中插入一个 800 bp 片段，理想结果是两条带。如果酶切不彻底看到的结果仍是 3～4 条带，另外要利用标准 DNA 相对分子质量估计线性质粒的相对分子质量大小。

重组质粒可以用限制酶消化后，用低熔点胶或试剂盒回收 DNA 片段。从琼脂糖凝胶中回收纯化 DNA 片段，是基于高离序盐溶液中硅胶膜吸附 DNA 的原理，100 bp～10 kb DNA 片段平均回收率是 50%～80%。

【实验材料、仪器与试剂】

1. 材料
质粒 DNA 溶液，pUC19 质粒，pCDNA3.1 质粒。

2. 仪器
恒温水浴锅，琼脂糖凝胶电泳系统，高压蒸汽灭菌锅，紫外线透射仪，微量加样器，微量离心管，吸液头。

3. 试剂
(1) 凝胶加样缓冲液（6×）：溴酚蓝 0.25%，蔗糖 40%。

(2) 无菌去离子水，琼脂糖，$EcoR\ I$ 酶，标准 DNA 样品，GoldView™染料，5×TBE（5 倍体积的 TBE 贮存液），DNA 片段回收试剂盒。

【实验方法与步骤】

(一) 实验步骤

(1) 质粒的酶切。取质粒 DNA 溶液 10 μL,加酶切缓冲液 2 μL,$EcoR$ I 酶 0.5 μL。同时做对照管:取质粒 DNA 溶液 10 μL,加酶切缓冲液 2 μL,无菌水补至总体积 20 μL,混匀,37℃保温 2～3 h。

(2) 向上述各反应管中,分别加入 6×上样缓冲液 6 μL,取 25 μL 电泳。

(3) 琼脂糖凝胶电泳法分离鉴定质粒 DNA 参照"分子生物学实验四 琼脂糖凝胶电泳分离 DNA 片段"进行。

(4) 从琼脂糖中纯化、回收 DNA 片段。

(1) 在紫外灯下迅速切下含 DNA 片段的琼脂糖(100～300 mg),尽量切得小一点,用吸头捣碎,按 1:3(切取体质量与溶液 A 的体积比)放入 Eppendorf 管中,加入溶液 A。

(2) 50℃水浴 10 min 融化凝胶,完全融化后,在室温加入 15 μL 溶液 B,充分混匀。

(3) 将溶液置于离心柱中,静置 2 min,10 000 r/min 离心 1 min,若一次加不完,可分两次离心。

(4) 倒掉液体,加入溶液 C 500 μL,离心柱中 10 000 r/min 离心 1 min。弃液体。

(5) 重复步骤(4)。

(6) 12 000 r/min 离心 1 min,甩干剩余液体除去残余酒精。

(7) 将离心柱置于新的离心管中,室温敞开离心管盖放置 5～10 min,使乙醇挥发殆尽。

(8) 加入 20～30 μL 溶液 D(50℃水浴),静置 2 min。

(9) 12 000 r/min 离心 2 min 回收上清液,即为所需 DNA。取上清液 5 μL 加上样缓冲液 1 μL 电泳检测,其余样品-20℃长期保存。

(二) 数据记录及结果处理

在紫外灯(360 nm 或 254 nm)下观察染色后的电泳凝胶,DNA 存在处应显出绿色荧光条带(在紫外灯下观察时应戴上防护眼镜,紫外线对眼睛有伤害作用)。

【实验提示与注意事项】

(1) 限制酶。选用高质量的酶制剂,使之不含有外切酶等杂酶活性。注意保持限制酶的活性,将酶从低温冰箱中取出后应立即置于事先准备好的冰浴中,用后立即放回低温冰箱。用同一限制酶消化多个 DNA 样品时,应先计算出所需酶的总量,取出正确的容积量,与适量的重蒸水和 10×限制酶缓冲液混合,充分混匀,分装到各个反应管中,以减少酶液贮存管的污染机会。加入酶量多少应根据 DNA 的状况变化,对于超螺旋 DNA、琼脂糖包埋的 DNA、基因组 DNA 的酶切,使用的酶单位应比常规适当放大。

(2) 底物 DNA。DNA 纯度要高,不含 RNA、蛋白质或含量极少,也不能含有过高的 EDTA、SDS 等去污剂及过量的盐离子浓度,更不能含有酚、氯仿、乙醇等。

(3) 用干净的刀切割下含超螺旋质粒的胶块,放在一个管中,作好标记,可用于回收 DNA 实验用材料,胶块要尽量切小。不能用一把刀同时切割含不同 DNA 片段的胶。

【思考题】

(1) 试分析质粒 DNA 切割不完全的原因。

(2) 试分析酶切后没有观察到目的 DNA 的原因。

(3) 结合上一实验,分析质粒经酶切后将会出现何种构型。

实验六　组织 DNA 的分离、提取和纯化

【实验目的】

(1) 掌握基因组 DNA 分离提取、纯化方法的基本原理和步骤。

(2) 掌握相对分子质量较大的 DNA 的琼脂糖凝胶电泳技术。

【实验安排】

本实验一天内可完成:上午提 DNA,下午电泳检测。

【实验背景与原理】

一般地说,总 DNA 主要是指基因组 DNA(genomic DNA),即细胞核内的染色体 DNA 分子。核 DNA 分子呈极不对称的线状结构,一条染色体为一个 DNA 分子,为细长的纤丝状分子,使其对机械力十分敏感。虽然目前可以成功地测定出它的一级结构,但仍难以分离出它的完整分子。分离纯化过程中,DNA 分子的断裂是很难避免的,因此,制备 DNA 要尽量分离出片段较长的 DNA 分子。

制备基因组 DNA 是进行基因结构和功能研究的重要步骤,通常要求得到的片段长度不小于 $100 \sim 200$ kb。在 DNA 提取过程中应尽量避免使 DNA 断裂和降解的各种因素,以保证 DNA 的完整性。一般真核细胞基因组 DNA 有 $10^6 \sim 10^9$ bp,可以从新鲜组织、培养细胞或低温保存的组织细胞中提取,通常是采用在 EDTA 以及 SDS 等试剂存在下用蛋白酶 K 消化细胞,随后用酚抽提而实现的。蛋白酶 K 为广谱蛋白酶,其主要特性是能在 SDS 和 EDTA 存在下保持很高的活性。这样,在提取 DNA 的反应体系中,SDS 使细胞膜、核膜崩解,并将组蛋白从 DNA 分子上拉开,SDS 和 EDTA 抑制细胞中 DNA 酶的活性,用蛋白酶 K 水解组织细胞的蛋白,使 DNA 分子尽可能完整地分离出来。在核酸纯化过程中,关键步骤是去除蛋白质,通常采用的办法是用酚和氯仿溶液抽提,酚能有效地使蛋白质变性,用氯仿抽提可去除核酸制品中残留的酚,与此同时,SDS 在破坏细胞膜时,产生的泡沫用异戊醇消除。这一方法获得的 DNA 不仅经酶切后可用于 Southern 分析,还可用于 PCR 的模板、文库构建等实验。

为了获得高相对分子质量 DNA 的关键是防止和抑制 DNase 对 DNA 的降解,避免剧烈振荡,尽量减少对溶液中 DNA 的机械剪切破坏以保证 DNA 的完整性,为后续的实验打下基础。

【实验材料、仪器与试剂】

1. 材料

鼠肝。

2. 仪器

台式离心机,玻璃匀浆器,高压蒸汽灭菌锅,恒温水浴器,微量取样器和吸头,无菌过滤器,注射器(10 mL),Eppendorf 管,吸头。

3. 试剂

(1) 0.5 mol/L Tris-HCl(pH 8.0),0.5 mol/L EDTA(pH 8.0),5 mol/L NaCl,3 mol/L NaAc(pH 5.2)。这些试剂均高压蒸汽灭菌。

(2) 组织匀浆液:100 mmol/L NaCl,10 mmol/L Tris-HCl(pH 8.0),25 mmol/L EDTA(pH 8.0)。

(3) 酶解液:200 mmol/L NaCl,20 mmol/L Tris-HCl(pH 8.0),50 mmol/L EDTA(pH 8.0),200 μg/mL 蛋白酶 K,1%SDS。

(4) TE 缓冲液:1 mmol/L EDTA (pH 8.0),10 mmol/L Tris-HCl (pH 8.0)。

(5) 蛋白酶 K:10 mg/mL 配好后用一次性过滤器过滤,−20℃保存。

(6) RNA 酶:将胰 RNA 酶溶于 10 mmol/L Tris-HCl(pH 7.5),15 mmol/L NaCl 溶液中,浓度 10 mg/mL,于 100℃水浴处理 15 min 以降解 DNA 酶,缓慢冷却到室温,−20℃保存。

(7) λDNA/EcoR I ＋Hind III marker。

(8) 酚∶氯仿∶异戊醇=25∶24∶1(V/V/V)。

(9) 氯仿∶异戊醇=24∶1(V/V/V)。

(10) 5× TBE(5 倍体积的 TBE 储存液):Tris 54 g,硼酸 27.5 g,总体积 1000 mL,pH 8.0。

(11) 6×上样缓冲液:0.25%溴酚蓝,40%(m/V)蔗糖水溶液。

【实验方法与步骤】

(一) 实验步骤

(1) 将冷冻的组织块放入研钵内,加 TE 缓冲液 20 μL,用剪刀剪碎。

(2) 加少许海沙,将组织块研磨成匀浆。

(3) 加 TE 缓冲液 400 μL 冲洗匀浆,转入 1.5 mL 的离心管中。

(4) 在组织匀浆内加入 10% SDS 20 μL,混匀。

(5) 加入蛋白酶 K 5 μL,55℃水浴 4 h,期间振荡 2 次。

(6) 加入 RNA 酶 A 4 μL,37℃水浴 30 min。

(7) 加等量饱和酚,抽提 10 min,3000 r/min 离心 10 min。

(8) 将上层液相转入另一离心管中,加入等量的酚∶氯仿∶异戊醇(25∶24∶1),混合抽提 10 min,3000 r/min 离心 10 min。

(9) 将上层液相转至另一离心管中,加入等量的氯仿∶异戊醇(24∶1)混合抽提10 min,3000 r/min 离心 10 min。

(10) 吸出上层液相至另一离心管中,加入 1/10 体积 3 mol/L NaAc 和 2 倍体积无水乙醇,−20℃ 2 h 或过夜。

(11) 12 000 r/min 离心 20 min,弃上清液。

(12) 沉淀用 75%乙醇洗一次,12 000 r/min 离心 20 min,室温晾干。

（13）沉淀溶解于 $50\,\mu L$ TE 缓冲液中，存放于 4℃冰箱，轻摇溶解过夜（或 2 h），即可得到实验动物基因组 DNA。

（14）电泳检测。由于基因组 DNA 分子较大，用 0.3％的琼脂糖凝胶电泳鉴定，先在底部铺一层 1％的支持胶，凝固后在铺上一层 0.3％琼脂糖凝胶，插上梳子（不能碰到支持胶）。取溶解的 DNA $1.5\,\mu L$、上样缓冲液 $1\,\mu L$ 和无菌水 $3.5\,\mu L$，混匀后小心上样，电泳观察基因组 DNA 大小。

（二）数据记录及结果处理

电泳结束后可在波长为 254 nm 紫外灯下观察电泳胶板，DNA 存在处显示肉眼可辨的绿色荧光条带。

【实验提示与注意事项】

（1）所有用品均需要高温高压，以灭活残余的 DNA 酶。

（2）所有试剂均用灭菌重蒸水配制。

（3）为了尽可能避免 DNA 大分子的断裂，在实验过程中应注意：匀浆时应保持低温，匀浆时间尽可能短，每个步骤加入液体后应轻轻混匀。

（4）在吸 DNA 液体时，应使用管口直径大于 1.5 mm 的吸管，以免影响 DNA 完整性。

（5）苯酚腐蚀性很强，避免皮肤直接接触。如已经接触到苯酚，应立即用大量水及肥皂擦洗，切不可用乙醇洗。

（6）保持 DNA 活性，避免酸、碱或其他变性因素使 DNA 变性。

【思考题】

（1）核酸纯化过程中，关键步骤是什么？

（2）如何分析所提取的 DNA 的浓度和纯度？

实验七　动物组织总 RNA 制备及鉴定

【实验目的】

通过本实验的学习，掌握动物组织总 RNA 制备的原理及方法，熟悉 RNA 纯度鉴定的方法。

【实验安排】

本实验一天内可完成：上午提 RNA，下午电泳检测。

【实验背景与原理】

RNA 是重要的核酸物质，是联系 DNA 与蛋白质的重要桥梁。它主要存在于细胞质中，在遗传信息的传递方面起着承上启下的中心作用。根据 RNA 的功能不同，可将其分为核糖体 RNA（rRNA）、转移 RNA（tRNA）和信使 RNA（mRNA）三大类。此外，真核细胞中还有少量核内小分子 RNA（snRNA）。rRNA 和 tRNA 虽不能翻译成蛋白质，但可与 mRNA 一起共同参与蛋白质的合成。

rRNA 分子大小不均一,它不单独执行其功能,而是与多种蛋白质构成核糖体,作为蛋白质合成的场所。根据沉降系数不同,可将原核细胞 rRNA 分为 5S、16S、23S 三类;真核细胞 rRNA 分为 5S、5.8S、18S、28S 四类。S 是大分子物质在超速离心沉降中的一个物理单位,可反映分子的大小和形状。在各类 RNA 中,rRNA 是细胞内含量最多的,约占 RNA 总量的 80% 以上,因此,提取 RNA 过程中,常常通过鉴定 RNA 中 rRNA 是否完整来推断总 RNA 的纯度、浓度和完整性,由此也进一步推断含量极少的 mRNA 的完整性,rRNA 电泳后的三条特征性条带 28S、18S 和 5S,是鉴定总 RNA 纯度、浓度和完整性的重要参考依据(图 7-7-1)。

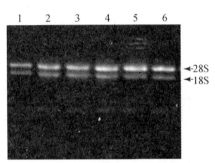

图 7-7-1 总 RNA 琼脂糖凝胶电泳图

mRNA 仅占细胞总 RNA 的 5%～10%,大小和核苷酸序列各不相同,从数百至数千碱基不等。大多数真核细胞 mRNA 的 3′端均有一个 poly(A)尾,其长度一般足以吸附 oligo(DT)-纤维素,利用此特征可以很方便地从总 RNA 或组织中通过亲和层析法分离 mRNA。

从细胞中分离的 RNA 的纯度与完整性对于许多分子生物学实验至关重要,如 Northern 印迹杂交分析、寡聚(dT)纤维素选择分离 mRNA、RT-PCR、定量 PCR、cDNA 合成及体外翻译等实验,在很大程度上取决于 RNA 的质量。所有 RNA 的提取过程中都有 5 个关键点,即:① 样品细胞或组织的有效破碎;② 有效地使核蛋白复合体变性;③ 对内源 RNA 酶的有效抑制;④ 有效地将 RNA 从 DNA 和蛋白混合物中分离;⑤ 对于多糖含量高的样品还牵涉多糖杂质的有效除去。但其中最关键的是抑制 RNA 酶活性。

在实验中,一方面要严格控制外源性 RNA 酶的污染;另一方面要最大限度地抑制内源性的 RNA 酶。RNA 酶可耐受多种处理而不被灭活,如煮沸、高压蒸汽灭菌等。外源性的 RNA 酶存在于操作人员的汗液、唾液等中,也可存在于灰尘中。在其他分子生物学实验中使用的 RNA 酶也会造成污染。这些外源性的 RNA 酶可污染器械、玻璃制品、塑料制品、电泳槽、研究人员的手及各种试剂。而各种组织和细胞中则含有大量内源性的 RNA 酶。所以实验中抑制 RNA 酶的活性,防止 RNA 酶污染,使 RNA 不受降解是提取过程的关键。实验过程中一般采取以下措施:

1. 去除外源性 RNA 酶的影响──创造一个无 RNA 酶的环境

(1)洁净的实验室环境

① 实验操作环境应洁净,避免空气中飞尘携带的细菌、霉菌等微生物产生的外源性 RNA 酶污染;

② 在实验操作过程中,操作人员不得用手直接触摸实验器材及试剂,必须戴一次性手套;接触可能污染了 RNA 酶的物品后,应更换手套;

③ 微量移液器也是 RNA 酶的又一污染源,可根据制造商的要求对微量移液器进行处理。一般情况下采用用 DEPC 配制的 70％乙醇擦微量移液器的内部和外部。

(2) 塑料制品、玻璃和金属物品的处理

① 塑料制品:尽可能使用无菌、一次性塑料制品。已标明 RNase-free 的塑料制品,如没有开封使用过,通常没有必要进行处理。对于未标明 RNase-free 的塑料制品,原则上处理后方可使用。处理方法如下:将待处理的塑料制品用 0.1％焦碳酸二乙酯(DEPC)水溶液浸泡过夜,高压蒸汽灭菌至少 30 min,用合适的温度(80～90℃)烘烤至干燥,置于干净处备用。

② 玻璃和金属物品 200℃烘烤 2 h 以上。

(3) 溶液配制

配制的各种溶液应加 0.1％DEPC,然后剧烈振荡 10 min,再煮沸 15 min 或高压灭菌以消除残存 DEPC,否则 DEPC 也能和腺嘌呤作用而破坏 mRNA 活性。不能高压蒸汽灭菌的溶液,用经 DEPC 处理过的无 RNA 酶的去离子水配制,然后用 0.22 μm 滤膜过滤除菌。

DEPC 是 RNA 酶的化学修饰剂,它和 RNA 酶的活性基团组氨酸的咪唑环反应而抑制酶活性。除 DEPC 外,也可用异硫氰酸胍、钒氧核苷酸复合物、RNA 酶抑制蛋白等作为 RNA 酶抑制剂。DEPC 与氨水溶液混合会产生致癌物,因而使用时需小心。

2. 抑制内源性 RNA 酶活性

主要利用 Trizol 等变性剂中含有的异硫氰酸胍、十二烷基肌氨酸钠、β-巯基乙醇等协同作用,有效地抑制 RNA 酶的活力。

RNA 分离、提取的方法很多,包括热酚法、盐酸胍法、Trizol 法等。具体可根据标本来源和最终用途选择合适的制备方法。本实验采用 Trizol 法提取 RNA。Trizol 试剂一步分离 RNA 是近几年来实验室应用较多的方法,分离 RNA 的产率高、纯度好、RNA 不易降解,方法简便、快速,一次可同时提取大批量样品 RNA,很适用于一般实验室进行基因表达检测。Trizol 试剂是在 Chomezynski 和 Sacchi 一步分离 RNA 方法基础上进行改进的复合试剂,含有高浓度强变性剂异硫氰酸胍和酚等成分,可迅速破坏细胞结构,使存在于细胞质及核中的 RNA 释放出来,并使核糖体蛋白与 RNA 分子解离。同时,高浓度异硫氰酸胍和 β-巯基乙醇还可使细胞内的各种 RNA 酶失活,保护释放出的 RNA 不被降解。细胞裂解后的裂解溶液内除 RNA 以外,还有核 DNA、蛋白质和细胞残片,通过氯仿等有机溶剂抽提、离心,可将 RNA 与其他细胞组分分离开来,得到纯化的总 RNA。该试剂适用于从多种组织和细胞中快速分离总 RNA。

RNA 的均一性和完整性是评价 RNA 质量的标准。其中,均一性取决于 RNA 提取物中 DNA、蛋白质和其他杂质的去除;完整性则取决于最大限度地避免内源性及外源性 RNA 酶对 RNA 的降解。由于 RNA 在 260nm 波长处有最大的吸收峰,因此通常采用紫外分光光度法测定 RNA 的纯度,纯 RNA 的 $A_{260}/A_{280}=2.0$,由于所用的标本不同,此比值有一定的变化,一般在 1.7～2.0 之间,低于该值表明有蛋白污染,需进一步用酚-氯仿抽提。RNA 完整性可通过琼脂糖凝胶电泳的方法进行鉴定,完整的 RNA 电泳时,28S(约 4.8 kb)和 18S(约 1.9 kb)rRNA 两条电泳条带的显色强度近似为 2∶1。

【实验材料、仪器与试剂】

1. 材料

小鼠肝脏。

2. 仪器

紫外分光光度计,电泳仪,水平电泳槽,紫外灯检测仪,低温高速离心机,制冰机,匀浆器,离心管(1.5 mL,0.5 mL)等。

3. 试剂

(1) Trizol 试剂,DEPC,氯仿,异丙醇,75％乙醇(DEPC 水配制)。

(2) 无 RNA 酶水:去离子水中加入 0.1％ DEPC,37℃放置 12～16 h,再高压蒸汽灭菌 30 min,去除残留的 DEPC。

【实验方法与步骤】

(一)实验步骤

1. Trizol 试剂提取 RNA

(1) 细胞匀浆。取新鲜小鼠肝脏组织 100 mg 剪碎后放入匀浆器内,加入 Trizol 试剂 1 mL,用玻璃匀浆器充分匀浆,转移至新的离心管中。

(2) 研磨液室温放置 5 min,然后加入氯仿 0.2 mL,盖紧离心管,用手剧烈振荡离心管 15 s。室温放置 10 min;4℃,12 000 r/min 离心 10 min。

(3) 将上层水相移入一新的离心管,加入等体积的异丙醇,混匀,室温放置 10 min;4℃,12 000 r/min 离心 10 min。

(4) 弃去上清液,加入 75％乙醇 1 mL 洗涤沉淀,涡旋混匀;4℃,12 000 r/min 离心 5 min。

(5) 小心弃去上清液,无菌工作台中室温 5～10 min,注意不要干燥过分,否则会降低 RNA 的溶解度。可用 DEPC 处理的 H_2O 50 μL,55～60℃温育 10 min RNA 便完全溶解。

(6) 取少量样品测 260 nm 和 280 nm 的吸光值,检测提取 RNA 的均一性。

2. RNA 琼脂糖凝胶电泳

向水平电泳槽内加入 0.5×TBE 缓冲液至浸没凝胶约 1 mm,每孔加入 5～10 μL 样品,100 V 电泳 15 min,紫外灯观察仪下比较 28S rRNA 和 18S rRNA 的含量。若二者的比值为 2∶1,则表明无 RNA 降解;若该比值逆转,则表明有部分 RNA 降解。

(二)数据记录及结果处理

观察实验结果,分析思考实验中的各种现象,计算样品 RNA 浓度。

【实验提示与注意事项】

(1) 由于 RNA 酶的高稳定性、广泛存在性和 RNA 的不稳定性,在有关 RNA 操作的实验中须十分小心。指定特定区域作为操作 RNA 专用区,保持实验室低温、清洁的环境,减少空气流动。

(2) 实验前用 RNA 酶灭活剂和 75％乙醇擦洗实验台。实验过程中需戴口罩及一次性手套,接触可能污染 RNA 酶的物品后要更换手套。

(3) 实验过程应注意充分匀浆,且保持在冰浴状态下进行,以获得较高的 RNA 产率。

(4) 对于富含蛋白质、脂肪、多糖的样品,匀浆后应先以 12 000 r/min 离心 10 min,去除不溶性物质及脂肪,然后再用 Trizol 试剂抽提。

(5) 电泳检查 RNA 的完整性时,28S 与 18S rRNA 条带的含量比例出现逆转或条带模糊提示有 RNA 降解,应查明原因,以免下次实验再出现相似问题。

（6）RNA 干燥时,不要在真空条件下干燥,以免 RNA 不易溶解。必要时可用 0.5% SDS 溶解。

【思考题】

本实验成败的关键是什么？如何保证实验的成功？

实验八 反转录-聚合酶链式反应(RT-PCR)技术

【实验目的】

RT-PCR 用于定性或定量检测基因的表达情况以及有关疾病的诊断,是分子生物学最常用的技术手段之一。本实验以从小鼠肝脏制备的 RNA 为模板,采用 RT-PCR 法扩增 GAPDH 基因。通过本实验的学习,掌握 RT-PCR 的基本原理和相应的操作技能。

【实验安排】

本实验一天内可完成:上午反转录合成 cDNA,下午电泳检测。

【实验背景与原理】

聚合酶链反应(polymerase chain reaction,PCR) 即 PCR 技术,又称 DNA 体外扩增技术。PCR 被广泛地用于基因的克隆、修饰、改建、构建 cDNA 文库和制造突变等。

1. PCR 技术的基本原理

PCR 技术用于扩增位于已知序列之间的 DNA 片段,其原理类似于细胞内发生的 DNA 复制,实际上是在模板、引物和四种脱氧核苷酸存在的条件下依赖于 DNA 聚合酶的酶促反应,其特异性是由两个人工合成的引物序列决定的。所谓引物是与待扩增片段两翼互补的寡核苷酸,其特征是单链 DNA(ssDNA)片段。如图 7-8-1 所示,反应分三步:

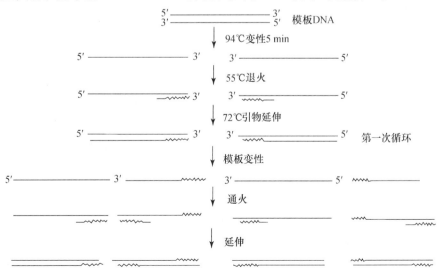

图 7-8-1 PCR 反应原理

(1) 变性(denaturating)。即双链DNA模板加热至90~96℃时,模板DNA双螺旋的氢键断裂,双链解链,形成单链DNA。

(2) 退火(annealling)。将反应混合液冷却至25~65℃,引物与互补的单链DNA模板在局部形成杂交链。由于模板分子结构较引物要复杂得多,且反应体系中引物DNA量大大多于模板DNA,使引物与其互补的模板在局部形成杂交链,而模板DNA双链之间互补的机会很少。

(3) 延伸(extension)。70~74℃下,在Mg^{2+}存在的条件下,4种脱氧核糖核苷三磷酸底物在Taq DNA聚合酶的作用下,引物沿$5'→3'$方向延伸,按碱基互补原则合成与模板DNA互补的DNA新链。

变性、退火、延伸三个步骤称为PCR的一轮循环。由于上一轮扩增的产物又充当下一轮扩增的模板,所以每完成一个循环,目的DNA产物增加1倍。30个循环后,扩增量为2^{30}拷贝,约10^9个拷贝。

理论上讲,扩增DNA产量是以2^n指数上升的,即n个循环后,产量为2^n个拷贝。但由于DNA聚合酶的质量、待扩增片段的序列及反应系统的条件等多种因素的影响,实际扩增效率比预期的要低,应按$N_f = N_0(1+y)^n$的指数方式递增(其中y代表扩增反应效率,最大值为1),一般可达$10^6 \sim 10^7$个拷贝。随着PCR循环次数的增加,合成产物达到0.3~1 pmol/L水平,由于产物的堆积、dNTP、引物及Taq DNA聚合酶的消耗等原因,使产物原以指数增加的速率逐渐变成平坦曲线,即平台效应。这时扩增DNA片段的增加减慢,进入相对稳定状态,再增加PCR的循环次数也不能增加目的DNA片段。到达平台期所需PCR循环次数取决于样品中模板的拷贝数、PCR扩增效率、Taq DNA聚合酶的活性及非特异性产物的竞争等因素。欲在达到"平台期"以前增加目的DNA片段的积累,必须尽量避免或减少非特异产物的产生(图7-8-2)。

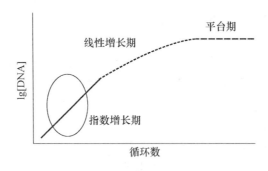

图 7-8-2   PCR 反应的平台期

平台效应在PCR反应中是不可避免的,但一般在平台效应出现之前,合成的目的基因的数量已可满足实验的需要。

2. 标准 PCR 反应体系

标准PCR反应体积为50~100 μL,其中含有:PCR反应缓冲液(10×PCR buffer)、4种dNTP(dATP、dCTP、dGTP、dTTP)、2种引物、DNA模板、Taq DNA聚合酶、ddH_2O补至终体积(50~100 μL)。

3. Taq DNA 聚合酶

PCR反应体系中Taq DNA聚合酶用量为1~2.5 U/100 μL。

PCR扩增过程中存在有dNTP错误掺入的可能性,Taq DNA聚合酶错配的概率约为

2/10000。而 Taq DNA 聚合酶没有 $3'\rightarrow5'$ 外切核酸酶活性,所以如果发生 dNTP 的错误掺入时,这种酶没有校正能力,任何错误都将保留在最后的结果中,这在利用 PCR 产物进行 DNA 序列分析时需要引起注意。

Taq DNA 聚合酶具有类似脱氧核糖核酸末端转移酶(TdT)的功能,可在新合成双链产物的 $3'$ 端加上一个非模板依赖的碱基。尽管四种碱基均可被聚合到 $3'$ 端,但 Taq DNA 聚合酶对 dATP 的聚合能力远高于其他三种 dNTP。所以,在标准 PCR 条件下,PCR 产物 $3'$ 端这一非模板依赖的聚合碱基几乎总是 A。利用这种特性可以构建 dT-载体来克隆带 dA 尾的产物。如 PCR 反应中每种 dNTP 浓度为 200 μmol/L,则不需要加入 dNTP。在其他参数最佳时,每 100 μL 反应液中含 1~2.5 U(比活性为 20 U/p mol)Taq DNA 聚合酶为最佳。然而,酶的需要量可根据不同的模板分子或引物而变化。当优化 PCR 时,最好在每 100 μL 反应体积中加 0.5~5 U 酶。酶浓度过高可能导致非靶序列的扩增;过低时则靶序列产量降低。Taq DNA 聚合酶可在 -20℃贮存至少 6 个月。

4. 引物

引物是待扩增核酸片段两端的已知序列,它决定了 PCR 扩增产物的大小。引物的选择是整个 PCR 扩增反应成功的关键因素,引物的优劣直接关系到 PCR 的特异性及成功与否。理想的引物应该有效地与靶序列杂交,而与出现在模板中的其他相关序列的杂交是可以忽略的。

(1)引物设计原则。

引物设计的目的是找到一对合适的核苷酸片段,能特异地、有效地扩增模板 DNA 序列。正确的引物设计,可以遵循如下主要原则:

① 引物的长度控制在 15~30 bp,引物太短会影响 PCR 的特异性,引物过长 PCR 的最适延伸温度会超过 Taq DNA 聚合酶的最适温度,也影响反应的特异性。

② 碱基分布。四种碱基最好随机分布,避免嘌呤或嘧啶的聚集出现,特别是连续 3 个以上的单一碱基连续出现。

③ $3'$ 端必须与模板严格互补,不能进行任何修饰,也不应该形成任何二级结构。

④ 引物本身不应存在互补序列,否则自身会折叠成发夹结构。

⑤ 两引物之间不应有超过 4 个的连续碱基互补,$3'$ 端不应多于 2 个。

⑥ 引物与非特异性扩展序列的同源性应小于连续 8 个的互补碱基存在。

(2)使用引物设计软件。

现在有商品化的或免费的计算机软件程序,可用来在确定的区域中选择引物序列。在对所研究基因组全部序列并不完全知道的情况下,这些程序既方便又实用,但是即使是最好的程序也并非完美无缺。

使用计算机软件时,选择参数设置越广泛,计算机需要考虑的情况越多,寻找引物所需的时间会越长。因此,在实验设计上用来寻找引物的参数应尽可能狭窄和独特,这样可以得到快速和高质量设计的引物。

(3)引物浓度。

一般 PCR 反应体系中引物的终浓度为 0.2~1 μmol/L,在此范围内 PCR 产物量基本相同。经 DNA 合成仪合成的引物,一般须经 PAGE 电泳纯化,紫外分光光度计定量。根据定量结果计算配制。

5. 模板

单、双链 DNA 和 RNA 都可作为 PCR 的模板,如果起始模板为 RNA,需先通过逆转录得到 cDNA 链后才能进行 PCR 扩增。为保证结果的准确性和特异性,PCR 反应中的模板加入量一般为 $10^2\sim10^5$ 个拷贝靶序列,即一般宜用 ng 级的克隆 DNA、μg 级的染色体 DNA 或 10^4 个拷贝的待扩增片段来做起始材料;1 μg 人基因组 DNA 相当于 3×10^5 个单拷贝靶分子,1 ng 大肠杆菌 DNA 相当于 3×10^5 个单拷贝靶分子。因此扩增不同拷贝数的靶序列时,加入的含靶序列的 DNA 量也不同。

6. PCR 循环参数

(1) 变性的温度和时间。

典型的变性条件是 95℃ 30 s 或 97℃ 15 s,更高的温度解链会更彻底,尤其是对富含 GC 的靶基因,但可能使 Taq DNA 聚合酶很快失去活性。变性温度在 90～95℃ 时,既能保证使 DNA 双链模板变性,又能保持 Taq DNA 聚合酶活力。因此 PCR 变性温度在 90～95℃ 之间选择,时间为 30～60 s。

(2) 复性的温度和时间。

复性温度决定着 PCR 的特异性。引物复性所需的温度与时间取决于引物的碱基组成、长度。引物长度为 15～25 bp 时,其复性温度一般应低于引物 T_m 值约 5℃。引物的 T_m 值可根据公式 $T_m = 4(G+C)+2(A+T)$ 进行计算,复性温度的范围一般在 25～65℃ 之间,增加复性温度,可减少引物与模板之间的非特异性结合,提高 PCR 反应的特异性;降低复性温度,则可增加 PCR 反应的敏感性。在典型的引物浓度(如 0.2 μmol/L)时,复性时间一般为 40～90 s,时间过短会导致引物与模板 DNA 互补配对失败。

(3) 延伸的时间和温度。

延伸温度一般选择在 70～75℃ 之间,此时 Taq DNA 聚合酶具有最高活性。PCR 延伸反应的时间可根据扩增片段模板序列的长度和浓度,以及延伸温度高低而定。72℃时 Taq DNA 聚合酶的延伸速度为 35～100 个核苷酸/s,小于 1 kb 的片段一般 1～2 min 就足够了。

(4) 循环次数的确定。

PCR 的循环次数一般在 25～35 次,循环次数过多,Taq DNA 聚合酶活性降低、聚合时间延长、引物及单核苷酸减少等原因使反应后期容易发生错误掺入。将导致非特异产物增加,循环次数太少,则产率偏低。因此在得到足够产物的条件下应尽量减少循环次数。如需进一步扩增,应将扩增所需的 DNA 样品稀释 1000 至 10 000 倍后再作为模板进行新的 PCR。

RT-PCR 用于定性或定量检测基因的表达情况以及有关疾病的诊断,是分子生物学最常用的技术手段之一。本实验以从小鼠肝脏制备的 RNA 为模板,采用 RT-PCR 法扩增 GAPDH 基因。

【实验材料、仪器与试剂】

1. 材料

从小鼠肝脏制备的 RNA。

2. 仪器设备

PCR 仪,电泳仪,水平电泳槽,紫外灯检测仪,低温高速离心机,制冰机,低温冰箱,离心管(1.5 mL,0.5 mL)等。

3. 试剂

cDNA 合成试剂盒, GAPDH 引物, *Taq* DNA 聚合酶, dNTPs, $10\times$ PCR 反应缓冲液, 无 RNase 水。

【实验方法与步骤】

(一) 实验步骤

1. 反转录合成 cDNA

(1) RNA 预变性(打开 RNA 二级结构)。在 Eppendorf 管中加入用 Trizol 法提取的总 RNA 样品 $2~\mu L$, 无 RNase 水 $7~\mu L$。放入 PCR 仪中 $70℃$, $10~min$, 之后立即置于冰上, 离心数秒钟使溶液集中在管底, 然后进行后续实验。

(2) 反转录反应体系, 向上述管中加入:

$10\times$ RT buffer	$2~\mu L$
dNTP	$2~\mu L$
RNA 酶抑制剂	$1~\mu L$
Oligo dT	$1~\mu L$
反转录酶	$1~\mu L$
$MgCl_2$	$4~\mu L$

混匀。Eppendorf 管放入 PCR 仪中, $42℃$, $15~min$; $95℃$, $5~min$ 终止反应。经短暂离心, 之后将反应物收集至管底, 置于冰上待用。

2. PCR 扩增编码蛋白质的目的基因

(1) 取一支 PCR 管, 在冰上加入:

$10\times$ PCR buffer	$5~\mu L$
dNTP	$1~\mu L$
上游引物	$1~\mu L$
下游引物	$1~\mu L$
Taq DNA 聚合酶	$1~\mu L$
cDNA	$2~\mu L$

(2) 加入适量的 ddH_2O, 使总体积达 $25~\mu L$。轻轻混匀, 离心数秒。

(3) 按如下设定 PCR 程序, 在适当的温度参数下扩增 30 个循环。

$94℃$	$2~min$ 预变性	
$94℃$	$45~s$ 变性	
$55℃$	$45~s$ 复性	30次循环
$72℃$	$60~s$ 延伸	
$72℃$	$5~min$	
$4℃$	$5~min$	

3. RT-PCR 产物鉴定

取 RT-PCR 产物进行琼脂糖凝胶电泳, 并在凝胶成像仪上检测。

（二）数据记录及结果处理

（1）PCR 产物电泳后在紫外灯下可观察到一条特异区带。

（2）分析密度扫描结果，归纳总结。

【实验提示与注意事项】

（1）注意引物的优化设计。

（2）模板的质量和数量在 PCR 中至关重要，过多模板可能妨碍扩增。

（3）所提取的 RNA 应尽量减少降解，用 RT-PCR 扩增某一特异基因时，总 RNA 可满足要求，不必分离 mRNA。

（4）若目的 mRNA 在总 RNA 中含量较高，只需 ng 级的模板 RNA 即可获得有效扩增；反之，则可能需要多达 10 μg 的总 RNA 才能得到目标产物。

（5）在 PCR 的过程中，应注意防止靶序列的污染，以免产生假阳性。

（6）由于 RNA 酶的高稳定性、广泛存在性和 RNA 的不稳定性，在有关 RNA 操作的实验中须十分小心。

（7）实验前用 RNA 酶灭活剂和 75％乙醇擦洗实验台。实验过程中需戴口罩及一次性手套，接触可能污染 RNA 酶的物品后要更换手套。

（8）实验过程要防止 RNA 降解，保持 RNA 的完整性。

【思考题】

（1）本实验成败的关键是什么？

（2）PCR 技术的基本原理是什么？

（3）从哪些方面可预防 PCR 出现假阳性结果？

实验九　Western 印迹鉴定目标蛋白

【实验目的】

（1）了解 Western Blot 的原理及其意义，掌握 Western Blot 的操作方法。

（2）应用 Western Blot 技术分析鉴定经 SDS-PAGE 分离后转移到 PVDF 膜上的重组蛋白。

【实验安排】

（1）试剂配制→电泳→转移：1 天；

（2）杂交→显色→结果处理：约 1 天。

【实验背景与原理】

Western Blot 一般称为蛋白质印迹。它是一种在分子生物学、生物化学和免疫遗传学中常用的实验方法。与 Southern 或 Northern 杂交方法类似，它也是通过电泳、转膜、与标记的探针进行反应来获知目的物的信息。所不同的在于，Western Blot 采用的是聚丙烯酰胺凝胶电泳,被检测物是蛋白质,相对应的"探针"也不再是 DNA、RNA 等,而是抗体,"显色"用标记的二抗。蛋白质样品经 PAGE 分离后,转移到固相载体(例如硝酸纤维素薄膜)上,固相载体以非共价键形式吸附蛋白质,且能保持电泳分离的多肽类型及其生物学活性不变。以固相载体上的蛋白质或多肽作为抗原,与对应的抗体起免疫反应,再与酶或同位素标记的第二抗体起反应,经过底物显色或放射自显影来检测电泳分离的特异性目的基因表达的蛋白成分。该技术也广泛应用于检测蛋白水平的表达。

在 Western Blot 中,杂交膜的选择是决定其成败的重要环节。应根据杂交方案、被转移蛋白的特性以及分子大小等因素,选择合适材质、孔径和规格的杂交膜。用于 Western Blot 的膜主要有两种:硝酸纤维素膜(NC)和 PVDF 膜。

(1) NC 膜。该膜是蛋白印迹实验的标准固相支持物,在低离子转移缓冲液的环境下,大多数带负电荷的蛋白质会与膜发生疏水作用而高亲和力地结合在一起,但在非离子型的去污剂作用下,结合的蛋白还可以被洗脱下来。根据被转移的蛋白相对分子质量大小,选择不同孔径的 NC 膜。因为随着膜孔径的不断减小,膜对低相对分子质量蛋白的结合就越牢固。通常用 $0.45~\mu m$ 和 $0.2~\mu m$ 两种规格的 NC 膜。大于 20 000 的蛋白可用 $0.45~\mu m$ 的膜,小于 20 000 的蛋白则用 $0.2~\mu m$ 的膜,如用 $0.45~\mu m$ 的膜就会发生"Blowthrough"的现象。

(2) PVDF 膜。该膜灵敏度、分辨率和蛋白亲和力比常规的膜要高,非常适合于低相对分子质量蛋白的检测。但 PVDF 膜在使用之前必须用纯甲醇浸泡饱和 1～5 s。

【实验材料、仪器与试剂】

1. 仪器
SDS-PAGE 电泳装置一套,电转移膜装置,抗体-酶反应摇床。

2. 试剂
(1) 转移缓冲液:甘氨酸(39 mmol/L)2.9 g,Tris 碱(48 mmol/L)5.8 g,SDS(0.037%)0.37 g,甲醇(20%)200 mL,定容至 1000 mL。

(2) 封闭液:5%脱脂奶粉,0.02%叠氮钠,溶于 PBST 溶液中。

(3) 丽春红 S(Ponceaus)染液:丽春红 S 0.5 g 溶于 1 mL 冰乙酸中,加水至 100 mL。

(4) PBST 洗膜液:PBS 缓冲液含 0.5% Tween-20。

(5) DAB 浓缩显色液(50×):DAB(二氨基联苯胺)是辣根过氧化物酶的底物之一,临用前稀释。

(6) 5×PBS:在 1600 mL 蒸馏水中溶解 Na_2HPO_4 82.3 g,NaH_2PO_4 20.4 g,NaCl 40 g,用 0.1 mol/L NaOH 调 pH 至 7.4,加水定容至 2 L。高压蒸汽灭菌 20 min,室温保存。用前稀释至 1×。

(7) SDS-PAGE 电泳用溶液和试剂

① 30%凝胶贮备液:丙烯酰胺(Acr)29.2 g,亚甲基双丙烯酰胺(Bis)0.8 g,加重蒸水至 100 mL。外包锡纸,4℃冰箱保存,30 天内使用。

② 分离胶缓冲液(1.5 mol/L):Tris 18.17 g,加重蒸水溶解,6 mol/L HCl 调至 pH 8.8,定容 100 mL。4℃冰箱保存。

③ 浓缩胶缓冲液(0.5 mol/L):Tris 6.06 g,加水溶解,6 mol/L HCl 调 pH 6.8,并定容至 100 mL。4℃冰箱保存。

④ 10%SDS,室温保存;10%(m/m)过硫酸铵(新鲜配制);TEMED。

（8）甲醇,PVDF膜,Whatman 3MM滤纸。

【实验方法与步骤】

（一）实验步骤

1. SDS-PAGE 准备

（1）装板（图7-9-1）。将密封用硅胶框放在平玻璃上,然后将凹型玻璃与平玻璃重叠,将两块玻璃立起来使底端接触桌面,用手将两块玻璃夹住放入电泳槽内,然后插入斜插板到适中程度,即可灌胶。

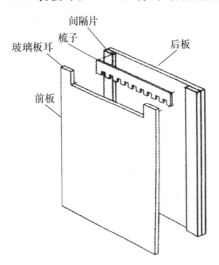

图 7-9-1　聚丙烯酰胺凝胶玻璃板组装图

（2）凝胶的聚合

分离胶和浓缩胶的制备。按表7-9-1中溶液的顺序及比例,配制10%的分离胶和5%的浓缩胶。

（3）将分离胶沿凝胶腔的长玻璃板的内面缓缓用滴管滴入,小心不要产生气泡。将胶液加到距短玻璃板上沿2 cm处为止,约5 mL。然后用细滴管或注射器仔细注入少量水,约0.5～1 mL。室温放置聚合30～40 min。

（4）待分离胶聚合后,用滤纸条轻轻吸去分离胶表面的水分。将现制备的浓缩胶用长滴管小心加到分离胶的上面,插入样品模子（梳子）;待浓缩胶聚合后,小心拔出样品模子。

（5）用手夹住两块玻璃板,上提斜插板使其松开,然后取下玻璃胶室去掉密封用硅胶框,注意在上述过程中手始终给玻璃胶室一个夹紧力,再将玻璃胶室凹面朝里置入电泳槽,插入斜板,将缓冲液加至内槽玻璃凹面以上,外槽缓冲液加到距平板玻璃上沿3 mm处即可,注意避免在电泳槽内出现气泡。

表 7-9-1　SDS-PAGE 中分离胶和浓缩胶的配制

试剂名称	10%的分离胶	5%的浓缩胶
Acr-Bis 30%/mL	3.3	0.8
分离胶缓冲液（pH 8.9）/mL	3.75	0
浓缩胶缓冲液（pH 6.8）/mL	0	1.25
10%SDS/mL	0.1	0.1
10%过硫酸铵/μL	50	25
重蒸水/mL	4.05	2.92
TEMED/μL	5	5

2. 电转移

（1）将蛋白质样品进行 SDS-PAGE。

① 加样（图7-9-2）。用微量移液器取蛋白质样品加样,每槽各加10～15 μL（含蛋白质10～15 μg）,稀溶液可加20～30 μL（还要根据胶的厚度灵活掌握）。加样时用微量移液器斜靠在

提手边缘的凹槽内,以准确定位加样位置,也可用微量注射器依次在各样品槽内加样。

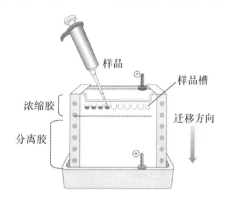

图 7-9-2　SDS-PAGE 电泳加样

②电泳。加样完毕,盖好上盖,连接电泳仪,打开电泳仪开关后,样品进胶前电流控制在 15～20 mA,大约 15～20 min;样品中的溴酚蓝指示剂到达分离胶之后,电流升到 30～45 mA,电泳过程保持电流稳定。当溴酚蓝指示剂迁移到距前沿 1～2 cm 处即停止电泳,约 1～2 h。如室温高,打开电泳槽循环水,降低电泳温度。电泳结束后,关掉电源,取出玻璃板,在长短两块玻璃板下角空隙内,用刀轻轻撬动,即将胶面与一块玻璃板分开。如图 7-9-3 所示为 SDS-PAGE 电泳图。

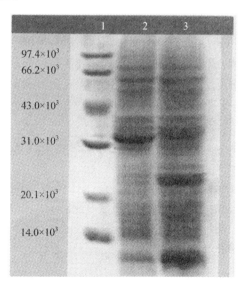

图 7-9-3　SDS-PAGE 电泳图

(2) 戴手套切 6～8 张滤纸和一张 PVDF 膜,它们的大小应与凝胶的大小相同。在 PVDF 膜的一(左)角作一记号(或剪角),与滤纸和海绵(纤维)垫浸泡于转移缓冲液中。PVDF 膜在使用之前用纯甲醇浸泡饱和 1～5 s,转移到水中浸泡 2 min,再放到转移缓冲液中。

(3) 剥胶,并将凝胶裁成合适大小,切角以做记号。

(4) 按图示(图 7-9-4)制备“夹心饼”,打开电极板,在一边放上一块纤维垫,再依次往上叠加 3～4 张滤纸,将凝胶轻放于滤纸上。再将一张 PVDF 膜放上,加上 3～4 张滤纸,每加上一种物品都要精确对齐,并确保没有气泡。再铺上纤维垫,最后将电极板夹上,夹上夹子插进转膜槽中。

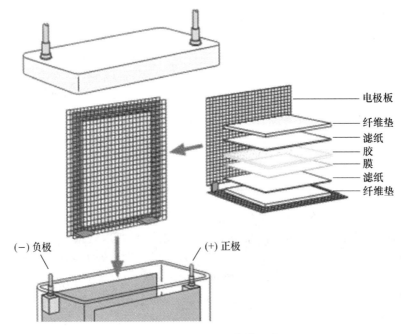

电极板
纤维垫
滤纸
胶
膜
滤纸
纤维垫

(−) 负极　　　　　　　　　　　　　(+) 正极

图 7-9-4　Western Blot 转膜示意图

(5) 接上电源(凝胶一边接负极,PVDF 膜一边接正极),恒流电泳 1.5 h, 0.8 mA/cm^2 膜。

(6) 关闭电源,将 PVDF 膜取出,置塑料盒中用丽春红 S 染色约 5 min,回收丽春红 S,然后用蒸馏水洗去背景染料显色,室温稍干燥后用铅笔描下 marker 所在位置,然后用 PBST 浸泡几次,完全洗去丽春红 S 染料。

2. 封闭

将膜放入塑料盒中,加入封闭液 20 mL,置脱色摇床中缓慢摇动,室温 1 h 或 4℃ 封闭过夜。

3. 靶蛋白与第一抗体结合

(1) 弃去封闭液,加入含有第一抗体的封闭液 5～10 mL,室温平缓摇动温育 3 h。然后尽量回收抗体溶液,−20℃ 保存,可重复使用。

(2) 用 PBST 室温洗膜 3 次,每次 10 min。

4. 与第二抗体反应

(1) 弃去 PBST 溶液,加入适量(5～10 mL)含有第二抗体的封闭液,室温下平缓摇动温育 1 h,尽量回收第二抗体。

(2) 用 PBST 溶液漂洗 PVDF 膜 3 次,每次 10 min。

5. 显色

把 PVDF 膜置于稀释 50 倍的 DAB 溶液中,轻轻摇动,显色约 10～30 min,待蛋白带的颜色深度达到要求后,用水漂洗,最后转移至 PBS 溶液中,拍照或扫描。

(二)数据记录及结果处理

将 PVDF 膜拍照或扫描并保存结果。

【实验提示与注意事项】

(1) SDS-PAGE 电泳时间要根据目标蛋白大小而定。

(2) 在剥胶时,为避免干燥,可在胶上滴转膜缓冲液或浸泡在转膜缓冲液中,使其离子强度和 pH 与转膜缓冲液一致。

(3) 在制"夹心饼"时,可用一圆棒在滤纸上来回滚动以驱除气泡。

(4) 在用丽春红 S 染色后,整张膜呈红色,由于丽春红 S 与膜上蛋白的结合很不紧密,因此脱背景色时要注意观察,勿将红色的蛋白带也洗去;脱色完毕,观察转移效果,并用铅笔在相对分子质量标准带处做上记号。如果用预染的 marker,则不需要用丽春红染色。

(5) 封闭液的作用是封闭膜上没有蛋白带的部位,以减少抗体的非特异结合。推荐 4℃封闭过夜。

(6) 第一抗体的用量以浸没 PVDF 膜为准。用封闭液稀释第一抗体,抗体的稀释度需通过预实验确定,下列数值可作为参考:多克隆抗体:1∶100～1∶5000;小鼠腹水抗体:1∶1000～1∶10 000。

(7) PBST 对膜上的蛋白没有影响,但可洗去剩余的封闭液和其他杂质;Tween 20 是一种非离子型去污剂,含适当浓度 Tween 20 的 PBST 可洗去非特异结合的抗体,使整张膜的背景更清晰。

(8) 一般所用的第二抗体(抗免疫球蛋白或蛋白质 A)为酶标抗体,如辣根过氧化物酶标抗体或碱性磷酸酶标抗体。第二抗体的稀释度一般为:1∶200～1∶2000。本实验中第一抗体为鼠源单克隆抗体,因此二抗应选择兔抗鼠抗体,若一抗为兔源多克隆抗体,二抗应选择羊抗兔抗体。

(9) DAB 有致突变之嫌,因此要戴手套操作;辣根过氧化物酶显色的条带在阳光下几个小时就会褪色,因此要尽快拍照。

【思考题】

(1) 根据丽春红 S 染色和最后抗体显色的结果,计算目标蛋白的相对分子质量,并对结果加以分析。

(2) 对实验中出现的其他问题进行分析讨论。

(3) 进行凝胶电泳时应如何选择样品点样、设置对照?

实验十 GST-融合蛋白在大肠杆菌中的表达和纯化

【实验目的】

(1) 了解 GST-融合蛋白表达的原理。

(2) 掌握在大肠杆菌中表达和纯化 GST-融合蛋白的技术。

【实验安排】

(1) 第一天晚上活化菌种。

(2) 第二天晚上做小摇。

（3）第三天进行大摇、诱导表达、收菌、超声波破碎菌体并收集蛋白。

（4）第四天纯化蛋白并作 SDS-PAGE 分析。

【实验背景与原理】

蛋白质通常是研究的最终目标，因此蛋白质的表达在基因工程中占有非常重要的地位。常用的表达系统有原核细胞和真核细胞表达系统。原核细胞表达系统主要使用大肠杆菌，真核细胞表达系统主要有酵母细胞、哺乳动物细胞和昆虫细胞。这些表达系统各有优缺点，应根据实验目的和实验室条件加以选择。

本实验室选用大肠杆菌原核表达系统，以 GST 融合表达的方式表达目的蛋白 GST-EGFP，这种可溶性蛋白质能用亲和层析法进行分离，且操作简单、快速，纯化效率高。

（一）原核表达系统

（1）大肠杆菌表达系统的特点。

生物学特性和遗传背景清楚，易于操作；已开发较多的克隆载体可供选择；容易获得大量的外源蛋白（外源蛋白可占细菌总蛋白 50% 左右）。

（2）蛋白质在原核细胞中的表达特点。

原核细胞没有 mRNA 转录后加工的能力。因此，在原核细胞中表达真核基因时，应使用 cDNA 为目的基因。

原核细胞缺乏真核细胞对蛋白质进行翻译后加工的能力。如表达产物的功能和蛋白质的糖基化、高级结构的正确折叠有关，必须慎重使用原核表达系统。

（3）蛋白质在原核细胞表达的调控。

启动子是转录水平调控的主要因素。在基因工程中，原核表达系统通常采用可调控的强启动子。常用的原核启动子有：由异丙基-D-硫代半乳糖苷（IPTG）诱导的 lac 启动子，由 3-吲哚乙酸（IAA）诱导的 trp 启动子，由温度诱导的 P_L 和 P_R 启动子等。本实验中的启动子为 lac 启动子，使用 IPTG 为诱导物。

（4）蛋白质在原核细胞中的表达形式。

外源基因在原核细胞中可以融合蛋白的形式表达。融合蛋白指的是在表达产物的 N 端或 C 端具有非目的蛋白的氨基酸残基。融合蛋白使用的外源基因，必须注意其读框与载体上原核读框相符合。融合蛋白在大肠杆菌内较稳定，不易被降解。而且，作为融合蛋白一部分的原核多肽往往可以用亲和层析法纯化，或是作为检测该融合蛋白的"标签"（tag）。常用的融合蛋白包括麦芽糖结合蛋白（MBP）、谷胱甘肽转移酶（Glutathione S-transferase，GST）、6 个组氨酸标签（His-tag）等。

（二）GST-融合蛋白

研究者们在分离到某一基因后，要对其编码蛋白质进行研究。最理所当然的工作就是表达，即有目的性地合成外源基因产物。在重组 DNA 技术发展的早期，人们认为在基因的前面有一个强启动子和一个起始密码子就足以使基因在大肠杆菌中获得很好的表达。随后，认识到获得有效的翻译所需的条件要复杂得多，除了要有强启动子和起始密码子外，良好的表达尚需编码目的蛋白的 mRNA 中含有核糖体结合位点，表达水平受密码子喜好程度的影响，也受编码序列中其他目前尚未明了的因素影响。通过改变起始密码子前端的序列，或者在不改变蛋白质序列的条件下利用密码子的简并性改变 5′末端编码序列往往有助于解决问题。

通常,两个基因之间的融合表达能更快地解决这些问题。在这种方式中,目的基因被引入某个高表达蛋白序列(fusion tag)的 3′末端,比如大肠杆菌的一段序列,或者任一可在大肠杆菌中高度表达的基因,它提供良好表达所必需的信号,而表达出的融合蛋白的 N 末端含有由 fusion tag 编码的片段。fusion tag 所编码的可能是整个功能蛋白或是其中的部分。比如 6× His-tag、β-半乳糖苷酶融合蛋白和 trpE 融合蛋白、GST 融合蛋白以及硫氧还蛋白(Trx)融合蛋白等。

由于利用 tag 的特性通常可以对融合蛋白进行亲和层析等分离提纯,更多情况下选择融合表达是为了简化重组蛋白的纯化。融合表达类型主要有两种:一是位于目的蛋白 N 端的高表达蛋白序列,该序列可以提供良好表达所必需的信号,帮助提高目的蛋白的表达,缺点是纯化的表达产物中可能会有不完整的目的蛋白,原因是在翻译过程中意外中断的少量(C 端)不完整的表达产物会一起被纯化。另一是位于目的蛋白的 C 端的高表达蛋白序列,这可以保证只有完整的表达产物才会被纯化。当目的蛋白的功能区位于 N 端时,高表达蛋白序列位于 C 端可以减少对其功能的影响,反之亦然。

本实验采用的是 GST 融合蛋白策略(图 7-10-1)。GST 是最常用的亲和层析纯化标签之一,带有此标签的重组蛋白可用交联谷胱甘肽的层析介质纯化,由于利用高表达蛋白序列的特性通常可以对融合蛋白进行亲和层析等分离提纯,更多情况下选择融合表达是为了简化重组蛋白的纯化。

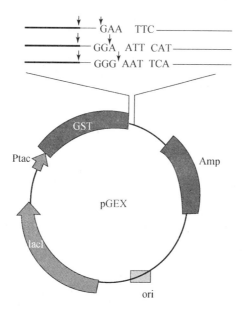

图 7-10-1 GST-融合蛋白的表达载体

GST 标签可用位点专一的蛋白酶如凝血酶或 Ⅹ a 因子从融合蛋白中切除。蛋白酶解后,再用 GST 亲和层析方法去除 GST 标签,目标蛋白存在于流出液中。一般情况下,与切除 GST 标签后得到的外源蛋白相比,凝血酶用量极小,如果后续实验要求不严格,不需进一步除去。如需除去凝血酶,则可将样品用 pH 7~8 的缓冲液溶解,然后直接用 1 mL 的苯甲脒琼脂糖凝胶柱或者肝素琼脂糖凝胶柱吸附凝血酶。

（三）GST 亲和层析

GST 亲和层析介质(GST Agarose)是专门设计用于纯化 GST 融合蛋白、其他谷胱甘肽转移酶以及与谷胱甘肽有亲和作用蛋白的分离介质,一步分离就可得到高纯度的 GST 融合目标蛋白,纯化条件温和,可以保证蛋白的活性。

GST 亲和层析介质使用中要注意以下几点:

(1) GST 融合蛋白与还原型谷胱甘肽的结合比较缓慢,为获得最大结合量,需要保证足够的作用时间,因而在上样时要维持较低流速。在样品中加入 5～10 mmol/L DTT 可以增加介质对目标蛋白的吸附。对于按常规步骤操作吸附效果不好的样品,可以先把介质和样品混合,轻轻振摇 2～4 h,再装柱,用平衡缓冲液进行重新平衡、洗脱等操作。

(2) 不同的 GST 融合蛋白取得最佳纯化效果所需还原型谷胱甘肽浓度、洗脱体积和洗脱时间可能有所不同。必要时需对流穿液、洗脱液进行 SDS-PAGE 以及 Western 杂交分析,以确定最佳纯化条件。

(3) GST 融合蛋白以包涵体形式存在时不能与介质结合,必须先进行变性、复性、透析处理后才能用介质进行纯化。纯化效果取决于复性效率。

(4) 纯化后出现杂带的常见原因

① 目标蛋白断裂或酶解。解决方案:向缓冲液 A 和缓冲液 B 中加入 1 mmol/L PMSF 抑制蛋白酶活性,或 0.1％Triton X-100 或 0.1％Tween-20 等稳定剂。

② GST 融合蛋白不完全表达。GST 融合蛋白有时候只表达到 GST 部分就终止,GST 标签蛋白连同完全表达的融合蛋白均能与介质结合并被洗脱下来,因而洗脱液中出现相对分子质量约为 26 000 的杂带。

解决方案:尝试用不同浓度的还原型谷胱甘肽洗脱;优化表达条件,降低 GST 融合蛋白不完全表达量;改变外源基因在载体中插入的酶切位点,重新构建表达载体;在不改变外源基因两端酶切位点的情况下,更换通用载体。

(5) 如后续实验需要除去洗脱液中还原型谷胱甘肽,可采用超滤或透析的方法。

（四）构建融合蛋白

在表达蛋白之前,需要构建原核表达载体。构建 GST 融合蛋白最常用的是 pGEX 系列载体。

构建融合蛋白的基本原则是,将第一个蛋白的终止密码子删除,再接上带有终止密码子的第二个蛋白基因,以实现两个基因的共同表达。

具体步骤有:

(1) 进行目的基因的克隆。根据基因序列互补原则,设计合适的引物序列,以 cDNA 为模板,利用 PCR 技术扩增不同的目的 DNA 片段。

(2) 在载体中进行重组。通过限制内切酶将两个 DNA 片段进行酶切并回收,然后通过连接酶将两个具有相同末端酶切位点的基因片段进行体外连接,并克隆到高表达质粒载体中,构建重组质粒。

(3) 将重组表达载体转染宿主细胞并利用选择标志进行筛选及测序。

(4) 融合基因的诱导表达及表达蛋白的纯化。

【实验材料、仪器与试剂】

1. 材料

表达宿主菌 BL21,原核表达质粒 pGEX-GST-EGFP。

2. 仪器

蛋白质电泳仪和电泳槽,凝胶扫描系统,小型台式低温冷冻离心机,大型低温冷冻离心机,温控摇床,水浴锅,37℃恒温箱,超声仪。

3. 试剂

(1) PBS 缓冲液,1 mol/L IPTG,LB 培养基,50 mg/mL 氨苄青霉素,蛋白质相对分子质量 marker。

(2) 100 mmol/L PMSF:在水溶液中不稳定,半衰期很短,应在使用前从贮备液取出加于裂解缓冲液中。注意,PMSF 对人体有害。

(3) Glutathione Sepharose -4B:购自 GE 公司

(4) SDS-PAGE 所需试剂和溶液(见本篇实验九)。

【实验方法与步骤】

(一) 实验步骤

1. GST-融合蛋白的表达

(1) 菌种活化。取原核表达质粒转化 BL21 得到的保种菌,涂布于含有 50 μg/mL 氨苄青霉素的平板上,倒置培养过夜。

(2) 小摇。第二天挑取单菌落接种到 3 mL 含氨苄青霉素(终浓度为 50 μg/mL,以下同)的 LB 液体培养基,于 37℃、250 r/min 培养 12 h。

(3) 大摇。将细菌培养物全部接种到 500 mL 含氨苄青霉素的 LB 液体培养基中,于 37℃、250 r/min 培养约 2~3 h。

(4) 诱导表达。加入终浓度为 0.2 mmol/L 的 IPTG,于 30℃诱导表达 2~3 h。

(5) 收集菌体。将培养液转移到离心管中,4℃下 5000 r/min 离心 5 min 收集菌体,用预冷的 PBS 缓冲液重悬菌体,5000 r/min 离心 5 min 收集菌体。

(6) 超声波破碎。收集到的菌体用 30 mL PBS 缓冲液重悬。在冰水浴中超声波裂解 10 min(工作 2 s,间隙 2 s,20%最大频率),然后用 50 mL 离心管于 12 000 r/min,4℃,离心 20 min,收集上清液。留取 100 μL 上清液用于 SDS-PAGE 分析。上清液可保存于 -20℃冰箱,供下一步亲和层析实验用。

2. GST-融合蛋白的纯化

(1) 纯化介质预处理。Glutathione Sepharose -4B 保存在 20%乙醇溶液中,经过两次 PBS 洗涤可去除乙醇。

(2) 装柱。把层析柱固定在铁支架上,用吸管在柱子中加入 5 mL 的 PBS,使溶液自然流出,并排去下端的空气泡。摇动混匀处理好的介质,沿着贴紧柱内壁的玻璃棒把介质倾入柱内,让介质随水流自然沉下。

(3) 加样。将超声波裂解液(约 30 mL)分次上样,取 100 μL 流出液用于 SDS-PAGE 分析。完毕后用 PBS 进行平衡。

(4) 洗脱。用新鲜配制的洗脱缓冲液洗脱结合到介质上的 GST -EGFP 融合蛋白。收集洗脱液。取 $100\ \mu L$ 洗脱液用于 SDS-PAGE 分析。

3. SDS-PAGE 分析

纯化过程中收集的样品包括超声波裂解上清液、流出组分和洗脱液组分,各取 $60\ \mu L$,进行 12% SDS-PAGE 分析,检测亲和层析分离纯化的结果。

(二) 数据记录及结果处理

将纯化过程中收集的样品进行 SDS-聚丙烯酰胺凝胶电泳,检测亲和层析分离纯化的结果。

【实验提示与注意事项】

(1) 最好使用新鲜转化的克隆,这样目的蛋白的表达量较高。如果使用低温冻存的保种菌必须经过平板活化。

(2) 不同的重组 DNA 在不同的宿主菌中蛋白的表达量往往受到 IPTG 浓度和温度的影响,最好采用不同温度或不同浓度的 IPTG 来诱导,观察哪种温度或哪种浓度条件下其蛋白表达量最大。在科研中一般都要求这样做。

(3) 不管是装柱还是上样、洗脱,在整个操作过程中,水或溶液面都不能低于凝胶柱平面。否则,凝胶柱会产生气泡,就会影响层析效果。

(4) 样品上柱和洗脱过程,其流速都要慢,分离效果才好。

(5) 亲和层析剂可回收,经再生可循环使用(用 20% 乙醇浸泡,于冰箱保存)。

【思考题】

(1) 就实验中出现的各种问题进行分析讨论。

(2) 大肠杆菌的诱导表达常受哪些因素影响?

(3) 要达到好的分离效果,要注意哪些问题?

第八篇　发酵工程实验

实验一　　紫外线对枯草芽孢杆菌产蛋白酶菌株的诱变育种

【实验目的】

(1) 学习并掌握紫外线诱变育种的原理及方法。

(2) 了解紫外线对枯草芽孢杆菌产生蛋白酶的诱变效应。

(3) 熟悉和掌握紫外分光光度法测定蛋白酶活力的原理和方法。

【实验安排】

(1) 本实验安排 8 学时,分 4 个时段完成:第一时段进行所需培养基的配制及高压蒸汽灭菌;第二时段进行诱变处理;第三时段为培养 48 h 后进行产蛋白酶菌株的初筛;第四阶段为培养 24 h 后进行复筛。本实验在教师指导下,学生独立完成。

(2) 需要提前 24 h 活化枯草芽孢杆菌。

(3) 实验重点:紫外线进行诱变处理的原理及方法。

(4) 实验难点:透明圈进行初筛的方法。

【实验背景与原理】

从自然界直接筛选得到的微生物菌种,因其在产量上和质量上达不到应用要求,一般很少在大生产和科学研究中直接使用。以微生物的自然变异筛选到菌种的概率并不很高,因为自发突变率小,一个基因的自发突变率仅为 $10^{-10} \sim 10^{-6}$。为了快速高效地获得优良性状的微生物菌种,通常采用诱变育种、基因重组、DNA 重组技术等方法。

人工诱变能够显著提高突变频率,因此,诱变是用于微生物菌种选育的常用方法。凡能诱发生物基因突变,并且突变频率远远超过自发突变率的物理因子或化学物质,被称为诱变剂(mutagen),主要包括物理诱变剂和化学诱变剂,现在还有生物诱变剂。物理诱变通常使用物理辐射中的各种射线,包括紫外线、X 射线、γ 射线、α 射线、β 射线、快中子、微波、超声波、电磁波、激光射线和宇宙射线等。近年来,随着重离子束的获得,离子辐照诱变育种也成为诱变育种的一种新方法。物理因素中目前使用最方便且十分有效的是紫外线(ultraviolet rays,简称 UV)。紫外线诱变处理的有效波长为 200～300 nm,最适为 254 nm(此波长为核酸的吸收高峰)。DNA 和 RNA 的嘌呤和嘧啶吸收紫外光后,DNA 分子会形成嘧啶二聚体,即两个相邻的嘧啶共价连接,二聚体出现会减弱双键间氢键的作用,并引起双链结构扭曲变形,阻碍碱基间的正常配对,从而有可能引起突变或死亡。此外,二聚体的形成,会妨碍双链的解开,因而影响 DNA 的复制和转录,引起碱基转换、颠换、移码突变或缺失,引起突变或死亡。紫外诱变技术是诱变和筛选优良菌株的常规育种方法。其由于设备简单、诱变效率高、操作安全简便等,而被广泛应用。

需要注意,如果把经紫外线照射后的微生物立即暴露于可见光下,可明显降低其死亡率,这种现象称为光复活作用。其机理为经紫外线照射所形成的带有胸腺嘧啶二聚体的 DNA 分子,在黑暗中与光复活酶(photoreactivating enzyme,又称光裂合酶 photolyase)结合,形成的复合物暴露在可见光(300~500 nm)下时,此酶被可见光激活,分解紫外线照射形成的二聚体成为单体。由于在一般的微生物中都存在着光复活作用,所以在进行紫外线诱变育种时,只能在黑暗或红光下进行照射及处理照射后的菌液。经紫外线照射后的样品需用黑纸或黑布包裹。照射处理后的菌悬液或孢子悬液也不能久置,以防突变在黑暗中修复。

【实验材料、仪器与试剂】

1. 菌种
枯草芽孢杆菌(*Bacillus subtilis*)。

2. 培养基
牛肉膏蛋白胨培养基,酪蛋白培养基。

3. 其他材料、仪器
装有 15 W 或 30 W 紫外灯的超净工作台,电磁力搅拌器(含搅拌子),低速离心机,高压蒸汽灭菌锅,恒温培养箱,培养皿,涂布器,离心管(10 mL),移液管(1 mL,5 mL,10 mL),锥形瓶(250 mL),直尺,棉签,橡皮手套,洗耳球等。

【实验方法与步骤】

1. 实验用品的准备
(1) 配制牛肉膏蛋白胨液体培养基 1500 mL,固体培养基 300 mL,酪蛋白固体培养基 200 mL。

(2) 将牛肉膏蛋白胨液体培养基分装于 250 mL 锥形瓶中,每瓶约 50 mL。牛肉膏蛋白胨固体培养基分装于 5 支试管内,每管 4~5 mL,剩余培养基仍保留在锥形瓶内。

(3) 将移液管、涂布器、培养皿、上述分装后的锥形瓶等于 121℃ 高压蒸汽灭菌 20 min 后备用。

2. 菌悬液制备
(1) 菌种活化。将贮存于 4℃ 的枯草芽孢杆菌菌种斜面接种于牛肉膏蛋白胨斜面上,37℃ 培养 18~24 h 备用(此步骤可由教师完成)。

(2) 菌悬液的制备。取培养 24 h 的枯草芽孢杆菌的斜面 4~5 支,用无菌生理盐水将菌苔洗下,并倒入盛有玻璃珠的小锥形瓶中,振荡 30 min,以打碎菌块。将上述菌液 3000 r/min,离心 15 min,弃上清液,将菌体用无菌生理盐水洗涤 2~3 次,最后制成菌悬液。用显微镜直接计数法计数,调整细胞浓度为 10^8 个/mL。

3. 紫外线诱变处理
(1) 牛肉膏蛋白胨平板制备。牛肉膏蛋白胨琼脂培养基融化后,冷至 45~50℃ 时倒平板,凝固后待用。如果不能准确掌握温度,可将培养基融化后置于 45~50℃ 水浴中保温。

(2) 紫外线诱变处理。将紫外线灯开关打开预热约 20 min。取直径 6 cm 无菌平皿 2 套,分别加入上述菌悬液 5 mL,并放入无菌搅拌子于平皿中。将盛有菌悬液的 2 个平皿置于磁力搅拌器上,将其在功率为 15 W 的紫外线灯下照射,照射距离为 30 cm,分别搅拌照射

1、3 min。

（3）10 倍系列稀释。在红灯下,将上述经诱变处理的菌悬液以 10 倍稀释法稀释成 $10^{-1} \sim 10^{-6}$（具体可按估计的存活率进行稀释）。

（4）涂布平板。取 10^{-4}、10^{-5}、10^{-6} 三个稀释度涂布平板,每个稀释度涂布平板 3 只,每只平板加稀释菌液 0.1 mL,用无菌玻璃三角刮刀涂匀。以同样操作,取未经紫外线处理的菌稀释液涂布平板作对照。

（5）培养。将上述涂布均匀的平板,用黑布（或黑纸）包好,置于 37℃ 培养 48 h。

（6）计数。将培养 48 h 后的平板取出进行细菌计数,根据平板上的菌落数,计算出每毫升菌液中的活菌数。计算出紫外线处理 1、3 min 后的存活细胞数、存活率及其致死率。将数据结果填入表 8-1-1 内。

$$存活率 = \frac{处理后每毫升活菌数}{对照每毫升活菌数} \times 100\%$$

$$致死率 = \frac{对照每毫升活菌数 - 处理后每毫升活菌数}{对照每毫升活菌数} \times 100\%$$

表 8-1-1　紫外线照射后枯草芽孢杆菌的存活率及致死率

紫外线处理时间/min	平均菌落数/(个·皿⁻¹)			存活率/（%）	致死率/（%）
	10^{-4}	10^{-5}	10^{-6}		
0（对照）					
1					
3					

4. 初筛

（1）酪蛋白平板制备。同牛肉膏蛋白胨平板制备方法。

（2）挑取单菌落。分别挑取紫外线处理 1、3 min 后的单菌落接种于牛肉膏蛋白胨斜面上,37℃ 培养 24 h。

（3）菌悬液制备。取一环经上述诱变后的枯草芽孢杆菌制成菌悬液,方法同上。

（4）稀释及初筛。将菌悬液稀释至 10^{-3},取 10^{-2}、10^{-3} 两个稀释度各 0.1 mL 加入酪蛋白平板上并进行涂布,将平板置于 37℃ 培养 24 h,测量平板上出现的透明圈的直径。将结果填入表 8-1-2 内。通常,透明圈与菌落直径的比值（HC 比值）越大,蛋白酶活性越高;HC 比值越小,活性越低。选出蛋白酶活性高的菌落转接至斜面,培养后进行复筛。

表 8-1-2　蛋白酶活性初筛结果

类别	透明圈和菌落直径大小(mm)及其比值																	
	1			2			3			4			5			6		
	透明圈	菌落	HC比值	透明圈	菌落	HC比值	透明圈	菌落	HC比值	透明圈	菌落	HC比值	透明圈	菌落	HC比值	透明圈	菌落	HC比值
UV处理																		
对照																		

5. 复筛

（1）接种及培养。取上述蛋白酶 HC 比值高的斜面，接入牛肉膏蛋白胨液体培养基内振荡培养，37℃，120 r/m，培养 24 h。

（2）蛋白酶活力的测定。将发酵液离心，取上清液，用紫外分光光度法测定蛋白酶活性，计算每毫升上清液内的蛋白酶活力。

【实验提示与注意事项】

（1）注意每个平皿背面要标明处理时间和稀释度。

（2）紫外线诱变处理时，注意细胞悬液或孢子悬液均匀，使细胞或孢子能接受均一和相同的照射。

（3）经紫外线损伤的 DNA，能被可见光复活，因此，经诱变处理后的微生物菌种要避免长波紫外线和可见光的照射，故经紫外线照射后样品需用黑纸或黑布包裹。

（4）经诱变照射处理后的孢子悬液或细胞悬液不要存放太久，以免突变在黑暗中修复。

（5）测定蛋白酶活力时，平行管的测定值之差不得超过 3%。

（6）不同来源的蛋白酶，其最适 pH 不同，因此，要根据不同蛋白酶选用不同 pH 的缓冲液。本实验中，因枯草芽孢杆菌产生的蛋白酶通常为碱性，因此，选用 pH 为 10.5 的磷酸缓冲液。

【思考题】

（1）简述以诱变的方法进行菌种筛选的原理及一般流程。

（2）如果以紫外线为诱变剂进行菌种选育，你在实验中如何确定紫外线的照射剂量、照射时间和照射距离？

（3）简述紫外线作为诱变剂的诱变原理。

（4）紫外线处理后，为什么后续操作均要在红光下或黑暗中操作？

（5）简述紫外分光光度法测定蛋白酶活力的原理。除了分光光度法外，你还能采用什么方法测定蛋白酶活力？

（6）请说明酪蛋白琼脂培养基中每一个成分的功能。

附录：本实验培养基配方、试剂、检测方法

1. 酪蛋白琼脂培养基

酪蛋白	1%
牛肉浸粉	0.3%
NaCl	0.5%
K_2HPO_4	0.2%
琼脂	1.5%
溴百里香酚蓝	0.005%
pH	7.4±0.1

将上述成分加于蒸馏水中，煮沸溶解，调节 pH。分装于锥形瓶内，121℃高压蒸汽灭菌

20 min。注意因酪蛋白不溶解,本培养基有沉淀物属正常现象。

2. 蛋白酶活力测定方法

(1) 原理。酪氨酸的苯环含有共轭双键,在 275 nm 具有一个紫外吸收峰。蛋白酶在一定的温度与 pH 条件下,水解酪蛋白生成酪氨酸,加入三氯乙酸可终止酶反应,并使未水解的酪蛋白沉淀、除去,滤液内因含有蛋白酶水解后的酪氨酸,所以在 275 nm 有紫外光吸收。因此,可以根据滤液吸光度计算其酶活力。酶活单位的定义:1 mL 粗酶液,在一定温度和 pH 条件下,1 min 水解酪蛋白产生 1 μg 酪氨酸为 1 个酶活力单位,以 U/mL 表示。

(2) 试剂。0.4 mol/L 三氯乙酸溶液;0.5 mol/L NaOH 溶液;1 mol/L 及 0.1 mol/L HCl 溶液;0.02 mol/L 磷酸缓冲溶液(pH 7.5);10 g/L 酪蛋白溶液;100 μg/mL L-酪氨酸标准溶液。

(3) 步骤

① 标准曲线测定。按表 8-1-3 配制不同浓度的 L-酪氨酸标准溶液。然后,用紫外分光光度计于 275 nm 测定其吸光度(A_{275}),以 A_{275} 为纵坐标,酪氨酸的浓度 c 为横坐标,绘制标准曲线(此线应通过零点),根据作图或用回归方程,计算出当吸光度为 1 时的酪氨酸的量(μg),即为吸光常数 K(K 应在 130~135 范围内)。

表 8-1-3 蛋白酶活力标准曲线的测定

管 号	酪氨酸标准溶液的浓度/(μg·mL^{-1})	取 100μg/mL 酪氨酸标准溶液的体积 /mL	取水的体积/mL	A_{275}
0	0	0	10	
1	10	1	9	
2	20	2	8	
3	30	3	7	
4	40	4	6	
5	50	5	5	

② 蛋白酶活力测定。先将酪蛋白溶液置于 40±0.2℃恒温水浴中,预热 5 min,然后按照表 8-1-4 操作。上清液用紫外分光光度计,在 275 nm 波长下,用 10 mm 比色皿,测定其 A_{275}。

表 8-1-4 蛋白酶活力测定

测定步骤	空白管	测定管(做 3 个平行管)		
		1	2	3
1	加酶液 2.00 mL	加酶液 2.00 mL		
2	40±0.2℃,2 min	40±0.2℃,2 min		
3	加三氯乙酸 4.00 mL(摇匀)	加酪蛋白溶液 2.00 mL(已预热,摇匀)		
4	40±0.2℃,10 min(精确计时)	40±0.2℃,10 min(精确计时)		
5	加酪蛋白溶液 2.00 mL(已预热,摇匀)	加三氯乙酸 4.00 mL(摇匀)		
6	继续加热 10 min,过滤或离心	继续加热 10 min,过滤或离心		
7	取上清液测 A_{275}	取上清液测 A_{275}		
A_{275}				

③ 计算。在本实验中,以 40℃下每毫升酶液每分钟水解酪蛋白产生 1 μg 酪氨酸,为

1个蛋白酶活力单位。

$$X=A_{275}\times K\times\frac{8}{2}\times\frac{1}{10}\times n=\frac{2}{5}A_{275}Kn$$

式中，X：样品的酶活力（U/mL）；A_{275}：试样溶液的平均吸光度；K：吸光常数；n：稀释倍数。

实验二　氧对好氧微生物发酵的影响

【实验目的】

（1）掌握溶解氧对微生物生长影响的原理，以及深层液体培养时影响溶解氧的因素。

（2）了解摇床培养时，转速与摇瓶装液量的变化对发酵液中溶解氧的影响，以及对微生物生长的影响。

（3）进一步熟悉和掌握微生物液体接种的操作技术。

【实验安排】

（1）本实验安排4学时，分3个时段完成：第一时段进行所需培养基的配制及高压蒸汽灭菌；第二时段进行不同菌种的接种；第三时段为培养24 h后进行结果测定。本实验在教师指导下，学生独立完成。

（2）实验重点及难点：溶解氧浓度在好氧微生物发酵过程中的变化及其原理。

【实验背景与原理】

根据不同种类微生物对氧的需求及耐受力的差异，可将微生物分为两大类：好氧微生物和厌氧微生物。其中好氧微生物分为专性好氧、兼性厌氧和微好氧三类，厌氧微生物分为耐氧厌氧和专性厌氧两类。专性好氧微生物是必须在有氧条件下才能正常生长繁殖的微生物，这类微生物能够氧化有机物或无机物进行产能代谢，以分子氧为最终电子受体，进行有氧呼吸，包括大多数细菌、放线菌和真菌；兼性厌氧微生物在有氧或无氧条件下均能生长繁殖，但在有氧条件下生长得更旺盛，这类微生物在有氧条件下进行有氧呼吸，在无氧条件下进行发酵，如大肠杆菌属和酿酒酵母属等；微好氧微生物则须在低的氧浓度下才能正常生长繁殖，如正常大气的氧分压为0.2 Pa，微好氧微生物仅能生活在0.01～0.03 Pa氧分压下，如发酵单胞菌属和弯曲杆菌属等；耐氧厌氧菌不能利用氧，在无氧条件下比有氧条件下生长得更好，其代表菌为溶组织梭菌；而专性厌氧菌必须在严格无氧的环境中才能正常生长繁殖，此类微生物缺乏完善的呼吸酶系统，不能利用分子氧，只能进行无氧发酵，游离氧对其具有毒害作用，如双歧杆菌、肉毒杆菌等。

溶解氧（dissolved oxygen，简称DO）是指溶解于发酵液中的分子态氧的浓度。在进行好氧菌的发酵培养时，必须给发酵菌种提供充足溶氧才能正常生长繁殖。28℃时，即使在发酵液中100%空气饱和度氧也只有0.25 mmol/L左右，比糖的溶解度小7000倍。在对数生长期，即使发酵液中的溶氧能达到100%空气饱和度，若此时中断供氧，发酵液中的溶解氧便迅速在几秒钟之内消耗殆尽，使溶氧成为发酵生产的限制性因素。因此，发酵液中的溶解氧浓度是影响好氧菌发酵成败的重要因素之一。

好氧性发酵生产主要有深层液体培养和摇床培养两种方式。深层液体培养主要能够通过提高发酵罐内的通气量、搅拌桨的搅拌转速和搅拌桨的直径来提高溶解氧浓度。而摇床培养只能通过改变摇瓶内的装液量和摇床转速来提高溶解氧的浓度。如果摇床转速一定，相同容积摇瓶中的装液量越少，发酵液中的溶解氧将越高，反之，摇瓶中的装液量越多，发酵液中的溶解氧将越低；如果摇瓶的装液量一定，摇床转速越高，发酵液中的溶解氧将越高，反之，摇床转速越低，发酵液中的溶解氧将越低。本实验利用摇床振荡培养，通过测定不同转速、不同装液量对微生物生长的影响，初步了解溶解氧对好氧微生物生长的影响。

【实验材料、仪器与试剂】

1. 菌种

大肠杆菌（*Escherichia coli*）。

2. 培养基

牛肉膏蛋白胨培养基。

3. 其他材料、仪器

超净工作台，锥形瓶，高压蒸汽灭菌锅，恒温培养箱，分光光度计，比色杯，接种针，接种环，酒精灯，移液管等。

【实验方法与步骤】

1. 摇瓶制备及实验准备

（1）配制牛肉膏蛋白胨培养基 1500 mL。

（2）将配制好的培养基分装于下述 9 个锥形瓶：第一组为 500 mL 锥形瓶中分别装入 50、100、150 和 200 mL 培养基；第二组为 500 mL 锥形瓶中分别装入 150 mL 培养基，共 5 瓶；第三组为 250 mL 锥形瓶中装入 50 mL 培养基；第四组将剩余培养基全部装入一个锥形瓶中，作为比浊法测定时的空白对照及样品测定时的稀释液。以上设计的每一组样品都应做平行。

（3）将移液管、上述分装后的培养基于 121℃高压蒸汽灭菌 20 min 后备用。

2. 菌种活化及种子制备

（1）菌种活化。将贮存于 4℃的大肠杆菌菌种斜面接种于牛肉膏蛋白胨斜面上，37℃培养 18～24 h 备用。

（2）种子制备。将上述活化好的菌种接种于第三组牛肉膏蛋白胨液体培养基中（约50 mL 装液量/250 mL 锥形瓶），37℃、150 r/min 摇床振荡培养 18～24 h，即为供试种子备用。

3. 不同装液量对大肠杆菌生长的影响

（1）接种培养。以 2％的接种量将种子接种于第一组培养基中，37℃、150 r/min 摇床振荡培养 2～4 h 后进行浊度测定。

（2）培养液浊度的测定。将分光光度计的波长调至 600 nm，开机预热 15～20 min 备用。以第四组的牛肉膏蛋白胨培养液校正分光光度计的零点，分别测定各摇瓶中培养液的吸光度（A_{600}）。如果培养液菌体浓度过高，需将培养液用第四组的空白培养液进行稀释后再进行测定，其最终吸光度需乘以稀释倍数。

（3）实验数据处理。将测定数据填于表 8-2-1 内，并以锥形瓶装液量为横坐标，培养液

A_{600}为纵坐标绘图,得到装液量与大肠杆菌菌体生长繁殖之间的关系。

表 8-2-1　不同装液量对大肠杆菌生长的影响

		装液量/mL			
		50	100	150	200
A_{600}	1				
	2				
	平均值				

4. 不同转速对大肠杆菌生长的影响

(1)接种培养。以 2% 的接种量将种子接种于第二组培养基中,37℃、分别以 50、150、250 r/min 摇床振荡培养 2~4 h 后进行浊度测定。

(2)培养液浊度的测定。同前调整好分光光度计,分别测定第二组各摇瓶中培养液的 A_{600}。如果培养液菌体浓度过高,同样稀释后再行测定。

(3)实验数据处理。将测定数据填于表 8-2-2 内,并以振荡培养转速为横坐标,培养液 A_{600} 为纵坐标绘图,得到振荡培养转速与大肠杆菌菌体生长繁殖之间的关系。

表 8-2-2　不同转速对大肠杆菌生长的影响

		摇床转速/(r·min^{-1})			
		0	50	150	250
A_{600}	1				
	2				
	平均值				

【注意事项】

(1)在对第一组、第二组培养基进行接种时,为了保持种子均匀,应在接种时将种子摇匀,否则可能会导致各摇瓶内的种子浓度不同,对最后的结果造成影响。

(2)培养后测定各摇瓶的 A_{600} 时,注意摇匀后再取样。

(3)测定后的废液倒入实验室指定的废液缸中,实验完毕后,所有培养液均应灭菌后再进行清洗。

(4)做实验过程中注意不要用手触摸口鼻和身体其他部位,实验完毕用七步洗手法进行彻底清洁,以免造成大肠杆菌的感染。

【思考题】

(1)以锥形瓶装液量为横坐标,培养液 A_{600} 为纵坐标绘图,分析装液量与大肠杆菌菌体生长繁殖之间的关系。

(2)以振荡培养转速为横坐标,培养液 A_{600} 为纵坐标绘图,分析振荡培养转速与大肠杆菌菌体生长繁殖之间的关系。

(3)根据微生物生长对氧的需求以及氧对微生物生长的影响,可将微生物分为哪几类?请对各类微生物固体试管培养时的生长状况绘图,说明各类微生物与氧之间的关系。

(4)请设计一个实验,说明霉菌与氧之间的关系。

实验三　乳酸菌的分离纯化及酸奶的酿制

【实验目的】

（1）学习并掌握从酸奶中分离和纯化乳酸菌的方法。

（2）了解乳酸菌的生长特性，掌握乳酸菌的发酵技术。

（3）熟悉和掌握应用乳酸菌进行酸奶制作的原理及工艺。

（4）掌握乳酸的测定原理及方法。

【实验安排】

（1）本实验安排 8 学时，分 4 个时段完成：第一时段进行所需培养基的配制及高压蒸汽灭菌以及乳酸菌的分离纯化；第二时段进行乳酸菌的发酵培养；第三时段为酸奶的制作；第四时段进行酸奶的感官评价。本实验在教师指导下，学生独立完成。

（2）实验重点：乳酸菌进行酸奶制作的原理及工艺。

（3）实验难点：从酸奶中分离和纯化乳酸菌。

【实验背景与原理】

乳酸菌是指能通过 EMP（糖酵解）途径、HMP（戊糖磷酸途径）途径以及 HK 途径（磷酸己糖解酮酶途径）发酵葡萄糖或乳糖产生乳酸的一类无芽孢、革兰氏阳性细菌的总称。乳酸菌是一群相当庞杂的细菌，目前至少可分为 18 个属，共有 200 多种。除极少数外，绝大部分都是人体内必不可少的且具有重要生理功能的菌群，其广泛存在于人体的肠道中。根据形状，可将乳酸菌分为两大类，即乳酸链球菌和乳酸杆菌。目前已证实，肠内乳酸菌与健康长寿有着非常密切的关系。在人体肠道内栖息着数百种的细菌，其数量超过百万亿个。其中对人体健康有益的叫益生菌，以乳酸菌、双歧杆菌等为代表，对人体健康有害的叫有害菌，以大肠杆菌、产气荚膜梭状芽孢杆菌等为代表。益生菌是一个庞大的菌群，有害菌也是一个不小的菌群，当益生菌占优势时（占总数的 80% 以上），人体则保持健康状态，否则处于亚健康或非健康状态。而酸奶是补充人体肠道内益生菌的天然保健食品。

联合国粮食与农业组织（FAO）、世界卫生组织（WHO）与国际乳品联合会（IDF）于 1977 年对酸乳作出如下定义：酸乳，即在添加（或不添加）乳粉（或脱脂乳粉）的乳中（杀菌乳或浓缩乳），由于保加利亚乳杆菌（*Lactobacillus bulgaricus*）和嗜热链球菌（*Streptococcus thermophilus*）的作用进行乳酸发酵制成的凝乳状产品，成品中必须含有大量的、相应的活性微生物。由于乳酸菌利用了牛奶中的乳糖生成乳酸，使 pH 降至酪蛋白等电点（pH 4.6），酪蛋白凝固成形即形成酸奶。另外，乳酸菌还会促使部分酪蛋白降解，形成乳酸钙、脂肪、乙醛、双乙酰和丁二酮等风味物质。通常用于酸乳生产的发酵菌种是保加利亚乳杆菌和嗜热链球菌的混合发酵剂。两菌株的混合比例对酸乳风味和质地起重要作用，常用的比例为 1∶1 或 1∶2。杆菌不允许占优势，否则酸度太强。

如果按照生产方法的不同，可将酸奶分为凝固型酸奶和搅拌型酸奶。凝固型酸奶是指牛乳在添加生产发酵剂后立即进行包装，并在包装容器中发酵而成的凝固状酸奶。而搅拌型酸奶是指在发酵罐中接种生产发酵剂，待酸奶凝固后，再加以搅拌入杯或其他容器内而制成的酸奶。目前市场上除了上述两种酸奶外,还常见到添加各种果汁果酱等辅料的果味型酸奶。酸奶除具有鲜牛奶的营养价值外,还含有乳酸菌等人类益生菌并在发酵过程中产生乳酸及 B_2、B_6、B_{12} 等 B 族维生素。国内外大量文献报道,饮用酸奶可以克服乳糖不耐受;常饮酸奶可明显降低胆固醇,从而可预防老年人心血管疾病;酸奶能够改善消化功能,对便秘和细菌性腹泻有预防作用;酸奶还能抑制癌细胞增殖、延缓衰老、美容等作用。所以,酸奶是公认的一种老幼咸宜的理想食品。由于酸奶具有风味独特、酸甜爽口、营养丰富以及含有多种对人体有益的乳酸菌而深受广大消费者的青睐。

【实验材料、仪器与试剂】

1. 菌种

保加利亚乳杆菌、嗜热链球菌(或从市售酸乳中分离)。

2. 培养基

改良 MC 培养基、脱脂乳培养基、鲜乳、乳粉。

3. 其他材料、仪器

高压蒸汽灭菌锅,恒压干热灭菌箱,超净工作台,光学显微镜,培养箱,pH 试纸,酸乳瓶,平皿(直径为 9 cm,或 12 cm),试管,锥形瓶(300 mL,带玻璃珠),移液管,天平,牛角匙,电炉,量筒,漏斗,漏斗架,玻璃棒,棉塞,吸管,线绳,标签,锥形瓶(250 mL,500 mL),烧杯(250 mL),酒精灯,石棉网,接种针(环),擦镜纸等。

【实验方法与步骤】

1. 乳酸菌的分离纯化

(1) 乳酸菌的分离。以严格无菌操作将酸乳启封,精确称取 10 g 置于盛有 90 mL 磷酸盐缓冲液或生理盐水的无菌锥形瓶(灭菌前瓶内预置 20 粒左右洁净玻璃珠)内,充分混匀,制成如 10^{-2} 的均匀样液。以 10 倍系列稀释法制备不同浓度的稀释样液。取 10^{-4}、10^{-5}、10^{-6} 稀释度样液采用倾注分离法、涂布分离法或者平板划线分离法进行分离,42℃厌氧培养 48 h 进行观察,初步确定溶钙圈较大菌落为乳酸菌菌落。

(2) 乳酸菌的纯化。挑取上述可能的乳酸菌单菌落在改良 MC 平板上划线纯化,选取溶钙圈较大菌落进行革兰氏染色,选择革兰氏阳性杆菌及链球菌进行鉴定。

(3) 乳酸菌的鉴定。选取经初步鉴定的乳酸菌典型菌落,转接至脱脂乳试管中,42℃培养箱中培养 8～24 h。若牛乳出现凝固、无气泡、呈酸性,可初步鉴定为保加利亚乳杆菌和嗜热链球菌。将其连续传代 4～6 次,最终选择出 42℃ 3～5 h 凝乳的杆菌凝乳管和 42℃ 6～8 h 凝乳的球菌凝乳管作为待用菌种。

2. 酸乳发酵

(1) 发酵剂的制备。将 100 mL 的脱脂乳装入已灭菌的锥形瓶中,在 121℃下高压蒸汽灭菌 20 min,然后迅速冷却至 25～30℃,最后用已灭菌的吸管吸取 1 mL 的上述分离纯化后的纯培养物进行接种,并于 42℃培养至凝固,此即为制备好的发酵剂。如此反复接种 2～3 次,使菌种保持一定活力,然后用于调制生产发酵剂。

(2) 接种。将保加利亚乳杆菌发酵剂、嗜热链球菌发酵剂以及二者以 1∶1 比例混合的发酵剂按照 5% 的接种量接入已经灭菌的鲜乳(添加 5% 蔗糖)中,每种培养基样品做 3 份,将培养器皿密封。

（3）酸乳酿制。将上述接种好的酸乳瓶置于恒温培养箱中 42℃ 培养 3～5 h，每隔 1 h 进行取样测定乳酸含量。当出现凝乳并且乳酸含量在 0.7%～0.8% 时停止培养。然后将酸乳瓶转入 4～5℃ 冰箱中冷藏，经过 24 h，完成酸乳的后熟阶段后即完成酸乳的酿制。将各时段的测定数据填入表 8-3-1 中。

表 8-3-1　酸乳中乳酸含量的测定结果

酸乳种类	乳酸含量/$[g \cdot (100mL)^{-1}]$					
	1 h	2 h	3 h	4 h	5 h	成品
保加利亚乳杆菌纯种酸乳						
嗜热链球菌纯种酸乳						
混菌酸乳						

（4）酸乳的感官检验。观察酿制好的酸乳，如果凝块均匀致密，无乳清析出，无气泡，品尝后酸度适中（pH 4～4.5）、口感较好、风味独特，说明酿制的酸乳成功。如果酿制的酸乳不凝块，呈流质状态说明有可能奶源较差，或发酵剂品质不佳；如果有的酸味过浓或有酒精发酵味，说明有可能感染了酵母菌；如果有的冒气泡，有一股霉味，有的颜色为深黄或发绿，说明有可能污染了霉菌。将检验后的结果填入表 8-3-2 中。

表 8-3-2　酸乳感官检验结果

酸乳种类	检验项目										综合评价
	凝乳情况	乳清析出	状态（稀薄黏度）	表面气泡沫	表面光泽	口感	酸度	香味	异味发黏	pH	
保加利亚乳杆菌纯种酸乳											
嗜热链球菌纯种酸乳											
混菌酸乳											

【实验提示与注意事项】

（1）不使用含抗生素的牛乳或乳粉。乳牛生病时，兽医常用青霉素、链霉素类或磺胺类药物，从而其乳汁中含有抗生素和药物。这些抗生素可严重抑制乳酸菌的活力和繁殖，使酸奶发酵失败，造成原料报损。所以在工业生产时要求对牛乳和乳粉进行抗生素含量检测。

（2）工业生产中，牛乳经 2～3 h 发酵，当酸度达 pH 4.5～4.6 时，发酵到达终点。此时须立即降温，使之冷却到 10～12℃，及时冷却能控制乳酸菌生长和降低酶的活性。冷却降温过快影响酸奶中芳香物质的形成，而太慢又会使产品酸度过高，影响酸奶的风味口感。在实验室中，凝乳后先在室温放置，然后再转入冰箱中完成后熟。

（3）发酵酸乳一般以新鲜牛乳为原料，添加一定量的蔗糖，经乳酸菌发酵而成。其蛋白质含量需在 2.8% 以上,如果蛋白含量过低,发酵时乳蛋白凝固就差。

(4) 酸乳后熟及保存温度均不宜过高,否则会造成酸乳酸度高、口感差的结果。

【思考题】

(1) 你所酿制出的酸乳中,是单菌的效果好还是混菌的效果好?为何酸乳一般要采用混菌发酵?

(2) 什么是凝乳?凝乳是如何形成的?

(3) 酸乳酿制中,后熟阶段的作用是什么?

(4) 如果你酿制出的酸乳黏稠度低、有乳清析出,请分析原因并提出改进措施。

(5) 如果你酿制出的酸乳很酸,请分析原因并提出改进措施。

附录:本实验培养基配方、试剂、检测方法

1. 改良 MC(Modified Chalmers)培养基

蛋白胨	5.0 g
酵母浸膏	2.5 g
牛肉膏	5.0 g
葡萄糖	20.0 g
乳糖	20.0 g
$CaCO_3$	10.0 g
琼脂	20.0 g
中性红	0.05 g
蒸馏水	1000 mL
pH	6.5 ± 0.2

将上述成分加于蒸馏水中,煮沸溶解,调节 pH。分装试管或锥形瓶,121℃高压蒸汽灭菌 15 min。

2. 脱脂乳培养基

(1) 方法 1。将适量的牛奶加热煮沸 20~30 min,过夜冷却,脂肪即可上浮。除去上层乳脂即得脱脂乳。将脱脂乳盛在试管及锥形瓶中,封口后置于灭菌锅中在 115℃高压蒸汽灭菌 15 min,即得脱脂乳培养基。

(2) 方法 2。将 10% 脱脂乳粉溶解于 5% 蔗糖水溶液中,封口后置于灭菌锅中 115℃条件下高压蒸汽灭菌 15 min,即得脱脂乳培养基。

3. 乳酸含量测定——NaOH 中和滴定法

(1) 方法原理。供试品加水溶解后,再精密加入 NaOH 滴定液(1 mol/L)25 mL,煮沸 5 min,加酚酞指示液 2 滴,趁热用 H_2SO_4 滴定液(0.5 mol/L)滴定,并将滴定的结果用空白试验校正,酚酞指示液变红时停止滴定,读出 H_2SO_4 滴定液使用量,即可计算出乳酸含量。

(2) 试剂。蒸馏水,NaOH 滴定液(1 mol/L),H_2SO_4 滴定液(0.5 mol/L),酚酞指示液,甲基红-溴甲酚绿混合指示液,乙醇,基准邻苯二甲酸氢钾,基准无水 Na_2CO_3。

(3) 操作步骤。精密称取供试品 1 g,精密加水 50 mL,再精密加入 NaOH 滴定液(1 mol/L)25 mL,煮沸 5 min,加酚酞指示液 2 滴,趁热用 H_2SO_4 滴定液(0.5 mol/L)滴定,至溶

液显粉红色,并将滴定的结果用空白试验校正,记录消耗 H_2SO_4 滴定液的体积数(mL)。

(4) 计算。每 1 mL NaOH 滴定液(0.1 mol/L)相当于 90.08 mg 乳酸($C_3H_6O_3$)。

实验四　正交试验法优化大肠杆菌发酵培养基

【实验目的】

(1) 学习并掌握正交试验法优化培养基及培养条件的原理和方法。

(2) 进一步熟悉和掌握应用比浊法测定大肠杆菌液体生长量的原理。

【实验安排】

(1) 本实验安排 8 学时,分 3 个时段完成:第一时段进行所需培养基的配制及高压蒸汽灭菌;第二时段进行大肠杆菌的发酵培养;第三时段为测定大肠杆菌生长量,并进行结果分析。本实验在教师指导下,学生独立完成。

(2) 实验重点和难点:正交法进行多因素实验的原理。

【实验背景与原理】

对于单个因素或两个因素试验,因其因素少,试验的设计、实施与分析都比较简单。但在实际工作中,常常需要同时考察 3 个或 3 个以上的试验因素,若进行全面试验,则试验的规模将很大,往往因试验条件的限制而难于实施。例如,一个三因素三水平试验,各因素水平之间的全部可能组合有 27 种,而一个四因素四水平试验,各因素水平之间的全部可能组合有 64 种。因此,尽管全面进行试验可以分析各因素的效应,也可以选出最优水平组合,但全面试验包含的水平组合数多,工作量大,在有些情况难以完成。

正交试验设计就是安排多因素试验、寻求最优水平组合的一种高效率试验设计方法。它是在试验因素的全部水平组合中,挑选部分有代表性的水平组合进行试验,通过对这部分试验结果的分析了解全面试验的情况,找出最优的水平组合。正交试验设计的基本特点是用部分试验代替全面试验,通过对部分试验结果的分析来了解全面试验的情况。

常用的正交表已由数学工作者制定出来,供进行正交设计时选用。正交表的记号为 $L_m(n^p)$,其中 L 是正交表的符号,m 表示用这张正交表安排试验包含 m 个水平组合;括号内的底数"n"表示因素的水平数,括号内 n 的指数 p 表示有 p 个因素,用这张正交表最多可以进行 p 个 n 水平因素。如表 8-4-1 即是一张四因素三水平的正交试验表($L_9(3^4)$),通过下列正交试验,四因素三水平的试验通过 9 个实验就可完成。

在进行微生物培养基组成及培养条件的优化时,因培养基组分众多,所考察的培养条件也较多,因此,用正交试验法优化培养基组成及培养条件是最经常使用的方法之一。其基本步骤为:① 确定试验因素和水平数。需要强调,因素和水平数的确定并非随便制定的,通常是在单因素实验后,找出影响较大的因素以及各因素的最佳水平之后,在最佳水平上下制定几个水平。② 根据第一步确定的因素和水平数,选用合适的正交表。③ 进行表头设计,列出试验方案表。④ 按照试验方案进行试验并对实验结果进行分析。

表 8-4-1　L₉(3⁴)正交表

水平　　因素 试验号	1	2	3	4
1	1	1	1	1
2	1	2	2	2
3	1	3	3	3
4	2	1	2	3
5	2	2	3	1
6	2	3	1	2
7	3	1	3	2
8	3	2	1	3
9	3	3	2	1

　　实验结果的分析方法很多,最常用和简便的方法便为直观分析法,即通过对每一因素的平均极差来分析问题。所谓极差就是每一个因素中不同水平的平均值中最大值和最小值的差。极差的大小反应在所选择的因素水平范围内该因素对测定结果影响的程度,极差大的因素在所选择的因素水平范围内对测定结果的影响最大,因此,有了极差,就可以找到影响指标的主要因素,并且在试验范围内,能够就各因素对试验指标的影响从大到小进行排队。同时,极差结果还可以提示试验指标随各因素的变化趋势,并给出最适宜的因素水平组合。

表 8-4-2　某次 L₉(3³)正交实验结果

水平　　因素 试验号	A	B	C	结果
1	1	1	1	$X1$
2	1	2	2	$X2$
3	1	3	3	$X3$
4	2	1	2	$X4$
5	2	2	3	$X5$
6	2	3	1	$X6$
7	3	1	3	$X7$
8	3	2	1	$X8$
9	3	3	2	$X9$
$K1$	$(X1+X2+X3)/3$	$(X1+X4+X7)/3$	$(X1+X6+X8)/3$	
$K2$	$(X4+X5+X6)/3$	$(X2+X5+X8)/3$	$(X2+X4+X9)/3$	
$K3$	$(X7+X8+X9)/3$	$(X3+X6+X9)/3$	$(X3+X5+X7)/3$	
R(极差)	K 最大$-K$ 最小	K 最大$-K$ 最小	K 最大$-K$ 最小	

　　比较 RA、RB、RC 值,R 值越大的因素,影响越大,控制要越严格;R 值越小的因素,影响越小。对每一个因素,选择 K 值最大的水平为最佳条件。如对于因素 A,若 $K2>K1>K3$,即 $K2$ 最大,表明 $K2$ 为最佳的 A 浓度;对于因素 B,$K2$ 最大;对于因素 C,$K3$ 最大。所以,实验的最佳实验条件为:A2、B2、C3。若某一因素 $K3$ 或者 $K1$ 最大,则说明所选择的该因素的水平范围不合适。如对于因素 C,$K3$ 最大,说明因素水平表中所设计的最高水平不一定为最佳。如果该因素的 R 值较大,影响较显著,则必须进行重复实验或对照实验。其中对照实验条件应为:试验 1 为 A2、B2、C3,试验 2 为 A2、B2、C4,其中,C4 应大于 C3。对照二者的结果,若试验 1 结果值大于试验 2,则试验 1 条件即为最优化条件,若试验 2 结果值大于

试验1,则应再改变因素 C 的水平,继续做对照实验,直至达到最佳结果。

细菌培养物在生长过程中,由于原生质含量的增加,会引起培养物混浊度的增高。细菌悬液的混浊度和透光度成反比、与光密度成正比,透光度或光密度可借助光电比浊计精确测出,因此可用光电比浊计测定细胞悬液的吸光度(A),表示该菌在特定实验条件下的相对数目,进而反映出其相对生长量。本实验即以菌体生物量为指标,用四因素三水平的正交试验确定大肠杆菌的最优培养基。

【实验材料、仪器与试剂】

1. 菌种

大肠杆菌(*Escherichia coli*)。

2. 培养基

牛肉浸膏,蛋白胨,NaCl。

3. 其他材料、仪器

高压蒸汽灭菌锅,恒压干热灭菌箱,超净工作台,恒温振荡器,pH 试纸,移液管,天平,牛角匙,电炉,量筒,玻璃棒,棉塞,吸管,线绳,标签,锥形瓶(500 mL,250 mL),烧杯(250 mL),酒精灯,石棉网,接种针(环),擦镜纸等。

【实验方法与步骤】

1. 正交试验表设计

(1) 将牛肉浸膏(A)、蛋白胨(B)、NaCl(C)、pH(D)作为培养基的主要影响因素,每一因素设定 3 个水平,进行四因素三水平的正交试验,试验设计如表 8-4-3。

表 8-4-3　正交试验法优化大肠杆菌发酵培养基的设计

水平 \ 因素	A 牛肉浸膏/(%)	B 蛋白胨/(%)	C NaCl/(%)	D pH
1	0.2	0.5	0.5	6.0
2	0.5	1.0	1.0	7.0
3	0.8	1.5	1.5	8.0

(2) 根据上述正交试验设计,确定实验方案,见表 8-4-4。

表 8-4-4　正交试验法优化大肠杆菌发酵培养基实验方案

试验号 \ 因素	A 牛肉浸膏/(%)	B 蛋白胨/(%)	C NaCl/(%)	D pH
实验 1	1(0.2)	1(0.5)	1(0.2)	1(6.0)
实验 2	1(0.2)	2(1.0)	2(0.5)	2(7.0)
实验 3	1(0.2)	3(1.5)	3(0.8)	3(8.0)
实验 4	2(0.5)	1(0.5)	2(0.5)	3(8.0)
实验 5	2(0.5)	2(1.0)	3(0.8)	1(6.0)
实验 6	2(0.5)	3(1.5)	1(0.2)	2(7.0)
实验 7	3(0.8)	1(0.5)	3(0.8)	2(7.0)
实验 8	3(0.8)	2(1.0)	1(0.2)	3(8.0)
实验 9	3(0.8)	3(1.5)	2(0.5)	1(6.0)

2. 摇瓶制备及实验准备

(1) 按表 8-4-5 配制 9 组培养基,分别加入 500 mL 锥形瓶中,每瓶 100 mL。每一组培养基都应做平行。另配制 2 瓶常规牛肉膏蛋白胨液体培养基各 100 mL,分别置于 300 mL 锥形瓶内,其中 1 瓶作为种子培养基,另 1 瓶作为比浊法测定时的空白对照及样品测定时的稀释液。

(2) 将移液管、上述锥形瓶于 121℃高压蒸汽灭菌 20 min 后备用。

3. 菌种活化及种子制备

(1) 菌种活化。将贮存于 4℃的大肠杆菌菌种斜面接种于牛肉膏蛋白胨斜面上,37℃培养 18～24 h 备用。

(2) 种子制备。将上述活化好的菌种接种于牛肉膏蛋白胨液体培养基中,37℃、150 r/m 摇床振荡培养 18～24 h,即为备用供试种子。

4. 大肠杆菌摇床培养及结果测定

(1) 接种培养。以 2%的接种量将种子接种于上述 9 组培养基中,37℃、150 r/m 摇床振荡培养 2～4 h 后进行浊度测定。

(2) 培养液浊度的测定。将分光光度计的波长调节至 600 nm,开机预热 15～20 min 备用。以没有接种的牛肉膏蛋白胨培养液校正分光光度计的零点,分别测定上述摇瓶中培养液的吸光度(A_{600})。如果培养液菌体浓度过高,需将培养液用空白培养液进行稀释后再进行测定。注意,其最终吸光度值需乘以稀释倍数。

(3) 实验数据处理。将上述测定数据填于表 8-4-5 内,分析数据,确定最优培养基配方。

表 8-4-5　正交表实验结果记录及分析

水平　　因素 试验号	A 酵母浸膏/(%)	B 蛋白胨/(%)	C NaCl/(%)	D pH	A_{600}
实验 1	1(0.2)	1(0.5)	1(0.2)	1(6.0)	
实验 2	1(0.2)	2(1.0)	2(0.5)	2(7.0)	
实验 3	1(0.2)	3(1.5)	3(0.8)	3(8.0)	
实验 4	2(0.5)	1(0.5)	2(0.5)	3(8.0)	
实验 5	2(0.5)	2(1.0)	3(0.8)	1(6.0)	
实验 6	2(0.5)	3(1.5)	1(0.2)	2(7.0)	
实验 7	3(0.8)	1(0.5)	3(0.8)	2(7.0)	
实验 8	3(0.8)	2(1.0)	1(0.2)	3(8.0)	
实验 9	3(0.8)	3(1.5)	2(0.5)	1(6.0)	
K1					
K2					
K3					
R(极差)					

(4) 根据上述实验结果,对每一个因素作图,找出不同水平的变化趋势。

【实验提示与注意事项】

1. 选择正交表时应注意的事项

（1）根据试验目的确定要考查的因素，如对正交试验的变化规律有大致的了解，有把握判断出影响试验效果的主要因素，可少取些因素，也可多取些因素，总之，不能将主要影响因素漏掉。

（2）确定各因素的变化范围和水平数，每个因素的水平数可以相等，也可以不等。一般地说，重要因素或者特别希望详细考查的因素，其变化范围可宽些，水平数可多些；其余的因素所取水平数则可少些。

（3）根据实验者进行正交试验时一次能平行完成的试验次数而选择正交表。

2. 实验注意事项

（1）培养基的配制需要较严格的定量，以免影响结果。

（2）接种时，为了保持种子均匀，应在接种时将种子摇匀，否则可能会导致各摇瓶内的种子浓度不同，对最后的结果造成影响。

（3）培养后测定各摇瓶的 A_{600} 时，取样时注意摇匀后再取。

（4）测定后的废液倒入实验室指定的废液缸中；实验完毕后，所有培养液均应灭菌后再进行清洗。

（5）实验过程中，注意不要用手触摸口鼻和身体其他部位；实验完毕后，用七步洗手法进行彻底清洁，以免造成大肠杆菌的感染。

【思考题】

（1）你所进行的大肠杆菌培养基优化的四因素中，哪个因素对大肠杆菌生长的影响最大？为什么？

（2）你所得到的大肠杆菌发酵培养基的最佳组合是怎样的？是否需要再通过实验进行确定？为什么？

（3）比浊计数在生产实践中有何应用价值？

实验五　小型发酵罐的使用及大肠杆菌生长曲线的测定

【实验目的】

（1）了解并熟悉实验室小型发酵罐的基本结构。

（2）学习并熟悉发酵罐的使用方法及在实验室内大规模培养微生物细胞的方法。

（3）学习并掌握发酵液中还原糖的测定原理、方法以及发酵过程中还原糖的变化规律。

（4）学习并掌握溶解氧电极和 pH 电极的保存方法和标定方法。

（5）学习并掌握发酵过程中消除泡沫的原理和方法。

（6）掌握大肠杆菌的生长规律。

【实验安排】

（1）本实验安排 12 学时，分 4 个时段完成：第一时段进行所需培养基的配制、高压蒸汽灭菌;第二时段进行大肠杆菌的种子制备培养及发酵罐的准备及实罐灭菌;第三时段为大肠杆菌的发酵、参数的测定及结果记录;第四时段进行发酵罐放罐后的灭菌清洁及结果分析。图 8-5-1 为本实验的流程图。

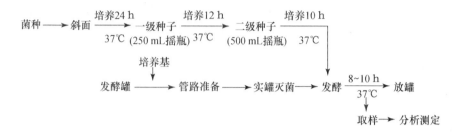

图 8-5-1　实验流程图

（2）实验重点：实验室小型机械通风搅拌发酵罐的结构及其使用方法,溶氧电极和 pH 电极的校准及保存方法。

（3）实验难点：发酵罐的使用方法。

（4）大肠杆菌斜面提前 24 h 制备。

（5）为了保证安全以及延长发酵罐的使用寿命,本实验有关发酵罐的主要操作步骤可以由教师演示,其余操作如参数设置、取样、补料、测定等应在教师指导下,学生独立完成。

【实验背景与原理】

好氧微生物的生长繁殖需充足的氧。为了进行大规模的工业生产,微生物需进行液体深层培养。而进行液体深层培养最适合的设备便是发酵罐。

发酵罐是发酵设备中最重要、应用最广泛的设备,是发酵工业的中枢,是连接原料和产物的桥梁。发酵罐是按照发酵过程的工艺要求,保证和控制各种生化反应条件（温度、压力、氧气、防止杂菌污染）,以促进微生物的新陈代谢,使之能在低消耗下获得较高产量的一种设备。由于发酵时采用的菌种不同、产物不同或发酵类型不同,培养或发酵条件也就各不相同。因此,所需要的发酵罐就有不同的形式和结构。根据微生物生长好氧和厌氧的不同,发酵罐可划分为需氧和不需氧两大类。机械搅拌通风发酵罐是最常见和应用最广泛的需氧发酵罐。机械搅拌发酵罐是利用机械搅拌器的作用,使空气和发酵液充分混合,促使氧在发酵液中溶解,以保证供给微生物生长繁殖、发酵所需的氧气,也称为通用式发酵罐。在大生产中应用的发酵罐,其体积在 5000 L 以上,中试应用的发酵罐,体积通常在 500～5000 L,在实验室中使用的发酵罐,其体积通常都小于 500 L。

发酵罐均会配备控制系统,它主要是对发酵过程中的各种参数,如温度、pH、溶解氧、搅拌速度、空气流量、补料、泡沫水平等进行设定、显示、记录以及对这些参数进行反馈调节控制。不同生产厂家生产的发酵罐虽会有差异,但均能实现上述控制,其基本结构也类似。现以我国镇江东方生物工程设备技术公司生产的 GUJS-10A 发酵罐为例,说明小型发酵罐的结构。

发酵罐主要由罐体、管路、主机及附属设备四部分组成（图 8-5-2）。

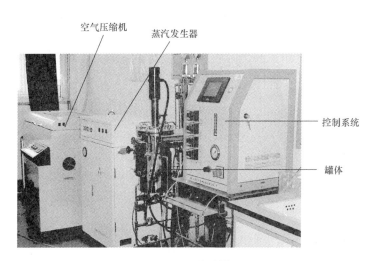

图 8-5-2　发酵罐　　　　　　　　图 8-5-3　发酵罐罐体

（1）罐体。GUJS-10A 发酵罐为不锈钢罐体，容积为 10 L，主要由电机、泡沫电极、空气过滤器、空气前压力表、流量计、尾气管、尾气冷凝管、视窗、照明灯、夹套、温度电极、取样阀、罐底阀等部件组成（图 8-5-3）。

（2）管路系统。主要由蒸汽管路、空气管路、循环水管路、排气管路和排污管路组成。其中蒸汽管路分三路，一路蒸汽进发酵罐夹套；二路蒸汽进发酵罐；三路蒸汽进取样管路。空气管路经过空气过滤器后直接进入罐体。循环水管路分两路，一路进发酵罐夹套（与电加热器、循环水泵、电磁阀相连接）；另一路进排气管夹套。如图 8-5-4 中，红色为蒸汽管路，黑色为空气管路，浅蓝色为循环水管路，深蓝色为排污管路。

（3）控制系统或主机。主要由电源开关、显示屏、加热指示灯、注水开关、搅拌开关、补料泵、电极线等组成（图 8-5-5）。

控制系统可控制搅拌速度、罐内介质的温度、pH、DO 值等参数，还可按照工艺要求分段设定进行曲线控制；能够设定温度、转速、pH、DO 值等参数的上、下限并具备超限报警功能；每个参数有 PID 调节过程显示，如设定值、实时值、PID 设定值、上下限位值、曲线显示、手动/自动切换、在线设定等；控制系统具备超液位报警、自动添加消泡剂和自动补液功能，能够定时定量补料。

控制系统具有运行过程的实时显示、数据记录、数据分析（柱状图、曲线图和批报表）、输出打印、密码管理、异常分析等功能。记录画面可同时显示 8 根不同曲线，如需要可依次显示更多曲线；可以选择不同发酵批次的任意几条曲线同时显示，对比分析。各种参数的历史数据和曲线可保存多年，实时曲线在停电重新开机时能原样恢复。

控制系统能够自动记录发酵罐开机时间、关机时间以及自动运行时的停电次数、停电时间、来电时间等；所有报警事故可记录查阅。软件系统具有自适应能力和自诊断能力。

（4）附属设备。主要由电极、蒸汽发生器和空气压缩机组成（图 8-5-6）。

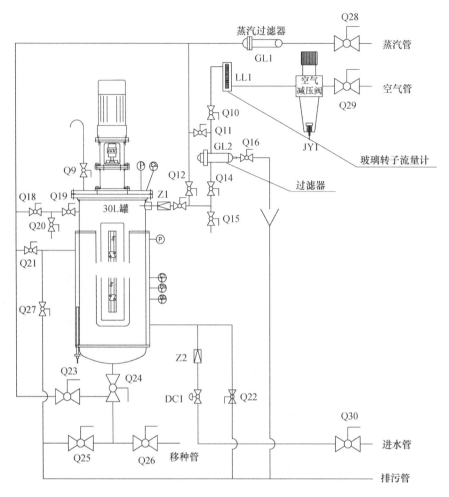

图 8-5-4　发酵罐管路系统

图 8-5-5　发酵罐控制系统

图 8-5-6　发酵罐蒸汽发生器和空气压缩机

自动控制的发酵罐通常都有 pH 电极、溶氧电极、泡沫电极、温度电极,以实现对发酵液 pH、溶解氧浓度、泡沫和温度的自动控制。温度电极和泡沫电极通常都很稳定,一般不需要标定,而 pH 电极和溶氧电极在每次使用前均需要标定。

蒸汽发生器和空气压缩机供给发酵罐使用过程中需要的蒸汽和空气。

好氧微生物的生长繁殖需充足的氧。为了进行大规模的工业生产,微生物需进行液体深层培养,其氧的供给由空气系统完成,"通风搅拌"是最常用的方式。生产前,空气过滤器至罐体以及其他与罐体相通的管道、培养基都需进行彻底灭菌。然后,控制好微生物培养所需的温度、风量、搅拌速度并接种,方可正常生产。

大肠杆菌是遗传工程研究过程中常用的受体菌。通过控制合适的培养条件,可使大肠杆菌迅速持续地生长,获得所要求的高产培养物。为了解发酵过程中菌体的生长及对培养基的利用情况,需在发酵过程中定时地取样测定。测定内容包括对菌体进行镜检、测定不同时期发酵液的细菌浊度及残留还原糖的变化等。

【实验材料、仪器与试剂】

1. 菌种

大肠杆菌(*Escherichia coli*)。

2. 培养基

M9 液体培养基,牛肉膏蛋白胨培养基。

3. 其他材料、仪器

发酵罐及其附属设备,高压蒸汽灭菌锅,恒压干热灭菌箱,超净工作台,恒温振荡器,分光光度计,电炉,天平,移液管,量筒,玻璃棒,牛角匙,棉塞,线绳,pH 试纸,标签,锥形瓶(250 mL,500 mL),烧杯(250 mL),酒精灯,石棉网,接种针(环),擦镜纸等。

4. 试剂

泡敌,费林试剂,0.1％标准葡萄糖溶液,20％NaOH 等。

【实验方法与步骤】

(一) 种子制备

(1) 培养基配制。配制种子固体培养基 100 mL,分装于试管,121℃灭菌 20 min,然后摆成斜面。配制种子培养液 600 mL,分装 50 mL 于一个 250 mL 锥形瓶中(作一级种子瓶),剩余 550 mL 平均分装于三个 500 mL 锥形瓶中(作二级种子用),121℃灭菌 20 min 后备用。

(2)菌种活化。上罐前两天,从冰箱中取出菌种转接斜面,37℃培养 24 h。

(3)种子制备。上罐前一天,由斜面菌种转接一级种子瓶,37℃、120 r/min 振荡培养 12 h,然后转接二级种子瓶,37℃、120 r/min 振荡培养 10 h,即为供试种子备用。

(二)发酵前准备工作

(1)检查电源是否正常,空压机、微机系统和循环水系统是否正常工作。

(2)检查系统上的阀门、接头及紧固螺钉是否拧紧。

(3)开动空压机,用 0.15 MPa 压力,检查种子罐、发酵罐、过滤器、管路、阀门等密封性是否良好,有无泄漏。罐体夹套与罐内是否密封(换季时应重点检测),确保所有阀门处于关闭状态(电磁阀前方的阀门除外)。

(4)检查水(冷却水)压、电压、气(汽)压能否正常供应。进水压维持在 0.12 MPa,允许在 0.15~0.2 MPa 范围变动,不能超过 0.3 MPa,温度应低于发酵温度 10℃;单相电源 AC 220V±10%,频率 50 Hz,罐体可靠接地;输入蒸汽压力应维持在 0.4 MPa,进入系统后减压为 0.24 MPa;空压机压力值 0.8 MPa,空气进入压力应控制在 0.25~0.30 MPa(空气初级过滤器的压力值)。

(5)温度、溶氧电极、pH 电极校正及标定,详见触摸屏 pH、DO 的标定帮助。

(6)检查各电机能否正常运转(共 4 个)。电磁阀能否正常吸合(整套系统共 11 个电磁阀)。

(三)发酵系统空消

空消是指还未在发酵罐内加入培养基之前对发酵罐、管路的灭菌。

1. 发酵系统安装好后的初次清洗或长时间没有使用的清洗

(1)罐内的清洗。发酵罐可将罐体上方的法兰卸开,采用洁净布手动清洗,结束后排尽罐内的污水,再多冲洗几遍即可。也可采用自来水管向罐体内壁冲洗,当水位上升到搅拌轴的第二片叶轮时停止冲洗,开动电机搅拌清洗。

(2)各管路的清洗。可以先采用清水冲洗,再根据相应功能采用相应的清洗介质(清洗管路时应以保护管路中的各种元件为前提),具体步骤可参考"空气管路的灭菌"。如果发酵系统长时间不用或培养的菌体与上一批次的不相同时,可采用 2% NaOH 清洗,其他各罐也可以采用发酵罐的清洗方式清洗,清洗结束后应对发酵系统灭菌。

2. 空气管路的灭菌

(1)空气管路上的除菌过滤器,使用蒸汽通过减压阀、蒸汽过滤器然后进入除菌过滤器。注意,空气减压阀不能进行蒸汽灭菌,所以空气预过滤器不灭菌。

(2)空气除菌过滤器的滤芯不能承受高温高压,因此,将蒸汽减压阀调整在 0.13 MPa,不得超过 0.15 MPa。

(3)空消过程中,除菌过滤器下端的排气阀应微微开启,排除冷凝水。

(4)空消时间应持续约 30 min,当设备初次使用或长期不用后启动时,最好采用间歇空消,即第一次空消后,隔 3~5 h 再空消一次,以便消除芽孢。

(5)经空消后的过滤器,应通气吹干,约 20~30 min,然后将气路阀门关闭。保持空气管道正压。

3. 发酵罐空消

(1)发酵罐空消前,应将排污阀 Q22 打开(使夹套内的压力不超压)。

(2)关闭 Q14,微开 Q15,打开蒸汽阀门 Q12,打开 Q13 向罐内通蒸汽;打开 Q18、Q19 通过取样口向罐内通蒸汽。

(3)将罐上的接种口,排气阀 Q9,及排污管路上的阀门 Q24、Q25 微微打开,使蒸汽通过这些阀门排出,当温度达到 122℃后开始计时,调整阀门 Q9、Q13、Q19 的开合程度,保持罐内温度 122~128℃(压为一般在 0.11~0.15 MPa),可根据工艺调整空消的温度与压力。

(4)当时间达到 30~40 min 后,关闭 Q13、Q15、Q19,然后再关闭 Q12、Q18,打开空气管路上的阀门 Q14、Q13 向罐内通空气冷却,让罐内保持正压在 0.03~0.05 MPa 之间。

(5)需要快速冷却时则关闭夹套排污阀门 Q22,打开冷却水阀门 Q27/DC1,向夹套通水冷却,到达常温后关闭冷却水。特殊情况下,可采用间歇空消(隔 3~5 h 再空消一次,以便消除芽孢)。

(6)空消时,溶氧、pH 电极取出,妥善保存,以延长其使用寿命。

(四) 发酵罐实消

实消是指当发酵罐内加入培养基后,用蒸汽对培养基进行灭菌的过程。

(1) 空消结束后,关闭进气阀门 Q13,打开 Q9 卸去罐内压力,将校正好的 pH、DO 电极装好,尽快将配好的培养基从加料口加入罐内。

(2) 开启机械搅拌装置,低速转动,使罐内物料均匀混合。

(3) 打开夹套排污阀 Q22、蒸汽阀 Q21,对罐内培养基预热(采用夹套通汽预加热)。当罐内温度升到 90℃时(具体温度应根据蒸汽质量调整),关闭夹套进汽阀 Q21,关闭 Q14,全打开进汽阀 Q12,打开 Q13 通入蒸汽,全开 Q18,微开 Q19 通过取样口向罐内通蒸汽,关闭 Q25、Q26,全开 Q23,微开 Q24 向罐内通蒸汽,微开尾气阀门 Q9(三路通汽灭菌),关闭电机搅拌。

(4) 当温度升到 121~123℃,罐压升至 0.12MPa 时,控制蒸汽阀门 Q9、Q19、Q13、Q24 的开度,维持温度与罐压,并开始计时,微开火焰接种口向外排蒸汽,当时间到达 30 min 之前,关紧火焰接种口,关闭 Q24(关闭前应人为地开大蒸汽量几次,避免培养基残留于阀门处),关闭 Q23,关闭 Q19、Q18,关闭 Q13、Q12,停止供汽。

(5) 关闭夹套排污阀门 Q22,打开冷却水阀 Q27/DC1 向夹套通水冷却,打开电机搅拌,当压力降到 0.05 MPa 时,打开空气阀门 Q14、Q13,向罐内通空气,加快冷却速度,并保持罐压为 0.05 MPa,直到罐内培养基温度降至接种温度。当罐内温度降至比发酵工艺所要求的温度高 2~3℃时,关闭阀门 Q27/DC1,停止通冷却水。

(五) 发酵罐的参数设置

(1) 温度降至发酵温度后,设置各发酵参数。本实验发酵温度为 37℃,搅拌转速为 200 r/min,pH 为 7.0,空气流量为 5 L/min。

(2) 溶氧电极校正。校正时参数的设置一般高于发酵时参数设置即可。如可设置为搅拌转速为 600 r/min、空气流量为 20 L/min 时,校正溶氧为 100%。

(3) 在 300 mL 无菌水中加入氨水 100 mL,用无菌硅胶管连接至补料口,并通过补料泵,用作发酵过程中调节发酵液的 pH 调节。

(4) 在补料瓶内加入泡敌(事先灭菌),用无菌硅胶管连接至补料口,并通过补料泵,用作发酵过程中消除发酵液的泡沫。

(六) 接种、培养

（1）本设备采用火焰封口接种，接种前应事先准备好酒精棉球、钳子、镊子和接种环。

（2）菌种装入锥形瓶内，接种量根据工艺要求确定。

（3）将酒精棉球围在接种口周围点燃，用钳子或铁棒拧开接种口，此时应向罐内通气，使接种口有空气排出。

（4）将锥形瓶的菌种在火环中间倒入罐内。

（5）将接种口盖在火焰上灭菌后拧紧。

（6）接种后即可通气培养，罐压保持在 0.05 MPa。

（7）发酵温度根据工艺要求而定，通过调节循环水的温度来控制发酵温度，当环境温度高于发酵温度时，需用冷水降温。

（8）溶氧量的大小主要通过调节进气量来实现。

（9）pH 的调节是由控制系统通过执行机构（蠕动泵）自动加碱来实现的。

（10）泡沫报警由泡沫探头探测到泡沫液位信号后，在触摸屏上以指示灯的形式来实现。

(七) 发酵过程中各个参数的测定

发酵过程中，发酵温度和 pH 能够实现自动控制，但是发酵过程需要全程专人看管，不仅保证实验的安全进行，同时可以完成取样和各参数的测定工作。

（1）每隔 10 min，要检查发酵罐是否在正常运转，检查各个发酵参数是否在正常范围内，尤其是罐压要保持在约 0.05 MPa。如果罐压高，会有危险；而罐压低，则会造成染菌。遇有异常情况，要及时排除。

（2）每小时定时取样。打开蒸汽发生器，使蒸汽达到 0.3 MPa，先对取样口进行消毒，约 5～10 min，放掉前面部分料液后，用取样试管取样即可。再次对取样口进行消毒，约 5～10 min，关闭蒸汽发生器出汽阀。

（3）取样后及时进行革兰氏染色并镜检，以了解菌体生长情况及是否发生染菌。

（4）取样后测定发酵液的 A_{600}、发酵液中的还原糖含量以及氨基氮含量。

（5）取样时，记录发酵过程温度、pH、DO 值、搅拌转速等参数值。

（6）随着培养时间的延长，适当调节通气量和搅拌转速，以维持一定的溶解氧浓度。

（7）将上述各个测定参数的测定结果记录于表 8-5-1 内。

表 8-5-1　发酵过程各个参数的测定结果

时间/h	1	2	3	4	5	6	7	8	9	10	11	12	13	14
A_{600}														
DO														
pH														
转速/(r·m^{-1})														
温度/℃														
还原糖含量/(%)														
氨基氮含量/(mg·mL^{-1})														

（八）放罐

当取样检查发现发酵液的 A_{600} 增长缓慢时（大约 14 h），即说明发酵过程已完成，此时应停止发酵，及时出料。出料的操作过程如下：开蒸汽发生器，使蒸汽达到 0.3 MPa；对出料口进行消毒，约 5～10 min；打开出料阀，料液即从罐中排出；关闭控制柜电源，整个发酵过程结束。

（九）清洗

出料后应将所有实验过程中接触过大肠杆菌的物品进行灭菌。灭菌后要对溶氧、pH 电极，进行清洗保养。灭菌后，应放水清洗发酵罐及料路管道阀门，并开动空压机，向发酵罐供气搅拌，将管路中的发酵液冲洗干净。

（十）实验数据处理

（1）以时间为横坐标、A_{600} 为纵坐标绘制大肠杆菌的生长曲线，了解大肠杆菌的生长规律。

（2）以时间为横坐标、溶解氧为纵坐标绘制大肠杆菌发酵过程中发酵液的溶解氧曲线，了解一般需氧发酵中发酵液的溶解氧变化规律。

【实验提示与注意事项】

1. 发酵操作的注意事项

（1）最高工作压力不大于 0.2 MPa，进罐空气压力应不大于 0.2 MPa，最高消毒温度为 126℃。

（2）培养基装量。5 L 罐最高不超过 4 L，10 L 罐最高不超过 8 L，最少装量以所有的电极都没于液面以下为准。

（3）在过滤器消毒时，流经空气过滤器的蒸汽压力应在 0.12～0.14 MPa 之间，最高不得超过 0.17 MPa。压力过低将造成灭菌不彻底，压力过高则空气过滤器滤芯有可能被损坏而失去过滤能力。

（4）在实消结束后冷却时，发酵罐内严禁产生负压，以免损坏设备或造成污染。开始控温前把注水开关打开，确保夹套中有水。

（5）在空、实消升温过程中冷却按钮必须处于停止状态，否则当设定值设定在培养温度时，冷却水管中会自动通冷却水，不仅会影响升温速度、浪费蒸汽，更重要的是会引起冷凝水过多，造成培养液的浪费。

（6）在发酵过程中，罐压应维持在 0.03～0.05 MPa 之间，以免引起污染。在各操作过程中，必须保持空气管道中的压力大于发酵罐的罐压，否则会引起发酵罐中的液体倒流到过滤器中，堵塞过滤器芯或失去过滤能力。

（7）接种时要保证无菌环境，一定要在进料口放置火圈。

（8）发酵结束后数据存盘，关闭总电源前，请将控制器退回主菜单，然后按 Ctrl＋F6 关闭控制程序，关闭电源。

（9）运行结束后，关闭自来水阀、空气源、蒸汽发生器。

（10）每次移动发酵罐的时候都要先把溶氧电极和 pH 电极取下来，防止在挪动的过程中碰撞损坏电极。

（11）手动清洗罐体前要先取下溶氧和 pH 电极，再打开发酵罐的盖子，清洗时要用柔软的棉布轻轻擦洗内部，绝对不可以使用硬物刮发酵罐的内壁。否则发酵罐刮痕处易藏污垢，不利于彻底灭菌。

（12）使用发酵罐应登记，使用后由负责人检查签字。

2. 发酵罐的维修与保养

（1）安置设备的环境应整洁、干燥、通风良好，水、汽不得直接泼到电器上。

（2）设备启用之后，必须及时清洗，防止发酵液干结在发酵罐及管路、阀门内。

（3）溶氧电极、pH 电极、仪表应按规定要求保养存放并校准（校准方法见附录），压力表、安全阀、温度仪每年应校准一次。

（4）设备停止使用时应清洗、吹干。过滤器的滤芯应取出清洗、晾干，妥善保管，法兰压紧螺母应松开，防止密封圈永久变形。

【思考题】

（1）发酵过程中为什么要保持罐体的正压？

（2）本实验中，溶解氧在发酵过程中的变化规律是怎样的？请解释为什么会有这样的规律。

（3）发酵过程中为什么会产生泡沫？在生产实践中是采取怎样的措施消泡的？

（4）发酵过程中，通称采取什么措施控制溶解氧浓度？

（5）发酵工业中，通常采取什么措施控制发酵液的 pH？

（6）若同时用平板计数法测定每次取样后的大肠杆菌浓度，所绘制的生长曲线与用比浊法测定绘制出的生长曲线是否有差异？为什么？

（7）发酵过程中，发酵液的还原糖和氨基氮是如何变化的？为什么？

附录：本实验培养基配方、试剂、检测方法

1. M9 液体培养基

20％葡萄糖	20 mL
5×M9 盐溶液	200 mL
$Na_2HPO_4 \cdot 7H_2O$	6.4 g
KH_2PO_4	1.5 g
NaCl	0.25 g
NH_4Cl	0.5 g
蒸馏水	100 mL
蒸馏水	1000 mL
0.1MPa 灭菌 20 min	

2. 发酵液中还原糖的测定

（1）原理：采用费林试剂热滴定法快速测定发酵液中还原糖的含量。费林试剂由甲、乙两种溶液组成。甲液含 $CuSO_4$ 和次甲基蓝（氧化还原指示剂）；乙液含 NaOH、酒石酸钾钠和亚铁氰化钾。当甲、乙两溶液混合时，$CuSO_4$ 与 NaOH 反应生成天蓝色的 $Cu(OH)_2$ 沉淀。在碱性溶液中，酒石酸钾钠与沉淀的 $Cu(OH)_2$ 作用形成可溶性的络合物。热滴定中滴

入标准葡萄糖液直至蓝色变成黄色且在 30 s 内颜色又变成深红色为止,记录下数据处理即可得发酵液中的还原糖含量。

(2) 空白测定:准确吸取费林甲、乙液各 5 mL 和蒸馏水 5 mL 放入 100 mL 的锥形瓶中,混匀后加热,沸腾后,记录下滴定管的起始刻度,以每滴 1~2 s 的速度由滴定管滴入标准葡萄糖液,直至蓝色变成黄色且在 30 s 内颜色又变成深红色为止。记录滴定耗用标准葡萄糖的毫升数 V_0,平行测定 3 次,直至所得的平均数与各组的差值<0.05 mL。

(3) 样品测定:准确吸取发酵液 0.5 mL 放于 100 mL 锥形瓶内,如发酵液还原糖含量过高,要将发酵液稀释后再取样。在锥形瓶内加入费林甲液、乙液各 5 mL,然后按测定空白同样操作进行滴定,记录滴定耗用标准葡萄糖的毫升数 V_1。平行测定 3 次,直至所得的平均数与各组的差值<0.05 mL。

(4) 计算:

$$还原糖含量 = \frac{(V_1 - V_0) \times 0.1}{0.5} \times 100\%$$

式中,V_0 为测定空白时耗用标准葡萄糖液毫升数,V_1 为测定总糖时耗用的标准葡萄糖的毫升数。

3. 发酵液中氨基氮的测定

(1) 原理:采用甲醛滴定法快速测定发酵液中氨基氮的含量。氨基酸是两性电解质,在水溶液中有如下平衡:

$$R-CH-COO^- \rightleftharpoons R-CH-COO^- + H^+$$
$$\quad | \qquad\qquad\qquad | $$
$$NH_3^+ \qquad\qquad\quad NH_2$$

常温下,甲醛能迅速与氨基酸的氨基结合,生成羟甲基化合物,使上述平衡右移,促使 $-NH_3$ 释放 H^+,使溶液的酸度增加,滴定中和终点在酚酞的变色域内(约 pH 9.0)。因此可用酚酞作指示剂,用标准 NaOH 溶液滴定来测定氨基氮的含量。

(2) 空白测定:于 100 mL 锥形瓶内加入蒸馏水 7 mL,再加入酚酞指示剂 5 滴,混匀;加甲醛溶液 2 mL,再混匀。用 0.1 mol/L 标准 NaOH 溶液滴定至溶液显微红色,记录每次滴定消耗的标准 NaOH 溶液的毫升数 V_0,平行测定 3 次。

(3) 样品测定:取发酵液约 5 mL,3500 r/min 离心 10 min,准确吸取上清液 2 mL 于 100 mL 锥形瓶内,加入蒸馏水 5 mL,再加入 5 滴酚酞指示剂,混匀;加甲醛溶液 2 mL,再混匀。用 0.1 mol/L 标准 NaOH 溶液滴定至溶液显微红色,记录每次滴定消耗的标准 NaOH 溶液的毫升数 V_1,平行测定 3 次。

(4) 计算:

$$氨基氮含量(mg/mL) = \frac{(V_1 - V_0) \times 1.4008}{2} \times 100$$

式中,V_0 为测定空白时耗用标准葡萄糖液毫升数,V_1 为测定总糖时耗用的标准葡萄糖的毫升数,1.4008 为 1 mL 0.1 mol/L NaOH 溶液所相当的氮毫克数。

4. 溶氧电极的工作原理、校准和保养

溶氧是表征水溶液中氧的浓度的参数,而溶氧电极是一种基于极谱原理测定溶解在液体中的氧的电流型电极。

(1) 溶氧电极的工作原理:电极用一薄膜将铂阴极、银阳极以及电解质与外界隔开,一般情况下阴极几乎是和这层膜直接接触的。氧以和其分压成正比的比率透过膜扩散,氧分压越大,透过膜的氧就越多。当溶解氧不断地透过膜渗入腔体,在阴极上还原而产生电流,此电流在仪表上显示出来。由于此电流和溶氧浓度直接成正比,因此校正仪表只需将测得的电流转换为浓度单位即可。因此,DO 电极测定的不是溶解氧浓度,而是氧活度或者是氧分压。

(2) 常见的溶氧电极校准方法。

① 简便校正方法。不连接溶氧电极时校零,连接溶氧电极后在空气中校 100。

② 常规法。在生化发酵过程中,一般以饱和介质为校准介质。溶氧电极通电极化 6 h 后,放在饱和的亚硫酸钠中校零,在实消后、接种前、搅拌开至最大、通最大量饱和空气时校 100。建议在统一的通气时间后进行校准,以统一不同罐批和不同发酵罐的饱和状态。

③ 其他方法。用惰性气体 N_2 通入气体分布管或吹气调零,放在空气中校 100。

(3) 溶氧电极的保养:溶氧电极的日常维护主要包括定期对电极进行清洗、校验、再生。

① 清洗。一周至两周应清洗一次电极,如果膜片上有污染物,会引起测量误差。清洗时应小心,注意不要损坏膜片。将电极放入清水中涮洗,如污物不能洗去,用软布或棉布小心擦洗。

② 校验。2~3 月应重新校验一次零点和量程。

③ 再生。电极的再生大约 1 年进行一次。当测量范围调整不过来时,就需要对溶解氧电极再生。电极再生包括更换内部电解液、更换膜片、清洗银电极。如果观察银电极有氧化现象,可用细砂纸抛光。在使用中如发现电极有泄露,就必须更换电解液。

④ 溶氧探头的保存。探头较长时间不用时应将保护帽套好,放置在空气中保存。

5. pH 电极的工作原理、校准和保存

pH 电极是测定液体中 pH 的电流型电极。

(1) pH 电极的工作原理。当复合电极(pH 测量电极与参比电极组成)浸入水溶液中,即组成一个化学原电池,两电极间产生一个电势差,该电势差值与被测溶液的 pH(溶液中氢离子活度的负对数)成比例关系并且符合能斯特方程式。

$$\Delta E = \frac{59.16 \times (273.15 + T) \times \Delta pH}{298.15}$$

式中,ΔE 为测量电势差的微小变化,ΔpH 为溶液 pH 的变化。

(2) 常见的 pH 电极校准方法。

pH 电极的校准方法一般采用两点校准法,即选择两种标准缓冲液:一种是 pH 7 标准缓冲液;另一种是 pH 9 标准缓冲液或 pH 4 标准缓冲液。

pH 电极在校准前要用蒸馏水彻底清洗,去除所有的残存液,如保存液、上次的测定液等。清洗完毕后,要用洁净的软湿布小心擦拭干净,注意不要用软布在电极上来回摩擦,以防产生静电。

先用 pH 7 标准缓冲液对电极进行定位,再根据待测溶液的酸碱性选择第二种标准缓冲液。如果待测溶液呈酸性,则选用 pH 4 标准缓冲液;如果待测溶液呈碱性,则选用 pH 9 标准缓冲液。在校准时,一定要将电极置于标准缓冲液中 30 s 以上再进行校准,同时应特别注意待测溶液的温度。因在不同的温度下,标准缓冲溶液的 pH 是不同的。校准完成后,可重复校准过程 2~3 次,以提高校正的准确度。要注意,校准时将电极从一种标准液中取出再置于另一种标准液前,一定要清洗干净,并用洁净软湿布擦拭干净,以防标准缓冲液被污染。

（3）pH 电极的保存：当 pH 电极不用时，必须将其探头置于潮湿环境中，如探头脱水，将会影响其性能。如果 pH 电极需要短期保存，要将电极插于 3.8 mol/L KCl 溶液中。如果 pH 电极需要长期保存，要在电极保护瓶中倒入新鲜 3.8 mol/L KCl 溶液，将电极探头放置其中，密封保存。需要注意，无论是长期保存还是短期保存，均不能将探头保存在蒸馏水中。

（4）pH 电极的清洗：如果电极探头污染了无机物，一般将探头浸泡在稀 HCl 中，然后再用蒸馏水清洗干净。如果电极探头污染了有机物，一般将探头浸泡在酒精或丙酮中，再用蒸馏水清洗干净。

第九篇　食品酶学实验

实验一　大蒜细胞 SOD 的提取与分离

【实验目的】

掌握超氧化物歧化酶(superoxide dismutase,简称 SOD)提取分离的方法,理解各步骤的原理。

【实验安排】

(1) 本实验安排 4 学时,分 3 个时段完成:第一时段进行 SOD 酶液制备,第二时段进行 SOD 酶的沉淀分离,第三时段为 SOD 酶活力的测定。

(2) 本实验在教师指导下,学生独立完成。

【实验背景与原理】

(一) 背景

SOD 是含不同金属离子的氧化还原酶,广泛存在于生物界,主要作用:专一地去除生物氧化中产生的超氧阴离子自由基,预防或治疗由超氧阴离子自由基引起的多种疾病,是一种很有用途的酶。

1. SOD 的历史与发现

1938 年,Mann he Keilin 首次从牛红细胞中分离出一种蓝色的含铜蛋白。当时并不知道它们的性质和作用,以为它是金属的储藏库。1969 年,Mccord 和 Fridovich 因其能催化超氧阴离子的歧化反应,而将其命名为超氧化物歧化酶。

2. SOD 的来源、分布及种类

SOD 广泛存在于生物界,是生物体防御活性氧毒害的关键蛋白质。Keele 等推测,在所有需氧细胞包括最简单的微生物体内,都可能含有 SOD。1973 年,Bell 等发现厌氧菌硫酸还原菌中有 SOD 活力,以后在多种专性厌氧菌中都发现其存在,只是活力很低,不易检测。侯金泉等考察发现,蚯蚓、葡萄、大蒜及一些保健饮料中 SOD 含量丰富。迄今为止,人们已从细菌、真菌、原生植物、藻类、昆虫、植物、两栖动物和哺乳动物(有氧呼吸生物体内)中分离纯化得到 SOD,含量最丰富的是动物的肝脏组织、血液。含 SOD 较高的天然植物有大蒜、韭菜、大葱、油菜、柠檬和番茄等。微生物中 SOD 含量与该菌的需氧程度和耐氧能力有很大关系,一般菌体耐氧能力强,其 SOD 含量就高。真核微生物的 SOD 含量高于原核生物,好氧微生物显著高于厌氧微生物。

根据 SOD 所含金属辅基的不同,一般可将其分为 Cu/Zn-SOD、Mn-SOD、Fe-SOD 三种类型。Cu/Zn-SOD 是真核生物酶,主要存在于真核细胞的细胞质和叶绿体的基质中,如动物血液、肝脏、植物叶、果等。Mn-SOD 和 Fe-SOD 是原核生物酶。Mn-SOD 主要存在于原核细胞及真核细胞的线粒体中；Fe-SOD 主要存在于原核细胞及少数植物中。

3. SOD 的结构

(1) Cu/Zn-SOD(图 9-1-1)。分子结构为二聚体或四聚体，亚基分子结构由 β-折叠组成，几乎没有 α-结构，相对分子质量为 32 000～65 000。三维结构是由 2 个基本相似的亚基组成的二聚体，每个亚基的相对分子质量为 16 000,150 个氨基酸残基,含有一个铜原子和一个锌原子。两个相同亚基之间通过非共价键的疏水相互作用而缔合,类似于圆筒的端面。

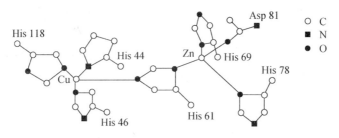

图 9-1-1　天然 Cu/Zn-SOD 活性中心结构

(2) Mn-SOD 和 Fe-SOD。一般为二聚体或四聚体,每个亚基的相对分子质量约为 23 000,含 0.5～1.0 个 Fe 原子。它们在空间结构上与 Cu/Zn-SOD 不同,含有较高程度的 α-螺旋,而 β-折叠较少。

4. SOD 的性质

Mn-SOD 和 Fe-SOD 性质相似,它们与 Cu/Zn-SOD 在蛋白质一级结构、空间结构、相对分子质量和光谱性质等方面差别较大。Cu/Zn-SOD 呈蓝绿色,分子中的铜为 2 价,有顺磁性,紫外、可见特征吸收峰在 250、680 nm。Mn-SOD 呈紫红色(粉红色),特征吸收峰在 280、475 nm。Fe-SOD 呈褐(黄)色,特征吸收峰在 280、350 nm。

(1) Cu/Zn-SOD 的热稳定性。Cu/Zn-SOD 对热表现出异常的稳定性,在 55℃15～30 min,60℃10～25 min 或 65℃10～15 min 的条件下,酶活性的变化不大。加热至 75℃时,其酶活性几乎不会丧失。在离子强度非常低时,即使加热至 95℃其酶活性丧失亦很小。牛红细胞中 Cu/Zn-SOD 的 T_m 为 83℃,室温下保藏 9 个月,酶活存留率为 60%,保藏一年酶活存留率为 51.2%。SOD 的热稳定性有种属差异,如大鼠肝中的 Mn-SOD 不耐热,但人肝和鸡肝的 Mn-SOD 却很耐热。

(2) SOD 的活力测定。SOD 活性在糖尿病人、慢性肾功能不全者与正常人之间有显著差异;吸烟者红细胞 SOD 含量均较非吸烟者低。可见,适宜的 SOD 活力测定方法具有重要的现实意义。

对 SOD 活力直接进行测定的方法有:脉冲辐射分析法、截流光谱分析法、极谱氧电极法和极谱法,可直接获得 SOD 催化反应的动力学信息,测定反应过程中 SOD 浓度的变化。因受试剂和仪器的限制,此类方法一般难于在实验室推广。

间接测定法:由于 SOD 的作用底物是 O_2^-,它的存在寿命很短,直接法不能得到普遍推广,因此一般常用间接的活力测定方法。通常包括:经典的邻苯三酚自氧化法、改良的邻苯三酚自氧化法、四氮唑蓝法、肾上腺素自氧化法、联二茴香胺法以及黄嘌呤氧化酶法,化学发光免疫法等。其原理在于:有一产生 O_2^- 的系统,使 O_2^- 再产生一个便于检测的反应,通过监测 SOD 对这个反应的抑制程度,间接测定 SOD 活力。

$$O_2^- + 羟胺 \longrightarrow 亚硝酸盐 + 显色剂 \longrightarrow 紫红色$$
$$2O_2^- \longrightarrow H_2O_2(SOD 存在时)$$

(二) 原理

超氧化物歧化酶(SOD)是一种分布广泛的金属酶,具有抗氧化、抗衰老、抗辐射和消炎等作用。它可催化超氧负离子(O_2^-)进行歧化反应,生成氧和过氧化氢。大蒜蒜瓣中含有较丰富的 SOD,组织破碎后,可以用 pH 7.8 的磷酸缓冲液进行提取。利用 SOD 不溶于丙酮的性质,可用丙酮将其沉淀析出。

肾上腺素在碱性条件下(pH 10.2)自动氧化形成肾上腺素红,后者在波长 480 nm 处有吸收。SOD 可以抑制肾上腺素的自动氧化,从而降低反应体系在 480 nm 处的吸光度。样品对肾上腺素自氧化速率的抑制率,可反映样品中的 SOD 含量。

【实验材料、仪器与试剂】

1. 材料
大蒜蒜瓣。

2. 仪器
试管,研钵,荧光灯管,离心机,分光光度计,冰箱。

3. 试剂
0.05 mol/L 磷酸缓冲液(pH 7.8),0.05 mol/L 碳酸盐缓冲液(pH 10.2),0.1 mol/L EDTA溶液,2 mmol/L 肾上腺素液,氯仿:无水乙醇=3:5(V/V),丙酮(用前冷却至4~10℃)。

【实验方法与步骤】

(一) 实验步骤

1. SOD 酶液制备

称取大蒜蒜瓣约 5 g,置于研钵中研磨,使组织破碎,然后加入 2~3 倍体积的0.05 mol/L 的磷酸缓冲液(pH 7.8)继续研磨搅拌 20 min,使 SOD 充分溶解到缓冲液中,然后在 5000 r/min 离心 15 min,弃沉淀,在上清液中加入 1/4 体积的氯仿-乙醇混合溶剂,搅拌15 min,5000 r/min 离心 15 min,去除杂蛋白,得粗酶液。

2. SOD 酶的沉淀分离

在上述粗酶液中加入等体积的冷丙酮,搅拌 15 min,5000 r/min 离心 15 min,得 SOD 沉淀。将沉淀溶于 0.05 mol/L 的磷酸缓冲液中,于 55~60℃热处理 15 min,离心弃沉淀,得 SOD 酶液。

3. SOD 酶活力的测定

取 3 支试管,按下表分别加入各种试剂与样品液。

试　　剂	空白管	对照管	样品管
碳酸缓冲液/mL	5.0	5.0	5.0
EDTA 溶液/mL	0.5	0.5	0.5
蒸馏水/mL	0.5	0.5	0
样品液/mL	0	0	0.5
		混合均匀	
肾上腺素液	0	2.0	2.0

在加入肾上腺素前,充分摇匀,并在 30℃水浴中预热 5 min 至恒温。加入肾上腺素(空白不加)继续保温 2 min,然后立即测定各管在 480 nm 处的吸光度。对照管与样品管的吸光度分别记为 A 和 B。

在上述条件下,将 SOD 抑制肾上腺素自氧化的 50% 所需要的酶量定义为一个酶活力单位(U),则为

$$酶活力单位(U)数 = \frac{2 \times (A-B)N}{A}$$

式中,N:样品稀释倍数;2:抑制肾上腺素自氧化 50% 的换算系数(100%/50%)。若以每毫升样品液的单位数表示,则按下式计算:

$$酶活力单位(U)数/mL = \frac{2 \times 13 \times (A-B)N}{A}$$

式中,13:反应液体积(V)与样品液体积(V_1)的比值($V/V_1 = 6.5/0.5$)。

最后,根据提取液、粗酶液与酶液的酶活力和体积,计算得率。

(二) 数据记录及结果处理

样　　品	大蒜蒜瓣		
	1	2	3
A_{480}(空白管)			
A_{480}(对照管)			
A_{480}(样品管)			
酶活			
平均酶活/(U·mg^{-1})			
得率			

【思考题】

(1) 超氧化物歧化酶对人体有何生理学意义?

(2) 有机溶剂能沉淀超氧化物歧化酶所根据的原理是什么?

实验二　多酚氧化酶活性的测定

【实验目的】

(1) 掌握分光光度法测定多酚氧化酶活性的方法。

(2) 了解酶的活性与植物组织褐变以及生理活动之间的关系。

【实验安排】

(1) 本实验安排 4 学时。3 人一组,每两组使用一种实验材料。

(2) 本实验在教师指导下,学生独立完成。

【实验背景与原理】

1. 背景

多酚氧化酶(氧化还原酶,E.C.1.10.3.1)在植物界乃至动物界分布广泛,由于其检测方便,是被最早研究的几类酶之一。

(1) 多酚氧化酶分为两类:儿茶酚氧化酶和漆酶。儿茶酚氧化酶:作用于羟基处在邻位的二酚及三酚的化合物及单酚,又称为酚酶、儿茶酚酶、酪氨酸酶、邻二酚氧化酶、多酚氧化酶等。漆酶:作用于邻二酚、对二酚、单酚、三酚及氨基酸,常称为虫漆酶(虫漆树)。多酚氧化酶是引起食品酶促褐变的主要酶类,因此研究多酚氧化酶的特性对制定食品的加工与保藏工艺有非常重要的意义。

多酚氧化酶催化的两类反应都需要有分子氧参加:一元酚羟基化,如蘑菇中单酚发生此类反应;邻二酚氧化,生成邻醌。从马铃薯、苹果、甜菜叶、蚕豆、蘑菇中分离得到的多酚氧化酶同时具有氧化和羟基化活力。而从烟叶、茶叶、芒果、香蕉、梨和甜樱桃中分离得到的多酚氧化酶则缺乏羟基化活力。多酚氧化酶催化的氧化反应的最初产物邻醌将继续变化:

① 相互作用生成高相对分子质量聚合物;

② 与氨基酸或蛋白质作用生成高分子络合物;

③ 氧化那些氧化-还原电位较低的化合物,生成无色化合物。

其中反应①②导致褐色素的生成,反应③的产物是无色的。

果蔬酶促褐变机理有如下几种:当果蔬受到机械损伤时(酶与底物结合),大量的氧侵入组织细胞中;在多酚氧化酶的催化下,多酚类被氧化为醌类;醌类相互作用生成相对分子质量较高的聚合物(褐色);醌类与氨基酸或蛋白质作用生成高分子络合物(褐色);相对分子质量越大,颜色越深。茶叶中的多酚氧化酶:多酚氧化酶能使茶多酚物质氧化,聚合成茶多酚的氧化产物茶黄素、茶红素和茶褐素等;茶叶加工就是利用酶具有的这种特性,用技术手段钝化或激发酶的活性,使其沿着茶类所需的要求发生酶促反应而获得各类茶特有的色香味。

(2) 影响多酚氧化酶的因素

① 底物。水果蔬菜中酚类化合物的种类很多,而只有一部分可以作为多酚氧化酶的底物。主要底物是儿茶素、3,4-二羟基肉桂酸酯、酪氨酸、3,4-二羟基苯丙氨酸。多酚氧化酶的最佳底物不是和酶同时存在于同一植物中的那些酚类化合物。多酚氧化酶底物的特点在于,多酚氧化酶只能催化在对位上有一个大于亚甲基($-CH_2$)的取代基的一元酚羟基化,即多酚氧化酶对底物具有特异性要求。不同的品种果蔬,同一品种不同部位中多酚氧化酶具有不同的底物特性。多酚氧化酶在植株幼嫩阶段及生长旺盛期活性最高。

② pH 对多酚氧化酶活力的影响。多酚氧化酶的最适 pH 在 4~7 之间波动;不同种类,同一种果蔬不同品种的多酚氧化酶,具不同最适 pH;不同部位的多酚氧化酶,pH 也有差异;酶的提取或分离方法对最适 pH 也有影响;测定酶活力时,采用的底物和缓冲液对酶最适 pH 有影响;多数多酚氧化酶具有一个最适 pH,有的尚有第二个最适 pH(同工酶)。

③ 温度对多酚氧化酶活力的影响。随着温度的升高,酶活力逐步提高,至最适温度后,随着温度的进一步升高,活力呈下降趋势。如桃中的多酚氧化酶,从 3℃ 开始随温度升高,至 37℃ 最高,而后下降。不同底物表现出不同的多酚氧化酶活力的最适温度:如马铃薯,底物为儿茶素,最适温度为 22℃;当底物为焦醛酚时,最适温度为 15~35℃,呈线性上升。低温状态酶失活是可逆的。微量的多酚氧化酶也能导致果蔬褐变,冷冻食品生产中热处理是必要的。

④ 多酚氧化酶的热稳定性。热稳定性决定于其来源、底物特异性、最适 pH 和最适温度。

● 热稳定性。纯的多酚氧化酶 < 存在于组织或粗提液中的多酚氧化酶；

● 同一来源的不同分子结构的多酚氧化酶具有不同的热稳定性，多酚氧化酶不属于耐热的酶。在多数情况下，组织中或溶液中的酶在 70～90℃ 下热处理短时间，就足以使它们部分或全部的不可逆失活。

⑤ 多酚氧化酶抑制效应

● 金属螯合物。多酚氧化酶是以铜为辅基的金属蛋白，所以金属螯合物，如抗坏血酸、柠檬酸、EDTA、果胶、氰化物可以抑制其活性。

● 醌偶合剂。如半胱氨酸、谷胱甘肽、SO_2、偏重亚硫酸盐等，与醌作用，生成稳定的无色化合物，避免褐变的生成。

● 清除酶作用的底物。与酚类底物作用的化合物，如聚乙烯吡咯烷酮（PVPP）与酚强烈缔合，可消去底物；去皮切开的果蔬浸泡在清水、糖水或盐水中，可隔离氧气，抑制多酚氧化酶的活性。

● 光照强度与多酚氧化酶活性。多酚氧化酶属于植物体内的末端氧化酶系统，光照明显促进了此酶的活性。不同光照条件下海带中酚类化合物含量的结果表明，多酚氧化酶随光照强度增加而呈上升趋势。如在对玫瑰组织培养的研究中，采用不同的遮光处理（对照、单层膜、双层膜），其结果也同样证明在一定的光照强度变化幅度内，多酚氧化酶活性和接种后的褐变率均随光强增加而上升，另外在茶叶研究中也有与此相一致的报道。

⑥ 多酚氧化酶的激活剂。多酚氧化酶的作用会导致食品褐变。长期以来，防止食品的酶促褐变是一个重要的研究课题。食品界在多酚氧化酶的抑制剂方面作了很多研究工作，而对于它的激活剂相对地了解较少。阴离子洗涤剂，例如 SDS（十二烷基磺酸钠）能有效激活多酚氧化酶。若苹果经 PVPP 处理，其果皮的多酚氧化酶便会失活，但用 SDS 处理后又能将已失活的酶激活。SDS 能激活以潜在的形式存在于粗提取液中的多酚氧化酶。若用酸或尿素短时间处理葡萄中的多酚氧化酶，能使酶可逆地激活；如果酸处理作用时间较长，会导致酶不可逆地激活。另外 Cu^{2+} 和底物 3,4-二羟基苯丙氨酸对一些果蔬来源的多酚氧化酶也有激活作用。

测定采后果实中多酚氧化酶的活性，能够为果蔬贮藏中褐变的控制提供依据。

2. 原理

在氧存在的情况下，多酚氧化酶可以催化酚类物质生成相应的醌类物质。酶的活性与反应的呈色速率成正比，醌类物质在 420 nm 波长处有强吸收，因此可以利用分光光度计测定单位时间内吸光值的变化，从而确定酶的活性。

【实验材料、仪器与试剂】

1. 材料

梨，苹果。

2. 仪器

研钵，离心机，试管，分光光度计，移液管，冰盒。

3. 试剂

0.05 mol/L 磷酸缓冲液（pH 6.8），0.1 mol/L 的邻苯二酚（儿茶酚）。

【实验方法与步骤】

（一）实验步骤

1. 酶液的提取

称取水果样品 1.0～2.0 g，加预冷的磷酸缓冲液(pH 6.8)1.0 mL，冰浴研磨，再用缓冲液 4.0 mL 将其转移到大离心管中，12 000 r/m 离心 1 min，取上清液为酶液。

2. 反应液的配制

按照下表将反应试剂加入吸光杯中，对照反应作为空白。

	缓冲液/mL	邻苯二酚/mL	酶液/mL	蒸馏水/mL	A_{420}
对照	1.0	1.0	0	1.0空白	
样品	1.0	1.0	1.0	0	

3. 酶活测定

在 420 nm 下测定吸光度，每隔 10～30 s 读数一次（根据具体反应状况选择适当的时间间隔）。

（二）数据记录及结果处理

酶的活力用单位质量的样品在单位时间内测定 A_{420} 的变化表示，以变化 0.001 为一个酶活力单位(U)。

$$多酚氧化酶活力单位数 = \frac{\Delta A_{420} V_t}{0.001 t V_t}$$

$$酶比活(U/g) = \frac{\Delta A_{420} V_t}{0.001 m_F V_s t}$$

式中，m_F：新鲜样品的质量，g；t：反应时间，min；V_t：提取液总体积，mL；V_s：测定用酶液体积，mL。

（1）实验数据记录

记录称取梨组织的质量(g)。

取酶促反应前 50 s 的数据，并记录在下表：

编号	时间 t/s	A_{420}	编号	时间 t/s	A_{420}
1	0		14	26	
2	2		15	28	
3	4		16	30	
4	6		17	32	
5	8		18	34	
6	10		19	36	
7	12		20	38	
8	14		21	40	
9	16		22	42	
10	18		23	44	
11	20		24	46	
12	22		25	48	
13	24		26	50	

（2）以时间 $t(s)$ 为横坐标，A_{420} 为纵坐标作曲线；

（3）酶活计算。根据数据计算出平均每读数间隔时间 2 s 的吸光度变化以及梨多酚氧化酶酶活。

【思考题】

比较不同材料多酚氧化酶酶活大小，结合课堂所学和实验因素，分析出现这种结果可能的原因。

实验三　过氧化物酶的热稳定性

【实验目的】

（1）掌握过氧化物酶（peroxidase，POD）活性检测的原理与方法。

（2）了解热处理对果蔬中过氧化物酶的影响。

【实验安排】

（1）本实验安排 4 学时。三人一组进行实验，每组选择一到两种材料进行测定，实验后选用不同材料的各组间进行交流。

（2）本实验在教师指导下，学生独立完成。

【实验背景与原理】

1. 背景

POD 属氧化还原酶类，系统命名为 E.C.1.11.1.7。其催化反应为

$$H_2O_2 + AH_2 \longrightarrow 2H_2O + A$$

其中，一分子过氧化氢作为氢受体，AH_2 作为氢供体。

（1）研究 POD 的重要意义。POD 的活力与果蔬产品，特别是非酸性蔬菜在保藏期间形成的不良风味有关。POD 是果蔬成熟和衰老的指标：如苹果气调贮藏中，POD 出现两个峰值，一个在呼吸转折（成熟）期，一个在衰老开始时期。POD 属于最耐热的酶类，食品加工研究人员已将其活性列为果蔬加工（热处理）的主要指标，了解果蔬中 POD 所催化的反应、酶本身的特性及加工中怎样抑制其活性是非常重要的。

（2）POD 的分布。POD 在自然界中分布广泛，可分成两类：含铁过氧化物酶，黄素蛋白过氧化物酶。含铁过氧化物酶，又分为高铁原卟啉过氧化物酶和高铁过氧化物酶。纯高铁原卟啉过氧化物酶为棕色，以高铁原卟啉（正铁血红素Ⅲ、羟高铁血红素）为辅基，存在于高等植物、动物和微生物中；高铁过氧化物酶为绿色，以铁原卟啉为辅基，但不同于高铁原卟啉，存在于动物器官和乳汁中（乳过氧化物酶）。黄素蛋白过氧化物酶：以黄素腺嘌呤二核苷酸（FAD）为辅基，存在于动物组织和微生物中。

POD 有可溶态和结合态两种状态。其中，前者存在于细胞浆中；后者与细胞壁和细胞器结合。结合态还可分为离子结合态与共价结合态。

提取方法：低离子浓度缓冲液（$0.05 \sim 0.18$ mol/L）提取，高离子浓度缓冲液（含 1 mol/L NaCl 或者 $0.1 \sim 1.4$ mol/L $CaCl_2$）提取离子结合态；加果胶酶或纤维素酶制剂消化组织后，

提取共价结合态。

POD 能催化 4 类反应：过氧化反应，氧化反应，过氧化氢反应和羟基化反应。

（3）影响 POD 的因素：

① POD 的最适 pH。POD 的最适 pH 随酶的来源（不同果蔬产品）、同工酶的组成、氢供体底物及缓冲液等的不同而有差异。有些果蔬中 POD 的最适 pH 范围较宽，原因是存在有不同最适 pH 的同工酶；另外，同一果蔬产品 POD 的可溶态和结合态的最适 pH 可能也不同。环境 pH 的升高或降低会引起酶活性的下降。酸化后酶活的减弱，热稳定性降低是由于蛋白质的结构变化造成的——由天然状态转为可逆的变性状态（从分子水平上观察是因为酶分子中的亚铁原卟啉脱离酶蛋白）。而且酸化后可观察到 α-螺旋结构受到破坏，出现了 β-结构的光谱特征，酶蛋白和辅基在酸化后发生分离（在中型和碱性状态，酶处于天然状态）。

② POD 的最适温度。POD 的最适温度也与酶的原料种类、果蔬品种、同工酶的组成、缓冲液的 pH、酶的纯化程度等因素有关。不同来源的过氧化物酶，其最适温度差异较大，一般在 35～60℃ 之间。例如，葡萄（de Chaunac）中的 POD 最适温度为 47℃，葡萄（Malvasia）的为 40℃，猕猴桃的为 50℃，草莓的为 30℃，还有番茄（Walters）的 35℃。绿芦笋的 50℃（pH 4.5）以及菜花的 40℃（以愈创木酚为底物）等。

POD 的热失活。由于过氧化物酶与果蔬产品及其制品的变色和变味关系密切，故常需要用热处理方法部分或全部地抑制其活性。从酶分子本身来看，POD 热失活包括全酶分子辅基的解离、脱辅基酶蛋白构象的变化、辅基的修饰或降解。

③ 影响 POD 热失活的因素。不同来源的 POD 具有不同的耐热性，一般来说，植物的 POD 活力越高，它的耐热性也越高。如马铃薯和花菜匀浆中的 POD 在 95℃ 加热 10 min 就完全而不可逆地失活。甘蓝中的 POD 在 120℃ 加热 10 min 仍然有 0.3% 活力保存下来。另外，同一果蔬产品来源的不同类型的酶，耐热性也不同，如可溶性酶比颗粒酶的耐热性差、阴离子酶比阳离子酶热稳定性低，但酸性和碱性酶有类似的热稳定性。使用等电聚焦技术已证明不同的 POD 同工酶的耐热性存在差异。酶的纯化程度也可影响其热稳定性，粗酶比纯化酶热稳定性差。低水分含量时，POD 耐热性增加，例如，水分含量低于 40% 时，谷类中POD 的热稳定性与水分含量成反比。这对于加工脱水果蔬有重要参考价值。果蔬中 POD 热抑活的方法主要是水漂烫：绿菜花于 95℃ 下漂烫 4 min 可降低总 POD（包括可溶性部分和离子结合部分）活性，绿豌豆于 97℃ 下处理 1 min 极为有效。微波、离子辐射也有助于POD 的抑活，微波和离子照射能降低在热烫过程中使酶失活所需的热处理强度。如马铃薯用 1.5 min 微波处理、3 min 沸水漂烫以及微波与漂烫各 2 min 可达到抑制 POD 活性的目的；而微波处理减至 1 min 及增加漂烫时间至 5 min 不能使 POD 活性完全破坏，但却使马铃薯软化。香蕉用微波处理的效果取决于果实成熟度。

④ 化学物质对 POD 的影响。Fe^{2+}、Zn^{2+}、Ca^{2+}、Mg^{2+}、Mn^{2+}、氰化物、硫化物、叠氮化物、氟化物、羟胺、二乙基二硫氨基甲酸钠（DIECA）、偏重亚硫酸钠、连二硫酸钠和抗氧化剂等对 POD 的活性都有影响，其作用机理在于：抑制 POD 本身；与过氧化物酶底物起反应；与 POD 的产物起反应。如氰化物、叠氮化物、氟化物能与血红素铁形成可逆络合物，从而抑制酶活力。SO_2 的作用仅仅是破坏 H_2O_2，即

$$SO_2 + H_2O_2 \longrightarrow H_2O + SO_3$$

0.1%～0.15% 的焦亚硫酸盐能防止豌豆产生不良风味。表面活性化合物（如单甘脂，卵磷

脂等),可使 POD 显著失活。高分子物质,如果胶,在 pH 5.5 时,使 POD 显著失活;进一步降低 pH,可使 POD 完全失活。果胶的存在还能使 POD 最适 pH 从 5.5 移动至 8.0,大多数果胶 pH 在酸性范围。这在食品加工中非常重要。

2. 原理

POD 能催化过氧化氢与酚类物质的反应,生成醌类化合物;此化合物进一步缩合,或与其他分子缩合,产生颜色较深的化合物。本实验是以邻甲氧基苯酚(即愈创木酚)为 POD 的底物,在该酶存在下,H_2O_2 可将邻甲氧基苯酚氧化成红棕色的 4-邻甲氧基苯酚,该红棕色的物质在波长 470 nm 处有最大光吸收,故可通过测 470 nm 处的吸光度变化来测定 POD 的活性。

【实验材料、仪器与试剂】

1. 材料

苹果,菠菜,土豆等。

2. 仪器

研钵,离心机,试管,恒温水浴锅,分光光度计,移液器,冰盒。

3. 试剂

(1) 0.2 mol/L 醋酸缓冲液(pH 5.0):取 0.2 mol/L NaAc 70 mL,0.2 mol/L HAc 30 mL 混合均匀。

(2) 0.1% 愈创木酚:取愈创木酚 0.1 g,用水 100 mL 溶解即可。

(3) 0.08% 过氧化氢溶液:取 30% H_2O_2 2.67 mL 稀释到 100 mL,混匀,取 90 mL 定容至 100 mL。

【实验方法与步骤】

(一) 实验步骤

1. 粗酶液的制备

称取鲜样 2.0 g,置于研钵中,加入醋酸缓冲液 10 mL 在冰浴中研磨,然后转移至离心管中,8000 转/min 离心 10 min,取上清液作为酶粗提液,低温保存。

2. 酶液热处理

将酶液置于试管中,然后将试管移至温度为 80℃ 的水浴锅中,随即记录时间,分别在 0、0.5、1、1.5、2、3、5、7 和 10 min 时从试管中取出适量酶液转移至另一试管,并立即用冰浴冷却至 0℃。

3. 残余酶活力测定

取 10 mL 具塞试管,分别加入 pH 5.0 醋酸缓冲液 1 mL,0.1% 愈创木酚溶液 1 mL 和酶液 1 mL(酶活力强时可稀释后取 1 mL),摇匀,置于 30℃ 水浴中,温度平衡后加入 0.08% 过氧化氢溶液 1 mL,立即计时,混匀,反应 1 min,立即倒入比色杯中测 A_{470}。

(二) 数据记录及结果处理

(1) 以吸光度为纵坐标、反应时间为横坐标作吸光度-时间曲线,从曲线最初的直线部分的斜率计算过氧化物酶的活力。将每分钟减少吸光度 0.01 定义为一个酶活力单位。

(2) 以未经热处理的酶液的酶活力作为 1,计算经过不同热处理后酶液中的相对残余活力。

【思考题】

分析热处理时间对果蔬中过氧化物酶的影响及其原因。

实验四　双酶法制作麦芽糖(饴糖)

【实验目的】

(1) 掌握双酶法制糖的原理。
(2) 熟悉食品实验操作以及双酶法制糖的工艺。

【实验安排】

(1) 本实验安排 4 学时。两人一组进行实验,每组选择一到两种材料进行实验,实验后选用不同材料的各组间针对实验过程及结果进行交流。
(2) 本实验在教师指导下,学生独立完成。

【实验背景与原理】

1. 背景

淀粉酶分布广泛,主要有 α-淀粉酶、β-淀粉酶和葡萄糖淀粉酶、异淀粉酶。

(1) α-淀粉酶,即 α-1,4-葡聚糖-4-葡聚糖水解酶,E. C. 3.2.1.1。其广泛存在于微生物、植物和动物体内,如,动物的唾液、胰脏,植物的大麦芽,微生物的枯草杆菌、米曲霉等中。它以随机的方式作用于淀粉 α-1,4-糖苷键,不水解 α-1,6-糖苷键及附近的 α-1,4-糖苷键,产生的产物构型仍为 α-型的还原糖。

以直链淀粉(amylose)为底物的反应分为两个阶段:第一阶段,随机作用,快速降解,产生寡糖,表现在直链淀粉黏度下降,与碘发生呈色反应的能力下降;第二阶段,缓慢水解寡糖,最终生成葡萄糖和麦芽糖。以支链淀粉为底物的反应则表现为随机切割,生成葡萄糖、麦芽糖和 α-限制糊精。

α-淀粉酶相对分子质量约为 50 000(15 600～139 300),巯基为酶催化的必需基团,分子中含有 Ca^{2+}。Ca^{2+}的作用在于维持酶的活性和最适宜的构象;增加酶对热、酸或脲等变性因素的稳定性。Ca^{2+}与酶蛋白分子结合牢固,只有在低 pH 下同时存在螯合剂的条件下才能被除去。将酶分子中的 Ca^{2+} 完全除去,就能导致酶的失活。pH 对 α-淀粉酶亦有影响。一般 α-淀粉酶在 pH 5.5～8.0 比较稳定,当 pH 4 以下时易失活,酶的最适 pH 在 5～6。不同来源的 α-淀粉酶的稳定性不同。黑曲霉最适 pH 为 4,在 pH 2.5 下,40℃ 30 min 不失活,pH 7,55℃ 15 min 活性全部丧失;而米曲霉在 pH 2.5 活性全部丧失,pH 7,55℃ 15 min 活性几乎未丧失。不同来源的 α-淀粉酶的最适 pH 亦不同。来自人的唾液和猪的胰脏的最适 pH 为6.0～7.0;枯草杆菌:5.0～7.0;嗜热脂肪芽孢杆菌:3.0 左右;大麦芽:4.8～5.4;高粱芽:4.8;小麦:4.5(低于 4.0 迅速下降,5.0 以上活性下降缓慢)。

α-淀粉酶的性质对食品加工具有重要意义。如面包制作中,黑麦粉含有过量的 α-淀粉酶,如果能使其在 pH 3.4～4.0 失活,能防止淀粉过分糊精化和胶黏的面包瓤的产生。因此,谷类中的 α-淀粉酶在低 pH 下失活对于加工高质量面包是十分理想的性质。温度对

α-淀粉酶作用也有很大的影响,纯化的 α-淀粉酶在 50℃ 以上容易失活,但是有钙离子大量存在的条件下,或在高浓度的淀粉液中酶的热稳定性会增加。在淀粉糖的加工过程中,糊化温度以上保持酶活性,有利于食品加工。生产中更多地选择耐热的淀粉酶,如淀粉液化芽孢杆菌和地衣芽孢杆菌产生的热稳定性 α-淀粉酶,最适温度分别为 92℃、70℃,适于淀粉液化及酶法生产葡萄糖。由米曲霉生产的不耐热的淀粉酶,一般用于紧接在淀粉液化作用后的糖化过程,水解底物程度高,产物有高比例的麦芽糖。

(2) β-淀粉酶,即 α-1,4-葡聚糖麦芽糖水解酶,E.C.3.2.1.2。其存在于大多数的高等植物和微生物中,哺乳动物中没有。它作为一种外切酶,从淀粉分子的非还原性末端裂解 α-1,4-糖苷键,依次将麦芽糖单位水解下来,产物的构型从 α 型转变成 β 型(含有奇数葡萄糖基时,终产物除麦芽糖外,还有麦芽三糖和葡萄糖)。β-淀粉酶不能裂解支链淀粉中的 α-1,6-糖苷键,也不能绕过分支点继续作用于 α-1,4-糖苷键,因此,它对支链淀粉的作用是不完全的。以支链淀粉为底物时,产物为麦芽糖(50%～60%)和 β-限制糊精。通常用淀粉水解生产麦芽糖时,支链淀粉中麦芽糖为 50%～60%,直链淀粉为 70%～90%,理论上,直链淀粉应该能完全水解,但制备过程中因氧化等因素而使得淀粉被改性,导致淀粉不能完全水解。

β-淀粉酶的相对分子质量大于 α-淀粉酶,甘薯的 β-淀粉酶相对分子质量为 152 000;是一种单纯酶。最适 pH 范围是 5.0～6.0。pH 4.0～9.0 在 20℃ 可以稳定 24 h。酶的活性中心有巯基存在,巯基试剂对-氯汞苯甲酸和 N-乙基苹果酰胺处理酶或者氧化作用会使酶失活。与 α-淀粉酶不同,钙离子的存在会降低酶的稳定性,70℃、pH 6～7,钙离子存在使酶失活,用这种方法可以纯化 α-淀粉酶。血清白蛋白和还原型谷胱甘肽可防止酶失活。

(3) 葡萄糖淀粉酶,又称为糖化酶,α-1,4-葡聚糖葡萄糖水解酶,是一种外切酶,E.C.3.2.1.3。这种酶的存在非常普遍。商业上使用的大多来自于曲霉和根霉。该酶从非还原性末端水解 α-1,4-葡萄糖苷键,产生葡萄糖,产物的构型从 α 型转变成 β 型,也能缓慢水解 α-1,6-葡萄糖苷键生成葡萄糖,但不能完全水解支链淀粉,如有 α-淀粉酶参与可使支链淀粉完全降解。该酶特异性较低,可水解 α-1,4-、α-1,3-和 α-1,6-糖苷键,但水解速度比为 100：6.6：3.6。以直链淀粉为底物时,产物为葡萄糖。以支链淀粉为底物时,水解不完全,有葡萄糖,可能还有 β-限制糊精。作用 pH 范围为 3.0～5.5,最适 pH 4.0～4.5。温度范围为 50～60℃,最适作用温度 58～60℃。大部分重金属都可抑制其活性。环状糊精不是竞争性抑制剂。

(4) 脱支酶。专一分解支链淀粉多糖中 α-1,6 糖苷键,形成直链淀粉和糊精,又称为异淀粉酶。主要水解淀粉和糊精中支链 α-D-1,6-糖苷键,生成含有 α-D-1,4-糖苷键的直链低聚糖。pH 范围为 4.0～5.0,最适 pH 为 4.2～4.6。有效温度 45～68℃,最适温度为 55～65℃。它与糖化酶、β-淀粉酶一起使用,生产高麦芽糖浆。

2. 原理

淀粉的水解分为三个阶段:淀粉的糊化、液化和糖化。

(1) 淀粉在加水加热的情况下能够发生糊化。淀粉的糊化可分为三个阶段:

① 可逆吸水阶段。水分浸入淀粉颗粒的非晶质部分,体积略有膨胀,此时如果冷却干燥可以复原,双折射现象不变。

② 不可逆吸水阶段。随温度升高,水分进入淀粉微晶间隙,不可逆大量吸水,结晶"溶解"。

③ 淀粉粒解体阶段。淀粉分子完全进入溶液。因此糊化的结果是使得淀粉结构疏松，易于淀粉酶的作用，有利于葡萄糖、麦芽糖和 α-限制糊精等小分子糖的生成。

（2）α-淀粉酶从分子内部水解液化淀粉。水解直链淀粉分子的反应需要两个阶段：第一阶段将全部淀粉水解生成麦芽糖和麦芽三糖，且反应进行较快；第二个阶段，α-淀粉酶将麦芽三糖水解成麦芽糖和葡萄糖，水解速度很慢。α-淀粉酶水解支链淀粉的方式与直链淀粉相似，α-1,4 键被水解的次序没有先后之分，但枝杈部位的 α-1,6 键不能被水解，因而得到异麦芽糖、含有 α-1,6 键的低聚糖（聚合度为 3 或 4）和麦芽糊精。

（3）糖化。液化后的淀粉糖浆在糖化酶（即葡萄糖淀粉酶）的作用下，生成麦芽糖、葡萄糖等小分子糖。在淀粉酶和糖化酶的共同作用下，可以将淀粉制成麦芽糖。

【实验材料、仪器与试剂】

1. 材料

淀粉（玉米、马铃薯、红薯），果仁，α-淀粉酶，糖化酶。

2. 仪器

天平，电磁炉，锅，木铲，温度计。

【实验方法与步骤】

（一）实验步骤

原料＋3 倍水→糊化 →液化（水解）→灭酶（95℃，10 min）→冷却（62℃）→
调酸（pH 4.6）→糖化（2～3 h）→灭酶（95℃，10 min）→过滤→调配→浓缩→成品

图 9-4-1　双酶法制麦芽糖的工艺流程图

1. 淀粉的糊化

取一定量淀粉，加入 3 倍质量的温水（50℃左右），搅拌均匀成淀粉乳，用 5％ Na_2CO_3 调节 pH 6.2～6.4，加入 0.3％ $CaCl_2$（以干淀粉计）溶液，然后小火（90～95℃）煮沸至淀粉完全糊化为止，期间不断用木铲搅拌，以防糊底，制成淀粉糊备用。

2. 液化

将淀粉糊冷却至 70℃左右，然后加入淀粉酶（100 g 淀粉加入 0.16 g α-淀粉酶），保温20～30 min。在酶解过程中应经常搅拌，测定温度，随时调整至所需要的温度。然后升温加热到 95℃至沸，灭活 10 min。

3. 添加糖化酶

冷却至 62℃，用 10％硫酸或盐酸调 pH 至 4.6，加入糖化酶（0.15 g/100 g 原料），搅拌均匀，保持温度 60～62℃，3～4 h。

4. 过滤

将糖化液用双层纱布过滤，滤液备用。

5. 调配

加入白砂糖（400 g 淀粉制成的糖浆中需加入 100 g 白砂糖），搅拌均匀。

6. 浓缩

滤出的糖液，放入锅中加热浓缩，开始用大火煮沸，待糖液逐渐变浓时，逐渐减少火力，

以免糖焦化变色,导致产品色深味苦,在加热过程中要不断用木铲搅拌,使之受热均匀。浓缩完成后可按个人喜好加入碎果仁,搅拌均匀趁热倒入模具中冷却成型,得到成品。

(二) 数据记录及结果处理

淀粉在加水加热的情况的下能够发生糊化,结构疏松,易于酶解。α-淀粉酶反应的最适温度在 70℃左右,能够以随机地方式作用淀粉分子,产生葡萄糖、麦芽糖和 α-限制糊精等小分子糖。糊化后的淀粉在 α-淀粉酶的作用下很快变稀,易于搅动。糖化酶的最适作用温度约为 62℃,pH 约为 4.6。糖化酶能够继续水解小分子糖中的 α-1,4 糖苷键,产生麦芽糖等小分子糖;也能缓慢作用于 α-1,4 糖苷键,使淀粉分子中的支链脱支,产生小的支链,分解为更多的葡萄糖、麦芽糖等小分子糖。加热浓缩是干燥的过程,除去糖液中过多的水分,便于冷却成型,缩短成型时间。

【思考题】

双酶法制糖的关键步骤有哪些?

实验五　蛋白酶活性测定

【实验目的】

通过本实验了解蛋白酶的作用、了解不同水果种类中所含蛋白酶活性的差异、掌握测定蛋白酶活性的常用方法。

【实验安排】

(1) 本实验安排 3 学时。
(2) 本实验在教师指导下,学生独立完成。

【实验背景与原理】

1. 背景

蛋白酶是食品工业中最重要的一类酶,其应用广泛,如干酪生产、肉类嫩化、植物蛋白质改性等都大量使用。蛋白酶广泛存在于植物(主要存在于菠萝、木瓜、无花果)、动物中(主要存在于消化道,如胃蛋白酶、胰凝乳酶、羧肽酶、氨肽酶等)和微生物中(主要存在于 1398 枯草杆菌、3942 栖土曲霉、放线菌)等。

蛋白酶用于水解蛋白质中肽键,水解类型有外切蛋白酶(从肽链的任意一端切下单个的氨基酸,蛋白质被分解为单个的氨基酸)、内切蛋白酶(与蛋白质内部的肽键反应,水解蛋白质为多肽)两类。蛋白酶的底物由 L-氨基酸构成的,其对底物分子的大小一般没有要求,但酸性蛋白酶则有严格要求。

(1) 蛋白酶的分类

① 蛋白酶根据来源可分为胰蛋白酶(amylopsin)、胃蛋白酶(pepsin)、胰凝乳蛋白酶(chymotrypsin)等。

② 按照作用模式可分为肽链端解酶(又称外切酶,是从肽链的一个末端开始将氨基酸

水解下来的酶)、羧肽酶(从肽链的羧基末端开始)、氨肽酶(从肽链的氨基末端开始)、肽链内切酶(从肽链的内部将肽链裂)。

③ 按照活性部位的化学性质可分为丝氨酸蛋白酶(此酶的活性部位含有丝氨酸残基,其抑制剂为二异丙基氟磷酸。此酶属于肽链内切酶,胰蛋白酶、胰凝乳酶、弹性蛋白酶和枯草杆菌蛋白酶等都属于此类)、巯基蛋白酶(此酶活性部位含有一个或多个巯基。抑制剂为氧化剂、烷基化剂和重金属离子。植物蛋白酶和一些微生物蛋白酶属于此类)、金属蛋白酶(其活性中心含有镁、锌、锰、钴、铁、汞、镉、铜或镍等金属离子。在 EDTA 溶液中透析可以分离出金属离子,但酶活性损失。此酶的抑制剂为氰化物。羧肽酶 A、某些氨肽酶和细菌蛋白酶属于此类)。羧基蛋白酶(活性中心有 2 个羧基,抑制剂为对-溴苯甲酰甲基溴或重氮试剂。胃蛋白酶、凝乳酶和许多霉菌蛋白酶在酸性范围内具有活性,最适 pH 2～4。)

④ 根据作用的最适 pH 可分成三类:酸性蛋白酶、中性蛋白酶、碱性蛋白酶。酸性蛋白酶有胃蛋白酶、凝乳蛋白酶和许多霉菌蛋白酶;中性蛋白酶有胰蛋白酶、木瓜蛋白酶、菠萝蛋白酶、无花果蛋白酶、细菌性中性蛋白酶(枯草芽孢杆菌产生的);碱性蛋白酶有枯草芽孢杆菌蛋白酶。其中,酸性蛋白酶是指蛋白酶具有较低的最适 pH,而不是指酸性基团存在于酶的活性部位。

(2) 工业用的酸性蛋白酶、中性蛋白酶及碱性蛋白酶的特点

① 酸性蛋白酶是采用黑曲霉 3.4310 菌株,经深层发酵培养,提取精制而成。酶的活性部位含有一个或更多的羧基,在酸性环境下催化蛋白质分解的酶制剂,适用于酸性介质中水解动、植物蛋白质。酸性蛋白酶应用于皮毛软化,啤酒、果酒澄清,动、植物蛋白质水解营养液,饲料添加等。酸性蛋白酶分解蛋白质肽链中的肽键,产物为小肽和氨基酸。酸性蛋白酶属于热稳定性蛋白酶,即 40℃ 以下比较稳定,最适作用温度约为 40℃,超过 50℃ 酶活力损失较严重,60℃ 以上很快失活;pH 2.0～6.0 稳定,最适 pH 为 3～4,超过此范围失活严重。在不同金属离子中酶的稳定性不同,可被 Mn^{2+}、Ca^{2+}、Mg^{2+} 激活,被 Cu^{2+}、Hg^{2+}、Al^{3+} 抑制。

② 中性蛋白酶采用 AS1398 枯草芽孢杆菌深层发酵培养精制而成。作用为分解蛋白质肽链中的肽键,产物为小肽和氨基酸。最适作用温度为 45～50℃。最适 pH 6.8～8.0,37℃ 以下比较稳定,作用 2 h 酶活保存 80%,超过 45℃ 酶活力不稳定,60℃ 以上很快失活;当 pH 6.5～7.5 稳定,低于 5.0 或高于 9.0 很快失活。可被 Mn^{2+}、Ca^{2+}、Mg^{2+} 激活,被 Cu^{2+}、Hg^{2+}、Al^{3+} 抑制。

③ 碱性蛋白酶是由枯草芽孢杆菌深层发酵培养精制而成的。应用于液化产品皮革脱毛、丝绸脱胶、加酶洗涤剂等。碱性蛋白酶是颗粒状产品,稳定性好、无粉尘、颗粒均匀、强度高、不破碎,是加酶洗衣粉最理想的添加剂。有效温度 20～65℃;最适作用温度为 40～50℃;有效 pH 为 8～12;最适作用 pH 为 10～11;可被 Ca^{2+} 激活,被 Hg^{2+}、Ag^{2+}、Cu^{2+}、Zn^{2+} 抑制。

(3) 蛋白酶的应用

加酶洗衣粉中添加了多种酶制剂,如碱性蛋白酶制剂和碱性脂肪酶制剂等。这些酶制剂不仅可以有效地清除衣物上的污渍,而且对人体没有毒害作用,并且这些酶制剂及其分解

产物能够被微生物分解,不会污染环境。所以,加酶洗衣粉受到了人们的普遍欢迎。加酶洗衣粉中的碱性蛋白酶制剂可以使奶渍、血渍等多种蛋白质污垢降解成易溶于水的小分子肽。碱性蛋白酶的主要产生菌是一些芽孢杆菌。

尽管蛋白酶广泛存在于动物内脏、植物茎叶、果实和微生物中,由于动植物资源有限,工业上生产蛋白酶制剂主要利用枯草杆菌、栖土曲霉等微生物发酵制备。

2. 原理

本实验主要以水果中的蛋白酶为研究对象。水果中的蛋白酶可以水解酪蛋白,生成一系列氨基酸和肽,这些产物能溶于三氯乙酸并在紫外 280 nm 波长处有强吸收,进而判断样品中蛋白酶活性的大小。利用这一性质,可用分光光度计在 280 nm 处所测定的吸光度来表示蛋白酶的活性,进而判断样品中蛋白酶活性的大小。

【实验材料、仪器与试剂】

1. 材料

香蕉,菠萝。

2. 仪器

紫外分光光度计,水浴锅,离心机,天平,移液器,研钵。

3. 试剂

0.5％酪蛋白溶液,0.05 mol/L pH 7.5 磷酸缓冲液,10％三氯乙酸。

【实验方法与步骤】

(一) 实验步骤

1. 样品提取

称取样品 1 g 于研钵中,冰浴中研磨匀浆,分别加入 0.05 mol/L pH 7.5 磷酸缓冲液 5 mL,转移至离心管中,10 000 r/m 离心 10 min。

2. 样品测定

取 4 支度管,一支加入 3 mL 蒸馏水作对照,其余三支各加入 3 mL 0.5％酪蛋白溶液作为测定平行。将四支管置于 37℃ 水浴锅中预热 5 min,然后分别向管中添加酶提取液 0.5 mL,混合,于 37℃ 保温 20 min,此间定时摇动。作用 20 min 后,各添加三氯乙酸 1 mL 终止反应。将反应液转入离心管中,10 000 r/m 离心 10 min,以蒸馏水为空白,测定其在 280 nm 下的吸光度。

3. 计算

蛋白酶于 37℃ 下水解酪蛋白产生氨基酸或肽类物质,这些物质于 280 nm 处 1 min 内每提高 0.001 吸光度时所需的酶量即为 1 个蛋白酶单位。

$$样品的蛋白酶活性 = \frac{A_{样品} - A_{对照}}{V_1 m_{总}\ t \times 0.001} \times V_{总}$$

式中,蛋白酶活性单位为 U/mg;V_1:测定吸光度时样品溶液的体积,mL;$V_{总}$:样品溶液体积,mL;$m_{总}$:称样总量,g;t:反应时间;$A_{样品}$:样品液于 208 nm 处的吸光度;$A_{对照}$:对照液于 280 nm 处的吸光度;0.001:1 U 产生 0.001 的吸光度。

（二）数据记录及结果处理

样品	香蕉/g			菠萝/g		
	1	2	3	1	2	3
对照						
A_{280}						
酶活						
平均酶活/$(U \cdot mg^{-1})$						

【思考题】

（1）结果与其他组比较,分析不同材料中蛋白酶活力的差异及原因。

（2）通过对蛋白酶特性的了解,思考该酶在食品加工中可能的用途。

（3）描述蛋白酶作用下的嫩肉现象并分析其在这一过程中的作用。

实验六　过氧化氢酶活性的测定

【实验目的】

了解过氧化氢酶的测定方法,熟悉分光光度计等仪器的使用方法、实验背景与原理。

【实验安排】

（1）本实验安排3学时。全班按照3人一组分为若干组,每组选取一种实验材料进行实验,每组交一份实验报告,每人交一份思考题答案。

（2）本实验在教师指导下,学生独立完成。

【实验背景与原理】

1. 背景

1811年,Thenard首次发现过氧化氢可以被动植物组织分解产生氧气。1863年,Schinbein认为这是某种酶在起作用。1901年,Loew将该酶命名为过氧化氢酶。1937年,Sumner等得到牛肝过氧化氢酶的结晶。1948年,Herbert和Pinsent从藤黄微球菌获得原核过氧化氢酶.随后对过氧化氢酶的研究愈加深入与广泛。

过氧化氢酶(hydrogen peroxidase),又称触酶(catalase,CAT)、过氧化氢氧化还原酶,它存在于红细胞及某些组织内的过氧化体中,主要作用是专一催化H_2O_2分解,生成H_2O与O_2,使H_2O_2不至于与O_2在铁螯合物作用下,一分子H_2O_2作为氢供体,一分子H_2O_2作为氢受体,反应生成非常有害的—OH。

（1）自然界中的过氧化氢酶

过氧化氢酶普遍存在于能呼吸的生物体内。过氧化氢酶普遍存在于植物中,但不包括真菌,虽然有些真菌被发现在低pH和温暖的环境下能够产生该酶。绝大多数需氧微生物都含有过氧化氢酶,但也有例外,如*Streptococcus*,是一种没有过氧化氢酶的需氧细菌。部分厌氧微生物,如*Methanosarcina barkeri*,也含有过氧化氢酶。过氧化氢酶主要存在于植物的叶绿体、线粒体、内质网、动物的肝和红细胞中,其酶促活性为机体提供了抗氧化防御机理。过氧化氢酶是过氧化物酶体的标志酶,约占过氧化物酶体酶总量的40%。它是血红素酶,不同的来源有不同的结构,在不同的组织中其活性水平高低不同。过氧化氢酶存在于所有已知的动物的各个组织中,特别在肝脏中以高浓度存在。过氧化氢在肝脏中分解速度比在脑或心脏等器官中快,因为肝中的过氧化氢酶含量水平高。

过氧化氢酶按照来源来分,可分为真核的(存在与动物、植物组织中。在肝脏含量最高,结缔组织中最低)和原核的(微生物中,几乎所有的需氧微生物都存在)两类;按照催化中心分为:含有铁卟啉结构的,又称铁卟啉酶(典型过氧化氢酶);含有锰离子的,又称锰过氧化氢酶。

(2) 过氧化氢酶的作用

当机体在逆境下或衰老过程中,由于体内活性氧代谢加强而使 H_2O_2 累积。H_2O_2 可以直接或间接地氧化细胞内核酸、蛋白质等生物大分子,并使细胞膜遭受损害,从而加速细胞的衰老和解体。过氧化氢酶是植物体内重要的酶促防御系统之一,与植物的抗逆性密切相关。简单地说,过氧化氢酶是一种酶类清除剂,它是以铁卟啉为辅基的结合酶。它能清除体内的过氧化氢,从而使细胞免于遭受 H_2O_2 的毒害,是生物防御体系的关键酶之一。过氧化氢酶作用于过氧化氢的机理实质上是 H_2O_2 的歧化,必须有2个 H_2O_2 先后与过氧化氢酶相遇且碰撞在活性中心上,才能发生反应。H_2O_2 浓度越高,分解速度越快。

但过氧化氢酶真正的生物学重要性并不仅是催化过氧化氢分解如此简单:研究者发现基因工程改造后的过氧化氢酶缺失的小鼠依然为正常表现型,这就表明过氧化氢酶只是在一些特定条件下才对动物是必不可少的。一些人群体内的过氧化氢酶水平非常低,但也不显示出明显的病理反应。这很有可能是因为正常哺乳动物细胞内主要的过氧化氢清除剂是过氧化物还原酶(peroxiredoxin),而不是过氧化氢酶。过氧化氢酶通常定位于一种被称为过氧化物酶体的细胞器中。植物细胞中的过氧化物酶体参与了光呼吸(利用氧气并生成二氧化碳)和共生性氮固定(将氮解离为活性氮原子)。但细胞被病原体感染时,过氧化氢可以被用作一种有效的抗微生物试剂。部分病原体,如结核杆菌、嗜肺军团菌和空肠弯曲菌,能够生产过氧化氢酶以降解过氧化氢,使得它们能在宿主体内存活。

在许多情况下,生物体内广泛存在活性氧爆发的现象,导致自由基增多,平衡受到破坏,使细胞膜产生过氧化,导致细胞膜的破坏与损伤。过氧化氢酶与 SOD 和 POD 共同组成了生物体内活性氧防御系统,在清除超氧自由基、过氧化氢和过氧化物等方面发挥重要作用。研究发现,在投弹手甲虫(bombardier beetle)中,过氧化氢酶具有独特用途。这种甲虫具有两套分开储存于腺体中的化学物质。大的腺体中储存着对苯二酚和过氧化氢,而小的腺体中储存着过氧化氢酶和辣根过氧化物酶。当甲虫将两个腺体中的化学物质混合在一起时,就会释放出氧气,而氧气既可以氧化对苯二酚又可以作为助推剂。

(3) 过氧化氢酶的应用

过氧化氢酶在食品工业中被用于处理制造奶酪的牛奶中的过氧化氢。牛奶用 H_2O_2 消毒,然后用过氧化氢酶除去过多的 H_2O_2,消除高温杀菌的负面影响,同时不杀灭乳酸菌,且不影响脂肪酶、蛋白酶和磷酸酶的作用;过氧化氢酶也被用于食品包装,防止食物被氧化。在纺织工业中,过氧化氢酶被用于除去纺织物上的过氧化氢,以保证成品是不含过氧化物的。它还被用在隐形眼镜的清洁上:眼镜在含有过氧化氢的清洁剂中浸泡后,使用前再用过氧化氢酶除去残留的过氧化氢。近年来,过氧化氢酶开始使用在美容业中。一些面部护理中加入了该酶和过氧化氢,目的是增加表皮上层的细胞氧量。此外,面团发酵后烘烤过程中添加 H_2O_2 和过氧化氢酶,可促进面团膨发等。

2. 原理

过氧化氢在 240 nm 波长下有强吸收,过氧化氢酶分解过氧化氢,使反应溶液吸光度随反应时间而降低。根据测量吸光率的变化速度即可测出过氧化氢酶的活性。

【实验材料、仪器与试剂】

1. 材料

苹果。

2. 仪器

研钵,离心机,分光光度计,移液管,冰板,电子天平。

3. 试剂

磷酸缓冲液(0.05 mol/L,pH 7.0),H_2O_2(0.1 mol/L)。

【实验方法与步骤】

(一)实验步骤

1. 酶液的提取

称取果实 1.0 g,置于研钵中,加入 5 mL 磷酸缓冲液在冰浴中研磨,然后转移至离心管中,15 000 r/min 离心 5 min,取上清液作为酶粗提液,低温保存。

2. 反应液配制

按照下表在吸光杯中加入试剂,以对照为空白。

	缓冲液/mL	酶液/mL	H_2O_2/mL
对照	1.0	0	1.0
样品	1.0	1.0	1.0

4. 酶活测定

在 420 nm 下测定吸光度,每隔 10~30 s 读数一次(根据实际情况选择适当的间隔)。

(二)数据记录及结果处理

酶活性以 U/g 表示,以 1 min 内 A_{420} 减少 0.1 的酶量为一个活力单位 U。

$$酶活(\text{U/g}) = \frac{\Delta A_{420} V_t}{0.1\, m_F V_s t}$$

式中,m_F:新鲜样品的质量,g;t:反应时间,min;V_t:提取液总体积,mL;V_s:测定用酶液体积,mL。

(1)实验数据记录

称取苹果组织,并记下其质量(g)。

取酶促反应前 50 s 的数据,并记录在下表:

编　号	时间 t/s	A_{420}	编　号	时间 t/s	A_{420}
1	0		14	26	
2	2		15	28	
3	4		16	30	
4	6		17	32	
5	8		18	34	
6	10		19	36	
7	12		20	38	
8	14		21	40	
9	16		22	42	
10	18		23	44	
11	20		24	46	
12	22		25	48	
13	24		26	50	

（2）以时间 t(s) 为横轴坐标，吸光值 A 为纵坐标做曲线。

（3）酶活性计算：根据公式计算出平均每读数间隔时间 2 s 的吸光度变化，进而计算出苹果过氧化氢酶的活力。

【思考题】

（1）过氧化氢酶活性的测定有哪几种方法？比较每种方法的优缺点？

（2）磷酸缓冲液中添加 EDTA 和 PVP 的作用有哪些？

（3）影响过氧化氢酶活性测定的因素有哪些？应采取什么措施克服？

实验七　还原法检测果胶酶活性

【实验目的】

掌握用还原法检测果蔬中果胶酶活性的方法。

【实验安排】

（1）本实验安排 3 学时。

（2）本实验在教师指导下，学生独立完成。

【实验背景与原理】

1. 背景

果胶是一种高分子多糖化合物，作为细胞结构的一部分，存在于几乎所有的植物中，如柠檬 3.0%～4.0%，香蕉 0.7%～1.2%，梨 0.5%～0.8%，苹果 0.5%～1.6%，草莓 0.6%～0.7%。果胶主要由半乳糖醛酸及其甲酯缩合而成，此外还含有鼠李糖、阿拉伯糖、半乳糖等。果胶的基本结构是 α-1,4-D-半乳糖醛酸主链，鼠李糖单元以(1,2)连接于还原端或以(1,4)连接于非还原端。鼠李糖在果胶多糖的主链上引入了节点，阿拉伯糖、半乳糖或阿拉伯半乳聚糖再作为侧链以(1,4)连接于鼠李糖上。

（1）果胶

果胶在细胞壁和细胞间层中，按其分子中 D-半乳糖醛酸上羧基酯化程度不同分为原果胶、果胶酸、果胶酯酸。

① 原果胶。相对分子质量比果胶酸和果胶高，甲酯化程度介于二者之间，主要存在于未成熟果蔬中，不溶于水。

② 果胶酸。由约 100 个半乳糖醛酸通过 α-1,4-键连接而成的直链，不含甲酯（OCH_3）。果胶酸是水溶性的，很容易与钙起作用生成果胶酸钙的凝胶。

③ 果胶酯酸。含一定数量甲酯基团，果胶酯酸包括果胶，是半乳糖醛酸酯（75％左右）及少量半乳糖醛酸通过 α-1,4-糖苷键连接而成的长链高分子化合物，每条链含 200 个以上的半乳糖醛酸残基，果胶能溶于水。未成熟的果实含有大量的原果胶，果实坚硬。果实成熟，原果胶水解，与纤维素等分离，形成果胶，果实变软而有弹性。果胶发生去甲酯化反应，形成没有黏性的果胶酸，果实软烂。任何一种果汁都存在果胶。

（2）果胶酶

果胶酶是指分解果胶的多种酶的总称。包括以下三类：果胶水解酶如，聚甲基半乳糖醛酸酶（PMG）和聚半乳糖醛酸酶（PG）；果胶裂解酶，如聚甲基半乳糖醛酸裂解酶（PMGL）和聚半乳糖醛酸裂解酶（PGL）；还有果胶酯酶（PE）等。

① 聚半乳糖醛酸酶。此类酶能水解半乳糖醛酸中 α-1,4 糖苷键（优先对甲酯含量低的水溶性果胶酸作用）。

② 内切聚半乳糖醛酸酶（endo-PG）。从分子内部无规则地切断 α-1,4 键，可使果胶或果胶酸的黏度迅速下降，这类酶在果汁澄清中起主要作用。由于酶只能裂开和游离羧基相邻的糖苷键，因此底物水解的速度和程度随它的酯化程度增加而快速下降。最适 pH 4～5，此种酶在霉菌中最多。外切聚半乳糖醛酸酶（exo-PG）：该酶从分子末端逐个切断 α-1,4 键，生成半乳糖醛酸，果胶的黏度下降不明显。

③ 聚甲基半乳糖醛酸裂解酶（PMGL），为果胶裂解酶的一种。该酶以随机方式解聚高度酯化的果胶，使溶液的黏度快速下降，该酶只能裂解贴近甲酯基的糖苷键，同底物的亲和力随底物的酯化程度提高而增加。最适作用 pH 6.0，只有霉菌中含有此类酶。该酶不能水解果胶酸。

④ 聚半乳糖醛酸裂解酶（PGL），也称果胶酸裂解酶。它能解聚低甲氧基果胶或果胶酸，只能裂解贴近游离羧基的糖苷键，产物为半乳糖醛酸二聚体。作用 pH 8.0～9.5，Ca^{2+} 是绝对需要的，该酶在细菌中含量高。

⑤ 果胶酯酶（PE）。果胶酯酶能使果胶中的甲酯水解，生成果胶酸。其中，霉菌果胶酯酶的最适 pH 一般在酸性范围（5.0～5.5），热稳定性较低；细菌果胶酯酶的最适 pH 在碱性范围（7.5～8.0）；植物最适 pH 在中性范围。商业用的霉菌果胶酶制剂通常含有果胶酯酶、聚半乳糖醛酸酶、果胶裂解酶。果胶酯酶作用的最适温度在 35～50℃，温度超过 55℃易失活，如曲霉（蕃茄例外）。果胶酯酶在植物组织中含量高。在降解果胶的同时会伴随着甲醇（CH_3OH）的释出，而且果胶在酶作用下脱酯和钙化，使细胞间的黏合强化，这在酿制葡萄酒应注意采用热处理予以避免。

果胶酶分布于霉菌中，含各种果胶水解酶、裂解酶，细菌中主要为聚半乳糖醛酸裂解酶，高等植物中主要是果胶酯酶和聚半乳糖醛酸酶，不含果胶裂解酶。

果胶酶主要应用在两个方面：果蔬保藏和果蔬加工，主要目的在于果汁澄清、提高出汁率、增加混浊汁的稳定性。苹果汁含有高度酯化的果胶，它易于被果胶裂解酶澄清，而单独使用内切-聚半乳糖醛酸酶几乎没有效果。如果采用内切-聚半乳糖醛酸酶和果胶酯酶混合酶制剂，当 30％酯键和 5％糖苷键被水解时，苹果汁就能达到完全澄清的效果。

2. 原理

果胶酯酶、多聚半乳糖醛酸酶和多聚半乳糖醛酸甲基水解酶分别对果胶质起解酯作用产生甲醇和果胶酸、水解作用产生半乳糖醛酸和寡聚半乳糖醛酸、裂解作用产生不饱和醛酸和寡聚半乳糖醛酸。这些产物的醛基在碱性溶液中与 2 价铜离子共热，使其还原成氧化亚铜沉淀。氧化亚铜与砷钼酸反应生成蓝色物质。根据已知半乳糖醛酸显色反应可确定产物量，表示酶活力。

【实验材料、仪器与试剂】

1. 材料

果胶酶制剂。

2. 仪器

比色管（25 mL），刻度吸管（1 mL），恒温水浴锅，秒表。

3. 试剂

（1）半乳糖醛酸钠标准溶液 100 μg/mL。

（2）0.1 mol/L 磷酸氢二钠-柠檬酸缓冲溶液（pH 4.2）。

（3）0.25％果胶溶液，用 0.1 mol/L 磷酸氢二钠-柠檬酸缓冲溶液（pH 4.2）配制。

（4）甲试剂：称取纯酒石酸钾钠 12 g，无水 Na_2CO_3 24 g，加水 250 mL，搅匀，向此液中缓慢加入 10％ $CuSO_4$ 溶液 40 mL，$NaHCO_3$ 16 g。另取 500 mL 热水，加入无水 $CuSO_4$ 180 g，煮沸驱逐溶存气体，冷却后，注入 1 L 容量瓶中，两液混合定容至 1 L。长期存放后，如有少量红色氧化亚铜沉淀，应予以过滤，滤液可在室温下长期保存。

（5）乙试剂：称取钼酸铵[$(NH_4)Mo_7O_{24} \cdot 4H_2O$] 25 g 溶于 450 mL 水中，再缓慢加入浓硫酸 21 mL。另取 25 mL 水，溶解纯结晶砷酸二钠（$Na_2HAsO_4 \cdot 7H_2O$）3 g（可用 $H_4As_2O_7$ 1.28 g，以 1 mol/L NaOH 19.24 mL 溶解，再加水 4.75 mL）。然后慢慢加入上述溶液中，充分混合，在 37℃放置 24～48 h，溶液逐渐变黄色，移至棕色细口瓶中保存。

【实验方法与步骤】

（一）实验步骤

1. 酶液制备

将酶粉适当稀释，过滤备用。

2. 绘制标准曲线

取 100 μg/mL 半乳糖醛酸钠溶液 0.2、0.4、0.6、0.8、1.0 mL，再分别加水至 1.0 mL。向各管加甲试剂 1.0 mL，置沸水浴煮 10 min，冷至不烫手时加乙试剂 1 mL，稀释至 12.5 mL。在波长 620 nm 处比色，以 A 为纵坐标，半乳糖醛酸钠微克数为横坐标绘制标准曲线。

3. 测定

取果胶溶液 0.5 mL，在 50℃水浴中保温 3 min 平衡后，加稀释酶液 0.5 mL。保温 30 min后立即加入甲试剂 1 mL，沸水浴煮沸 10 min，冷却，加乙试剂 1 mL，加水定容至

12.5 mL。在波长 620 nm 处比色。查标准曲线确定 0.5 mL 稀释酶液作用后生成的产物微克数。

(二) 数据记录及结果处理

在上述条件下,每小时由底物产生 1 mg 半乳糖醛酸的酶量定为一个酶活力单位。

$$酶活力(U/g) = \frac{A_{620} \times 60 \times n}{30 \times 0.5 \times 1000}$$

式中,30:反应 30 min;0.5:0.5 mL 酶液;A_{620}:A_{620} 相当的半乳糖醛酸微克数(查表);60:换算为 1 h;n:酶稀释倍数;1000:微克数与毫克数之间的换算值。

实验八　纤维素酶活性的检测

【实验目的】

(1) 掌握纤维素酶系中不同酶活性检测的方法;

(2) 培养学生的协助精神。

【实验安排】

学生分 4 个小组进行实验,分别对不同种纤维素酶活性进行检测。

【实验背景与原理】

1. 背景

(1) 纤维素和纤维素酶

纤维素是葡萄糖以 β-1,4-糖苷键结合的聚合物,为植物细胞壁的构成成分,占植物干重的 1/2～1/3。全球一年间由光合作用生成的纤维素为 1000 亿吨,是最丰富的可再生资源。但目前只有一小部分用于纺织、造纸、建筑和饲料等方面,一部分用作燃料,还有很大一部分没有利用,而是由微生物自然分解,参加自然界碳素循环。如果这些资源能合理地开发出来,将会造福于人类。

纤维素用酸、酶水解便得到葡萄糖,后者经发酵可生成酒精、有机酸等一系列产品。酸水解法虽然很早就已经发明,但需要高温高压,要用耐酸设备,收率又低,仅 50%,现已被淘汰。纤维素酶是将纤维素水解为葡萄糖的一类酶,作用于纤维素和从纤维素衍生的产物。虽然说它的应用还有一些问题有待解决,但作为一个发展方向,已经引起国内外学者的广泛重视。

产生纤维素酶的菌种容易退化,导致产酶能力降低。细菌产纤维素酶的产量较少,主要是葡聚糖内切酶,大多数对结晶纤维素无降解活性,且所产生的酶多是胞内酶或吸附在细胞壁上,不分泌到培养液中,增加了提取纯化的难度,因此对细菌的研究较少。但由细菌所产生的纤维素酶一般最适 pH 为中性至偏碱性。近 20 年来,随着中性纤维素酶和碱性纤维素酶在棉织品水洗整理工艺及洗涤剂工业中的成功应用,细菌纤维素酶制剂已显示出良好的应用前景。

纤维素酶反应和一般酶反应不一样,其最主要的区别在于纤维素酶是多组分酶系,且底物结构极其复杂。由于底物的水不溶性,纤维素酶的吸附作用代替了酶与底物形成的 ES 复合物过程。纤维素酶先特异性地吸附在底物纤维素上,然后在几种组分的协同作用下将纤维素分解成葡萄糖。1950 年,Reese 等提出了 C_1-C_X 假说,该假说认为必须以不同的酶协同作用,才能将纤维素彻底地水解为葡萄糖。协同作用一般认为是内切葡聚糖酶(C_1 酶)首先进攻纤维素的非结晶区,形成 C_X 所需的新的游离末端,然后由 C_X 酶从多糖链的还原端或非还原端切下纤维二糖单位,最后由 β-葡聚糖苷酶将纤维二糖水解成两个葡萄糖。不过,纤维素酶的协同作用顺序不是绝对的,随后的研究中发现,C_1-C_X 和 β-葡聚糖苷酶必须同时存在才能水解天然纤维素。若先用 C_1 酶作用结晶纤维素,然后除掉 C_1 酶,再加入 C_X 酶,如此顺序作用却不能将结晶纤维素水解。

（2）纤维素酶分类

纤维素酶是水解纤维素并将其转化为纤维二糖和葡萄糖的各种酶(多酶复合体)的总称。根据其催化反应功能的不同,纤维素酶可分为:

① 葡聚糖内切酶(1,4-β-D-glucan glucanohydrolase 或 endo-1,4-β-D-glucanase,E. C. 3.2.1.4)(来自真菌的纤维素酶简称为 EG,来自细菌的简称为 Cen):作用于纤维素分子内部的非结晶区体,以随机的方式水解 β-1,4-糖苷键,将长链截短。

② 葡聚糖外切酶(β-1,4-D-葡聚糖水解酶,β-1,4-D-纤维二糖水解酶)(1,4-β-D-glucan cellobilhydrolase 或 exo-1,4-β-D-glucannase,E. C. 3.2.1.91)(来自真菌的简称为 CBH,来自细菌的简称为 Cex):外切酶从纤维素链的还原末端或非还原性末端逐个将葡萄糖或纤维二糖水解下来。

③ β-葡聚糖苷酶(β-1,4-glucosidase,E. C. 3.2.1.21)(简称为 BG):偏爱小分子底物。作用于纤维二糖和短链纤维寡糖。

（3）影响纤维素酶活性的因素

① pH。最适 pH 为 4.5～6.5,往往随底物的改变而变化。

② 热稳定性,较强。疣孢状漆斑菌产生的纤维素酶在 100℃加热 10 min,仍有 20％活力保存。

③ 抑制剂:葡萄糖酸内酯,重金属离子(铜和汞离子)。

④ 激活剂:半胱氨酸对抗抑制剂或激活酶活性。

（4）纤维素酶的应用

纤维素酶应用非常广泛,农副产品和城市废料中的纤维素,通过纤维素酶转化为葡萄糖和单细胞蛋白,可达到变废为宝保护环境的目的;在能源开发上,利用纤维素作为廉价的糖源生产燃料酒精、甲烷、丙酮,是解决世界能源危机的最有效的途径之一;在饲料工业中,纤维素酶和纤维素酶生产菌能作用于粗饲料如麦秆、麦糠、稻草、玉米芯等,能将其中一部分纤维素转化为糖、菌体蛋白、脂肪等,降低饲料中的粗纤维含量,提高粗饲料营养价值,扩大饲料来源。纤维素酶在医药、生物工程技术等领域也有应用。

纤维素酶在食品中主要是用于发酵工业,果蔬加工(如制豆馅),用于大豆脱皮制豆腐,生产淀粉,抽提茶叶,橘子脱囊衣等。在进行酒精发酵时,纤维素酶的添加可以增加原料的利用率,并对酒质有所提升。由于纤维素酶难以提纯,实际应用时一般还含有半纤维素酶和其他相关的酶,如淀粉酶(amylase)、蛋白酶(protease)等。纤维素酶种类繁多,来源很广。不同来源的纤维素酶其结构和功能相差很大。由于真菌纤维素酶产量高、活性大,故在畜牧业和饲料工业中应用的纤维素酶主要是真菌纤维素酶。

在果蔬加工中,用纤维素酶进行果蔬的软化处理,可避免由于高温加热、酸碱处理引起的香味和维生素的大量损失;在果酱中加入纤维素酶处理可使口感更好;也可用纤维素酶分解蘑菇,制造一种新调味剂。

2. 原理

分别以滤纸、棉球、羧甲基纤维素钠(CMC)、水杨素为底物,可检测纤维素的总体酶活性以及 C_1、C_x、C_b 酶活性。底物水解后释放还原性糖(以葡萄糖计)与 3,5-二硝基水杨酸(DNS)发生反应后会产生颜色变化,这种颜色的变化与葡萄糖的量成正比,即与酶样品中的酶活性成正比。以葡萄糖为标准物,在 550 nm 下的吸光度与葡萄糖含量绘制标准曲线。通过在 550 nm 的吸光度可以计算还原糖产生的量,进而确定出酶的活力单位。

纤维素酶类活性的定义:

(1) 总体酶活力。1 g 酶粉(1 mL 酶液)于 50℃ pH 4.8 条件下,每分钟水解 1×6 cm 的滤纸产生 1 μg 还原糖(以葡萄糖计)的酶量定义为 1 个总体酶活力单位。

(2) C_1 酶活力。1 g 酶粉(1 mL 酶液)于 50℃ pH 4.8 条件下,每分钟水解 50 mg 的脱脂棉球产生 1 μg 还原糖(以葡萄糖计)的酶量定义为 1 个 C_1 酶活力单位。

(3) C_x 酶活力。1 g 酶粉(1 mL 酶液)于 50℃ pH 4.8 条件下,每分钟水解 1% CMC 溶液产生 1 μg 还原糖(以葡萄糖计)的酶量定义为 1 个 C_x 酶活力单位。

(4) C_b 酶活力。1 g 酶粉(1 mL 酶液)于 50℃ pH 4.8 条件下,每分钟水解 1% 水杨素溶液产生 1 μg 还原糖(以葡萄糖计)的酶量定义为 1 个 C_b 酶活力单位。

【实验材料、仪器与试剂】

1. 材料

纤维素酶,滤纸,脱脂棉球。

2. 仪器

恒温水浴锅,热干燥箱,分光光度计,分析天平,冰箱。

3. 试剂

(1) 0.1 mol/L 乙酸-乙酸钠缓冲溶液(pH 4.8):

溶液 A:量取冰醋酸 6 mL,定容至 1000 mL,制成 0.1 mol/L 醋酸溶液。

溶液 B:称取醋酸钠 8.2 g,溶解后定容至 1000 mL,制成 0.1 mol/L 醋酸钠溶液。

使用时以 A:B=4:6 的比例混合,低温冷藏备用。

(2) DNS 显色剂:

溶液 A:称分析纯的 NaOH 104 g 溶于 1300 mL 水中,加入分析纯 3,5-二硝基水杨酸 30 g。

溶液 B:称分析纯酒石酸钾钠 910 g,溶于 2500 mL 水中,再称取重蒸苯酚 25 g 和无水亚硫酸钠 25 g 加入酒石酸钾钠溶液。

将溶液 A、B 混合,加入 1200 mL 水,贮存于棕色瓶中,暗处放置一周后过滤使用。

(3) 1% CMC:准确称取羧甲基纤维素钠 1.000 g 用 pH 4.8 醋酸缓冲液溶解并定容至 100 mL。

(4) 1% 水杨素:准确称取水杨素 0.25 g 用 pH 4.8 醋酸缓冲液溶解并定容至 25 mL。

(5) 标准葡萄糖溶液的配制:无水葡萄糖 80℃烘干至恒重,准确称取 100 mg 溶于 100 mL 水中,加入叠氮化钠 1 mg 防腐。4℃冷藏备用。

（6）准确称取固体酶 1.000 g 或移取液体酶样 1 mL，用 pH 4.8 醋酸缓冲液溶解并定容至 100 mL，则该酶已经稀释 100 倍。

【实验方法与步骤】

（一）实验步骤

1. 标准曲线的绘制

取 7 支带有 15 mL 刻度的试管，按下表取试剂。

试管号	0	1	2	3	4	5	6
取标准葡萄糖溶液/mL	0	0.2	0.4	0.6	0.8	1.0	1.2
蒸馏水/mL	2	1.8	1.6	1.4	1.2	1.0	0.8
葡萄糖的实际含量/(mg·mL^{-1})	0	0.1	0.2	0.3	0.4	0.5	0.6
DNS 显色剂/mL	2	2	2	2	2	2	2
沸水浴				10 min			
定容/mL				15			
A_{550}							

注：上述过程同时进行 3 个平行测试，测得 A_{550} 与葡萄糖毫克数在计算机上或人工拟合曲线，求得一元线性方程 $Y=ax+b$ 中的 a 和 b 值。要求所绘曲线相关系数 $r \geqslant 0.999$。

2. 总体酶活力单位的测定

（1）取 4 支 15 mL 刻度的试管，各加酶液 0.2 mL，再加 pH 4.8 醋酸缓冲液 1.8 mL。

（2）取其中 3 支作为测定管，各加 1×6 cm 滤纸条，置于 50±0.5℃ 恒温水浴中充分浸泡 60 min。

（3）第 4 支作为空白管同时于 50±0.5℃ 恒温水浴 60 min。

（4）分别加入 DNS 显色液 2 mL，空白管同时加 1×6 cm 滤纸条。

（5）放沸水浴锅反应 10 min，冷却后加水至 15 mL，以空白管调零点，在 550 nm 吸收峰下用分光光度计测 A_{550}。

3. C_1 酶活力单位的测定

（1）取 4 支 15 mL 刻度的试管，各加酶液 0.2 mL，再加 pH 4.8 醋酸缓冲液 1.8 mL。

（2）取其中 3 支作为测定管，各加脱脂棉球 50 mg，置于 50±0.5℃ 恒温水浴中充分浸泡 60 min。

（3）第 4 支作为空白管同时置 50±0.5℃ 恒温水浴 60 min。

（4）分别加入 DNS 显色液 2 mL，空白管同时加脱脂棉球 50 mg。

（5）放入沸水浴锅反应 10 min，冷却后加水至 15 mL，以空白管调零点，在 550 nm 吸收峰下用分光光度计测 A_{550}。

4. C_x 酶活力单位的测定

（1）取 4 支 15 mL 刻度的试管，各加酶液 0.2 mL。

（2）取其中 3 支作为测定管，各管再加 1% CMC 1.8 mL；另一支作空白管，同时加 pH 4.8 醋酸缓冲液 1.8 mL。然后置 50±0.5℃ 恒温水浴 60 min。

（3）分别加入 DNS 显色液 2 mL。

（4）放入沸水浴锅反应 10 min，冷却后加水至 15 mL，以空白管调零点，在 550 nm 吸收峰下用分光光度计测 A_{550}。

5．C_b 酶活力单位的测定

（1）取 4 支 15 mL 刻度的试管，各加酶液 0.2 mL。

（2）取其中 3 支作为测定管，各管再加 1% 水杨素 1.8 mL，另一支作空白管，同时加 pH 4.8 醋酸缓冲液 1.8 mL。然后置 50 ± 0.5℃ 恒温水浴 60 min。

（3）分别加入 DNS 显色液 2 mL。

（4）放入沸水浴锅反应 10 min，冷却后加水至 15 mL，以空白管调零点，在 550 nm 吸收峰下用分光光度计测 A_{550}。

（二）数据记录及结果处理

（1）将测得的各平行样求 A_{550} 的均值。

（2）计算纤维素酶类的活性：

$$纤维素酶活力 = \frac{(bx+a)n\times1000}{0.2\,t}$$

式中，纤维素酶的活力单位是 U/g，或 U/mL；x：样品 A_{550} 的平均值；b 和 a 由葡萄糖浓度和相应的 A_{550} 通过回归方程求得；n：酶粉（液）的稀释倍数；t：酶促反应的时间，min；0.2：所加酶液的量，mL。

第十篇 生物活性物质的分离、纯化及含量检测

（综合大实验）

我国地域辽阔，天然资源十分丰富，种类繁多，从事天然产物研究的条件得天独厚，利用天然资源进行中医药的应用在我国已有悠久的历史。19世纪初，欧洲化学家从鸦片中分离得到了止痛成分吗啡和止咳成分可待因，后来又从植物中分离得到用于治疗心血管疾病的洋地黄、用于治疗疟疾的奎宁、用于治疗痢疾的吐根属植物提取物等。红曲色素长期作为食品着色剂，也是世界上唯一一个天然的可食用色素。

天然产物含有的化学成分较为复杂。要想很好地研究应用其中的成分，首先必须将它们从天然产物中提取出来，然后经过一系列色谱分离技术得到目标化合物，再对分离得到的化合物进行系统的生物活性研究。

天然产物中的活性成分结构类型丰富，理化性质差异较大（有的性质相当不稳定），因此提取分离的方法也不尽相同。要想从一个粗提取物中分离得到纯化合物，需经过许多纯化步骤，其过程往往相当烦琐、耗时，且花费很大。因此，正确掌握提取分离的实验操作以及熟悉快速、有效的提取分离技术，在分离目的化合物和目标群时显得尤为重要。

人们只有先通过提取分离技术，纯化得到单体化合物后，才能进一步利用波谱学技术鉴定其化学结构，测定其理化性质和生物活性，同时提供其作为制药和第三代功能食品的原料、对照品及合成工作的起始原料。例如，源于植物的抗疟药青蒿素，抗肿瘤药紫杉醇、喜树碱，源于微生物发酵的次级代谢产物洛伐他汀等。

实验一 从红曲中提取洛伐他汀类降脂活性成分

【实验目的】

（1）掌握用超声波提取红曲中洛伐他汀的原理和方法。

（2）熟练掌握酒精计的使用。

（3）熟悉旋转蒸发仪、减压过滤装置等设备的基本操作技术。

【实验安排】

本实验共安排6学时。实验过程中需完成3次提取，每次1学时；每次提取完成后抽滤和用旋转蒸发仪回收提取溶剂需1学时。

【实验背景与原理】

红曲（red yeast rice）亦名红曲米，它是将红曲霉属真菌接种于蒸熟的大米或谷物上发酵

而成的一种红色产品。是一个具有药用和食用价值的天然产物的典型代表,红曲在中国已有一千多年的历史,被广泛应用于酿酒、食品着色、食品发酵、中药等方面。

洛伐他汀是日本学者 Endo 在 1979 年首次从产自泰国的红曲米中分离筛选出来的,具有高效、低毒、安全的特点,是目前世界医学界公认的降低人胆固醇的理想药物。具有我国自主知识产权的现代中药血脂康胶囊(北京北大维信生物科技有限公司)和脂必妥片(成都地奥九鸿制药厂生产),都是以紫红曲为原料,经特制而成的红曲提取物,是现代临床应用中具有很好降脂作用的药品。

天然产物中的化学成分十分复杂,提取其有效成分是中药和第三代功能食品研究领域的一项重要内容。天然产物的有效成分一般是指具有明确的化学结构和药理活性(生理功能)的化学物质。如果有效成分的含量不高,就得加大服用剂量,因此有必要对天然产物的有效成分进行提取、分离、纯化,以期得到纯度较高的活性组分或单体。

有效成分的提取通常是根据所要提取的成分的性质,选择合适的溶剂,加到适当粉碎过的原料中,溶剂由于扩散、渗透作用会逐渐通过细胞膜和细胞壁透入到细胞内,溶解可溶性物质,造成细胞内外的浓度差,于是细胞内的浓溶液不断向外扩散,细胞外的溶剂不断进入材料组织细胞中,如此往返,直至细胞内外溶液浓度达到动态平衡;将此饱和溶液滤出、浓缩;继续往过滤后的药渣中加入新溶剂。重复以上过程,反复多次即可把所需的成分从植物中较完全地提取出来,合并所有的浓缩液,即为含有所需有效成分的混合液。因此提取是指选用适宜的溶剂和适当的方法,将准备应用和研究的某些成分尽可能完全地从所研究的材料中提出,而同时杂质尽可能少地被提出的过程。

提取过程主要依据两个原理:① 天然产物中所研究的目标物质与溶剂间"极性相似相溶"的原理,依据各类成分溶解度的差异,选择对所提成分溶解度大、对杂质溶解度小的溶剂;② "浓度差"原理,使所提成分从目的天然产物的细胞内溶解出来。

超声波是一种高频率的机械波,利用超声的空化作用对植物细胞壁和细胞膜的破坏,提高有效成分的溶出与释放;超声波使提取液不断振荡,增大物质分子运动频率和速度,有助于溶质扩散,同时超声波的热效应使水温上升,加速细胞的溶胀。将其与传统的回流、索氏提取法等比较,具有提取速度快、时间短、收率高、无需加热等优点。

【实验材料、仪器与试剂】

1. 仪器、材料

旋转蒸发仪,真空泵,超声波清洗仪,市售红曲米粉末,锥形瓶(500 mL),蒸发瓶(1000 mL),布氏漏斗加抽滤瓶(1000 mL),滴管,试剂瓶,玻璃棒,滤纸等。

2. 试剂

分析纯乙醇,蒸馏水。

【实验方法与步骤】

(1) 第一次提取:称取红曲粉末 50 g,倒入 500 mL 锥形瓶中,并加入 100% 的乙醇 500 mL,用玻璃棒搅匀,并用适宜的瓶盖盖好瓶口,以防溶剂挥发。

(2) 在超声波清洗仪中加入适量的蒸馏水,将上述准备好的锥形瓶放入超声波清洗仪中进行超声提取(提取功率 300 W),时间是 60 min。

（3）搭建过滤装置，根据布氏漏斗的大小裁剪滤纸，减压抽滤并检查无漏气后，对上述超声提取的溶液进行过滤。过滤后滤液进入抽滤瓶，而滤渣被滤纸挡在布氏漏斗中。

（4）第二次提取：滤渣重新倒入 500 mL 锥形瓶中，加入 90% 的乙醇 500 mL 进行超声提取，重复上述（1）～（3）的操作。

（5）第三次提取：滤渣重新倒入 500 mL 锥形瓶中，加入 80% 的乙醇 500 mL 进行超声提取，重复上述（1）～（3）的操作。

（6）合并上述 3 次用不同浓度乙醇提取过滤的滤液，减压浓缩滤液至无乙醇味即可；剩余水相保持 120～150 mL，若不足可加入蒸馏水补充。如需放置 24 h 以上，则需保留部分乙醇在提取液中，否则会发生霉变。

【实验提示与注意事项】

（1）进行超声提取时应注意，超声波清洗仪中加入的蒸馏水不可太多，否则在超声振荡中锥形瓶会倾翻；水太少则影响提取效率。

（2）过滤时应注意所裁剪滤纸的大小，防止漏液。

（3）减压浓缩回收提取液时，应注意水浴温度不可超过 55℃，减压速度不能太快，否则容易出现瞬间暴沸现象。

【思考题】

（1）用超声波提取法提取天然活性物质的优缺点是什么？

（2）浓缩的方式只有实验中提及的方法吗？选择减压浓缩的优点是什么？

（3）实验中所获取的提取液如需放置 24 h 以上，则需保留部分乙醇在提取液中，为什么？

实验二　红曲乙醇提取物中含洛伐他汀组分的初步分离纯化

【实验目的】

（1）掌握使用分液漏斗萃取的原理、方法和注意事项。

（2）熟练掌握用石油醚等与水极性相差较大的小极性溶剂萃取的方法和注意事项，以及用醋酸乙酯、正丁醇等与水极性相差较小的有机溶剂萃取的操作技巧和实验注意事项。

（3）熟练掌握旋转蒸发仪的基本操作。

【实验安排】

（1）本实验安排 10 学时。

（2）用石油醚萃取 3 次，每次萃取操作和准备 15 min，萃取后放置 45 min，共计 3 h。

（3）用醋酸乙酯萃取 3 次，每次萃取操作和准备 20 min，萃取后放置 60 min，共计 4 h。

（4）每次萃取完成后减压回收萃取溶剂用 30 min，6 次共用 3 h。

【实验背景与原理】

本篇实验一中提取得到的含洛伐他汀的红曲提取物的量,是原红曲粉末的 1/10。如果以此作为药物,虽然大大减少了服用剂量,但每天仍需服用 5 g 以上的量才能达到降脂的效果。在大量的研究中发现,不同的生产厂家,红曲中洛伐他汀类物质的含量不相同,有的含量不到 1%,有的能达到近 3%。用实验一的方法提取红曲中的洛伐他汀,总的提取率最大不超过 15%,最小约为 10%。为了进一步方便使用者,如能对其粗提取物进行进一步的纯化,提高洛伐他汀的含量,则可减少服用剂量。洛伐他汀的极性中等偏小,不溶于石油醚,但极易溶于氯仿,也能溶于丙酮、醋酸乙酯、甲醇等。

萃取法是利用提取物中各成分在两种互不相溶的溶剂中的分配系数的不同而达到分离的方法。萃取时各组分在两相溶剂中的分配系数相差越大,则分离效率越高,分离的效果也越好。实验室萃取常用的方法是:利用相似相溶原理,将有机溶剂按照极性从小到大的顺序,依次从水相中萃取出极性从小到大的不同组分,从而将粗提取物加以分离纯化。萃取常用的有机溶剂包括石油醚、环己烷、氯仿、乙酸乙酯、正丁醇等。

因为所要纯化的对象是红曲粗提取物,其成分复杂多样、极性从大到小都有,所以首先考虑选择操作简单、迅速的两相溶剂萃取法。又由于洛伐他汀类物质极性中等偏小,在石油醚中不溶,在氯仿和醋酸乙酯等溶剂中溶解性较好,所以首先采用石油醚萃取,除去一部分小极性的杂质,再采用醋酸乙酯萃取,尽可能较充分彻底地将洛伐他汀类物质从水相中萃取出来。这样,经过萃取,除去了小极性的石油醚部分和大极性的醋酸乙酯不溶的部分,得到含洛伐他汀类成分纯度较高的醋酸乙酯组分。

【实验材料、仪器与试剂】

1. 仪器、材料

铁架台,铁圈,旋转蒸发仪,真空泵,分液漏斗(500 mL),锥形瓶(500 mL),蒸发瓶(1000 mL),试管架,滴管,试剂瓶,玻璃棒等。

2. 试剂

分析纯的石油醚,醋酸乙酯,蒸馏水。

【实验方法与步骤】

(1) 将本篇实验一所得到的红曲提取液的水溶液,转移至分液漏斗中,溶液保持在 120~150 mL,再量取 1~2 倍体积的石油醚溶液倒入分液漏斗中。

(2) 缓缓振摇几分钟,放置 45 min,令其自然分层。然后将水相从分液漏斗下端放出,剩余有机相从分液漏斗上端倒出。

(3) 将上述水相重新倒入分液漏斗,重复(1)、(2)进行第二次、第三次萃取,直至有机相从水相中基本萃取不出物质为止。将上述 3 次的石油醚萃取部分减压浓缩合并后得到石油醚萃取组分。

(4) 将石油醚萃取后的剩余水相倒入分液漏斗中,将 1~2 倍体积的醋酸乙酯溶液倒入分液漏斗中,缓缓振摇几分钟,放置 60 min 令其自然分层。然后将水相从分液漏斗下端放出,醋酸乙酯相从分液漏斗上端倒出。

(5) 将上述的水相继续用醋酸乙酯进行萃取,重复(4)的操作 2 次,直至醋酸乙酯从水相中基本萃取不出物质为止。将上述 3 次的醋酸乙酯萃取部分减压浓缩合并后得到醋酸乙酯萃取组分。

【实验提示与注意事项】

（1）分液漏斗在使用前应注意检查上下活塞是否漏液，且根据需萃取的水相体积选择适宜大小的分液漏斗。

（2）用有机溶剂从水相提取物中进行萃取时，振摇过程中应注意放气，否则在室内温度较高时会发生塞子暴飞的现象。

（3）进行两相溶剂萃取时，要避免猛烈振摇，以免产生乳化，影响分层。如发生乳化现象，可通过较长时间放置并不时旋转的方式解决；亦可将乳化层分出，减压浓缩后加入水相，再用新溶剂重新进行萃取。

【思考题】

（1）对粗提取物进行简单和粗略的纯化，还有什么样的纯化方法？试举几例说明纯化方法及具体操作步骤。

（2）如用石油醚萃取结束后，再用氯仿接着萃取，请问分液漏斗下面放出的液体是水相还是有机相，为什么？

实验三　洛伐他汀组分的色谱分离纯化

【实验目的】

（1）熟练掌握薄层硅胶色谱板的制备和使用方法，包括怎样铺板、点样、展开、检识和 R_f 的计算等。

（2）掌握硅胶柱色谱的装柱、上样、洗脱及利用薄层色谱对各个流分进行检测合并等的方法。

（3）熟练掌握旋转蒸发仪的基本操作。

【实验安排】

（1）本实验安排 22 学时。

（2）摆板、调和薄层硅胶、铺板等共用 2 h。

（3）根据醋酸乙酯部分的重量，称取 1.5 倍体积的柱色谱硅胶进行拌样，需 2 h，并放置过夜，使有机溶剂彻底挥发。

（4）根据拌样后的硅胶进行装柱，并用石油醚：丙酮以 12∶1～1∶1 进行梯度洗脱，薄层点样、展开、检识、合并相同流分，减压蒸馏后得到纯度较高的洛伐他汀类物质，需要 18 h。

【实验背景与原理】

前期的实验已通过最佳的提取方法，将红曲中的洛伐他汀类成分提取出来，并用简单快速的溶剂萃取法对洛伐他汀类成分进行了初步分离纯化。本实验需对经过初步纯化的组分，利用柱色谱分离方法进行系统的分离，以期得到纯度较高的洛伐他汀类物质。经过本部分的实验和操作，学习、体会并掌握怎样对目的活性组分进行系统的分离纯化，以得到用于生物实验的纯度较高的活性物质的方法。

色谱法的基本原理是利用混合样品各组分在互不相溶的两相溶剂之间的分配系数之差异(分配色谱)、组分对吸附剂吸附能力不同(吸附色谱)、分子大小的差异(排阻色谱)或其他亲和作用的差异,对各组分进行反复地吸附或分配,从而达到分离的目的。

常用的液固吸附色谱法所选择的固定相吸附剂为硅胶或氧化铝,流动相为有机溶剂。吸附剂一般是一些多孔物质,具有较大的比表面积,在其表面有许多吸附中心。吸附剂的吸附作用主要是因为其表面的吸附中心,吸附中心的多少及其吸附能力的强弱直接影响吸附剂的性能。

混合物中各组分在固定相和流动相之间会发生吸附、溶解或其他亲和作用,这种作用存在差异,从而使各组分在色谱柱中的迁移速度不同得到分离。分离过程是一个吸附-解吸附的平衡过程。极性较小的组分吸附力弱,容易解吸附而先流出,极性较大组分滞留作用大,后流出。

薄层色谱(thin layer chromatography,TLC),也称薄层层析,是一种简便、快速、微量的层析方法,它兼备了纸色谱和柱色谱的优点。薄层色谱常用作柱色谱的先导,用来预试摸索柱色谱的洗脱条件。一般是将作为固定相的吸附剂均匀涂布到平面载板上,如玻璃板、塑料膜、铝箔等,形成一薄层,将样品点样于薄层上,借助展开剂的移行,根据各组分的吸附性能、分配系数的差异来达到分离的目的,所以亦称薄层层析。常用的有吸附色谱和分配色谱两类。

吸附柱色谱(adsorption chromatography)的原理是利用混合物中各组分对固体吸附剂(固定相)的吸附能力不同而达到分离的层析方法。液固吸附色谱是运用较多的一种方法,特别适用于很多中等大小的样品(相对分子质量小于1000的低挥发性样品)的分离,尤其是脂溶性成分,一般不适用于大分子样品如蛋白质、多糖或离子型亲水性化合物等的分离。吸附层析的分离效果,决定于吸附剂、溶剂和被分离化合物的性质这三个因素。

层析用硅胶通常用$SiO_2 \cdot xH_2O$表示,是常用的吸附剂,约90%以上的分离工作都可采用硅胶。硅胶为多孔性物质,分子中具有硅氧烷的交联结构,同时在颗粒表面又有很多硅醇基。硅醇基是使硅胶具有吸附力的活性基团,它能与极性化合物或不饱和化合物形成氢键或发生其他形式的相互作用,硅胶吸附作用的强弱与硅醇基的含量多少有关。不同的被分离组分由于极性和不饱和程度不同,和硅醇基相互作用的程度也不同,因而彼此得以分离。硅醇基还能够通过氢键的形成而吸附水分,使其失去活性,因此硅胶的吸附力随吸收的水分增加而降低。

① 当硅胶的"自由水"超过17%时,则吸附能力极低,不能用作吸附剂,但可作为分配层析中的支持剂。当硅胶加热至100~110℃时,硅胶表面因氢键所吸附的水分即能被除去,活性得以活化。但当温度升高到500℃时,由于硅胶结构内的水(结构水)不可逆地失去,使表面的硅醇基也能脱水缩合转变为硅氧烷键,从而导致其吸附能力显著下降,不再有吸附剂的性质,即使用水处理也不能恢复其吸附活性。所以硅胶的活化不宜在较高温度下进行。

② 硅胶的分离效率与其粒度、孔径及表面积等都有关。硅胶的粒度越小,均匀性越好,分离效率越高;硅胶的表面积越大,则与样品的相互作用越强,吸附力越强。

③ 硅胶是一种酸性吸附剂,适用于中性或酸性成分的分离分析。同时硅胶又是一种弱酸性阳离子交换剂,其表面上的硅醇基能释放弱酸性的氢离子,当遇到较强的碱性化合物,则可因离子交换反应而吸附碱性化合物。

【实验材料、仪器与试剂】

1. 仪器、材料

铁架台,烧瓶夹,旋转蒸发仪,真空泵,锥形瓶(25 mL),蒸发瓶(250 mL),试管架,薄层硅胶,载玻片,玻璃色谱柱,试管刷,研钵,试管(5 mL),滴管,试剂瓶,棉花,研钵等。

2. 试剂

分析纯石油醚,丙酮。

【实验方法与步骤】

(1) 将干净的载玻片找块平整的地方摆好,每行之间间隔 2 cm;将 G_{254} 薄层硅胶加预先煮好的含 0.3%~0.5% 的羧甲基纤维素钠的水溶液调成糊状,用铺板器将其以一定厚度均匀地涂在已摆好的玻璃板表面,使成薄层,然后把铺好的薄层板阴干,保存备用。

(2) 用制备好的薄层板练习点样、展开、检识和 R_f 的计算等,并用洛伐他汀标品作为对照,根据待分离样品摸索出分离红曲中洛伐他汀的最佳洗脱方法。

(3) 将本篇实验二得到的醋酸乙酯萃取部分进行称量后,称取 1.5 倍的正相硅胶进行拌样,待干后备用。

(4) 根据拌样硅胶的总量,选取大小适宜的色谱柱(装柱硅胶和待分离样品的体积比例以 12:1~15:1 之间为宜),进行装柱、拍柱、装填样品和装填缓冲层等。

(5) 根据(2)中摸索出的最佳流动相配比,配制流动相,倒入已装填好的色谱柱中进行色谱分离,并根据分离的实际情况进行溶剂极性的调整,即进行梯度洗脱、薄层点样、展开、检识、合并相同流分等,最终得到纯度较高的洛伐他汀类物质。

【实验提示与注意事项】

(1) 铺板时应注意掌握好 G_{254} 薄层硅胶的浓度,并加入适量的羧甲基纤维素钠。羧甲基纤维素钠太少会造成板太松,硅胶容易从玻璃片上脱落;羧甲基纤维素钠太多,干燥后的薄层板中间会有一条不规则的带,影响板的使用。

(2) 装色谱柱(非筛板柱)时应注意,放置于柱子出口的棉花不能太紧或太松:太紧会造成流速太慢,太松会发生硅胶泄漏。

(3) 装柱时硅胶应一次加完后再进行拍柱,拍柱应从下到上旋转均匀地拍,否则洗脱时会出现柱子的断裂或色谱不齐的现象,影响色谱分离的效果。

(4) 装填的柱子应在柱面找平后,再装填拌好的样品,样品应轻拍找平即可,然后再铺一层硅胶、加一层棉花作为加流动相时的缓冲层。

(5) 从装填柱子开始,应始终保持柱子的阀门是敞开的,直至流动相从阀门流出后方可关闭阀门,否则会造成柱子断裂。

【思考题】

(1) 自己动手铺的板和直接买来的铺好的现成板在使用中有什么区别?

(2) 柱层析所选的是正相硅胶,试想想还有哪些填料能用来分离呢? 为什么?

(3) 根据本组的实验结果,分析分离得到的样品的纯度如何? 想想还能用怎样的方式继续进行纯化? 试述理由。

（4）结合总体实验和所学的与生物活性物质分离相关的技术，试述用什么方法可以更好、更准确地分离纯化红曲中的洛伐他汀？并与本次实验比较其二者之间的优缺点。

实验四　　分离纯化后样品中洛伐他汀含量的测定

【实验目的】

（1）学习并掌握高效液相色谱仪的基本构造、基本操作规程和注意事项。

（2）掌握用反相高效液相色谱法测定某一样品含量的定量方法和原理。

（3）了解怎样选择合适的色谱柱和怎样根据峰型调整流动相的极性。

【实验安排】

（1）实验安排 10 学时。

（2）根据分离得到的待测组分，确定检测的最佳色谱条件，约需 2 h，包括平衡色谱柱的时间。

（3）标准曲线的绘制，约需 2 h。

（4）灵敏度实验，约需 2 h。

（5）精密度实验，约需 2 h。

（6）加样回收率实验，约需 2 h。

【实验背景与原理】

在整个的综合实验中，利用要研究的目的物洛伐他汀的化学性质及其极性的大小（图10-4-1），设计并实施了从红曲粉末中提取、分离纯化洛伐他汀类物质的一系列方法，现在通过反相高效液相色谱法来检测最终得到的化合物的纯度，并计算得到的量，从而了解并掌握用高效液相色谱法进行含量测定的方法，为生理活性研究提供纯度较高的、含量确切的样品。

反相色谱法常用的固定相是 C_{18}、C_8 和苯基键合相的填料，在分离极性很大的化合物时，也可采用氨基、氰基等极性基团键合固定相。

反相分配层析是用亲脂性溶剂作固定相，极性溶剂作流动相的分配方法，因和前述的两相系统极性相反，故称为反相分配层析或逆相分配层析。

由于反相填料是在正相硅胶表面又键合了 18 个或 8 个烷基分子，填料的极性减小了，溶质的极性越弱，疏水性越强，溶质和固定相接触的总表面积就越大，保留值越大，也就越难从色谱柱中洗脱下来。烷基键合固定相的作用在于提供非极性的作用表面。随着碳链的加长，烷基的疏水特性增强，溶质的保留值也随烷基碳链长度的增加而增大。流动相的极性越大，溶质和烷基键合相的缔合作用越强，流动相的洗脱强度越弱，将导致溶质的保留值增大。

常见反相色谱流动相洗脱强度顺序：水＜甲醇＜乙腈＜乙醇＜四氢呋喃＜丙醇＜二氯甲烷等。若采用含一定比例的甲醇或乙腈的水溶液作流动相，可用于分离极性化合物。若采用水和无机盐的缓冲液作为流动相，则可分离一些易离解的样品，如有机酸、有机碱、酚类等。

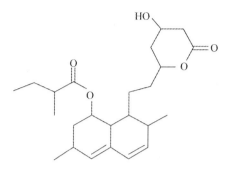

10-4-1　洛伐他汀的结构

【实验材料、仪器与试剂】

1. 仪器、材料

Waters1525 高效液相色谱仪；Waters 2996 型检测器；Dima 公司 Diamonsil C_{18}（5 μm），250×4.6 mm；微量进样器（50 μL）；容量瓶（5 mL）；注射器（5 mL）；微孔滤膜；烧杯（25 mL）；滴管，试剂瓶，滤纸等。

2. 试剂

色谱纯的甲醇，水，丙酮。

【实验方法与步骤】

1. 色谱条件的确定

根据洛伐他汀的极性，选择最佳的色谱分离条件，再结合需检测的前期实验分离得到的待测洛伐他汀中所含的杂质情况，调整流动相的极性，确定检测的色谱条件，进行含量测定。

柱温：室温

流量：1.0 mL/min

检测波长：254 nm

洛伐他汀标准品流动相：甲醇/水（V/V）＝75/25

待检测样品的流动相，需根据分离纯化得到的样品来调整流动相的极性。

2. 标准曲线、线性回归方程和吸收系数的绘制及求算

精密称取洛伐他汀标准品 5 mg，置于 5 mL 容量瓶中，用甲醇或丙酮定容至刻度，然后进行进样，测吸收峰的面积。进样时一般按照 2.5，5.0，7.5，10，12.5 μL 或 4，8，12，16，20 μL 的规律（也可配成 5 种不同浓度的标准液，而进相同体积的样品量），一般至少测 5 个及以上的量（或 5 个浓度梯度的样品），记录不同量所对应得到的吸收峰面积数值，将不同浓度对应的吸收峰面积输入 Excel 表格，得到标准曲线和线性回归方程，以及吸收系数 r。

（1）使用 Excel 获得标准曲线、线性回归方程以及 r^2。把 x、y（x：代表不同浓度组分的标准品；y：代表相应组分的色谱峰面积）数据分别输入上下两行中，先输入数值，再选中，再在菜单"插入"中选择"图表"，点击"xy 散点图"，下一步，选择"按照行"，然后完成。再在生成的图中的坐标点上右击，选择"添加趋势线"，然后在出现的对话框中点击"选项"，"选择"r^2 和"显示公式"。得到标准曲线和线性回归方程，以及吸收系数 r^2（图 10-4-2）。

（2）稳定性实验。将配制好的标准品每隔 2 h 进样一次（每次进样量相同），观察 12 h 甚至 24 h，观察得到的峰型、出峰时间和峰面积，根据其是否发生改变来判断样品的稳定状况。

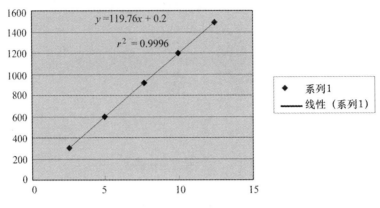

图 10-4-2　标准曲线绘图示例

（3）灵敏度实验。无限稀释标样，$S/N=2$ 时标样的浓度，即为最低检测量（μg）。S 为标样的吸收度，N 为噪音的吸收度。

（4）精密度实验。分别重复进相同浓度和体积的标样 5 次，观察精密度，求 RSD（$n=5$）

（5）加标回收率实验。精密称取相同量的待测样品至少 6 份，其中 1 份用于含量测定；另 5 份用作加标回收率计算。加标回收计算方法：在测得待测样品的含量后，再在用于加标回收率计算的另 5 份待测样中，加入待测样含量 50％～100％的标样（加标量一般为含量的 50％～100％），一一测定其加标后的含量，计算平均加标回收率（$n=5$）。

【实验提示与注意事项】

（1）常用色谱柱的使用条件：C_{18} 和 C_8 适用的 pH 通常为 2～8，太高的 pH 会使硅胶溶解，太低的 pH 会使键合的烷基脱落，特殊的酸碱柱除外。

（2）用于 HPLC 的流动相一定是色谱级的，且要保持流动相的干净，因为尘埃或其他任何杂质都会磨损 HPLC 液相柱塞、HPLC 密封环、HPLC 液相缸体和 HPLC 液相单向阀，影响色谱柱的寿命，因此应预先除去流动相中的任何固体微粒。

（3）要防止 HPLC 泵工作时溶剂瓶内的流动相用尽，否则 HPLC 空泵运转会磨损 HPLC 柱塞、HPLC 密封环或 HPLC 缸体，最终产生漏液。

（4）HPLC 泵的工作压力不要超过规定的最高压力，否则会使高压密封环变形，产生漏液。

（5）流动相应先脱气，以免在 HPLC 泵内产生气泡，影响流量的稳定性，如果有大量气泡，HPLC 泵将无法工作。

【思考题】

（1）能否直接进行红曲粗提取物中洛伐他汀含量的测定？试述理由。

（2）如果按实验设计，要求测分离纯化后组分中洛伐他汀的含量，能否推算出红曲中洛伐他汀的总含量？如果能，怎样设计和推算？

（3）理解分析方法中采用的色谱类型和解释色谱分离原理和过程，且能根据待测组分性质和极性选择合适的色谱分离方法。

（4）为什么要做加标回收实验？

参 考 文 献

第一篇　无机及分析化学实验

(1) 北京大学化学与分子工程学院分析化学教学组. 基础分析化学实验. 3 版. 北京：北京大学出版社,2010.

(2) 陈华璞. 无机及分析化学实验. 北京：化学工业出版社,1998.

(3) 蔡增俐. 分析技术与操作(Ⅱ)——化学分析及基本操作. 北京：化学工业出版社,2005.

(4) 柯以侃,王桂花. 大学化学实验. 2 版. 北京：化学工业出版社,2010.

(5) 刘珍等. 化验员读本(上册)·化学分析. 3 版. 北京：化学工业出版社,2003.

(6) 南京大学《无机及分析化学实验》编写组. 无机及分析化学实验. 4 版. 北京：高等教育出版社,2006.

(7) 欧阳玉祝. 基础化学实验. 北京：化学工业出版社,2010.

(8) 孙毓庆,严拯宇,范国荣等. 分析化学实验. 北京：科学出版社,2004.

第二篇　有机化学实验

(1) 北京大学化学学院有机化学研究所,有机化学实验. 2 版. 北京：北京大学出版社,2007.

(2) 北京大学化学系. 有机化学实验. 北京：北京大学出版社,1990.

(3) The Merck Index an Encyclopedia of Chemicals. DRUGS. AND BIOLOGICALS. 10 Edition.

第三篇　微生物实验

(1) 蔡信之,黄君红. 微生物学实验. 3 版. 北京：科学出版社,2010.

(2) 陈江萍主编. 食品微生物检测实训教程. 杭州：浙江大学出版社,2011.

(3) 陈声明,刘丽丽编著. 微生物学研究法. 北京：中国农业科技出版社,1996.

(4) 陈声明,张立钦主编. 微生物学研究技术. 北京：科学出版社,2006.

(5) 杜连祥等编著. 工业微生物学实验技术. 天津：天津科学技术出版社,1992.

(6) 湖北师范学院生命科学学院微生物课程组. 微生物学实验指导. http://www.bio.hbnu.edu.cn/syzx/Content.asp? c=191&a=411&todo=show

(7) 环境化学实验教学中心. 微生物学实验讲义. http://ex-che.yxnu.net/director_cata.php? cataid=150

(8) 黄秀梨,辛明秀主编. 微生物学实验指导. 2 版. 北京：高等教育出版社,2008.

(9) 钱存柔,黄仪秀主编. 微生物学实验教程. 2 版. 北京：北京大学出版社,2008.

(10) 全柱静,雷晓燕,李辉. 微生物学实验指导. 北京：化学工业出版社,2010.

(11) 上饶师范学院生物科学学院. 微生物学实验讲义、课件. http://smkx.sru.jx.cn/

smkx/syzx/syjy.htm

（12）沈萍,陈向东. 微生物学实验. 4 版. 北京:高等教育出版社,2007.

（13）沈萍,范秀荣,李广武主编. 微生物学实验. 3 版. 北京:高等教育出版社,2001.

（14）杨革主编. 微生物学实验教程. 2 版. 北京:科学出版社,2010.

（15）叶明. 微生物学实验技术. 合肥:合肥工业大学出版社,2009.

（16）袁丽红. 微生物学实验. 北京:化学工业出版社,2010.

（17）张文治. 新编食品微生物学. 北京:中国轻工业出版社,1995.

（18）中华人民共和国卫生部. GB 4789.2-2010 食品安全国家标准食品微生物学检验. 菌落总数测定. 北京:中国标准出版社,2011.

（19）中华人民共和国卫生部. GB 4789.3-2010 食品安全国家标准食品微生物学检验. 大肠菌群计数. 北京:中国标准出版社,2011.

（20）中华人民共和国卫生部. GB 4789.15-2010 食品安全国家标准食品微生物学检验. 霉菌和酵母计数. 北京:中国标准出版社,2011.

（21）中华人民共和国国家质量监督检验检疫总局. GB 2759.2-2003 碳酸饮料卫生标准. 北京:中国标准出版社,2003.

（22）中华人民共和国国家质量监督检验检疫总局. GB 7099-2003 糕点面包卫生标准. 北京:中国标准出版社,2003.

第四篇　细胞生物学实验

（1）丁明孝,王喜忠主编. 细胞生物学实验指南. 北京:高等教育出版社,2009.

（2）李素文主编. 细胞生物学实验指导. 北京:高等教育出版社,2001.

（3）马丹炜主编. 细胞生物学实验教程. 北京:科学出版社,2010.

（4）桑建利,谭信主编. 细胞生物学实验指导. 北京:科学出版社,2010.

（5）首都师范大学生物系细胞生物学教研室编. 细胞生物学实验. 2001.

（6）司传平主编. 医学免疫学实验. 北京:人民卫生出版社,1999.

（7）王金发,何炎明,刘兵主编. 细胞生物学实验教程. 2 版. 北京:科学出版社,2011.

（8）辛华主编. 细胞生物学实验. 北京:科学出版社,2001.

（9）杨汉民主编. 细胞生物学实验. 北京:高等教育出版社,2006.

（10）翟中和主编. 细胞生物学. 3 版. 北京:高等教育出版社,2007

（11）郑用琏主编. 基础分子生物学. 北京:高等教育出版社,2007.

第五篇　仪器分析实验

（1）760CRT 双光束紫外可见分光光度计使用说明书. 上海精密科学仪器有限公司.

（2）970CRT 荧光风光光度计使用说明书. 上海精密科学仪器有限公司.

（3）北京大学化学与分子工程学院分析化学教学组. 基础分析化学实验. 3 版. 北京:北京大学出版社,2010.

（4）陈培榕,李景虹,邓勃. 现代仪器分析实验与技术. 北京:清华大学出版社,2006.

（5）方惠群等. 仪器分析. 北京:科学出版社,2002.

（6）冯地衡. 贝仑特是怎样把电位滴定法引进分析化学的. 四川师范大学学报（自然科

学版),1994,17(3):103—106.

（7）孙毓庆等.分析化学实验.北京:科学出版社,2004.

（8）孙毓庆,胡育筑.分析化学.2版.北京:科学出版社,2009.

（9）文镜,常平,顾晓玲等,红曲中内酯型 Lovastatin 的 HPLC 测定方法研究.食品科学,2000,21(2):100—102.

（10）杨根元.实用仪器分析.4版.北京:北京大学出版社,2010.

（11）用光发现新元素——本生和基尔霍夫(2112-04-06)http://www.china001.com/show_hdr.php?xname=PPDDMV0&dname=SHE7R31&xpos=13

（12）张剑荣,戚苓,方惠群.仪器分析实验.北京:科学出版社,2005.

（13）中华人民共和国卫生部.GB 5009.12-2010 食品安全国家标准食品中铅的测定.北京:中国标准出版社,2011.

（14）中华人民共和国卫生部.GB 5009.139-2003 中华人民共和国国家标准饮料中咖啡因的测定.北京:中国标准出版社,2003.

（15）中国百科网.罗介特·威廉·本生——光谱分析法的发明者(2012-04-26)http://www.chinabaike.com/z/keji/shiyanjishu/2011/0116/180027.html

第六篇　生物化学实验

（1）陈钧辉,李俊,张冬梅等.生物化学实验.4版.北京:科学出版社,2008.

（2）蒋立科,罗曼.生物化学实验设计与实践.北京:高等教育出版社,2007.

（3）李玉花,刘靖华,徐启江等.现代分子生物学模块实验指南.北京:高等教育出版社,2007.

（4）刘春,王显生,麻浩.大豆种子贮藏蛋白遗传改良研究进展.大豆科学,2008,27(5):866—873.

（5）夏云剑,束永俊,于龙凤等.大豆主要成分系统分析实验综合设计的探索.东北农业大学学报,2005,36(4):533—535.

（6）萧能赓,余瑞元,袁明秀等.生物化学实验原理和方法.2版.北京:北京大学出版社,2005.

（7）张云贵,刘祥云,李天俊.生物化学实验指导.天津:天津科学技术出版社,2005.

（8）赵亚华,高向阳.生物化学与分子生物学实验技术教.北京:高等教育出版社,2005.

（9）Zhu Kexue , Zhou Huiming ,QianHaifeng. Proteins extractedfrom defatted wheat germ: nutritional and structural properties. Cereal Chemistry. 2006,83 (1):69—75.

第七篇　分子生物学实验

（1）邰金荣.分子生物学实验指导 .武汉:武汉大学出版社,2007.

（2）郝福英,周先碗,朱玉贤主编.基础分子生物学实验.北京:北京大学出版社,2010.

（3）何水林编著.基因工程.北京:科学出版社,2008.

（4）侯艳芝编著.医学生物学实验教程.北京:北京大学医学出版社,2007.

（5）J 萨姆布鲁克,DW 拉塞尔.分子克隆实验指南.3版.黄培堂等译.北京:科学出版社,2002.

（6）李玉花编著．现代分子生物学模块实验指南．北京：高等教育出版社,2007.

（7）卢圣栋．现代分子生物学实验技术．北京：中国协和医科大学出版社,1993.

（8）屈伸,刘志国编著．分子生物学实验技术．北京：化学工业出版社,2008.

（9）王伯瑶,黄宁．分子生物学技术．北京：北京大学医学出版社,2006.

（10）魏春红,李毅编著．现代分子生物学实验技术．北京：高等教育出版社,2006.

（11）魏群编著．分子生物学实验指导．2 版．北京：高等教育出版社,2007.

（12）温进坤,韩梅编著．医学分子生物学理论与研究技术.2 版．北京：科学出版社,2002.

（13）吴敏．生命科学导论实验指导．北京：高等教育出版社,2001.

（14）吴乃虎编著．基因工程原理（上）.2 版．北京：科学出版社,1998.

（15）吴乃虎编著．基因工程原理（下）.2 版．北京：科学出版社,2001.

（16）杨安钢,毛积芳,药立波主编.生物化学与分子生物学实验技术.北京：高等教育出版社,2001.

（17）杨荣武．分子生物学．南京：南京大学出版社,2007.

（18）赵亚力,马学斌,韩为东编著.分子生物学基本实验技术．北京：清华大学出版社,2005.

第八篇　发酵工程实验

（1）伯纳德·罗斯纳.生物统计学基础．5 版.北京：科学出版社,2004.

（2）曹军卫等．微生物工程．2 版．北京：科学出版社,2008.

（3）陈长华．发酵工程实验.北京：高等教育出版社,2009.

（4）黄秀梨,辛明秀主编．微生物学实验指导．2 版．北京：高等教育出版社,2008.

（5）李仲来．生物统计.北京：北京师范大学出版社,2007.

（6）沈萍,陈向东．微生物学实验．4 版．北京：高等教育出版社,2007.

（7）钱存柔,黄仪秀主编．微生物学实验教程．2 版．北京：北京大学出版社,2008.

（8）滕海英,祝国强,黄平,刘沛．正交试验设计实例分析．药学服务与研究,2008(1)：75—76.

（9）张广臣,雷虹,何欣,单钰毓．微生物发酵培养基优化中的现代数学统计学方法.食品与发酵工业,2010,36(5):110—113.

第九篇　食品酶学实验

（1）郭勇．现代生化技术．2 版．北京：科学出版社,2005.

（2）李建武等.生物化学实验原理与技术.2 版.北京：北京大学出版社,1999.

（3）郑保东．食品酶学．南京：东南大学出版社,2006.

第十篇　生物活性物质的分离、纯化及含量检测

（1）卢艳花．中药有效成分提取分离实例．北京：化学工业出版社,2006.

（2）徐任生,叶阳,赵维民．天然产物化学．北京：科学出版社,2006.